养猪场生产管理与饲料加工技术问答

程宗佳　郝　波　主编

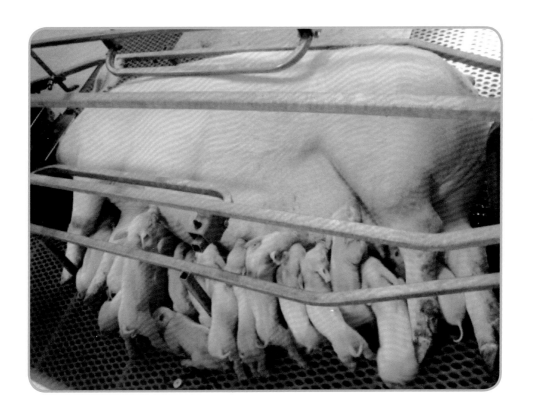

中国农业科学技术出版社

图书在版编目（CIP）数据

养猪场生产管理与饲料加工技术问答 / 程宗佳，郝波主编 .

—北京：中国农业科学技术出版社，2013.3

ISBN 978-7-5116-1022-5

Ⅰ . ①养… Ⅱ . ①程… 郝… Ⅲ . ①养猪学 – 问题解答

②猪 – 饲料加工 – 问题解答 Ⅳ . ① S828-44

中国版本图书馆 CIP 数据核字（2012）第 172997 号

责任编辑 徐 毅
责任校对 贾晓红

出 版 者 中国农业科学技术出版社
北京市中关村南大街 12 号 邮编：100081
电 话 （010）82106631（编辑室） （010）82109704（发行部）
（010）82109703（读者服务部）
传 真 （010）82106631
网 址 http://www.castp.cn
经 销 者 新华书店北京发行所
印 刷 者 北京卡乐富印刷有限公司
开 本 889mm×1 194mm 1/16
印 张 18.5
字 数 550 千字
版 次 2013 年 4 月第 1 版 2013 年 4 月第 1 次印刷
定 价 128.00 元

作者简介

程宗佳

　　程宗佳：1985 年毕业于南京农业大学畜牧专业后就职于江西省饲料科学研究所，1989 年赴美国研修，在美国饲料厂、种猪场、奶牛场、火鸡场和鱼虾场等工作 8 年。1996 年获美国明尼苏达大学（University of Minnesota）农业硕士学位（猪的营养），2000 年获美国堪萨斯州立大学（Kansas State University）博士学位（饲料加工工艺），2000 ～ 2002 年在美国爱达荷大学（University of Idaho）从事水产（虾和虹鳟鱼）饲料加工和营养研究，2003 ～ 2011 年任美国大豆协会（Kansas State University）北京办事处饲料技术主任，2012 年以来任动物营养与饲料技术顾问，主要从事饲料原料国际贸易、饲料配方、饲料产品开发，组织中国代表团赴欧美参观饲料厂、饲料设备厂、养殖场、农场、大学、科研机构，及饲料技术咨询等工作。自从获得博士学位以来，在美国、加拿大、中国及东南亚国家做近 500 场动物营养与饲料技术讲座，协助近 200 家饲料企业进行饲料设备改造及配方升级工作。在国际学术刊物发表论文共 20 篇、文摘 68 篇；在国内饲料刊物翻译和发表实用动物营养和饲料科技方面文章若干篇。

郝 波

　　郝波，男，汉族，1956年1月15日出生，江苏溧阳人，1979年毕业于江苏工学院（江苏大学），1998年获得东南大学研究生学历，1994年，江苏省政府授予"有突出贡献的中青年专家"称号；之后受到国务院表彰，享受政府特殊津贴，荣获全国"五一"劳动奖章。九届全国人大代表，高级工程师等。郝波现任江苏省正昌集团有限公司党委书记、董事长、总裁、中国饲料工业协会副会长。

　　他一生专注于饲料机械及整厂工程的研究，经过二十多年的不懈努力，把一个名不见经传的国营粮机小企业发展成目前中国最大的饲料机械加工设备和整厂工程制造商之——江苏正昌集团有限公司，是国家高新技术企业。他发表论文《绩效管理》，提出了企业管理创新的新概念，并主编著作《饲料制粒技术》和《饲料加工设备维修》（中国农业出版社出版）填补了全国饲料加工企业工人培训教材的空白。

前　言

随着人民生活水平日益提高，对各种肉类产品的需求量与日俱增，尤其对猪肉的产量和质量也提出了更高的要求。为了发挥规模养猪经济效益高的优势，养猪业越来越趋向于集约化和工厂化大规模饲养。在这个过程中，很多养猪场或多或少的遇到了这样那样的问题。目前相关的著作、读物比较多，但是仍然有些问题没有得到很好的解答。为了能行之有效地解决养猪户遇到的实际问题，就需要有理论与实践兼顾而以解决实际问题为主的书籍。

作者把自己 2000 年以来在美国、加拿大、中国及东南亚国家所作的近 500 场技术讲座中所遇到的问题和来自邮件和电话提出的问题以及部分业界专家就他们在生产、教学与推广活动中所碰到的问题加以整理，以问答的形式——向从业者们解答，希望能解答养殖与饲料生产者在实际生产中遇到的一些实际问题。

本书共分八部分，一、饲料营养与生产管理；二、人工授精技术；三、自然养猪；四、霉菌毒素与添加剂；五、猪场设计；六、饲料加工技术；七、疾病与防治；八、国外养猪见闻。

参加本书编辑的其他作者是：范安泽、刘玉民、施正香、赫勇、刘春雪、胡彦茹、马振强、王昕陟、王平川、蓝干球、孙志强、吴德宏、孙志强、徐超、王统石、王国良。因编者水平有限，加之时间仓促，缺点和错误在所难免，恳请读者批评指正。同时作者建议读者将生产中遇到的问题电邮至 feedtecheng@yahoo.com，我们将尽全力为读者找到答案，同时在此书再版时加以补充。让我们共同努力，为中国养猪业和饲料工业的发展贡献自己的力量！

程宗佳　博士

美国波士顿饲料技术服务公司

2013-3-1

C **目 录**
ONTENTS

饲料营养与生产管理

人工授精技术

自然养猪

霉菌毒素与添加剂

猪场设计

饲料加工技术

疾病与防治

国外养猪见闻

【饲料营养与生产管理】

1. 从饲料原料和营养的角度，怎样制作猪饲料？

答： 要根据不同阶段猪的生理特点配制饲料。由于猪在不同的生理阶段对养分的需要量各有差异（见表一），因此在设计配方时，既要充分考虑到不同生理阶段的特殊养分需要，进行科学的阶段性设计配方，又一定要注意配合后饲料的适口性，体积和消化率等因素，以达到既提高饲料的利用率，又充分发挥猪的生产性能的效果。配制教槽料时，要求日粮中蛋白质水平在 18 ~ 20%，消化能含量在 3 400 Kcal/kg 以上，赖氨酸水平在 1.4 ~ 1.5 %，最低乳糖含量为 14%。配方中乳制品用量比例不少于 10%，鱼粉为 3 ~ 5%，膨化大豆 10 ~ 18%，而玉米和豆粕原料分别控制在 40 ~ 50% 和 10% 以内，起到代替母乳的作用。体重 10 ~ 20 kg 小猪蛋白质水平要求在 17% ~ 20%，赖氨酸水平在 1.15% 以上，日粮中可 减少乳制品、鱼粉和膨化大豆用量，而增加玉米、豆粕等原料用量，使小猪逐步过度到 常规饲料。生长育肥猪在育肥期间，为了获得最高的日增重，则可提高日粮配方中能量物质的含量，以满足其长膘的能量需要，而蛋白水平可比生长前期降低 1 ~ 2 个百分点。配制妊娠母猪前期料时，由于母猪代谢效率高，脂肪沉积力加强，因而在配料中就可适当提高粗纤 维水平，而怀孕后期为了保胎和预防母猪的便秘，饲料中粗蛋白、能量水平应比前期高 1% 和 200 kcal，减少麦麸用量。对哺乳母猪而言，粗蛋白 18% 左右，代谢能 3 300 kcal/kg，赖氨酸 1.0% 以上，以淀粉提供能量为主的饲料。

表一　商品猪的营养需要量

猪类别 营养指标	仔猪（7 日龄~断奶后 14 d	保育猪 （断奶 14 d ~ 20 kg）	小猪 （20 ~ 40 kg）	中猪 （40 ~ 70 kg）	大猪 （70 kg ~ 出栏）
代谢能 kcal/kg ≥	3350	3250	3150	3130	3120
粗蛋白质 % ≥	20	20	17	16	14
钙 %	0.5 ~ 0.9	0.5 ~ 0.9	0.5 ~ 0.9	0.5 ~ 0.9	0.5 ~ 0.9
可消化磷 % ≥	0.44	0.4	0.35	0.32	0.3
赖氨酸 % ≥	1.4	1.3	1.0	0.8	0.7
蛋氨酸 % ≥	0.5	0.45	0.35	0.28	0.25
苏氨酸 % ≥	0.98	0.9	0.7	0.56	0.5

2. 仔猪断奶的适宜日龄？

答： 在我国一般认为仔猪断奶应在体重达到 5 kg 以上，或 3 ~ 5 周龄时为宜。

3. 何为断奶仔猪？

　　答：断奶仔猪是指 3 ~ 5 周龄断奶到 10 周龄阶段的仔猪。

4. 养猪适宜种植的牧草有哪些？

　　答：紫花苜蓿、聚合草、籽粒苋、鲁梅克斯、黑麦草等。

5. 猪场配制饲料时，玉米的理想粉碎粒度是多少？

　　答：见表二。

表二　不同阶段的猪，理想的玉米粉碎粒度

乳猪料	400 ~ 600 μm（500）
小猪料	500 ~ 700 μm（600）
中大猪料	500 ~ 700 μm（600）
后备母猪料	600 ~ 800 μm（700）
哺乳母猪料	600 ~ 800 μm（700）

　　如果猪场内的粉碎机可以方便调整所粉碎玉米的粗细度，则配合各种不同需要做调整为最佳，但若不是很方便做调整，则 600 μm 的粉碎粒度应是比较适合全场使用的。

6. 猪为什么会咬尾？咬尾和饲料有关系吗？如何减少咬尾发生？

　　答：咬尾的发生率由百分之几到 30% 不等。分析生产诸多因素与咬尾发生的相关性分析表明，咬尾主要出自环境因素，环境枯燥，缺少有效刺激，通风不良，密度过大等主要引发因素。圈舍内添置玩具有时能预防咬尾发生，关键看玩具是否具有"可被破坏性"和能否给猪提供新鲜感。咬尾和饲料有时有关系，盐分和蛋白质是与咬尾关系较为密切的主要饲料因素，但只在极度缺乏的情况下才会导致咬尾。在实际养猪生产中，可在猪舍放置蛋白或盐舔砖，减少咬尾的发生，见图 1 和图 2。

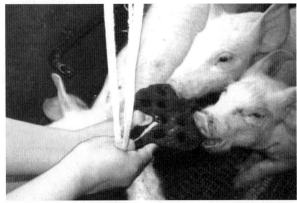

图 1　蛋白舔砖

图 2　盐舔砖

7. 据说国外有将母猪混养的，是吗？

答：有。图 3 为美国明尼苏达大学试验猪场利用先进的设备饲养生猪，母猪不再定位圈养，而是混养在一起，该设备还能根据猪的体重，调节其采食量。

图 3　美国明尼苏达大学试验猪场利用先进的设备饲养生猪

8. 我的朋友寄来一张照片（图 4），像动物园的猪吗？

答：否。作者在美国见过一些小型猪场，这是一个养在可移动猪舍的猪，当猪卖出后，可马上将猪舍移开，清理地面，消毒，进下一批猪。

图 4　一栋可移动猪舍

9. 请谈谈断奶仔猪的饲料与饲养管理工作？

答：断奶仔猪的饲料与饲养管理应做好如下工作：（1）过好断奶关：①断奶至断奶后两周，维持教槽料不变，然后用 3 ~ 5 d 逐步过渡到保育料，使仔猪可以获得良好的骨骼发育及体形，为今后生长奠定良好的基础。②保证饲料的新鲜，以确保良好的适口性。③确保饲喂槽数量，满足自由采食。（2）适宜的环境温度：①断奶至体重 13 kg，以 27℃为最适宜。②体重 13 ~ 23 kg，以 24℃为最适宜。③体重 23 ~ 35 kg，以 21℃为最适宜。（3）适当的饲养密度（见表三）。（4）合理的通风换气。（5）饮水器高度的要求：压嘴式饮水器的安置，要求在猪肩部上方 5 cm 处，以便于猪抬头饮水，保证卫生。

表三　不同体重的仔猪适当的饲养密度

仔猪体重（kg/头）	地板式（m²/头）	部分条状式（m²/头）	条状式（m²/头）
5～11	0.36	0.25	0.25
11～18	0.54	0.27	0.27
18～35	0.72	0.36	0.50
备注	每栏饲养头数以不超过 20 头为佳，可提高仔猪的全群整齐度，每舍不超过 400 头		

10. 仔猪的料槽应如何选用？

答：因仔猪好争食，因此，选择料槽时，下面不能太大，应让猪用鼻子拱出料来，避免浪费。作者认为图 5 的设计比图 6 要好。

图 5　设计合理的仔猪料槽　　　　　　图 6　仔猪选择料槽时，下面不能太大

11. 自繁自养的生长育肥猪的饲料与饲养管理要注意哪些？

答：自繁自养的生长育肥猪的饲料与饲养管理要注意以下几点：（1）做好饲养计划：①小、中猪阶段：采用自由采食，供给营养均衡的小中猪饲料；②育肥猪：合理限制，以获得良好的饲料效率及屠体品质，但必须保证足够的槽位供给猪只同时采食。用料情况如下：体重 15～30 kg：自由采食，按猪体重的按 5% 来饲喂；体重 30～60 kg：自由采食，按猪体重的按 4%～5% 来饲喂；体重 60～90 kg：自由采食，按猪体重的按 3%～4% 来饲喂；体重 90 kg：自由采食或限喂，按猪体重的按 3%～4% 来饲喂。（见表四）。

表四 不同标准基因型的猪从断奶到上市期间的日采食量参考值（kg/d）

体重（kg）	高于标准基因型	标准基因型	低于标准基因型
10	0.6	0.55	0.5
20	1.11	1.01	0.92
30	1.52	1.39	1.26
40	1.86	1.7	1.54
50	2.15	1.96	1.78
60	2.38	2.18	1.97
70	2.57	2.35	2.13
80	2.73	2.5	2.27
90	2.87	2.62	2.38
100	2.98	2.72	2.47
110	3.07	2.8	2.54
120	3.14	2.87	2.6

同时也要注意不同年龄猪所需的料槽长度（mm/头，见表五），保证它们可以自由采食。

表五 不同年龄猪所需的料槽长度参考值（mm/头）

体重	限食	自由采食
断奶前	自由采食	33
断奶后	自由采食	33
20 kg	175	38
40 kg	200	50
60 kg	240	60
90 kg	280	70
120 kg	200	75

（2）合理的饲养密度（见表六）。

表六 不同阶段的猪在不同的地面上饲养密度参考值

阶段	地板式（m²/头）	部分条状式（m²/头）	条状式（m²/头）
小、中猪	0.9	0.65	0.65
育肥猪	1.08	0.93	0.93

如果不知道地面情况，不同年龄的猪的饲养密度可参考下表：

表七 不同年龄的猪的饲养密度参考值

体 重	每头猪所占的面积（m²）
10～20 kg	0.25
20～50 kg	0.65
50～100 kg	0.93
公猪	7.5
配种母猪	1.2
断奶后母猪	3
后备母猪	3
分娩栏	4.6

（3）适宜的温度（见表八）。

表八 不同阶段猪的适宜温度

阶 段	小猪（30～40 kg）	中猪（40～60 kg）	育肥猪（60 kg以上）
温 度	21℃	18℃	18℃

如果知道地面情况，不同年龄猪的适宜温度，可参考表九：

表九 不同地面状况下不同年龄猪的适宜温度（℃）（猪背部温度）

体重	混土地板	金属漏缝地板	板条状地板
5 kg	28～31	29～32	30～32
10 kg	22～26	24～28	25～28
20 kg	16～24	19～26	19～25
30 kg	14～24	18～25	17～25
90 kg	12～23	17～25	15～24

（4）良好的通风管理：猪舍中的通风必须保持良好，若通风不良及地面潮湿极易引起呼吸道疾病，尤其是氨气及硫化氢等有害气体的浓度严重影响猪的生长及饲养效率。（5）充足的饮水供给：确保饮水器的水压和饮水的质量。不同年龄猪对水的需求见表十。

表十 不同年龄猪对饮水器的高度和水速的需求

体重	饮水器距地面高度（mm）	L/分钟	可供猪只数量（头）
断奶前仔猪	100～200	0.3	
断奶后仔猪	100～200	1	
保育猪	250～350	1.2	1～15
20～50 kg	400～600	1.5	1～10
育肥猪	600～750	1.8	1～10
公母种猪	750～900	2.0	

（6）疫病的预防：根据猪群的健康状况，可在小猪阶段适时加强疫苗接种和预防用药，保证猪只在中大猪阶段的健康生长。（7）粪便的及时处理：中大猪由于粪便排泄量较大，同时所排出的病原毒力增强，猪只容易感染，特别是夏季需要及时冲洗，避免氨气等有害气体造成猪生长降低，呼吸道病增加等。（8）外购猪苗因经长途运输，到场后要进行隔离观察，进行猪瘟、圆环、伪狂犬等疫苗的接种，同时根据猪只的健康状况进行保健用药，其他管理与自繁自养的相同。

12. 一头猪一生要吃多少料？

答：见表十一，仅供参考。

表十一 不同品种和阶段猪的饲料消耗量

品种	日龄	生产周期（d）	体重（kg）	耗料量（kg）	平均日耗量（kg）	累计料重比
怀孕母猪	—	114	—	285	2.5	—
哺乳母猪	—	21	—	119.7	5.7	—
非生产母猪		7		28	4	
公猪		365		912.5	2.5	
教槽断奶仔猪	35	14	12	6	0.43	1.2
保育仔猪	70	35	35	36	1.03	1.5
小猪	100	30	55	54	1.8	2
中猪	130	30	85	83.4	2.78	2.3
大猪	148	18	100	58.15	3.23	2.55

注：仔猪21 d断奶，平均体重为7.0 kg/头

13. 种猪的营养需求怎样？

答：见表十二。

表十二 种猪的营养需求参考值

猪类别 营养指标	种公猪	后备母猪	怀孕前期	怀孕后期	哺乳母猪
代谢能 kcal/kg ≥	3 120	3 160	3 050	3 150	3 150
粗蛋白质 % ≥	17.0	15.5	14.0	16.0	16.0
钙 %	0.9	0.9	0.8	0.85	0.85
可消化磷 % ≥	0.4	0.4	0.44	0.44	0.44
赖氨酸 % ≥	1.0	0.9	0.6	0.7	0.75
蛋氨酸 % ≥	0.4	0.3	0.27	0.32	0.32
苏氨酸 % ≥	0.74	0.65	0.6	0.6	0.7

14. 饲料中成功使用木薯的具体手段有哪些？

答： 采用水分不高于13%，粗纤维不高于4%，灰分及杂质分别小于4%和2%的优质木薯。使用膨化全脂大豆以确保木薯日粮中蛋白质和必需氨基酸的含量满足动物的营养需要。木薯日粮脂肪含量较低，可能会导致猪胴体品质变硬，因此木薯日粮中植物油的含量不应低于3.5~4.0%，以防止硬脂肪的产生。米糠、膨化全脂大豆、大豆油和米糠油是木薯日粮中良好的油质来源。饲喂粉状木薯日粮：为减少饲料粉尘需要添加适量糖蜜或油质。饲料粉尘过多将导致过量引水、采食量降低、生产速度减缓和苍白肉。木薯基础饲料的容重降低，因此应按质量定量投喂，而不能按体积。猪采食相同体积的粉状木薯日粮和玉米基础日粮的生长速度及饲料转化率前者要差于后者。在许多国家，木薯一直被广泛用作猪日粮中的能量来源。Chalorklang 等（2000）的研究表明在断奶猪4~8周龄日粮中用木薯粉代替碎米，其平均日增重和饲料利用率与采食碎米日粮组相近，且仔猪的腹泻率较低（表十三）。Chalorklang 等（2000）还研究了木薯代替玉米用于生长肥育猪日粮中的效果，与采食100%玉米的日粮组相比，采食100%木薯处理组猪的平均日增重提高，而饲料利用率改善，且达到上市体重所需的天数较少，同时各组间胴体指标无显著差异。Saesin 等（1991）研究表明，采食木薯日粮的母猪繁殖性能与采食碎米日粮的母猪无显著差异，表明木薯可以作为猪日粮中的能量原料。

表十三 用木薯粉取代母猪日粮中碎米的效果（Chalorklang 等，2000）

日 粮：	日粮 1	日粮 2	日粮 3	日粮 4
木薯粉对碎米的替代率（%）	0	50	75	100
日粮中的木薯粉含量（%）	0	21	33	47
实验母猪数	10	10	10	10
窝产仔数	7.62	8.58	8.38	7.45
窝产活仔数	7.42	7.41	6.58	7.00
初生窝重（kg）	10.56	11.21	11.21	11.11
平均初生重（kg）	1.52	1.56	1.52	1.60
断奶时成活率（%）	87.26	89.18	90.03	92.64
断奶窝重（kg）	39.20	44.06	42.79	45.40
断奶窝仔数	6.51	5.79	7.52	6.31
平均断奶重（kg）	6.72	6.66	6.95	6.36

通常情况下木薯在生长～肥育猪日粮中的用量为 40%～60%（表十四），同时在许多生产试验及研究中木薯的用量达到 50% 以上，均取得了良好结果。泰国最近关于木薯应用的研究报告表明，只要日粮营养平衡良好，木薯片甚至可应用于 4 周龄的仔猪，用木薯作为主要能量源可得到良好的生产性能。以下木薯推荐添加量在猪日粮中完全取代玉米和碎米已在农场中实际应用。

表十四　猪日粮中木薯最大推荐添加量（Uthai，2000）

断奶仔猪	40～45%
生长肥育猪	45～60%
妊娠母猪	40～45%
哺乳母猪	40～45%

尼日利亚和巴西的木薯产量很大，而泰国是世界上最大的木薯出口国之一。欧洲将世界木薯总产量的 17.5% 用作动物饲料，其中很大一部分木薯颗粒来自泰国和其它亚洲国家。近年来，木薯在全球饲料中的用量一直在稳步增长，这在很大程度上是由于玉米这一传统的日粮能量源正在逐渐短缺，同时木薯片的价格优势显现所致。

15. 膨化大豆和木薯在猪饲料中的联合应用有哪些？并推荐几个配方？

答： 豆粕及油脂价格高涨促使饲料配方师更多的考虑膨化大豆的性价比，而木薯与玉米相比的价格优势，无疑是配方中原料的另一不错选择。鉴于木薯存在蛋白质和必需氨基酸方面的欠缺，其与膨化大豆在饲料中的配合应用具有许多优势。对木薯日粮应根据动物的需要来平衡其必需氨基酸，以重量为基础用木薯取代动物日粮中的玉米会导致日粮氨基酸含量降低，从而引起动物生长减慢，饲料利用率变差，胴体质量下降以及生产率降低，在日粮中采用木薯时，需要添加较多的优质蛋白，如膨化大豆。同时由于木薯片含软性的淀粉而非常蓬松，对其粉碎时总会产生大量粉尘，饲料厂需要采用旋风式集尘器或是自动滤气袋集尘器，且在动物采食粉状木薯日粮时粉尘总是会对采食造成干扰，如促使动物增加饮水量而减少采食量，从而降低动物的生长，而在日粮中使用膨化大豆，其高含量的脂肪可以减少日粮中的粉尘，同时提高制粒的产量。此外木薯的脂肪含量低会导致动物体内的体脂质坚，膨化大豆的油脂可有效改善胴体脂肪的坚实度。膨化大豆除了能量和粗蛋白含量高以外，还具有高含量的亚油酸、异黄酮、维生素 E 和卵磷脂，这是四种对动物的生长和繁殖都非常有用的养分。诸多生产试验还表明，木薯～膨化大豆的组合在畜牧生产中使药物和抗生素用量减少，而动物却因采食木薯日粮改善了自身的健康状况，还减轻了粪便的臭气减轻了环境污染，下图是马来西亚一农场饲养的猪，该农场主要使用的饲料配方中主原料有膨化大豆和木薯，而无鱼粉和玉米，猪的外观皮红毛亮，主要是因为食用膨化大豆的缘故（瞧下面的小猪看上去是多么的悠哉乐哉，爽歪歪！）

图7 马来西亚采用膨化大豆和木薯经典日粮的猪场

　　木薯粉的营养成分可从膨化大豆中得到补偿，在当前谷物和蛋白质源的价格水平下，木薯~膨化大豆的组合在集约化养猪生产中可以得到广泛应用，采用木薯根茎在经济上是否合算，在极大程度上取决于替代能量源和蛋白质源的相对价格，木薯的最高可接受价格可根据谷物和蛋白质源价格的上涨幅度进行计算。已证明膨化大豆加上木薯用于猪日粮可获得优良的生产性能，泰国猪农们也成功地应用了此类木薯大豆日粮，表十五和表十六为在泰国某农场使用的仔猪和泌乳母猪的配方及营养水平表，仅供参考。

表十五　仔猪饲料配方及营养水平

成份	含量（kg）
木薯	422.00
美国高蛋白豆粕（46%）	259.00
膨化大豆	224.00
椰子油	60.00
石灰石	11.80
磷酸一钙	9.50
食盐	3.00
蛋氨酸	1.80
盐酸赖氨酸	2.30
苏氨酸	1.50
植酸酶	0.100
维生素~矿物质预混料	5.00
合计	1 000.0
养分	含量
粗蛋白（%）	22.00
代谢能（千卡）	3 500
粗脂肪（%）	10.50
粗纤维（%）	4.00
钙（%）	0.90
有效磷（%）	0.45
赖氨酸（%）	1.40
蛋氨酸（%）	0.46

成份	含量（kg）
蛋氨酸＋胱氨酸（%）	0.80
苏氨酸（%）	0.97
色氨酸（%）	0.28
亚油酸（%）	2.13

表十六　泌乳母猪配方及营养水平

成分	含量（kg）
木薯	456.00
美国高蛋白豆粕	101.00
椰肉干粉	196.00
膨化大豆	159.00
椰子油	18.31
糖蜜	30.00
磷酸一钙	13.40
石灰石	13.20
蛋氨酸	1.32
盐酸赖氨酸	1.67
食盐	5.00
植酸酶	0.100
维生素～矿物质预混料	5.00
合计	1 000.0
养份	含量
粗蛋白（%）	16.00
代谢能（千卡）	3200
粗脂肪（%）	5.50
粗纤维（%）	5.60
钙（%）	1.00
有效磷（%）	0.50
赖氨酸（%）	0.90
蛋氨酸（%）	0.35
蛋氨酸＋胱氨酸（%）	0.58
苏氨酸（%）	0.57
色氨酸（%）	0.18
亚油酸（%）	1.50

膨化大豆是目前较有经济价值的动物日粮蛋白源，目前已经在全球得到了广泛的应用，中国目前大面积推广的膨化机为膨化大豆的应用奠定了良好的基础，而在目前饲料原料价格高涨的情况下，膨化大豆较好的性价比也使其应用前景广阔。为降低饲料原料成本，木薯可以和膨化大豆形成绝佳的组合，极大地改善最终配方的生产效果及经济效益。大量的生产实践表明膨化大豆和木薯这一经典配方可以为中国饲料企业目前所面临的原料价格高涨问题提供极有价值的借鉴和参考，同时我们也可以在适应木薯生长的海南、广东和广西，尤其是养猪生产密集的地区，如广西博白，大力推广木薯的种植和应用，这样既可以减少因猪粪尿带来的环境污染，又可以提高木薯产量，增加农民收益，同时在饲料中应用降低饲料成本，达到一举多得的功效。图8、膨化大豆的应用已在中国普及，就连老外对作者的推广普及工作也赞不绝口！图9、泰国农民在收获木薯。

图8 膨化大豆的应用已在中国普及

图9 收获木薯现场

16. 膨化技术及其在母猪料中的应用价值?

答: 膨化技术的应用已有近百年历史。膨化是综合了水、压力、温度和机械剪切的作用完成的。膨化熟化中，机镗内温度可达90～200℃，膨化延续时间在2～30 s范围。膨化产物会发生一系列物理、化学变化，诸如淀粉糊化、蛋白质变性、以及酶类、有毒成分和微生物的失活等。其结果通常会提高膨化饲料产品的养分消化率，降低一些抗营养因子含量，还会减少饲料携带细菌和粉尘的数量，改善饲料的适口性，增进颗粒饲料的稳定性和耐藏性。从而使得饲养的动物，特别是幼年动物的生产性能和饲料效率得以改进。一般地说，温和的膨化条件可以提高植物蛋白的消化率，这是由于蛋白变性或一些蛋白酶抑制因子失活的缘故。膨化饲料对哺乳母猪和仔猪生产的表现见表十七。在这项研究中，Miller等人（1993）用177头母猪进行试验，观察膨化全脂大豆和高粱对母猪和仔猪生产表现的影响。试验的4个处理所用日粮是：（1）以粉碎高粱～豆粕～豆油为主的对照；（2）膨化高粱；（3）膨化大豆；（4）高粱和膨化大豆混和，再一起膨化（膨化料）。试验从妊娠110 d开始，仔猪在21 d断奶。试验结果表明，用膨化料饲养的母猪耗用的饲料比用对照日粮饲养的要少（P<0.01）；用膨化大豆饲养的母猪与膨化高粱饲养的相比，平均饲料日进食量较高（P<0.05），体重下降幅度较小（P<0.001）。用膨化的饲料原料饲养的母猪一般断奶仔猪成活率、最终窝重和增重较高，尽管差异在统计上并不显著（P>0.05）。与饲喂对照日粮的母猪相比，饲喂膨化高粱、膨化大豆和膨化料的母猪所得的窝增重分别高出 2.0 kg、2.1 kg 和 3.0 kg。

表十七　膨化高粱和大豆对母猪和仔猪生产性能的影响（Miller etc，1993）

项目	膨化处理			
	高粱~豆粕对照	膨化高粱	膨化大豆	膨化高粱~大豆混合料
母猪生产表现				
分娩后体重 /kg	175.8	168.7	176.8	168.7
21d 体重 /kg	168.1	155.2	170.2	155.2
泌乳期体重下降 /kg	7.7	13.5	6.6	13.5
分娩后脂肪厚度	2.29	2.29	2.34	2.29
21d 脂肪厚度 /cm	2.18	2.24	2.31	2.24
泌乳期脂肪减厚 /cm	0.10	0.05	0.03	0.05
平均每日摄入饲料 /kg	5.7	4.5	5.3	4.5
仔猪生产表现				
窝产仔猪数	9.6	10.1	9.5	10.1
断奶仔猪数	8.9	9.2	9.3	9.2
存活率 /%	91.4	94.4	95.0	94.4
初生窝重 /kg	12.3	12.7	12.7	12.7
断奶窝重 /kg	43.8	46.0	46.1	46.0
窝增重 /kg	31.4	33.4	33.5	33.4

目前我国有几家教槽料和保育料做得好的企业，但未听说过哪家母猪料做得出色。从上表可清楚地看出膨化母猪料的优势。虽然膨化料的价格较高，但泌乳母猪采食少，可抵消部分成本。用膨化的原料或饲料饲养的母猪，其仔猪出生窝重、断奶仔猪成活率和增重都较高。该试验是膨化技术在泌乳母猪料中应用的经典案例，在猪病横行的今天，应该重视膨化技术及膨化母猪料了。

图 10　制作膨化大豆的膨化机

图 11　冷却后的膨化大豆产品

17. 用棉籽饼喂猪可行吗？如果不行应如何处理？

答：棉籽饼是棉籽榨油后的副产品，一般含粗蛋白质 30% ~ 40%，是养猪生产中比较好的一种蛋白饲料，但因含有一定数量的有毒游离棉酚，使其利用受到限制。若长期大量用其喂猪便会引起中毒，因此，必须经过脱毒处理并限量喂猪。在养猪实践中可采取以下方法降低棉花籽饼的毒性，从而提高其饲用价值。（1）水煮法：将粉碎的棉籽饼放入温水中浸泡 8 ~ 12 h，将浸泡液倒掉，再加适量清水（以浸没棉花籽饼为宜），加热煮沸 1 h，边煮沸边搅拌，冷却后即可饲喂。（2）硫酸亚铁溶液浸泡法：将棉籽饼用 1% 硫酸亚铁溶液浸泡 1 昼夜，中间搅拌几次，泡后去除浸泡液，可直接饲喂。（3）碱水浸泡法：用 2.5% 草木灰或 5% 石灰水或 5% 小苏打溶液浸泡 1 昼夜，然后去掉浸泡液，用清水过滤三遍后，即可饲喂。同时还要注意：（1）控制喂量：肥育猪每 d 喂量不超过 400 g，怀孕母猪每 d 不超过 250 g（在母猪产前、产后半个月停喂），刚断奶的仔猪每 d 不超过 100 g，一般喂 1 个月后停喂 1 个月，或喂半个月停半个月。（2）增喂青饲料：在饲喂脱毒棉饼的同时，要增喂青饲料。因青饲料含有丰富的维生素和较多的水分，特别是胡萝卜素和维生素 C 较多，并且有轻泻作用，可以减轻毒害作用，防止便秘和改善营养状况。（3）膨胀脱青：采用膨胀脱青组合工艺技术对棉粕进行特殊处理，可将棉粕中含有的游离棉酚的含量从 5 417 ppm 下降到 678 ppm，降低了 87.5%（表十八），从而能够保证棉粕加入饲料中的安全性。

表十八　膨化对棉籽与去皮大豆 50 :50 混合料中棉酚的影响（del Valle et al., 1986）

通过膨化机	棉	（mg/kg）
次数	总	游离
0	5363	5417
1	3990	678
2	3346	404
3	3048	379
4	2783	311

18. 猪场使用全价料用粉料还是颗粒料?

答：颗粒料与粉料各有优点，颗粒料的优点是适口性好，采食快，料重比好；缺点是成本高，而且酶制剂、益生素、风味剂、酸化剂等成分怕热，制粒后很难保持活性，粉料也有优点，制作成本低，添加酶制剂、益生素、风味剂、酸化剂后，活性不受影响。若原料品质控制好，粉料也会被大家接受。

图 12　适合中小型养猪场使用的颗粒料加工小机组

图 13　预混料加工小机组

19. 猪群存在免疫抑制状态时，在教槽中通过何种方式提高仔猪免疫力？

答：饲料配方中可增加提高免疫力的物质，如核苷酸、酸化剂、有机硒、维生素 E 等来增加免疫力。除用饲料提高免疫力外，饲养方式也可以解决不少问题。小猪生长有两个阶段最重要：一是教槽，28 d 断奶，之后的生长就要吃到 600 g 教槽料，教槽成功，之后的生长就好；二是断奶，断奶后食量下降，小肠绒毛即萎缩，消化酶系统不发达、消化率低，恢复很慢，这个阶段要刺激让小猪吃食，提升断奶后的采食量，用图 14 的方法来刺激小猪采食也很有效。

图 14 刺激小猪采食

20. 混合酸如何应用？

答：一般中大猪用的酸条件较宽，用甲酸或乳酸等影响都不大，但乳猪需要考虑 pH 值、嗜口性，如苯甲酸钠要考虑溶水性。

21. 哺乳仔猪吃了硫酸亚铁和硫酸铜为什么会吐？

答：这个问题很笼统，单独饲喂要中毒的。在全价料中添加，正常是不会吐的，但不知道您是不是添加太高，如果量过高，可能会味苦、味涩，产生吐的现象。

22. 胎次影响母猪营养需求可以通过追饲法来解决，追饲从什么时候开始至什么时候结束？

答：产前 5 d 开始追饲，加整个哺乳期。

23. 乳猪教槽料中加入血浆蛋白会给猪场带来病原吗？

答：好的血浆蛋白是经过喷雾干燥和短时高温高压灭毒处理的，所以理论上病毒是死掉的。但如果买到不好的血浆，那就可能有问题。

24. 猪蹄破裂与维生素有没有关系？

答：有关系，一般情况与维生素 A、维生素 C、生物素有关，尤其是生物素，要加以注意。

25. 猪料中使用铬的具体效果如何？

答：有资料报道，猪料中使用铬，效益明显的是泌乳母猪，表现为泌乳力增强、乳房炎等哺乳期疾病减少；育肥猪中使用铬，效益不太明显。

26. 用豌豆蛋白粉做饲料，为什么猪吃了会炸毛？

答：豌豆蛋白粉是一种不错的原料，它的赖氨酸含量很高，而且能值也高，但是在加工过程中，有些是晒干的，由于加工过程产生很多酸性物质，猪吃了就会炸毛，只要不用晒干的蛋白粉就能避免。另外，向饲料中添加一些碳酸氢钠也可以解决一些问题。

27. 猪赖氨酸缺乏会有什么表现？

答：猪饲料中缺乏赖氨酸，会表现为日增重减慢，料肉比升高，眼观重量比实际称量要重，体组织脂肪含量升高，体形结构呈现没有明显臀部，不好看。还会表现采食量低。

28. 初生仔猪为何天生必须哺乳？

答：初生仔猪之所以天生必须哺乳，是因为它们的消化机能还不成熟，此时还不能很好地消化饲料，而母乳对初生仔猪而言又是营养最全面、最安全和最易消化吸收的食物，初乳中大量的免疫球蛋白还能帮助初生仔猪抵抗致病菌感染。母奶的成分非常复杂，主要有乳糖、乳脂、乳蛋白、矿物质、维生素、含"=C=O"结构的化合物、脂肪酸、内酯和磷脂等脂类、含硫化合物、含氮化合物、含氧芳香化合物等，总共有 400 多种物质，其中多数是体现母猪奶特征的风味物质，初生仔猪当然喜欢。图 15、仔猪对母乳的喜欢可想而知，吃饱喝足后（左一）还不让其它小家伙们碰它吃过的奶头！

图 15　仔猪哺乳情景

29. 母猪奶中的乳糖有何特点？

答：自然界中只有哺乳类动物的奶中含有乳糖，乳的甜味就来源于乳糖，但乳糖并非只纯粹提供甜味。乳糖除了提供甜味之外还有以下重要功能：（1）乳糖能为乳猪提供充足的血糖，并提供大量的能量，以维持乳猪的生长发育。（2）乳糖能促进乳猪肠道内的乳酸菌繁殖增长，乳糖在肠道中乳酸杆菌和乳酸链球菌等微生物的作用下可以生成乳酸。乳酸对乳猪的肠胃有着重要作用，它能促进乳猪消化，抑制肠内异常发酵产生的毒素导致的中毒现象，还可抑制肠内有害细菌的繁殖。（3）乳糖还能增进矿物质钙、磷、镁等的吸收，增加血钙浓度，使骨钙沉积更迅速，为奶中高钙的吸收和利用创造最佳的条件，减少维生素 D 的需要量。乳糖在乳猪小肠内分解为容易消化的葡萄糖及半乳糖，其中半乳糖在乳猪肠道内又是促进细菌合成维生素 K 和维生素 B 族的促进剂。半乳糖对乳猪的大脑发育也特别重要，它能促进脑苷脂类和粘多糖类的生成。（4）乳糖和其他糖类相比甜度较低，其甜度只有蔗糖的六分之一，所以不会导致乳猪从小就偏食。

30. 向饲料中加入一半玉米一半小麦，是不是小麦酶也应该少一半？

答：小麦酶的用量，不会因为小麦的用量减少而相应的减少，可以适量减少。酶的用量有一个底限，低于这个底限，酶的效果就失去了保证，每个厂家的产品都有不同要求。

31. 是不是多添加维生素，就可以少加蛋氨酸？

答：多维素与蛋氨酸是两类不同的营养物质，相互之间没有关系，因而不能够因为多维素加多了，就少用蛋氨酸。

32. 用小麦后，是不是猪肉就不好吃了？

答：不一定，使用小麦后，猪的软脂肪组织含量会减少，因而猪肉会更好吃。

33. 膨化乳猪料加工过程应注意些什么？

答：加工工艺特点：将配方中的所有大原料经粉碎混合后，通过专用的乳猪料舒化机熟化处理，再二次粉碎，二次配料（此次配料时加入热敏元素），然后低温制粒成型。饲料品质特点：①所有原料消除抗营养因子、尿酸酶降低到最低，确保饲料饲喂安全；②原料全部熟化且糊化度最佳，保留了原料中固有物质的活性；③低温制粒保留了后添加物质的活性、并减少营养损失；④颗粒饲料酥软适口性好；⑤利用后喷香技术提高诱食性。

34. 膨化猪饲料能带来哪些环境方面的经济效益?

答: 国内的膨化猪饲料也是近几年才兴起的,并且基本上只生产乳猪料。膨化猪料的营养、卫生等方面的优点确实不少,膨化用于猪料生产的优越性也体现在许多方面。研究表明采用膨化技术生产猪料,可以减少饲料厂生产过程中、生猪育肥过程中、粪便贮存运输过程中环境污染物的排放。实际生产中发现,饲喂膨化料的猪排放的液体粪污降低了。美国堪萨斯州立大学的研究表明,饲喂膨化料减少了猪对水的需求,膨化料的特殊结构导致在拌湿饲喂时动物需水较少。对膨化乳猪料的试验也表明可减少猪排出的尿和粪污量,从而降低粪污贮存和转运的费用。膨化可以提高粗纤维的消化率,由于粗纤维的酵解增强,会使固体粪便中的氮含量略有增加,但其在尿中的含量显著降低。若饲喂膨化料,总的尿量和随尿液排出的氮较少。因此猪舍、环境、液体粪污的贮存和转运过程中氨的量较低。

35. 后备母猪配种前应采取何种营养策略?

答: 作者认为自由采食较好。后备母猪是繁殖群的重要组成部分,其繁殖力的提高将改善全群的繁殖性能。后备母猪配种前发情周期中的不同时期营养限饲都不利于胚胎成活。Ashworth 等(1999)将后备母猪配种前一个情期分别饲喂高(3.5 kg)、低(1.15 kg)营养水平,配种后日粮相同,妊娠 12 d 高水平组胚胎成活和黄体数显著高于低水平组,而且胚胎具有更多的细胞数量,胚胎表面积差异小。进一步研究发现(Almeida 等,2000),在配种前一个情期,3 组的营养水平为高水平组(1 ~ 7 d 2.8 倍维持需要,2.8 M,8 ~ 15 d 2.8 M)、先高后低组(2.8 M,2.1 M)和先低后高组(2.1 M,2.8 M),从 16 d 到发情全部为 2.8 M。妊娠 28 d 先高后低组胚胎成活率(68.3%)显著低于其他组(高水平组 83.6%,先低后高组 81.7%)。先高后低组发情配种后 48 h 和 72 h 血浆孕酮浓度显著低于其他组。因此推测,胚胎成活率与妊娠早期孕酮浓度有关。

36. 我用的是浓缩料,前期和中期长势和效果相当明显,但是到了后期却长势一般,这是什么原因?

答: 猪在生长后期长势不明显有多方面的因素。(1)与猪的品种有关。猪长与不长,长得快与慢与各个生长阶段、相应生长阶段的营养的供给是密切相关的。一般来说,要是本地猪的话,猪到了育肥后期其生长机能主要以脂肪沉积为主,脂肪沉积的效率本来就比较低,尤其到了 110 kg 左右以后更为明显。因此,商品猪一般在 110 kg 就出栏是比较划算的。而具有长白 ~ 杜洛克 ~ 大约克血统的三元猪整体长势都比较快。(2)与猪的健康状况有关。如果猪吃食正常却生长缓慢,有可能是缺少某些微量元素,也有可能是消化系统不好,或是患有导致消瘦的慢性疾病。(3)与营养有关。前期饲料过于注重增肥,微量元素或药物添加量过大,或成猪饲料搭配不太合理,如饲料中添加过量的铜、锌,造成后期生长抑制。

37. 豆腐渣如何喂猪?

答:豆腐渣的粗蛋白和粗脂肪含量很高,是一种物美价廉的饲料。但用豆腐渣喂畜禽要控制好量,喂前最好加热煮熟,以增强适口性,提高蛋白质的吸收利用率。用鲜豆腐渣喂猪:小猪阶段的喂量为日粮的5%~8%,中猪阶段的喂量控制在日粮的15%以内,育肥猪控制在日粮的20%以内。饲喂时要搭配一定比例的玉米、麸皮和矿物质原料,并加喂一些青绿饲料,以满足猪的生长需要。冬季不要用冰冻的豆腐渣喂猪,以免引起猪消化机能紊乱,不能用酸败变质的豆腐渣喂猪。

38. 常用猪的药物添加剂配方都有哪些?

答:见表十九

表十九 常用猪的药物添加剂配方

硫酸黏杆菌素40~100 mg/L+泰乐菌素100~200 mg/L	硫酸黏杆菌素100~150 mg/L+泰妙菌素150 mg/L	盐霉素40~60 mg/L+硫酸黏杆菌素20~80 mg/L	金霉素75~150 mg/L+泰乐菌素100~200 mg/L	吉他霉素15~150 mg/L+强力霉素100~200 mg/L	氟苯尼考25~50 mg/L+吉他霉素50~150 mg/L	泰妙菌素150 mg/L+金霉素300 mg/L+阿莫西林250 mg/L
硫酸黏杆菌素20~40 mg/L+杆菌肽锌100~200 mg/L	硫酸黏杆菌素100 mg/L+泰妙菌素100 mg/L+阿莫西林250 mg/L	盐霉素40~60 mg/L+泰乐菌素200 mg/L+强力霉素200 mg/L	金霉素75~150 mg/L+阿散酸100~200 mg/L	吉他霉素15~150 mg/L+喹乙醇100 mg/L	氟苯尼考50~80 mg/L+泰妙菌素100 mg/L	泰妙菌素100 mg/L+金霉素300 mg/L+/阿莫西林250 mg/L
硫酸黏杆菌素20~80 mg/L+盐霉素40~60 mg/L	盐霉素40~60 mg/L+喹乙醇50~100 mg/L	吉他霉素15~150 mg/L+硫酸黏杆菌素20~80 mg/L	金霉素75 mg/L+泰妙菌素150 mg/L+阿莫西林250 mg/L	吉他霉素15~150 mg/L+阿散酸100~200 mg/L	泰妙菌素100 mg/L+阿莫西林250 mg/L	泰乐菌素100~200 mg/L+盐霉素40~60 mg/L
硫酸黏杆菌素20~80 mg/L+维吉尼霉素20~40 mg/L	盐霉素40~60 mg/L+洛克沙胂30~60 mg/L	氟苯尼考25~50 mg/L+金霉素75~150 mg/L	金霉素150 mg/L+泰妙菌素50 mg/L+喹乙醇100 mg/L	吉他霉素15~150 mg/L+硝呋烯腙20~40 mg/L	泰妙菌素100 mg/L+环丙沙星300 mg/L	泰乐菌素100~200 mg/L+金霉素75~150 mg/L
硫酸黏杆菌素20~100 mg/L+金霉素75~150 mg/L	盐霉素40~60 mg/L+阿散酸90~200 mg/L	金霉素75~150 mg/L+黄霉素5~20 mg/L	金霉素150 mg/L+泰妙菌素50 mg/L+强力霉素100 mg/L	吉他霉素15~150 mg/L+土霉素100~200 mg/L	泰乐菌素100~200 mg/L+利高44予混剂1 000 g	泰乐菌素300 mg/L+金霉素300 mg/L
硫酸黏杆菌素20~80 mg/L+吉他霉素15~150 mg/L	盐霉素40~60 mg/L+金霉素75~150 mg/L	金霉素150~300 mg/L+泰妙菌素100 mg/L	金霉素300 mg/L+泰妙菌素100 mg/L+阿莫西林250 mg/L	氟苯尼考50 mg/L+磺胺二甲基嘧啶500 mg/L+TMP1 000 mg/L	泰妙菌素100~200 mg/L+磺胺二甲基嘧啶110~220 mg/L 1:1	泰乐菌素100~200 mg/L+强力霉素100~300 mg/L
硫酸黏杆菌素40~60 mg/L+喹乙醇100 mg/L	盐霉素40~60 mg/L+硝呋烯腙20~40 mg/L	金霉素75~150 mg/L+吉他霉素15~150 mg/L	吉他霉素15~150 mg/L+盐霉素40~60 mg/L	氟苯尼考25~50 mg/L+磺胺二甲基嘧啶300~500 mg/L	泰妙菌素100 mg/L+蒽诺沙星150 mg/L	泰乐菌素100~200 mg/L+硫酸黏杆菌素40~100 mg/L
硫酸黏杆菌素40~80 mg/L+黄霉素5~20 mg/L	盐霉素40~60 mg/L+吉他霉素15~150 mg/L	金霉素75~150 mg/L+盐霉素40~60 mg/L	吉他霉素15~150 mg/L+金霉素75~150 mg/L	氟苯尼考25~50 mg/L+强力霉素100~300 mg/L	泰妙菌素100 mg/L+头孢拉定100 mg/L	

39. 乳仔猪对不同风味香味剂有何种偏好？

答： 表二十通过实验统计得出的仔猪对 8 组 96 钟不同风味剂的偏好情况。选用滚筒式翻转喷涂机（如图 16），可喷油、喷炒熟的大豆、白芝麻、花生等植物香粉。

图 16 滚筒式翻转喷涂机

表二十 仔猪对 8 组 96 种不同类型风味剂的偏好情况（McLaughlin etc，1983）。

香型组	香型种类	中~高度偏好（55%~69%）	无偏好（44%~54%）	中~高度厌恶（28%~43%）
黄油	8	4	4	
奶酪	6	2	3	1
脂肪	4	1	2	1
水果	24	8	12	4
青草	10	4	5	1
肉味	13	5	6	2
霉味	8	1	6	1
甜味	23	5	15	3
合计	96	30	53	13

40. 哪些营养物质对公猪重要？

答： 公猪对营养物质的需要主要用于维持新陈代谢及生产大量优质精液和保持旺盛的性欲。公猪 1 次射精量常能达到 200~500 ml，最高的能达近千 ml，比其他家畜都多。根据对猪精液成分的分析，其中，水分占 97%，粗蛋白质占 1.2%~2%，粗脂肪占 0.2%，其他还有糖类、盐类等。另外，公猪射精时间也较其他家畜长，平均 10 分钟左右，也有达 15 分钟以上的，这也需要消耗较多的体力。为使公猪有健康的体质，旺盛的性欲，产生大量的精液，提高配种受胎率，就需要从饲料中获得所必需的营养物质。蛋白质是构成精液的主要成分。满足公猪对蛋白质品质和数量的需求，则是提高精液质量，保证精子有较高活力和寿命的物质基础。因此，公猪日粮中一般应含有 14% 以上的粗蛋白质，并且要补充适量的优质动物性蛋白质饲料。公猪日粮中钙、磷含量的多少及比例合适与否，对精液品质也有很大影响。缺乏时，精子畸形率上升和生活力降低。一般公猪日粮中应含有 0.6%～0.7% 的钙，而钙和磷的正常比例应保持在 1：1～2：1 之间。维生素 A、维生素 C、维生素 E 也是公猪不可缺少的营养物质。当日粮中缺乏维生素 A 时，会出现睾丸萎缩，不能产生精子；缺乏维生素 C 和维生素 E 时，则可引起精液品质的下降。但在以青绿饲料为主的日粮中，常不会缺乏。

41. 二元杂交猪和三元杂交猪在饲料配比上是否有所区别？

答：根据二元杂交猪与三元杂交猪的种源不同，饲料配比略有差异。对"一洋一土"或"二洋一土"杂交猪，其营养物质需要量要比我国地方猪种的需要量高，在配制饲料时应提高营养物质含量与浓度，尤其是氨基酸以及能量值，以满足杂交猪的快速生长需要。杂交程度越高，所需的营养物质越多，饲料中营养物质含量也就要求越多。对于纯种的洋二元猪与洋三元猪，营养需要量可参照 NRC 猪饲养标准，并根据我国的生产实际情况合理地配制饲料，这样才能充分发挥杂交猪的生长优势。

42. 如何通过营养或其它的手段来降低猪场的恶臭气味？

答：臭气为养猪产业面临的重要课题。改变饲料可能为一种比较容易、合乎成本而有效的方法。

（1）使用氨基酸平衡饲料：以实用性玉米～大豆粕饲料喂肉猪，若将饲料粗蛋白质含量由 13% 降低至 10%，而额外添加四种合成氨基酸（赖氨酸、甲硫氨酸、羟丁氨酸以及色氨酸），其效果较好。这种低蛋白质～氨基酸平衡饲料跟标准化饲料比较，在新鲜的和贮存的猪粪中，可降低氮和氨气排出分别为 28% 和 43%。而挥发性脂肪酸则降低 50%。（2）添加纤维素或寡糖：这种低蛋白质～氨基酸平衡饲料分别添加 5% 纤维素和 2% 寡糖，与标准化饲料比较，饲料中添加 5% 纤维素所产生的新鲜猪粪中氨气减少 68%；在贮存的猪粪中降低总氮素 35%，但氨态氮则降低 73%。饲料中添加 2% 寡糖可降低总氮素 55% 与氨态氮 62%。添加纤维素的饲料，由于猪只结肠增加细菌发酵，因此，在新鲜的猪粪中，增加挥发性脂肪酸浓度与减少氨态氮含量。饲料中同时添加纤维素与寡糖，则可降低贮存的猪粪中挥发性脂肪酸。（3）使用氧化铜和氯化铁：使用合成氨基酸和减少使用猪只饲料中含硫矿物质如硫酸铜和硫酸铁，可降低含硫臭气。研究人员以氧化铜和氯化铁取代大部分矿物质硫酸盐。试验结果显示，降低粗蛋白质而添加必需氨基酸在新鲜的猪粪中减少氨态氮 45%，在贮存的猪粪中亦有同样的反应。不同粗蛋白质含量的饲料中，大部分矿物质硫酸盐被取代时，可降低挥发性含硫化物 49%。使用低粗蛋白质～氨基酸平衡和氧化铜扩氯化铁的饲料，可降低挥发性有机化合物。与标准化饲料比较可降低含硫化合物 63%。（4）添加丝兰提取物，也能降低猪场的恶臭气味。（5）兴建沼气池。（6）猪舍排风扇外放置小木块过滤空气。

图 17　四川某猪场新建的沼气池

图 18　美国某猪场降低臭气的部分装置

图 19　美国某猪场降低臭气的部分装置

43. 妊娠母猪饲料的关键点是什么?

答: 妊娠母猪饲料,最关键的是饲料当中使用高系水率的纤维原料,由于妊娠期的限饲,大部分母猪处于便秘状态,而便秘又导致了微量元素、维生素等微量营养吸收障碍,从而出现裂蹄等问题,饲料中高吸水率的纤维素原料,可以减少发生便秘的几率,增加胎儿初生重,减少裂蹄等问题的发生。

44. 高产母猪矿物质营养的需求是如何变化的? 生产实践中该如何操作?

答: 高产母猪矿物质营养的需求往往被忽略,实际上,它的作用非常重要。随着种猪向瘦肉率方向培育,造成它们骨骼越来越大,但是很脆弱,因此我们必须注意到这点对猪生产性能的影响。现在猪场母猪的淘汰率在 30% ~ 40%,其中的原因,很大程度上与营养有关。 (1)后备母猪对矿物质的需求:①在高瘦肉率猪肉中的钙含量低于普通猪。②低瘦肉率猪和高瘦肉率猪需要的钙磷比不同,在肌肉中钙含量比较低,钙主要存在骨骼中,因此,在肉中,高瘦肉率的猪钙磷比就比较低。但在骨骼中,比例是非常稳定的。但这个比例也会受基因调控而改变。③母猪对钙的需求特别重要,如果不能满足,就很容易造成淘汰。④不同部位肌肉中存钙量不同,后腿肉中钙的含量就高于腰肉。⑤对微量元素总体需要量,高瘦肉率猪比低瘦肉率猪需要高。但不是你饲喂的量高,在肉中沉积的就多。⑥虽然骨骼发育比肌肉早,但是钙质沉积比较晚。

所以，虽然它的骨骼很大，但是较薄。对母猪，我们就不能让它过早的产仔，这样，很容易造成母猪的淘汰。（2）妊娠期母猪矿物质需求：①胎儿的矿物质沉积主要是在105～114 d，同时，钙的增加比磷更快。②从蹄形判断矿物质缺乏程度。正常的蹄，副脚趾离开地面，蹄后面与地面呈65°角；缺钙的猪蹄，副脚趾与地面接触，而且蹄后面与地面的角度很小。这时候加强饲料中矿物质含量。③增加各种维生素和矿物质，平衡添加。（3）哺乳期矿物质需要：①以窝产11只仔猪的母猪为例，在10 d以后，每d钙需要量增加的速度达到85 g/d。同样，其他矿物质的需求都在增加。②三胎后，母猪体内矿物质变化，所有成分都大大减少。③母猪补充矿物质，可以通过日粮添加。不管是哪些矿物质，只要以硫酸形式添加，它的消化率都比较低。（4）微量元素：①铬：添加铬提高窝产仔数。对断奶再次发情也有一定的帮助，可以缩短间隔。②硒：可以从母猪乳中传递给仔猪，在断奶后，仔猪就会缺硒。需要通过日粮补充。有机硒的吸收机理与氨基酸一致，在提高产仔数、提高泌乳力上都有作用。添加有机硒的另外重要之处在于，乳中硒含量不会随胎次增加而减少。可以调控氧化，减少过氧化物。高产的母猪代谢比较快，过氧化物就更多，而细胞的处理能力是有限度的，一定数量后，这些过氧化物就会穿透细胞膜，严重时可以造成猪死亡。

45. 仔猪日粮中添加脂肪对生产性能有何种影响？

答：猪断奶后，饲粮结构发生了急剧变化，以每kg干物质计算，消化能含量由母乳的22.18 MJ下降至谷物－豆粕型日粮的13.8～14.2 MJ。日粮消化能浓度降低，以及断奶应激造成的食欲减退、采食量减少；新生仔猪糖原贮备很低，糖异生不足，不能提供足够的能量，且新生仔猪的体脂贮备仅为体重的1%～2%，代谢功能不完善，脂肪酸氧化率低，体脂也不能提供充足的能量，这些因素均导致了仔猪能量摄入不足，成为制约仔猪正常生长发育的重要因素。把脂肪添加到断奶仔猪日粮中，可以解决能量不足的问题。国内外的诸多试验均表明断奶仔猪日粮中添加脂肪能改善其生产性能。这种改善效果，除了脂肪自身的能量营养之外，有学者认为存在"额外代谢效应"，即脂肪可延缓食物在胃肠道中的流速，增加了营养物质的消化吸收时间，从而提高了吸收利用效率。一般在仔猪日粮中添加脂肪的量控制在2%左右。也有的试验认为断奶仔猪日粮添加脂肪对仔猪生产性能没有改善。

46. 影响仔猪对脂肪营养消化的因素都有哪些？

答：影响仔猪日粮脂肪消化吸收的因素有以下几个方面：（1）不同的脂肪来源：来源不同的脂肪，仔猪消化吸收的效果差异很大。试验表明，各种脂肪消化率大小依次为椰子油、豆油、玉米油。（2）脂肪酸碳链的长度：发现脂肪酸的吸收速度与碳链长度呈负相关，碳链越短越易消化吸收。Chiang等（1990）认为中短链脂肪酸比长链脂肪酸易吸收的原因有两方面：一是中短链脂肪酸酯化率低，大部分可以直接吸收，不必经过脂肪酶的降解，而长链脂肪酸必须经过酯解作用，形成脂肪微粒后才能被吸收；二是中短链脂肪酸是通过门静脉直接进入肝脏，而长链脂肪酸必须在吸收细胞内重新合成甘油三酯才能经淋巴系统进入血液循环转运。因此，中短链脂肪酸在利用效率、利用速度上都显著高于长链脂肪酸。（3）脂肪酸的饱和度：一般不饱和脂肪酸比饱和脂肪酸更易消化吸收，椰子油例外，仔猪对植物油的利用能力一般高于动物性油脂，原因之一是由于前者不饱和脂肪酸的比例较后者高。（4）铜的添加：Dove 等（1995）报道，在日粮中同时添加铜和脂肪比单独添加两者之一效果要好，认为 Cu 水平和脂肪水平对日增重、料肉比和采食量存在显著互作，同时添加 5％脂肪和 250 mg/kg 铜与单独添加 15 mg/kg、250 mg/kg 铜比较，前者显著提高了生长速度、饲料效率和采食量，但添加 5％脂肪和 15 mg/kg 铜得到的结果相反。说明铜与脂肪间存在一定的协同作用。在含有 250 mg/kg 铜的日粮中添加脂肪，可使脂肪表现消化率从 60.8％上升到 85.1％。铜影响脂肪利用效果的作用机理有以下 3 个方面：（1）铜可作为某些消化酶的激活剂，提高消化酶的活性。日粮中添加 25 mg/kg 铜显著提高小肠中脂肪酶和磷脂酶 A 的活性，促进脂肪吸收。（2）铜的抑菌作用。铜可降低胃液 pH 值，抑制胃内病原菌的繁殖，提高胃肠消化吸收能力。（3）铜可促进卵磷脂的合成。磷脂是脂肪酸吸收过程中必不可少的物质，而铜是细胞色素和细胞色素氧化酶的组成部分，能促进磷脂的形成，铜缺乏时，磷脂的合成受到损害，影响脂肪的吸收利用。（4）卵磷脂和胆碱的添加：断奶仔猪日粮中添加卵磷脂有助于提高脂肪的利用率。原因是卵磷脂可促进脂类从肝中转移，还可作为乳化剂来弥补仔猪胆汁酸的分泌不足，促进消化吸收。作为合成磷脂和卵磷脂的唯一物质——胆碱，在脂肪代谢过程中还起到提供甲基的作用，胆碱的缺乏，会使脂肪代谢受到阻碍，降低脂肪的吸收利用效率。（5）肉碱的添加：肉碱的作用效果与动物日龄、日粮组成（如氨基酸组成，尤其是赖氨酸含量）、环境温度有关。在断奶仔猪体内，L～肉碱的合成能力较差，在日粮中添加一定量的肉碱可提高脂肪利用效率。Hines 等（1990）报道在基础日粮中添加肉碱可提高仔猪断奶后 3～5 周的日增重和料肉比，提高对豆油的利用率。（6）饲粮因素：在保持蛋白能量比稳定的情况下，仔猪日粮中使用脂肪对生产性能有更大的改善。表明脂肪的充分利用需要保持一个最佳蛋白能量比值。董国忠等（1999）试验表明，复合蛋白型饲料，低蛋白氨基酸平衡日粮和添加抑菌促生长剂可提高早期断奶仔猪蛋白质和脂肪的消化率，改善生产性能。（7）饲料加工调制工艺、环境温度、日粮添加脂肪的时间、部分营养成分缺乏等均会影响仔猪对脂肪的利用。添加脂肪经膨化处理后，改善了适口性和外观，提高了脂肪消化率。而环境因素，特别是温度，对脂肪代谢的影响较大。Herpin 等（1987）报道，与常温（23℃）相比，低温条件（12℃）下，仔猪白脂肪组织和心脏脂蛋白脂酶活性显著升高（$P < 0.05$），从而影响脂肪代谢和利用。

47. 维生素和矿物质对猪肉质的影响都有哪些？

答：猪肉的品质受很多因素的影响，首先是猪的品种，太湖猪、杜洛克、皮特兰等猪的肉质差别很大；其次是饲养管理，尤其是动物被屠宰前几 d 或几 h 更为重要。而且，从运输到屠宰、屠宰技术、胴体的冷藏、出售或食用前对肉的储藏等都对肉质具有影响。然而，现在越来越多的动物营养学家认识到日粮的组成对肉质也有很重要的影响，尤其是添加维生素、矿物质的日粮。日粮添加维生素、矿物质要根据动物的品种、肉的品质客观地来确定。现在人们对维生素 E、维生素 C、核黄素和含钾、镁的矿物质比较重视。早期在维生素以及矿物质对肉质的改善的研究主要集中在猪肉上。在长期追求肉猪的瘦肉率、生长速度后，猪的遗传改良公司现在正加大对猪肉品质的改良。这项在瘦肉型猪上的大胆抉择考虑到，减少背膘厚度的同时，可能相应的减少大理石花纹或肌间脂肪的量。而肌间脂肪含量的减少可能会降低猪肉的品质，尤其降低风味、嫩度、系水力等。维生素 E 是有效的抗氧化剂，能够抑制肌肉组织中脂肪的氧化。饲粮中添加维生素 E 能够减少脂肪的氧化（酸败速度下降）和水分的损失，同时，改善肉的颜色，提高保质期。而且，当日粮水平高于 NRC（1998）日粮的最低水平时，维生素 E 还能提高猪的日增重和饲料转化率。国外现在对日粮中添加维生素的研究主要集中在维生素 E 的类型。研究表明，猪对天然维生素 E 的吸收是合成维生素 E 的两倍，而且更容易将天然维生素 E 保留在组织中。另一种维生素——核黄素，是氨基酸和脂肪代谢中重要的营养成分，与肉的品质有关。研究表明，沉积等量蛋白所需的核黄素的量比沉积等量脂肪高六倍。这表明，瘦肉沉积的越多所需的核黄素的量越大。科研人员很早就开始试着用添加维生素 C 来改善猪肉的颜色。然而大多数试验采用长期添加维生素 C 的方法。他们的目的是用大剂量的维生素 C 来降低屠宰过程中糖的酵解，达到优化草酸盐浓度的目的。他们以前将糖酵解、鲜猪肉的颜色、吸水力联系在一起。研究人员发现饲喂单一维生素 C 290 mg（783 mg/kg）能够改善猪肉的吸水力、背部肉的颜色稳定性。钾是猪体的第三必需矿物质，肌肉组织中第一必须矿物质。钾不仅可以促进氨基酸分子的吸收，尤其可以提高赖氨酸的利用率。钾对猪肉的吸水力和组织中合适的 pH 值都很重要。同时，钾可以降低 PSE 肉的发生率。镁也参与蛋白质的合成。而且，添加镁同样可以通过降低水分的损失以改善肉的品质、色泽，降低 PSE 肉的发生率。小麦天门冬氨酸镁、氯化镁在改善相同吸水力方面要比钾价格便宜。屠宰前两天添加

图 20　太湖猪

$mgSO_4 \cdot 7H_2O$ 可以改善猪肉的色泽、硬度、减少水分的损失。美国紧随荷兰之后对镁盐添加剂进行研究。在猪日粮中添加 0.2% ~ 0.5% 醋酸镁，猪肉的品质比荷兰制定添加一系列醋酸镁的标准品质提高 7%，同样减少了 PSE 肉的发生率。而且，日粮中添加镁能够提高猪的生长速度、饲料转化率，减少猪自相残杀的发生。在动物正常代谢中添加的醋酸，可以完全吸收。太湖猪（图 20）和进口猪（图 21、图 22）肉质的差异显然很大，这主要是由遗传决定的。

图 21　进口猪

图 22　进口猪

48.微量元素铬对动物有什么作用？在仔猪日粮中如何应用？

答：铬是一种必不可少的营养物质。它作为葡萄糖耐变因子的组成成分参与碳水化合物的代谢过程，铬由于可保持胰岛素结构的稳定性从而提高胰岛素的效能。在脂类代谢过程中，铬可以降低血液中的低密度脂蛋白、甘油三酸酯和胆固醇的浓度。铬还可通过与细胞的氨基酸吸收相合而在蛋白质合成中起作用，而且它与 DNA 的结构完整性和表达有关。因此，铬缺乏会使葡萄糖耐受力受到抑制，血液中的脂类和总的胆固醇水平提高以及机体脂肪增加。天然存在的三价铬是必不可少的微量元素。无机化合物如氯化铬、氧化铬和硫酸铬由于可形成不可溶的铬物质并受锌和其他离子的干扰而吸收率低。有机铬化合物的生物利用率较高，其中包括烟酸铬、甘氨酸铬综合物和乙酸铬，啤酒酵母的铬的生物利用率约为 25%。另外铬还存在于黑胡椒和黑巧克力中，而每 kg 磷酸二钙的铬含量为 50 mg ～ 150 mg。1 吨以玉米和豆粕为主的典型的仔猪日粮含 750 ppm ～ 1500 ppm 的铬，但其中大部分可能是仔猪不可利用的。有机铬化合物对减轻早期断奶的不良后果可能有潜在应用。仔猪断奶时遇到营养、健康、生理和群秩序等方面的急剧变化会使其铬的排泄量增加，因而需要补充一定量的铬，然而，实际情况并非如此。美国多家研究所为测定各种条件下添加铬对断奶猪的影响进行了研究。在堪萨斯州立大学，无论是添加各种水平（0、20、50 和 400 ppb）的烟酸铬还是添加 200 ppb 三甲基吡啶铬，饲喂给 180 头断奶猪 35 d，发现对仔猪的性能或免疫状况均无任何影响。路易斯安那州立大学的研究工作再次证实了铬的代谢作用，但未能证明饲喂 200 ppb 三甲基吡啶或吡啶羚酸铬对仔猪的促生长作用。密歇根州立大学的研究人员已经证实，添加由酵母提供的铬不能防止应激引起的铜和锌的损失。他们还证实了饲养于拥挤的保育舍条件下的仔猪生长性能和免疫状况都不会对添加铬产生反应。北卡罗来纳州立大学报道，饲料中添加铬（二甲基吡啶铬、烟酸铬或氯化铬）对受到埃希氏大肠杆菌脂多糖挑战的断奶仔猪没有帮助。可见，在断奶仔猪日粮中添加铬仍然是一个备受争议的。虽然这样做有其理论依据，但尚未弄清在何种条件下添加铬才会对断奶仔猪产生有效作用。

49.日粮纤维对猪的消化生理有何影响？

答：大量的试验证实，日粮纤维对猪的消化道结构、组织形态、消化酶活性、消化道 pH 值、微生态环境等方面皆产生重要的影响，同时亦对猪消化道具有重要的保健作用。（1）随着日粮纤维含量的增加，消化器官的长度、重量、容积等也会相应增加。成年猪饲喂高苜蓿日粮与低苜蓿日粮相比，高苜蓿组猪的肝脏、胃、小肠、结肠、盲肠的相对重量（占体重的百分比）都增加。日粮纤维同时会影响消化器官的组织形态。（2）日粮纤维降低淀粉酶、脂肪酶、胰蛋白酶、糜蛋白酶的活性，其影响程度与纤维的类型和酶的种类有关。高纤维日粮会增加胃液、胆汁、胰液的分泌，胰蛋白酶和淀粉酶的活性降低，但胃液中胃蛋白酶的活性增加；同时日粮纤维对激素如胰岛素、胰高血糖素、抑胃多肽的分泌也有影响，间接调控消化液的分泌。（3）消化道的 pH 值会影响动物的消化功能，这主要与消化酶的活性有关。高纤维日粮对胃肠道 pH 值的影响尚无一致的报道。Jenry 等（1994）发现，采食高纤维日粮的猪盲肠和结肠的 pH 值均显著低于采食低纤维日粮的相应部位的 pH 值，而提高了胃食糜的 pH 值。提高粗纤维对胃食糜的 pH 值无影响。（4）猪的后消化道内栖居着大量的细菌，其中有的对其有益，也有的对其有害。在正常状况下，有益菌占有绝对优势，细菌间形成一种相当稳定的、开放的、复杂的生态系统，维持着猪正常的生命活动。而日粮纤维对正常微生态系统的维持有重要作用。猪的消化道内缺少日粮纤维降解酶，多数种类的日粮纤维不易被其消化利用，但可作为肠道内细菌的能量来源，被肠道内细菌降解利用。有些种类的日粮纤维能够作为肠道有益菌的能量来源，而不能被有害菌利用，但也有些种类的日粮纤维能被有害菌利用，而不利于有益菌的生长。Varel 等（1984）报道，采食 35% 苜蓿日粮的生长猪的粪中纤维素分解菌的数量和活性与采食对照日粮的生长猪相比，均得到了提高。同年他做了这样一个试验，给经产母猪分别喂四种日粮（对照组、日粮中含有 20% 的玉米芯、日粮中含有 40% 或 96% 的苜蓿粉），结果发现，采食 40% 和 96% 的苜蓿粉日粮的猪粪中纤维分解菌的数量比对照组高，且差异显著。而采食 20% 玉米芯日粮猪的粪中纤维分解菌的数量却低于对照组。由此可见，日粮纤维对消化道微生物区系的影响和日粮纤维类型有关。

50. 大豆皮是否可以完全取代猪饲料中的麸皮？

答：完全可以。大豆皮是一些大型的榨油厂采用先进脱皮生产工艺而获得的一种副产品，含粗蛋白 10.40%、水分 9.70%、粗纤维 37%、粗灰分 6%，与麸皮相比粗蛋白含量较低，但粗纤维含量较高，市场价格一般比麸皮低。试验结果显示，在妊娠母猪日粮中使用大豆皮代替麸皮对其生长性能无任何不良影响，同时可以降低饲料成本和提高产仔数。由于大豆皮纤维容易在发育成熟猪的大肠中被消化，在中大猪玉米～豆粕型日粮中添加 7.5%～15% 的大豆皮对其生产性能无不良影响。对猪背膘厚度的变化均无影响。

51. 青绿饲料在养猪生产中应用情况如何？

答：青绿饲料在 20 世纪 90 年代前应用较多，但现代养猪生产中，尤其集约化猪场已经少之又少。造成这种情况主要是人们往往认为复合维生素可以完全取代青绿饲料，这是对青绿饲料的认识不足。适当的辅以青绿饲料可以使猪群的发病率减少，增加产奶量，减少难产，从而减少药费的支出。在实际生产中精、青料应因猪而异，不能一概而论，应该合理搭配、灵活掌握。特别是种猪，体况较差的时候应该以精料为主，青绿饲料辅之；体况较好的多喂青绿饲料，适当补充精料。

52. 蛋白质或氨基酸对猪肉的肉质有何种影响？

答：随着生活水平的提高，人们越来越注重肉的品质和风味。评价肉质的指标主要包括肉色、嫩度和肉的风味。影响肉质的因素主要包括遗传、营养、环境和屠宰等。由于很多营养物质都参与肉质变化的代谢和生化过程，因此，营养在肉质的调控中起着重要作用。（1）蛋白质与氨基酸水平：日粮蛋白质水平对猪肉品质有一定的影响。只饲喂高蛋白水平饲粮的猪胴体脂肪减少，肌肉含量升高。随着蛋白质水平或氨基酸增加，瘦肉率显著增加，背最长肌和双股头肌的肌间脂肪含量减少，肉的嫩度下降。氨基酸对屠宰后肌肉组织的理化特性和猪肉品质有一定的影响。补充赖氨酸能增加某些肌肉体积和肌纤维的直径，并且补加赖氨酸后背最长肌面积增加，肌肉的多汁性和嫩度降低，同时在降低脂肪含量的情况下，湿度和蛋白质含量增加。在日粮中加入赖氨酸、蛋氨酸、天门冬氨酸和谷氨酸，能降低内脏脂肪，提高屠宰率；必需氨基酸与非必需氨基酸之比值上升，体脂肪积蓄减少。日粮中蛋白质水平是影响肉质的重要因素，对动物的生长肥育性能和瘦肉率起关键作用，又对肉的风味、嫩度、多汁性等特性产生影响。饲料蛋白质和氨基酸食入量是影响胴体结构的主要营养因素。用高蛋白日粮喂生长猪，可以提高胴体瘦肉率，降低脂肪含量，肉的嫩度也有下降；Stabley（1993）表明，在 20 ～ 120 kg 阶段，日粮蛋白质少 1 个百分点，使肌肉生长每日降低 45 ～ 90 g。Goerl 等人（1995）发现，随着日粮蛋白水平增加，28 ～ 108 kg 猪的胴体背膘厚度下降，瘦肉率增加，肌肉大理石纹、嫩度均降低。（2）色氨酸：动物遭受应激时，其下丘脑中 5—羟色胺的浓度较低。如果日粮中 5—羟色胺前体色氨酸的含量增高，则下丘脑中 5—羟色胺的浓度就会增高。为了通过在日粮中添加色氨酸来增高 5—羟色胺的浓度，必需保持日粮中色氨酸和天然氨基酸（亮氨酸，异亮氨酸，缬氨酸，苯丙氨酸和酪氨酸）之间的适当平衡，因为这些氨基酸会竞争性地穿过血脑屏障。已有研究结果表明，添加色氨酸可有效降低与宰前应激有关的 PSE 肉问题，Warner 等（1990）的研究表明，临宰前 5 d 期间，日粮中添加色氨酸（5 g/kg 日粮），增高了下丘脑中 5—羟色胺的浓度，减少了猪在宰前圈内的攻击行为，从而减少了猪体的青肿和 PSE 肉的问题。（3）甲基氨基酸：动物体内的一些重要的甲基化产物的合成都需要甲基，如肉碱，蛋氨酸和肌酸的合成，但动物体本身不能合成甲基，所以甲基氨基酸可作为甲基供体，以促进肝脂转移，改善线粒体中脂肪酸的合成。甜菜碱就属于含甲基氨基酸，具有两性电解质结构和活性甲基供体，为机体甲基化产物的合成提供甲基，促进肝脂转移，影响血液脂蛋白浓度，改善线粒体中脂肪酸的氧化过程。在饲料中添加甜菜碱，除可以提高商品猪的瘦肉率以外，还可以改善猪肉的品质，使猪肉的 pH 值、系水力、大理石纹评分和肌肉颜色都得到改善。系水力的提高，改善肉的多汁性，防止畜禽肉的滴水损失。另外甜菜碱还可以提高背最长肌肌红蛋白的含量，改善肉色；提高粗脂肪和肌苷酸的含量，对肌肉的风味产生良好的影响。

53. 玉米蛋白饲料替代豆粕在猪上的应用情况如何？

答：玉米蛋白饲料是玉米经过去皮浸泡水磨后所生产的玉米淀粉，再经过水解、提取了玉米糖浆后的副产物，经发酵烘干而成。它含有 13% ～ 16% 的蛋白质及 7% ～ 8% 的柠檬酸，具有酸、香、甜味，适口性强，消化率高。玉米蛋白饲料中所含有的柠檬酸具有特殊的意义。采用酸化剂来替代药物型的生长促进剂，就不会残留有害物质在畜产品中，它也不会像许多抗生素那样具有法定的停药期。而玉米蛋白饲料中所含有的柠檬酸，正符合卫生组织的要求，它是玉米糖浆副产物的发酵产品，完全是天然产品，所含有的柠檬酸是天然的代谢物，能提高畜禽的采食量和消化率。用玉米蛋白饲料取代部分豆粕和药物性生长促进剂饲喂生长育肥猪，能获得较好的经济效果。因为玉米蛋白料中含的柠檬酸能抑制有害细菌的繁殖，这种作用对于生长育肥猪很重要。又因为在这个阶段，生长育肥猪的免疫系统活力不足，而柠檬酸可降低沙门氏菌及其他病原菌在饲料、猪栏和猪本身中的生长与繁殖，因而能够改善猪的生产性能，提高猪的日增重。玉米蛋白饲料用于饲喂生长育肥猪很有发展前景。

54. 苏氨酸对猪的免疫机能有何影响？

答：在机体的免疫系统中，抗体、免疫球蛋白（IgS）都是蛋白质，而苏氨酸是组成 IgS 的重要氨基酸，苏氨酸对猪 IgG 合成具有重要作用。苏氨酸缺乏会抑制免疫球蛋白及 T、B 淋巴细胞的产生，进而影响免疫功能。（1）苏氨酸与仔猪的免疫机能。仔猪获得免疫保护基本来自两方面，一是从母乳中获得免疫保护或称被动免疫，二是在自然状态下仔猪自身免疫系统发生、发育而形成的主动免疫。初生仔猪通过母猪胎盘或初乳获得某种特异性抗体，从而获得对某种病原体的免疫力，抵御病原体的感染，以保证其早期的生长发育。一般来讲，母猪分娩后 3 ~ 4 d 的母乳为初乳，其中含有大量的免疫活性物质，包括 IgS、免疫活性细胞、非抗体保护蛋白。IgS 由 IgG、IgA 和 IgM 组成。这些免疫物质可被吮乳仔猪消化道吸收。初乳中 IgG 抵御败血病的感染，IgA 可抵抗肠道病原体的感染。而在初乳和常乳免疫球蛋白氨基酸组成中含量最高的是苏氨酸，均在 10% 以上。新生仔猪对免疫球蛋白的最大吸收在吸吮初乳后 4 ~ 12 h，随后吸收很快下降。出生后 48 h 肠道完全关闭，这对阻止自然界中的病原大分子进入仔猪体循环具有极为重要的意义。（2）苏氨酸与母猪的免疫机能。妊娠母猪对苏氨酸的需要量较高，对母猪免疫球蛋白的合成有重要影响，这可能与免疫球蛋白中苏氨酸含量高有关。当氮平衡所需要的第一限制性氨基酸（赖氨酸）缺乏时，添加苏氨酸也能使血浆中 IgG 得到恢复，增加 T 细胞依赖性抗原的抗体合成量，而且母猪初乳中也含较多抗牛血清白蛋白抗体。因此，虽然对氮平衡来说，赖氨酸是第一限制性氨基酸，但对妊娠母猪来说，要维持血浆 IgG 浓度，苏氨酸是第一限制性氨基酸，苏氨酸对妊娠母猪的体液免疫起主导作用。低蛋白日粮添加苏氨酸能显著提高母猪初乳和常乳中 IgG 含量。母猪在较冷的环境条件下产下仔猪时，仔猪血清免疫球蛋白的浓度及断奶成活率都会下降，而日粮中添加苏氨酸可改善冷环境对血清 IgG 浓度及仔猪存活率的不利影响，并增强仔猪的免疫力。（3）苏氨酸与生长猪的免疫机能。郑春田等（2000）报道，提高日粮中苏氨酸水平有助于迅速提高生长猪血清球蛋白和 IgG 含量，但不影响最终含量，血清抗牛血清白蛋白抗体水平随日粮苏氨酸水平升高而升高。抗猪瘟弱毒疫苗抗体含量在日粮苏氨酸水平为 0.64% 时最高，而后随日粮苏氨酸水平升高而下降。当日粮苏氨酸水平为 0.54% 时，20 ~ 35 kg 生长猪的生长速率最佳，但更高的苏氨酸水平对增加机体免疫力有益。侯永清等（2001）研究了日粮蛋氨酸与苏氨酸不同水平对机体免疫机能的影响。结果表明，蛋白质与赖氨酸主要影响机体的细胞免疫机能，而蛋氨酸及苏氨酸主要影响机体的体液免疫反应。不同蛋氨酸水平影响胸腺占体重的比例，不同苏氨酸水平影响脾脏占体重的比例，蛋氨酸及苏氨酸的不同水平对皮褶厚度变化无显著影响，苏氨酸及蛋氨酸的不同水平显著影响血液中 IgG 的效价及半数溶血值，说明蛋氨酸及苏氨酸与机体免疫力有关，机体免疫机能最佳时适宜的蛋白质、赖氨酸、蛋氨酸及苏氨酸水平分别为 18%、1.3%、0.39 % 及 0.68 %。

55. 饲料脂肪酸结构为什么会影响到胴体脂肪的软硬度?

答:动物体脂肪合成的原料主要来源于碳水化合物的中间代谢物,由乙酰辅酶 A 合成脂酸,甘油也来自糖酵解的中间产物。由于脂酸的合成与碳链的延长,只能产出偶数饱和脂酸(14 : 0,16 : 0,18 : 0),所以,动物油脂大多饱和程度较植物油高。尽管如此,仍有小部分体脂肪合成直接使用饲料油脂分解出来的脂肪酸作为原料。于是,胴体脂肪的软硬度会受到饲料脂肪酸结构的影响。如图所示,上面的胴体来自于饲喂玉米~豆粕型日粮的猪,胴体软硬度较好;下面的胴体来自于大量饲喂花生副产物的猪,由于花生油中不饱和脂肪酸含量高,导致胴体偏软(引自 R. O. Meyer)。

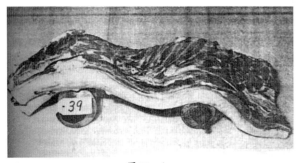

图 23

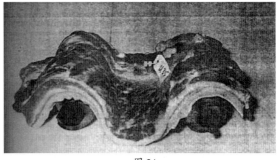

图 24

56. 粗饲料在养猪生产中应如何利用?

答:粗饲料在养猪生产中的利用问题,不应笼统对待。由于粗饲料中含有大量粗纤维,部分饲料中还含有木质素,对其他养分的消化和吸收具有极大的负面影响。一般而言,仔猪饲料中粗纤维含量不应超过 5%,生长育肥猪饲料中粗纤维含量不应超过 8%。为了达到预期的日粮能量浓度和控制粗纤维含量,在商品肉猪的饲养中较少使用粗饲料。但是,成年猪对粗纤维有一定的消化力,所以妊娠母猪可以用相当多的粗饲料,既控制了能量采食量,保证饲料效率,为泌乳期高采食量奠定基础,多产仔,也有利于减少母猪的空腹感,减少动物行为规避的发生。但对于泌乳母猪是应该尽量少使用粗饲料的,因为一方面,此阶段代谢处于负平衡状态,为了尽量降低泌乳失重,应使用营养全面的高能量高蛋白饲料;另一方面,如果粗纤维含量过低,则有引发胃肠黏膜溃疡的危险。

57. 请详细阐述如何具体应用猪的净能体系?

答:目前,在猪的全价配合饲料中,能量已取代蛋白质成为成本最高的组分。因此,饲料配方的成本应以能量为基础进行重新调整,以达到充分利用不同价格原料,降低成本的目的。一直以来,准确的能量需要量评价体系包括,消化能(DE)和代谢能(ME),及最近新增加的计算尿能和甲烷能损失量的方法。由于能量来源和动物体质量的不同,导致能量的利用率产生差异。净能(NE)是从 ME 中减去消化过程中得热增耗,即满足生长和维持需要的有效能量。欧洲的净能体系:饲料原料中 NE 和 ME 间的关系主要取决于营养物质的含量。一般情况下,利用 ME 和

DE 体系会低估脂肪、油脂及淀粉中的实际能量水平，而高估富含蛋白质或纤维的饲料原料的能量水平。为在实际生产中有效应用 NE 体系，营养学家建立了一套营养成分数据库，并利用其中的估测公式计算饲料中 NE 的水平。以往，NE 的计算方法特别繁杂，即使是现在，计算 NE 的方法仍有许多种。对于欧洲的动物营养学家来说，目前欧洲亟待建立一套统一的 NE 计算体系，但法国的一些研究文献倾向于引用评价 NE 需要量的原始资料，欧洲其他的一些国家（如荷兰和丹麦等）则采用不同的方法计算 NE 水平，这些计算方法往往也被称为 NE 体系。但 NE 体系在应用中仍存在许多问题，如：在实际生产中不同的养殖环境和条件下，养殖者应如何有效利用 NE 体系以获得最大的收益。肥育猪的饲养是整个猪养殖环节中成本最高的阶段，约占总成本的 70%，而其中能量饲料的花费约占肥育猪饲料成本的 1/2，因此，在养殖效益核算方面，必须将能量饲料作为最重要的营养元素。由此可见，研究满足动物最理想的能量需要量体系是未来的必然趋势。在其他营养素的研究方面（如蛋白质等）已取得很大的进展，并且这些研究成果已广泛地被人们所接受。与蛋白质等其他营养素的应用进展不同，对于能量，许多营养学家在制作饲料配方时更倾向于使用 DE 或 ME，而不选择使用更先进的能量计算体系（如 NE 等）。一方面，原因可归结为能量计算的复杂性，因为能量可从多种饲料原料中获得；另外，对于某些特殊饲料原料，缺乏其营养成分数据和相关的研究也是造成这个结果的原因。另一方面，也可能是营养学家感觉 DE 和 ME 体系在制作配方过程中更习惯一些。NE 体系的优点：NE 体系可计算饲料组分和全价饲料中更准确的"真"能量水平，因此，可有效满足猪维持和生产（如生长、妊娠和生产）的能量需要。NE 体系与 DE 和 ME 体系间的主要区别就是 NE 体系考虑了消化过程中损失的热能及之后储存在蛋白质和脂肪组织中的能量。从表二十一可见：一些原料的 DE 和 ME 的数值非常接近，但作为真正能量来源的 NE，其数值与前两者的差异很大。

表二十一　饲料原料的 DE 、ME 和 NE （MJ/kg）

原料	DE	ME	NE	ME：DE	NE：ME
大麦	0.013	0.012	0.010	0.97	0.78
玉米	0.014	0.014	0.011	0.98	0.80
双低油菜粕	0.012	0.011	0.006	0.92	0.60
紫花豌豆	0.014	0.013	0.010	0.95	0.73
大豆粕（48%）	0.015	0.013	0.009	0.91	0.60
小麦	0.014	0.013	0.010	0.97	0.78
次粉	0.011	0.011	0.008	0.95	0.72
牛油	0.033	0.033	0.030	0.99	0.90

注：引自 Sauvant 等，2004

　　根据加拿大西部的原料情况，利用 NE 体系制作了一个简单但很实用的饲料配方（表二十二）。从表二十二可见：利用 NE 体系制作的配方中蛋白质水平均低于利用 DE 或 ME 体系计算的配方，其原因是由于 NE 体系充分考虑了消化过程中的热增耗及氮的额外排泄量。通过利用理想蛋白理论，并计算饲料原料中氨基酸的标准回肠消化率（SID），可很容易满足饲料中必需氨基酸（如赖氨酸、苏氨酸、色氨酸、蛋氨酸和异亮氨酸）的需要量。此外，利用 NE 体系对环境也有好处，根据 canh 等（1998）的研究，蛋白水平每降低 1%，氮的排泄量会减少 10%。氮排泄量的降低会减少圈舍中氨气和其他难闻气体的产生量，将会有效提高动物的生产性能。canh 等（1988）指出，降低饲料配方中的蛋白水平也可减少动物的饮水量，从而有效减少圈舍中泥浆的产生量。NE 体系还具有良好的经济效益，特别在饲料原料价格较高时更具有吸引力。利用 NE 体系配制日粮，不论是以吨为单位或以每头猪为单位都可有效降低养殖成本（Patience，2005）。在任何时候，饲料利润均依赖于配方中每种原料的价格，如果一种计算体系仅在 50% 的时间里可有效降低饲料成本，那么，这种体系将会受到人们的普遍欢迎。

表二十二　利用 ME 和 NE 体系所制作的配方

组成	体质量 25 ~ 50 kg		体质量 50 ~ 75 kg	
	ME	NE	ME	NE
小麦 /%	58.44	69.78	77.96	78.44
玉米 /%			3.82	3.39
紫花豌豆 /%	20.00	6.44		
豆粕（48%）/%	11.17	9.33	8.42	8.37
肉骨粉（42%）/%	2.70	2.73	2.15	2.14
双低油菜粕（37%）/%	0.22	4.03		
牛油 /%	5.00	5.00	5.00	5.00
赖氨酸 /%	0.53	0.77	0.80	0.80
L ~ 苏氨酸 /%	0.12	0.15	0.15	0.15
DL ~ 蛋氨酸 /%	0.10	0.07	0.04	0.04
其他 /%	1.72	1.70	1.66	1.67
营养水平				
ME/（kJ · kg^{-1}）	14.11	14.04	14.19	14.19
ME/（kJ · kg^{-1}）	10.79	10.79	11.07	11.07
CP/%	18.80	18.14	16.10	16.10
SID Lya/%	1.00	1.00	0.88	0.88
SID Thr/%	0.62	0.62	0.55	0.55
SID Mel+Cys/%	0.57	0.57	0.50	0.50
SID Trp/%	0.17	0.17	0.16	0.16
SID Tle/%	0.59	0.55	0.48	0.48
每吨成本 / 加元	181.33	179.42	178.27	178.15

注：包括矿物质元素与维生素

NE 体系的应用：当决定采用 NE 体系配制日粮后，下一个问题就是如何使用 NE 体系。NE 在内的任何能量计算体系制作配方时，大多数营养学家存在一个严重的问题，即对于一种原料，多年以来始终使用相同的一个能量数值。实际上，一家公司应对原料的能量水平进行定期修订，或简单地将不同参考文献所提供的原料能量水平进行平均计算，如：计算 NRC（1998）提供的数据。在使用 NE 体系时，按照上述方法虽然可获得良好的效果，但这并不是最好的途径，因为当原料中其他营养成分（如初蛋白、粗纤维和粗脂肪等）的含量发生变化时，其有效量的水平也会发生相应的变化。为了更简便利用 NE 体系，作者制订了一套详细的操作技术指导。下面详细介绍制作生长肥育猪饲料配方的过程：（1）明确制作生长肥育猪饲料配方所要选用的能量饲料原料。（2）采集所有所需饲料原料的样品，制定营养成分分析时间计划。（3）分析饲料原料中营养成分，这些营养成分应包括（但并不一定局限于这几项指标），干物质、粗蛋白、乙醚提取物、中性和酸性洗涤纤维、淀粉和糖的含量。（4）通过利用原料营养成分分析数据和有效 NE 估测方程，计算 DE 和饲和 NE 含量。（5）将原料中 DE、ME 和 NE 的计算结果与饲料配方软件中提供的数值进行比较。（6）更新饲料配方软件中能量饲料的营养成分数据。（7）在生长肥育猪配方表中增加 NE 数值栏，之后按照原能量计算体系（DE 和 ME）制作饲料配方。（8）根据已制作的饲料配方计算 NE 值，之后将配方中能量限定值（DE）替换为新的 NE 值。（9）重新优化日粮配方以平衡 NE 含量。因为生长肥育阶段，猪日粮中典型饲料原料的数量最少，根据这个配方配制的饲料可满足猪从肥育期到出栏这阶段的采食量需要，所以选择此阶段猪饲料配方作为计算 NE 体系的范例。此外，由于猪在每个生长阶段对营养物质（包括能量等）的消化吸收率不同，因此需要根据不同的生长阶段建立相应的 NE 估测方程，所以，目前将 NE 体系应用到猪每个生长阶段的目的并不能完全实现。Noblet 等（1994）的研究支持了上述结论，他们建议，生长猪和繁殖母猪分别建立不同的 NE 估测方程，并且猪在不同的生长阶段对于营养物质的消化吸收率是不同的，这不仅对于能量而言，还包括其他所有营养成分。与可消化氨基酸等其他营养学研究进展相比，人们对于能量和 NE 的了解还不是很深入（De lange 等，2005）。但这些并不应该成为阻碍 NE 体系在当前商业化饲料生产中应用的因素。在建立 NE 体系数据库的过程中，首先要明确含有能量的饲料原料种类，之后需要在规定的时间内采集这些原料的样品。理想的情况是样品的采集过程严格按照样品质量控制方案进行，这样就会尽可能地保障测定数值的准确性。当饲料原料采集工作结束后，下一步就需要测定其中的营养成分含量，其中所测定的内容应包括以下营养素，但也并不一定要局限于这些指标，其中包括，粗蛋白、脂肪、纤维、水分、灰分、中性和酸性洗涤纤维、糖和淀粉等。测定上述营养成分的原因是由于在法国和丹麦这两个应用 NE 体系最广泛的国家里，都会严格按照原料中营养成分的测定数值使用 NE 体系。输入营养成分分析值：在完成对原料营养成分的测定工作后，就需要在 NE 估测方程中输入每种营养成分含量，以此计算 NE 水平，与此同时，也要计算这种原料的 DE 和 ME 含量。DE 和 ME 的计算结果不仅可作为验证 NE 计算值准确性的指标，还可校正所使用饲料配方软件中 DE 和 ME 的参考值。下一步就是将 NE 的计算数据输入配方软件中，如果软件中没有 NE 项目，就需在每个生长肥育 猪配方计算模型中加上。在利用 NE 体系配制日粮前，先用 DE 体系或 ME 体系分别计算两套配方比较合理，这样就能检测 NE 体系所计算的配方结果。最后，当营养学家熟悉并适应 NE 体系后，他们对 NE 体系的态度就会发生改变。毫无疑问，任何一种饲料配方的 NE 需要都会低于 DE 或 ME 的需要量，NE 体系最大的优点就是考虑到了代谢过程中所有的能量损失，因此，根据 NE 体系计算的能量是最接近动物维持和生长的需要能量。当 NE 体系与可消化氨基酸和理想蛋白理论结合时，营养学家就可设计出一种理想的饲料配方，这个配方所提供的能量和氨基酸营养能有效调控动物生长速度和胴体品质。另外，利用 NE 体系可有效提高营养素的利用率，从而减少猪养殖业对环境的污染。虽然，NE 体系并不是能量评价体系研究的最终目标，但它确实开启了能量体系研究的正确方向。

58. 如何解决粉碎小麦时过细引起的糊嘴现象？

答： 在多种猪饲料原料的加工工艺中，锤片粉碎机处理也许是应用最广泛的。多数常规的原料，如大麦、玉米、小麦、高粱和燕麦在生产中几乎都是利用锤片式粉碎机进行加工。但在上述原料中，特别是对于小麦和燕麦，选择何种筛片进行粉碎是一个非常复杂的问题。如果将小麦粉碎的过细，饲料黏性就会增加，采食过程中极易引起糊嘴现象，从而导致适口性降低；如果粉碎的过粗，小麦的利用率就会变得很低，但用对辊式粉碎处理可有效解决上述问题。对于燕麦的粉碎，目前有限的资料表明，较小的粉碎粒度对于提高其利用率是必要的。粉碎燕麦时，筛孔直径小于 5.25 mm，不会对其利用效率造成明显的影响；但当筛孔直径等于或大于 9 mm 时，就会降低燕麦的利用效率。与此相对的是，对燕麦进行对辊式粉碎处理，如加工的很均匀且很扁时，其利用效率与用筛孔直径小于 5.25 mm 的其他任何粉碎方式的利用效率相同。另外，不同粉碎工艺对玉米和高粱利用率的影响与燕麦相似。

图 25　中国饲料工业代表团在美国某饲料厂参观学习　　　　图 26　该公司的粉碎机全是对辊式粉碎机

59. 膨化豆粕部分或全部取代鱼粉对断奶仔猪生产性能有何影响？

答： 膨化豆粕是大豆榨油后的副产物，大豆膨化后可提高出油率，同时还可破坏豆粕中的抗营养因子，提高营养物质消化率。20 世纪，营养学家认为断奶仔猪日粮需要动物蛋白特别是鱼粉，从而限制了豆粕在仔猪日粮中的用量。豆粕膨化后营养物质消化率提高，因而推测可用较高比例的膨化豆粕部分或全部取代断奶仔猪日粮中的鱼粉。本作者与余林等 2004 年便进行过用膨化豆粕取代断奶仔猪日粮中 0、50%、100% 的鱼粉的试验，研究膨化豆粕部分或全部取代鱼粉对断奶仔猪生产性能的影响。试验采用单因子设计，选择健

康杜 × 长 × 大（DLY）仔猪共 48 头，28 日龄断奶，公母各半，随机分为 3 个处理，分别用膨化豆粕取代基础日粮中 0、50% 和 100% 的鱼粉，每个处理 4 个重复，每重复 4 头猪，初始体重（8.19 ± 0.09）kg，处理间体重差异不显著（P>0.05）。正式试验共 3 周。基础日粮采用华西希望断奶仔猪颗粒料（玉米~豆粕型），对照组（1 组）含 6% 的鱼粉，2 组、3 组分别含 3% 和 0% 的鱼粉，消化能 3.3 Mcal/kg、粗蛋白 19.7%、赖氨酸 1.32%、蛋氨酸 + 胱氨酸 0.66%、钙 0.82%、磷 0.62%、粗纤维 2.1%。试验结果见表二十三。

表二十三　膨化豆粕部分或全部取代鱼粉对断奶仔猪生产性能的影响

项目	1组	2组	3组
初始体重 /kg	8.17 ± 0.05	8.20 ± 0.06	8.21 ± 0.02
末体重 /kg	17.07 ± 0.71	16.72 ± 0.72	17.16 ± 1.25
日均采食量 /g	655.00 ± 40.00	597.00 ± 34.00	655.00 ± 61.00
日增重 /g	424.00 ± 33.00	406.00 ± 32.00	427.00 ± 59.00
料肉比	1.59 ± 0.04	1.52 ± 0.03	1.61 ± 0.09
腹泻率 /%	0	0	0
死亡率 /%	0	0	0

注：表中数据没有肩标表示差异不显著

由表二十三可知，用膨化豆粕取代断奶仔猪日粮中 50% 或 100% 的鱼粉对仔猪生产性能的影响不显著。这可能是因为：一方面膨化可消除大豆中抗营养因子如胰蛋白抑制因子、尿素酶等的毒副作用（陈恩惠等，1996；谯仕彦等，1997）；另一方面膨化可提高豆粕养分的消化率（陈恩惠等，1996）。此外，豆粕中抗营养因子的毒副作用降低，养分消化率提高，也使仔猪腹泻率降低。在很大程度上，腹泻是抑制仔猪生长的重要原因。而本试验中仔猪腹泻率为 0。这可能是因为：（1）试验日粮养分消化率较高。日粮养分消化率低常被认为是断奶仔猪腹泻的原因之一（董国忠等，2000）。因为未消化吸收的饲料残渣到达大肠被肠道微生物利用，产生大量的挥发性脂肪酸以及有害物质如硫化氢、尸胺、腐胺等，刺激肠蠕动加快，进而使得未消化吸收的饲料残渣进一步增加，细菌发酵产物和未消化吸收的饲料残渣提高了肠道内容物的渗透性，妨碍水的吸收，水分持续进入肠腔，导致腹泻。同时，未消化的养分进入大肠，引起大肠微生物群发生改变，有益菌（如乳酸杆菌）减少，有害菌（如大肠杆菌）增多，从而引起仔猪腹泻。（2）日粮中含有较多的乳清粉，乳糖发酵成乳酸，降低胃肠道的 pH 值，促进乳酸菌增殖，进而抑制有害微生物尤其是大肠杆菌的繁殖，乳酸杆菌通过阻断大肠杆菌的受体及其代谢毒素从而抑制大肠杆菌的增殖，减少腹泻的发生。（3）本试验的饲养环境条件较好和饲养管理水平较高，也可减少仔猪腹泻的发生。试验中仔猪健康状况良好，没有仔猪死亡。本试验的结果表明，用膨化豆粕取代断奶仔猪日粮中 50% 或 100% 的鱼粉不会影响断奶仔猪生产性能，这在养猪生产上有重要意义。由于鱼粉资源短缺且价格昂贵，因而在生产中若能用膨化豆粕完全取代仔猪日粮中鱼粉又不会降低仔猪的生产性能，将大大降低生产成本，这对提高养猪经济效益有重要的实践指导意义。

图 27　试验现场

60. 去皮豆粕在养猪生产中的应用有哪些?

答：大量研究表明，猪对去皮豆粕营养物质的利用率要高于普通豆粕。康玉凡等（2003）用三元杂交去势公猪研究去皮豆粕和普通豆粕的养分消化率、氮平衡和能量平衡，结果表明：去皮豆粕的营养物质利用率高于普通豆粕，两者日粮的干物质消化率分别为 94.25％和 92.93％，氮消化率分别为 93.01％和 91.62％，氮沉积率分别为 62.20％和 59.06％，能量消化率分别为 95.49％和 94.44％，能量沉积率分别为 93.69％和 93.03％。余斌等（2000）为研究不同能量浓度及去皮豆粕与普通豆粕对哺乳期母猪生产性能的影响，选用了 96 头哺乳母猪及所产 873 头仔猪，试验结果表明，去皮豆粕组和普通豆粕组哺乳期仔猪日增重分别为 210 g 和 199 g，前者显著高于后者；母猪失重分别为 7.94 kg、11.26 kg，去皮豆粕组均显著低于普通豆粕组。Jhung 等（1989）采用 75 头 45 日龄仔猪作为试验动物饲喂 105 d，试验日粮以去皮豆粕替代对照日粮中的普通豆粕和部分或全部的鱼粉，结果表明去皮豆粕组猪的生产性能得到改善。

61. 去皮膨化豆粕取代进口鱼粉对仔猪生长有何影响?

答：膨化是油脂企业为提高榨油效率而增加的一道加工工艺，据称大豆经膨化后榨油效率可提高 0.2％ ~ 0.3％。去皮膨化豆粕是豆油被浸出后剩下的一种高蛋白高能量饲料原料。经膨化后豆粕中的营养抑制因子活性降低，养分消化率提高。20 世纪豆粕在仔猪配合饲料中使用量受到较大限制，同时还必须添加足量的动物蛋白原料，如鱼粉等。本作者与陈昌明等于 2004 年进行了一系列的试验。我们在仔猪配合饲料中使用去皮膨化豆粕并且打破传统的用量界限，部分或全部取代进口鱼粉，从仔猪日增重、饲料转化率、存活率、腹泻率等指标观察仔猪生长性能方面的变化，同时也比较了仔猪每 kg 增重的饲料成本。试验处理：将 113 头体重相近的仔猪分成 3 组，每组设 3 个重复（栏圈）。3 个试验组分别为无鱼粉日粮，2.5％进口鱼粉日粮和 5％进口鱼粉日粮。试验仔猪从 24 日龄（断奶前 4 d）开始，饲喂试验日粮预饲 8 d，之后进入正式试验，试验期 3 周时间。试验仔猪按常规饲养管理，试验各组环境条件一致，自由采食、自由饮水。试验日粮和结果分别见表二十四和表二十五。

表二十四　仔猪试验日粮（％）

日粮组成	无鱼粉	2.5% 鱼粉	5% 鱼粉
玉米	51.09	52.82	54.57
去皮膨化豆粕	29.36	25.60	21.80
小麦	5.00	5.00	5.00
乳清粉	5.00	5.00	5.00
啤酒酵母	4.00	4.00	4.00
秘鲁鱼粉	0.00	2.50	5.00
磷酸氢钙	1.73	1.29	0.85
石粉	1.00	1.04	1.16
大豆油	1.00	1.00	1.00
其他	1.82	1.73	1.62
合计	100	99.8	100
日粮成本 /（元 /t）	3 186.00	3 222.00	3 262.00
营养指标			
消化能 /（kcal/kg）	3 400.00	3 400.00	3 400.00
粗蛋白 /%	20.50	20.50	20.50
钙 /%	0.95	0.95	0.95
磷 /%	0.72	0.70	0.68
赖氨酸 /%	1.11	1.11	1.12

表二十五　3 种日粮对仔猪生产性能的影响 *

	无鱼粉	2.5% 鱼粉	5% 鱼粉
试验猪数 / 头	38	38	37
始重 /kg	7.47 ± 1.00	7.53 ± 1.06	7.59 ± 1.06
末重 /kg	15.61 ± 2.22	15.48 ± 1.81	14.23 ± 2.84
平均增重 /kg	8.14 ± 1.58b	7.96 ± 1.19b	6.64 ± 2.11a
平均日增重 /kg	0.39 ± 0.08b	0.38 ± 0.06b	0.32 ± 0.10a
平均日采食量 /kg	0.58	0.58	0.53
料肉比	1.49	1.52	1.67
腹泻率 /%	5.6	5.4	4.0
增重成本 /（元 /kg）	4.75	4.89	5.43

★不同标注字母表示差异显著（P<0.05）

平均增重和日增重（ADG）：从表二十五看出，无鱼粉和 2.5% 鱼粉日粮比 5% 鱼粉日粮组高 23% 和 20%（P<0.01）；无鱼粉与 2.5% 鱼粉日粮不存在明显差异。平均日采食量（ADFI）：为了消除鱼粉对仔猪采食的影响，3 种试验日粮都使用了调味料。但是从表 2 看出，5% 鱼粉日粮组比无鱼粉日粮组和 2.5% 鱼粉日粮组分别低 9.5% 和 9.3%（P>0.05）。料肉比（F/G）：如表二十五所示，无鱼粉日粮最低，分别比 5% 鱼粉和 2.5% 鱼粉日粮组低 11.8% 和 1.9%；2.5% 鱼粉日粮比 5% 鱼粉日粮组低 9.7%。腹泻率：在试验的 3 种日粮中，腹泻率为 4% ~ 5.6%，5% 鱼粉日粮组低于无鱼粉、2.5% 鱼粉日粮，但差异不明显。存活率：3 组日粮均无试验猪死亡。增重成本：3 种日粮中，无鱼粉日粮的增重成本（仔猪每 kg 增重的饲料成本）最低，为 4.75 元 /kg，分别比 5% 鱼粉日粮和 2.5% 鱼粉日粮组低 14.5% 和 3%。试验仔猪 32 日龄，平均体重在 7.47 ~ 7.59 kg，经过 21 d 的试验期饲养，53 日龄体重 14.23 ~ 15.61 kg。试验期间饲养管理条件一致，3 种试验日粮在生长性能的表现基本上反映了日粮组成上的真实差异。无鱼粉和 2.5% 鱼粉日粮的 ADG 比 5% 鱼粉日粮高出 20% ~ 23%，差异显著（$P<0.01$）。一方面，受 ADFI（相差 9.3% ~ 9.5%）的影响；另一方面，我们分析了试验所使用的去皮膨化豆粕与鱼粉真蛋白含量，分别为 90.41% 和 88.26%，前者高于后者 2.15 个百分点。试验结果表明去皮膨化豆粕在断奶仔猪阶段完全可以取代进口鱼粉。并且，无鱼粉日粮的增重成本最低，比 5% 鱼粉日粮低 14.5%，具有良好的经济效益。试验结果中无鱼粉和 2.5% 鱼粉日粮的 ADG 和料肉比均优于 5% 鱼粉日粮，具体的机理还有待进一步的试验验证和进行消化试验方面的研究。

图 28　山东省日照市某猪场

62. 去皮膨胀全脂大豆取代进口鱼粉对断奶仔猪生产性能有何影响？

答： 我国养猪业近几年来得到快速发展，仔猪断奶也由传统的 35 日龄减少到 25 ~ 28 日龄，条件好的可以 21 ~ 23 日龄断奶，大大提高了种母猪的繁殖利用率。我国仔猪料一般为"玉米 – 豆粕 – 鱼粉"型日粮，由于世界鱼粉的产量在逐年下降，且价格一直居高不下，加上鱼粉的盐分和新鲜度难以控制，鱼粉成为"玉米 – 豆粕 – 鱼粉"型仔猪高品质日粮的瓶颈。如何选择一种原料来取代或部分取代鱼粉，生产品质稳定、高效且成本有竞争性的断奶仔猪料已成为一种挑战。本作者与高树冬等在 2004 年为此进行了一系列的试验。其中，一个就是主要探讨去皮膨胀全脂大豆在断奶仔猪日粮中取代进口鱼粉对其生产性能的影响，为在断奶仔猪日粮中用营养价值高的去皮膨胀全脂大豆取代进口鱼粉的可行性提供依据。本试验共选用 PIC 五元配套系商品代 28 断奶仔猪 100 头，平均体 7.618 kg。提供试验的去皮豆粕、去皮膨胀全脂大豆由东海粮油工业（张家港）有限公司生产提供，鱼粉为蒸汽特制进口鱼粉，各处理组的日粮均由东海粮油饲料部按 PIC 断奶仔猪营养标准设计、生产。试验完全随机分成 5 个处理组，每个组 2 个重复，每个重复 10 头。每组公母各半。处理组 Ⅰ、Ⅱ、Ⅲ、Ⅳ、Ⅴ 日粮配方及其养分见表二十六。

表二十六　日粮配方及其养分含量（％）

原料与养分	I	II	III	IV	V
玉米	46.63	45.37	42.78	42.84	42.59
膨化玉米	10.00	10.00	10.00	10.00	10.00
低蛋白乳清粉	4.00	4.00	4.00	4.00	4.00
麸皮	2.00	—	1.95	0.08	2.00
次粉	—	—	—	3.00	—
豆油	1.89	—	—	2.15	2.29
粉状卵磷脂	1.50	1.50	1.50	1.50	1.50
去皮豆粕	25.93	21.19	23.10	30.47	33.71
去皮膨胀全脂大豆	—	11.93	12.83	—	—
进口特制蒸汽鱼粉	5.00	2.50	—	2.50	—
其他	3.05	3.51	3.84	3.48	3.91
合计	100.00	100.00	100.00	100.00	100.00
消化能 /（MJ/kg）	14.21	14.21	14.21	14.21	14.21
粗蛋白质	20.00	20.01	20.00	20.00	20.00
赖氨酸	1.15	1.16	1.15	1.15	1.15
蛋氨酸 + 胱氨酸	0.66	0.66	0.66	0.66	0.66
色氨酸	0.26	0.26	0.26	0.26	0.26
苏氨酸	0.80	0.81	0.80	0.80	0.80
粗脂肪	5.50	5.50	5.50	5.50	5.50
粗纤维	2.46	2.50	2.76	2.55	2.78
钙	0.85	0.85	0.85	0.85	0.85
总磷	0.64	0.62	0.64	0.65	0.67

注：养分中消化能为计算值，其余均为实测值

　　试验结果与讨论：1. 增重和料重比：去皮膨胀全脂大豆在断奶仔猪日粮中取代进口鱼粉对仔猪日增重和料重比的影响见表二十七和表二十八。从表中可以看出，试验期日增重最高和料重比最低的是组 IV，其次是组 III，它们与组 I、II、V 有显著差异（P < 0.05）。这说明在断奶仔猪日粮中用去皮膨胀全脂大豆可以全部取代进口鱼粉。可能的原因是去皮膨胀全脂大豆中大豆抗营养因子在膨胀加工过程中被部分破坏或钝化了，从而有利于断奶仔猪生长，陈昌明等（2004）和余林等（2005）也发现同样的现象。同时用去皮豆粕加 2.5% 进口鱼粉也比 5% 进口鱼粉料好。可能的原因是进口鱼粉被掺假，同时豆粕经去皮后其营养价值提高。2. 腹泻与死亡率：去皮膨胀全脂大豆在断奶仔猪日粮中取代进口鱼粉对仔猪抗病力的影响见表二十九。从表中可知，试验各组均未死亡，腹泻上各组无显著差别（P > 0.05）。表明去皮膨胀全脂大豆中原有的一些抗营养因子在膨化加工过程中被破坏，降低了过敏性反应，对断奶仔猪无不良影响。3. 去皮膨胀全脂大豆在断奶仔猪日粮中取代进口鱼粉对仔猪抗病力的影响见表二十九。从表中可知，试验各组均未死亡，腹泻上各组无显著差别（P > 0.05）。表明去皮膨胀全脂大豆中原有的一些抗营养因子在膨化加工过程中被破坏，降低了过敏性反应，对断奶仔猪无不良影响。这与胡文琴等（2004）结果相一致。

表二十七　各处理组仔猪增重（kg）

项目	I	II	III	IV	V
断奶重	7.550	7.726	7.616	7.560	7.700
末重	17.436 b	17.066 b	18.025 a	18.402 a	17.116 b
增重	9.886 b	9.340 b	10.409 a	10.842 a	9.416 b
日增重	0.353 b	0.334 b	0.372 a	0.387 a	0.336 b

注：同行肩注不同字母表示差异显著（P<0.05），以下同

表二十八　各处理组仔猪采食量与料重比（kg）

项目	I	II	III	IV	V
总采食量	298	309	284	266	287
采食量/头	14.90	15.45	14.2	13.3	14.35
日采食量	0.532 a	0.552 a	0.507 b	0.475 b	0.513 b
日增重	0.353 b	0.334 b	0.372 a	0.387 a	0.336 b
料重比	1.507 a	1.653 a	1.363 b	1.227 b	1.527 a

表二十九　各处理组仔猪死亡率与腹泻率（头、%）

项目	I	II	III	IV	V
断奶数	20	20	20	20	20
末期数	20	20	20	20	20
腹泻数	5	6	5	3	8
死亡率	0	0	0	0	0
腹泻率	0.89	1.07	0.89	0.54	1.43

表三十　各处理组毛猪生产成本（元/kg）

项目	I	II	III	IV	V
饲料价格	3.112	3.150	3.085	3.125	2.996
料重比	1.436	1.422	1.430	1.426	1.527
生产成本	4.47	4.48	4.41	4.46	4.57

4. 生产成本：去皮膨胀全脂大豆在断奶仔猪日粮中取代进口鱼粉对仔猪生产成本的影响见表三十。从表中列出的数据显示，各试验组生产每 kg 猪肉所需饲料成本由低到高分别为组 III、IV、I、II、V，说明饲喂去皮膨胀全脂大豆日粮对降低断奶仔猪料饲养成本有一定作用。从本试验情况来看，去皮膨胀全脂大豆可以完全取代进口鱼粉，对断奶仔猪生产性能无不良影响，但上述结果还有待于更多试验进一步验证。在试验中还发现，进口鱼粉新鲜度特别值得关注，应该将其列入重要检测项目之一。

63. 如何生产膨胀全脂大豆？膨胀全脂大豆与膨化全脂大豆有何区别？

答：用膨胀机生产的全脂大豆被称为膨胀全脂大豆，用膨化机生产的全脂大豆被称为膨化全脂大豆。一般的说，二者无本质差别，只是前者的产量比后者高，但熟化度比后者低。

图29　生产膨胀全脂大豆的膨胀机　　　　　　图30　用膨胀机生产的膨胀全脂大豆

64. 不同的饲料加工工艺对猪生产性能的影响如何？

答：猪场场长对饲料的加工形式通常有很多选择，其中，可提高生产性能并降低生产成本的方式最易被大家接受。同时，他们拒绝使用那些不能达到预期生产性能，并且增加成本的加工方法。在饲料成本居高不下的时期，需要对所选择的饲料加工方法进行重新评估，以确定所节约的饲料成本是否会超过额外加工过程所增加的支出，由此降低总的生产成本。当对饲料加工方法进行评价时，需进行综合考虑，其中，最重要的是需增加的加工成本和对生产性能的影响。

全混合饲喂方式和自由择食饲喂方式：饲喂全混合饲料的猪通常会比自由择食饲料的猪长的快些，这主要是因为全混合饲料可更好地控制营养元素的摄入量。但全混合饲料的这个优势往往被饲料粉碎、混合和维护过程所增加的成本所抵消。在饲料利用效率方面，两者的差异并不显著。此外，全混合饲喂方式需要更高的机械自动化程度，而自由择食饲喂方式则需要进行更严格的监控。

玉米或高粱整粒饲喂方式和粉碎饲喂方式：自由择食情况下，整粒或粉碎玉米对猪生产性能的影响没有差异；与饲喂整粒高粱相比，粉碎后的高粱通常会提高猪的增重速度和饲料利用率，高粱粉碎后饲喂可使平均日增重提高4%，并且降低3%的耗料量。全混合饲料中所有的组成成分，包括玉米和高粱，都需进行粉碎或压碎处理。如果玉米或高粱未粉碎即与其他组分混合，就会产生分级现象，从而影响饲料的均匀性。

美国德克萨斯州进行了一些关于高粱加工方式对肥育猪生产性能影响的研究，其中部分结果见表三十一。试验猪体质量从32 kg增加到55 kg时，饲喂蛋白含量为16%的日粮，之后更换为蛋白含量为14%的日粮，直至体质量增加到95 kg时屠宰。高粱干燥粉碎处理组中猪的增质量速度优于微波化处理组和蒸气压片处理组，而蒸气压片处理组中的料肉比则低于其他两个处理组。对于胴体品质，各处理间没有显著差异。

表三十一　高粱加工方式对肥育猪生产性能的影响

项目	干燥粉碎	微波化处理	蒸气压片
平均日增重 /kg	0.871	0.830	0.821
料肉比	3.04	3.03	2.91

烘焙（煮熟）玉米：研究表明，玉米烘焙处理并不影响猪的增重速度，但对饲料利用效率影响的结论并不一致。通过对以上研究资料的总结可发现，烘焙玉米对猪的饲料利用效率似乎有一些好处，但这点益处并不足以促使猪场场长去单独购买一台玉米烘焙设备。颗粒饲料和粉料：颗粒饲料通常会使生长猪和肥育猪的平均日增重增加 5%，饲料利用率提高 10% ~ 12%。大部分养殖者所使用颗粒饲料的数量不一定能证明一台制粒机的价值，同样，使用颗粒饲料所带来的益处也并不一定能抵消向制粒机内投料过程的耗能成本。但在所需原料全部购置齐全的情况下，与粉料相比，颗粒饲料还是相当经济的。液体饲料：对于增重率的影响，干饲料和液体饲料间没有显著差异，但饲喂干饲料通常可提高饲料转化率。此外，在活重减缩率、冷藏减缩率和其他胴体指标测量值方面，两者也没有显著差别。液体饲料的成本要高于干饲料，其分隔保存和饲喂也是个问题。此外，在低温气候条件下，使用液体饲料同样会带来许多麻烦。与干饲料相比，液体饲料更易引起设备腐蚀。湿料饲喂方式：美国俄亥俄州农业研究和发展中心曾对湿料饲喂方式进行相关研究。湿料通常是由干饲料和水按照 1 ∶ 1.3 ~ 1 ∶ 1.5 的比例混合而成。湿料并不是液体，但含有足够可挤压出的水分。此外，湿料中的水分还可满足猪对水的需要。在一项研究中，科研工作者观察了标准混合蛋白饲料通过干饲料和湿料 2 种形式对生长肥育猪生产性能的影响。结果表明，与干饲料相比，湿料在生长期和肥育期分别提高日采食量 0.26 kg 和 0.21 kg，并且分别提高日增质量 0.10 kg 和 0.08 kg。在 8 个生长肥育阶段中，其中，7 个阶段可发现湿料对猪的增重率有促进作用。另外，湿料饲喂形式下的猪具有较高的水料进食比。总之，采用何种饲料加工工艺完全取决于是否能获得最大的经济效益，这个原则对于猪的养殖者同样适用。一些饲料加工方式可获得较高的日增重和（或）饲料利用率，但这些方式也存在经济或不经济的一面，这一切主要依赖于以下因素，如加工过程的成本、加工的方式、所需要的设备及在饲喂体系中所要达到的自动化程度。其实，湿料饲喂方式最简单的应用就是，在母猪料槽中先放水，然后加料（图31、图32）。

图 31　喂食前的母猪料槽

图 32　喂食后的母猪料槽

65. 许多养猪户说，用浓缩料效果不如预混料好，有道理吗？为什么？

答：浓缩料和预混料哪个效果好，不能一概而论，主要取决于产品的定位，高档预混料的效果可能好于普通浓缩料，高档浓缩料也可能好于一般的预混料。另外，用预混料效果的好坏还取决于用户所购买大宗原料的质量如何。多数用户感觉预混料效果好，是因为用预混料看得见、摸得着，用着放心。

66. 哪几种杂粕比较适合养猪，添加比例分别多少适合，各年龄段的猪都适合用杂粕吗？

答：杂粕是相对豆粕而言，一般所指的杂粕包括菜粕、棉粕、花生粕、葵花粕、蓖麻粕等，除去乳猪阶段、种猪阶段要谨慎使用杂粕外，其他阶段都可以使用一定数量的杂粕。杂粕的消化吸收率相对于豆粕要差一些，而且杂粕中含有较多抗营养因子或毒素，如棉粕中含有棉酚、花生粕中含有黄曲霉毒素等。所以，使用时要综合考虑配方的总体情况，不可简单限定什么阶段使用多大比例，如一般说各种杂粕用量最好不超过5%，但有人在蛋鸡料中用到15%的棉粕，并没出现问题，因而杂粕用量的多少，要看所使用的杂粕质量如何，有没有经过脱毒处理，有没有使用相应酶制剂以提高消化吸收率。

67. 脂肪粉添加在仔猪浓缩料中的安全系数为多少？我在仔猪体重30～60 kg阶段的20%浓缩料中添加了4%的酶解羽毛粉，是否安全？

答：脂肪粉的添加不存在安全系数的问题，需要根据配方能量的设定来决定用量，同时，要考虑脂肪粉是不是经过处理的棕榈油，因为仔猪对棕榈油的利用率有限。浓缩料中加入4%的羽毛粉没有问题，前提是羽毛粉没有问题，至于效果要取决于羽毛粉的质量。

68. 使用了浓缩料后，出现了猪咬尾巴的现象，与饲料有关吗？

答：如果要从饲料方面找原因的话，可以考虑盐分、微量元素和维生素是否足量。

69. 我养猪用的是浓缩饲料，前期和中期长势和效果相当明显，但是到了后期却长势一般。这是什么原因？

答：猪在生长后期长势不明显有多方面的因素。第一，与猪的品种有关。猪长与不长，长得快与慢与各个生长阶段、相应生长阶段的营养供给是有密切相关的。一般来说，要是本地猪的话，猪到了育肥后期其生长机能主要以脂肪沉积为主，脂肪沉积的效率本来就比较低，尤其到了110 kg左右以后更为明显。因此，商品猪一般在90～110 kg就出栏是比较划算的。而其他猪种，如具有长白—杜洛克—大约克血统的三元猪整体长势都比较快，因此，选用良种猪可以避免这一现象。第二，与猪的健康状况有关。如果猪吃食正常却生长缓慢，有可能是缺少某些微量元素，也有可能是消化系统不好，或是患有导致消瘦的慢性疾病。第三，与营养有关。前期饲料过于注重增肥，微量元素、药物添加量过大，或猪饲料搭配不太合理，如饲料中添加过量的铜、锌，造成后期生长抑制。其它原因还有很多，例如环境卫生、气候、饲料等。

70. 用麸皮饲喂将要出栏的大猪，在饲料中添加的最大比例是多少，是否可以用麸皮来代替玉米？

答： 很难用麸皮代替玉米，麸皮的消化能比玉米低多了，在保证能量相同的前提下，能用到30% 麸皮就很不错了。

71. 畜禽饲喂添加剂的安全量是多少？

答：（1）含铁添加剂每 kg 畜禽配合饲料中铁的需求量：鸡 50 ~ 80 ml、猪 6 ml、羊 5 ml、兔 3 ml、肉牛 4 ml、奶牛 10 ml。（2）含钴添加剂每 kg 配合饲料中的需求量：鸡、猪、牛均为 0.1 ml。（3）含铜添加剂每 kg 配合饲料中铜的需求量：鸡 3 ~ 4 ml、猪 6 ml、羊 5 ml、兔 3 ml、肉牛 4 ml、奶牛 10 ml。（4）含锰添加剂每 kg 饲料中锰的需求量：鸡 25 ~ 55 ml、牛 20 ~ 40 ml、猪 20 ml、兔 3 ~ 8 ml。（5）含碘添加剂每 kg 配合饲料中碘的需求量：鸡 0.35 ml、猪 0.2 ml、羊 0.1 ml、兔 0.2 ml、牛 0.1 ml。超过剂量，摄取过多，就会引起肠胃炎、肾炎、气管炎、肺水肿和心脏衰弱等疾病。（6）含硒添加剂每 kg 饲料中硒的需求量：鸡 0.15 ml、猪 0.1 ml ~ 0.3 ml、羊和牛都是 0.1 ml，如果过量使用则会引起急性、慢性中毒和贫血等症。（7）含锌添加剂每 kg 配合饲料中锌的需求量：鸡 35 ~ 65 ml、羊 20 ~ 30 ml、猪 60 ~ 110 ml、肉牛 30 ml、奶牛 50 ml。（8）含钙添加剂畜禽对钙的需求量占干物质饲料量的比例：鸡 0.6% ~ 0.7%、猪 0.5% ~ 0.7%、奶牛 0.23% ~ 0.53%。（9）含磷添加剂各种畜禽对磷的需求量比例：鸡 0.6% ~ 0.7%、猪 0.5% ~ 0.6%、羊 0.2% ~ 0.37%、兔 0.2% ~ 0.3%、肉牛 0.2% ~ 0.4%。

72. 如何利用籽粒苋饲喂畜禽？

答： 新收获回来的籽粒苋鲜草，应及时用小型切草机切碎或用菜刀切碎，要保证当天收获的鲜草当天用完，以防变质。对从未采食过青绿饲料的畜禽，应提前进行 7 ~ 10 d 的训饲。喂猪时，应按科学比例把切碎的籽粒苋鲜草与全价精饲料合理搭配并搅拌均匀后投料，根据猪生长时期的不同，一般鲜草可替代育肥猪日粮的15% ~ 20%，并根据鲜草含水量的大小，确定鲜草的日投喂量。鲜草在母猪日粮中占有比例更大，特别是在空怀期和妊娠前期，可取代大部分的精饲料，而在妊娠后期和哺乳期，则要减少鲜草的饲喂量。籽粒苋鲜草是优质的青绿饲料，但只有根据畜禽的不同生长阶段科学地与精饲料合理搭配使用才能有效降低饲料成本，取得最佳的经济效益。

73. 请问用青饲料养猪，和猪所需的粗蛋白要求相符吗？玉米加粗蛋白饲料、加盐等所自配的料能和市场上所卖的猪饲料相比吗？

答：猪生长发育需要能量、蛋白、钙、磷、维生素、微量元素等。所以，饲料组成中应包括玉米、豆粕、石粉、磷酸氢钙、盐、微量元素和维生素等。当然，我们可以充分利用草等青绿饲料和一些农副产品，可以通过购买一些预混料，按照配方使用。不管采用什么饲料原料，一方面要科学配合，另一方面要满足猪的营养需求，就可以养好育肥猪。

74. 猪吃什么样的饲料能长得快一些？

答：很多养猪户都抱怨自己家的猪长得慢，认为饲料不好。下面我们分析一下原因：
（1）猪的品种如何，只有好的品种才能有好的表现。（2）疾病。（3）季节：冬季时气温低，所以猪需要更多的能量，如果不能满足，则生长速度下降。（4）饲料：这方面影响因素太多，不仅仅是蛋白的问题，只要有一种营养不能满足猪的需要，就会影响生长。基于以上情况，找出原因，并根据原因解决，如由于温度低，可以增加能量饲料如添加一些油，如购买的饲料不好，可以选择一些信誉好的饲料。

75. 把玉米秸、稻草等作物秸秆粉，加水、拌上经过反复试研制成"生物制作剂"，猪很爱吃，这种方法到底可不可行呢？

答：不同粮食作物的粮草比为 1 ∶ 1 ~ 2，即每生产 1 kg 粮食就有 1 ~ 2 kg 的秸秆。粮食是宝贵的，人们一直期盼能找到把秸秆变成像粮食一样有效用作猪饲料。这是一个美好的愿望。不幸的是，作物秸秆中含有大量的由木质素与纤维素、半纤维素等牢固结合形成的粗纤维。牛羊等草食动物可通过瘤胃和大肠共生微生物的作用，分解粗纤维，产生挥发性脂肪酸，被肌体吸收作为能源利用。而猪是单胃动物，胃中没有能分解粗纤维的共生微生物，其消化系统也不能分泌纤维分解酶，因此猪不能有效利用高纤维秸秆饲料。于是，人们自然想到通过"人工瘤胃"方法来处理秸秆即找到一些能在体外分解秸秆粗纤维的菌种和发酵技术。可惜，至今全世界还没有找出能在动物体外有效分解秸秆粗纤维的菌种和发酵技术，目前，纤维素酶生产所用的菌种还达不到在体外将秸秆降解的效果。

76. 在小猪场如何提高猪饲料的营养价值？

答：在小猪场可用下列方法：（1）酸化：仔猪早期断奶后，由于乳酸来源中断，而胃酸分泌仍较少，严重影响消化。应对断奶仔猪饲料进行酸化处理。可在仔猪饮用水或饲料中添加 1% ~ 3% 的柠檬酸或乳酸，使饲料的 pH 值降到 5；也可在饲料中加入 0.3% 的胃蛋白酶制剂促进消化。（2）糖化：玉米、大麦、高粱等精料，含丰富的淀粉，经糖化处理可部分转化成麦芽糖，不仅可改善饲料适口性，且更容易消化。糖化好的饲料，贮存时间最好不超过 10 h，以免酸败变质。

77. 养猪业如何科学合理应用能量饲料？

答：目前，养猪业常用的能量饲料主要有玉米、小麦、碎米（包括大米）、米糠等。能量饲料在动物的胃里被酸解并磨成浆后，没有吸收的糜状物直接进入小肠，这里才是真正的营养吸收地方，也是决定猪长得快慢的关键。糜状物直接在小肠里被各种酶水解成单糖（葡萄糖），然后进入血液（血糖）后一部分直接被分解成水和二氧化碳，产生大量的能量供肌体使用；一部分被储存在肝脏里成为糖原，用于剧烈运动时候直接供能；一部分被重新合成为脂肪保存于皮下，用于作为后备能量物质。能量饲料中的碎米，单位能量最高，而且消化率比玉米高，可是玉米含有 8% 左右的粗蛋白质，这一点又强于碎米。如果用碎米代替部分玉米，会起到良好的效果，还能降低饲料成本。如果能量饲料全部使用碎米，猪不能摄入玉米中的玉米黄质素，会影响到肉质，所以碎米的替代比例不要超过 50% 为佳。目前，小麦的价格低于玉米，用小麦取代 50% 的玉米，也能节约不少成本。当然，木薯也是一种很好的能量饲料。图 33、34、35、36、作者带领中国饲料企业家代表团在泰国参观木薯的收获、加工和应用。

图 33　参观泰国木薯种植场

图 34　泰国木薯加工厂

图 35　加工好的木薯

图 36　包装好的木薯

78."粗"粮在集约化生猪养殖中的作用有哪些?

答: 在集约化养猪的条件下,生猪吃的是以玉米、豆粕、鱼粉等原料为主的配合饲料。日趋"精"化的饲料日粮,其粗纤维含量十分低,导致生猪出现消化功能障碍、便秘等,影响了养猪效益。实际上,让生猪吃点"粗"粮,在日粮中保持适宜的粗纤维含量,对于降低饲养成本、提高生猪生产性能作用特别明显。保持生猪日粮中适宜的粗纤维含量,可产生以下效用:(1)调节营养水平:日粮纤维进入胃肠道后,其体积膨胀增大,可以扩充胃肠容积,使生猪能忍耐饥饿。同时,粗纤维可稀释能量、蛋白质等营养物质浓度,达到合理利用饲料的目的。(2)降低饲料成本:为提高饲料日粮的粗纤维含量,可通过用粗纤维含量较高但价格较低的饲料原料部分替代粗纤维含量较低但价格较高的饲料原料,这样在相同产出的情况下单位饲料成本降低。(3)刺激胃肠蠕动:粗纤维进入胃肠道后,能刺激胃肠道的蠕动,有利于营养物质在胃肠道中的吸收,促进粪便的正常排泄,减少了胃肠道溃疡的发生。(4)控制脂肪沉积:增加饲料中的粗纤维,可降低血清总胆固醇和低密度脂蛋白的含量,因而可有效地调节脂肪代谢,控制脂肪在生猪体内的沉积。(5)促进生猪健康:日粮纤维的可溶性部分对减少生猪胃酸的分泌起重要作用,并且对肠道中的病原菌的移生作用很严格,从而限制了肠道内病原菌的生长,促进了动物健康。(6)提高母猪繁殖性能:在妊娠母猪日粮中添加纤维素可提高母猪的繁殖性能。当然,日粮粗纤维含量过高也会对生猪的生长发育产生不良影响,只有适量的供应才能产生最佳的效果。同时,生猪不同的生理时期对纤维素的消化能力不一样,应根据生猪不同的生理阶段及其生理特点,在日粮中添加合适的比例。生猪不同生理阶段日粮中粗纤维含量推荐如下:公猪,6%~8%;空怀及怀孕母猪,8%~12%;哺乳母猪,5%~7%;后备猪,6.%~8%;断奶小猪,3%~4%;肥育猪,5%~6%。

79. 哺乳母猪的营养需求怎样?

答: 仔猪的成活率和哺乳期间的生长情况影响整个猪场的经济效益。要使仔猪在哺乳期间获得良好的成活率和较大的断奶体重,就应该努力提高母猪的泌乳量和奶水的质量,使仔猪吃得好。总的来说,在哺乳期间给母猪提供充足的营养是为了获得最大的泌乳量、最大的仔猪增重和母猪以后良好的繁殖性能。哺乳母猪的营养需要可从下面几点来考虑:(1)能量:哺乳母猪的能量需要分为维持需要、泌乳需要和生长需要。哺乳期间需要大量的能量,当哺乳母猪摄入的能量不能满足这3种能量需求时,母猪就动用自身体储备进行泌乳。而当母猪体重损失过大时就会影响下一次发情,干扰猪场的生产。按照目前泌乳母猪日粮能量水平13.6 MJ/kg和平均采食量5 kg左右,母猪的能量摄入远不能满足产奶的需要,而必须动用体内的储备,这种能量相对缺乏在整个泌乳期都是存在的,添加脂肪是提高日粮能量的有效措施,而且还可以增加脂肪酸的含量。特别是在夏季高温季节,添加脂肪尤为重要,可有效提高日粮能量水平,而且脂肪在代谢过程中产生的体增热较少。脂肪的适宜添加量在2%~3%,添加过多,饲料容易变质而且增加饲料的成本。在泌乳初期母猪日粮中添加脂肪,还可以提高日产奶量和乳脂率。哺乳母猪具有把日粮中的脂肪直接转化成乳脂的能力,在选择脂肪时须注意脂肪酸的构成,建议少用饱和脂肪酸和长链脂肪酸含量过高的动物油脂。(2)蛋白质:哺乳母猪对蛋白质的需求较高,粗蛋白含量可配到18%,蛋白原料应选择优质豆粕、膨化大豆或进口鱼粉等。在所有氨基酸中,赖氨酸(Lys)是哺乳母猪的第一限制性氨基酸。对于高产母猪，随着 Lys 摄入量的增加，母猪产奶量增加，仔猪增重提高，母猪自身体重损失减少。现在的高产体系母猪，产奶量增加，所需的 Lys 含量也增加。试验表明，当 Lys 水平从 0.75% 提高至 0.9% 时，随着 Lys 摄入量的增加，每窝仔猪增重提高，母猪体重损失减少。所以新版 NRC 推介的 Lys 需要量为 0.97%。但是 Lys 含量过高会导致另一种氨基酸——缬氨酸（Val）的不足。有研究结果表明，日粮 Val 与 Lys 比率增加，可提高母猪的泌乳性能和仔猪断奶时的窝重。美国的一项新研究也表明，在母猪泌乳期间当日粮 Lys 含量超过 0.8% 时，Val 将成为第一限制性氨基酸。Val 是一种支链氨基酸，支链氨基酸是动物体内不能合成而必须从日粮中获取的必需氨基酸。近几年的研究表明，支链氨基酸对泌乳过程有重要的影响。母乳中 Val 含量仅为 Lys 的 73%，但是经乳腺吸收的 Val 却为 Lys 的 137%，这表明 Val 不仅参与乳蛋白合成，而且还有氧化功能并为必需氨基酸合成提供 C 与 N 源。较高水平的 Val 和异亮氨酸在整个泌乳期都提高了乳脂率，乳脂含量的增加为仔猪的生长提供了更多的能量。Tokach 等发现，当 Lys 含量为 0.9% 时，Val 浓度由 0.6% 上升到 0.9% 时，仔猪断奶重增加。另外，Richert 等通过试验指出，高产母猪日粮中至少应含有 1.15% 的 Val 才能使仔猪达到最大增重。而对异亮氨酸的研究表明，使仔猪达到最快增重所需的量远远高于 NRC 的推荐量，在高水平 Val（1.07%）情况下，异亮氨酸的最适宜添加量是 0.85%。（3）维生素：夏季母猪日粮中添加一定量的维生素 C（150 ~ 300 mg/kg）可减缓高热应激症。维生素 E（30 ~ 50 mg/kg）可增强机体免疫力和抗氧化功能，减少母猪乳房炎、子宫炎的发生；缺乏时可使仔猪断奶数减少和仔猪下痢。生物素（0.2 mg/kg）广泛参与碳水化合物、脂肪和蛋白质的代谢，生物素缺乏可导致动物皮炎或蹄裂。高温环境可使动物肠道细菌合成生物素减少，故在饲料中应补充较多的生物素。维生素 D（150 ~ 200 IU/kg）可调节体内钙、磷代谢。其他一些必需维生素如 B 族、叶酸、泛酸、胆碱等也应适量添加。（4）矿物质元素：钙、磷是骨骼的主要组成成分。钙、磷比例恰当的钙含量在 0.8% ~ 1%，磷为 0.7% ~ 0.8%，有效磷 0.45%，为提高植酸磷的吸收利用率可在日粮中添加植酸酶。钙、磷含量过低或比例失调可造成哺乳母猪后肢瘫痪，在原料选择上应选择优质钙、磷添加剂。母猪在哺乳期间会丢失大量的铁，常常表现临界缺铁性贫血状态，不但影响健康而且降低对饲料的利用率，推荐用量为 70 mg/kg。泌乳母猪日粮中添加 5 ~ 10 mg/kg 的锰比较适宜。缺锌对母猪的泌乳性能也有影响，锌可以促进蹄、骨骼、毛发的发育，减少蹄病，同时可以提高母猪的繁殖性能和减少乳房炎的发生。哺乳母猪对锌的需要量受诸多因素的影响，锌的添加量为 60 mg/kg 比较适宜。硒的需要量为 0.15 mg/kg，碘为 0.14 mg/kg。另外所选用的原料会影响哺乳母猪对矿物元素的吸收。哺乳母猪所需的营养还受品种、年龄、胎次、带仔数等因素的影响，另外，哺乳母猪采食量的多少直接决定了营养的摄入量。

80. 饲养猪的过程中，为何养殖户不能忽略给猪喂食盐？

答：给猪喂食盐是因为钠和氯在猪体内与钙、磷不同，主要存在于血液和体液中，成年猪体内含有 0.07% 的钠和 0.06% 的氯，是猪不可缺少的矿物质元素。钠在畜体内多存在于细胞外的体液中，为血液和其他体液的主要成分。钠在体内常与各种酸化合成为盐类，如氯化钠、碳酸钠和磷酸钠等。钠盐在体内容易被吸收，并运送至全身各部。钠在猪体内的作用还有调节血液的酸碱度；维持血液渗透压的平衡；具有提高口味，促进食欲，加速幼畜生长的作用。钠和氯在猪体内具有重要的生理作用，是猪营养上所必需的矿物质元素。在饲养中大多数饲养户都采用食盐来满足猪对钠和氯的需要。缺少食盐，可使猪食欲下降，营养不良，生长停滞，被毛脱落，生产力降低。猪缺少食盐，还会皮毛粗糙，体重减轻，饲料报酬降低，发生啃泥土、舐墙壁等现象。因此，在猪的饲养过程中，我们必须给它们饲喂一定量的食盐。食盐的喂量 0.25% ~ 0.35% 即可。另外，在猪舍里吊放盐舐砖，也能起到补盐的作用（图 37）。

图 37　盐舐砖

81. 如何选择母猪饲料?

答：要保持母猪有良好的体况及繁殖性能，母猪各阶段饲料的选择和控制是饲养中的关键措施之一。母猪繁殖可分为后备期、断奶空怀期、怀孕前期、怀孕后期、哺乳期五个阶段。这五个阶段饲料的选择和控制应根据母猪的状况各有不同。（1）后备期：母猪处于生长发育阶段，优质、营养全面的饲料对母猪的体形发育、生殖系统发育至关重要，6 月龄至配种前的母猪选择空怀料。此阶段严禁使用对生殖系统有危害的棉籽饼、菜子饼及霉变饲料。适当限料饲喂，以防止母猪过肥，影响发情、排卵。（2）断奶空怀期：母猪断奶后一般 7 d 左右可发情配种，这阶段料的选择和控制不当会影响母猪的繁殖周期。空怀母猪往往在断奶后 1 ~ 3 d 出现断奶应激，极易引起乳房炎等病症。此时，结合断奶母猪的肥瘦控制日喂饲料量。每日两餐，定量饲喂，绝不能任其自由采食而引起上述病症。断奶后 3 d 内，将哺乳料逐渐换成空怀料。适当增加轻泻性的麸皮。（3）怀孕前期：是指从配上种到怀孕 80 d。此阶段料的控制对配种受胎、增加产仔数起促进作用。空怀母猪经配种后继续限量饲喂，定时订餐，每日饲喂 2 ~ 2.5 kg 为宜，视母猪肥瘦体况而定。喂至 20 d 后，逐渐恢复母猪正常食料量。饲料的选择应是全价怀孕料。禁喂发霉、变质、冰冻、有刺激性的饲料，以防流产。（4）怀孕后期：是指怀孕 80 d 后到胎儿分娩阶段。此阶段胎儿发育迅速，钙质、营养需要迅速增加。饲料选择不好极易引起母猪瘫痪、仔猪弱小多病。饲料的选择应逐渐换成哺乳料，可在饲料中添加干脂肪或豆油，以提高仔猪初生重和存活率。饲喂方式是定时订餐，定量采食，每日喂料 2.5 ~ 2.8 kg 为宜。另外要注意的是，怀孕母猪在产前 7 d 增减料。对膘情上等的母猪，在原饲料的基础上减料，以免产后乳汁过多过浓，造成仔猪吮吸不全而引起乳房炎；对膘情较差的母猪，适当加料，以满足产后泌乳的需要。（5）哺乳期：指母猪分娩至断奶这一阶段。哺乳期饲料的选择和控制是整个生产环节的重中之重。母猪产仔当天不喂料。分娩后的第二

d，喂给母猪 1 kg 左右的饲料，之后每日增加 0.5 kg 饲料，至 4 ~ 5 d 恢复其正常的食料量，食欲正常后，让母猪自由采食，以保证仔猪足够吸乳，并能保持良好的繁殖性能。如果能做到以上几点，母猪产出这样一窝小猪也不是不可能的（图 38）。

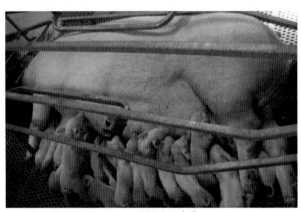

图 38 母猪哺乳情景

82. 能否谈谈铜在养猪业中应用的历史？

答：自 20 世纪 50 ~ 60 年代以来，科学家对铜在养猪业上的应用做了大量试验研究，结果证明高剂量的铜对猪，特别是小猪有明显的促进生长，改善饲料报酬的作用。故铜作为猪的促生长剂在先进国家早就在猪饲料中添加应用了。添加剂量在 125 ~ 250 mg/L。20 世纪 90 年后中国在猪饲料中也普遍添加高剂量的铜，到如今铜被视为饲料中必须添加的元素之一，并常被误认为越多越好，甚至以猪粪颜色黑色程度来衡量饲料厂的饲料产品的质量好坏。结果导致硫酸铜在饲料中的添加量越来越大，有些甚至远远超出安全用量，造成饲料成本的增加，又不利于人畜的健康和造成环境污染等问题。

83. 铜有哪些营养作用？

答：铜是猪和其他动物必需的微量元素之一。铜与动物造血功能有关，在猪体内具有多方面的生理功能，其中最重要的生理作用是作为金属酶的组成部分参与体内代谢。这些体内关键酶包括细胞色素 C 氧化酶、过氧化物歧化酶、尿酸氧化酶、氨基酸氧化酶、如赖氨酸氧化酶、果胶氧化酶等。铜作为酶的辅助因子，参与猪体内氧化磷酸化、自由基解毒、黑色素合成、铁和胶类氧化、尿酸代谢和毛发形成等代谢过程。此外，铜还是葡萄糖代谢调节、胆固醇代谢、骨髓矿化作用、免疫机能、是红细胞和白细胞生成及维持心脏功能等机能代谢所必需的。所以，猪饲料中必须含有足够含量的铜。

84. 高铜的作用机理在哪里？

答：国内外许多试验研究表明，猪日粮中添加 125 ~ 250 mg/L 的铜有明显促进仔猪生长和提高饲料利用率的效果。添加 125 mg/L 的铜对各阶段的猪，尤其是早期断奶仔猪有明显的促生长作用。

铜的作用机理可能有如下几个方面：（1）高铜可能刺激与营养消化利用有关的酶的活性，从而促进营养物质的吸收。有报道指出，铜显著提高了断奶仔猪小肠脂肪酶和磷酸酶A的活性，从而提高了饲料脂肪的消化吸收量，增加了必需脂肪酸和脂溶性维生素的吸收，并影响体内其他营养物质的代谢，因而促进了动物的生长。（2）高铜的抗微生物作用：因为饲料添加高铜后猪粪中的细菌总数大大减少，尤其是肠道中病源微生物受到抑制，这方面的效果类似于抗生素。（3）高铜可能促进猪生长激素的分泌从而加快了它们的生长。（4）高铜能提高猪的采食量，特别是明显提高了断奶仔猪的采食量，从而显著提高了断奶仔猪的日增重。（5）高铜使猪肠壁变薄，被消化的营养物质容易通过肠壁吸收进入血液。高铜的促生长效果是肯定的。就猪对铜的生理需要而言，以玉米～豆粕为基础的日粮只需添加少量的铜就可满足需要。

85. 铜是否会在猪肉中造成危害人健康的残留？

　　答：铜在猪体内主要以铜蓝蛋白，少量与清蛋白和氨基酸结合转运到各组织器官中，分布于肝、脑、肾、心和毛发中，在肝脏、脾、肌肉、皮肤和骨骼中含铜也较多。研究结果表明，体组织铜含量与日粮铜含量呈正相关，其相关系数为：毛发0.99、骨097、血0.97、肾0.96、肝0.97。肝是铜代谢的主要器官，猪体贮存的铜主要集中在肝。肝脏对铜的食入量很敏感，当日粮铜水平低于需要量时，肝脏铜含量随日粮变化不大，当日粮铜水平接近需要量时，肝铜呈线性增加，当日粮铜水平高于需要量时，铜在肝铜则成倍增加但不致中毒。如果从乳猪到大猪饲料都添加高铜，猪屠宰前夕仍喂高铜饲料，猪肝含铜量高达120 ppm以上，这是否已达到危害人体健康的程度很值得研究。猪日粮长期添加高铜会造成环境污染问题。生长肥育猪日粮铜的正常含量是4～6 ppm。高剂量铜的添加量是正常量的20～40倍，由于饲料中铜代谢后90%经粪便排出，铜又为不可降解物质，可以想象饲喂高铜日粮的猪粪中铜排泄量会大大增多，污染土壤和水源。高铜带来的环境污染无法人为消除。猪肉中残留的铜也对人体健康有害。长期饲喂高铜，会影响猪的肝、肾功能。由于高铜应用的同时要求高铁的搭配，增加了发生饲料中毒的可能性。长期饲喂这种饲料是否会引起动物的慢性中毒和蓄积作用有待时间的进一步检验。基于含铜的化合物都有害的事实，欧美等发达国家已不再提倡在猪料中添加高铜。

86. 猪各生长阶段添加何种水平铜为佳？

　　答：许多试验证明铜是猪所必需的元素，缺铜会引起贫血，导致生长缓慢。但猪正常生长对铜需要的量是很低的，在实际饲养条件下猪不大可能发生缺铜，因为猪对铜需的要量为3～6 ppm（NRC，1998）。英国1955～1975年的205个试验的统计资料表明，添加250 ppm的铜可提高生长猪增重5%～105%，Stanly等1980年的试验又表明，添加125 ppm的铜在提高增重方面效果最佳，添加250 ppm的铜在提高小猪成活率方面效果最好。Roof和Mahan在1982年却认为125 ppm和250 ppm效果一样。也有人提出限用125 ppm，并只在50 kg体重前用。从上述文献报道可见，在铜的最佳添加剂量方面并没有取得完全一致性的意见。

87. 营养和体况对怀孕母猪和胎儿产生何种影响？

答： 怀孕母猪的营养需要比空怀母猪高很多。但怀孕前期日平均饲喂量不宜太大， 量太大容易造成仔猪出生体重过大、难产、产仔少、初生死胎增加，母猪过肥、子宫炎、乳房炎、无乳症提高，产后母猪采食量减少，乳汁差，乳猪拉稀增多，仔猪压死也会增加。一般怀孕最初 3 个月，每 d 每头喂 1.8 ~ 2.0 kg 料， 产前三周根据体况每头每 d 加喂 1.0 ~ 1.5 kg，以满足胎儿后期快速生长的需要，可提高初生仔猪的出生重。如母猪自身体况差、太瘦，特别是怀孕期太瘦的母猪，会在怀孕早期出现隐性流产、早产，产弱仔多、初生体重低、母猪断奶后再发情延迟、受胎率降低、乳汁质量差，仔猪断奶体重低、断奶前死亡率升高等现象。遇到这种情况，配种前要采取催情补饲，敞开喂泌奶母猪料，怀孕前期要适当增加喂料量，恢复体况。此外有条件的妊娠期可对母猪饲喂一定的青绿多汁饲料， 一方面可促进母猪食欲的提高， 缓解便秘现象；另一方面可促进胎儿发育及提高产仔率。日粮中矿物质、钙、磷要足够且平衡、钙磷比例失调引起母猪骨质疏松症， 容易造成产前或产后瘫痪， 并降低产后的泌乳量。磷缺乏时，可导致母猪流产甚至不孕。在正常情况下日粮中维生素的量也要充足。

88. 猪粪便颜色是否越黑越好，与饲料质量有关吗？

答： 饲喂常规原料如玉米豆粕组成的配合饲料，猪拉黄褐色或棕褐色粪便，而喂高铜日粮时猪粪会变黑至深黑色。这是由于日粮中添加的硫酸铜在肠道内被分解成黑色的硫化铜、氧化铜所致。添加硫酸铜越多，黑色的产物越多，猪粪就越黑。这样就造成许多养猪生产者认为粪便越黑表明饲料质量越好，也即饲料消化吸收好，而粪色发黄就是消化吸收率低，饲料质量差。事实上，饲料消化率的高低与粪的颜色无关。猪农喜欢猪拉黑色粪便，并以此标准评价饲料产品质量，是由于几十年来长期在饲料中添加高铜引起，也与某些饲料推销员经销商误导有关。一般猪农都喜欢猪粪越黑越好，也即硫酸铜的添加量很高，而猪对铜最大耐受量据报道是 250 ppm，这也是促进仔猪生长的添加铜量的极限值， 超过此量就会导致仔猪铜中毒，生长速度降低或停止生长。铜作为猪的生长促进剂的研究结果已证明，日粮中添加 125 ~ 250 ppm 铜仔猪生长的效果显著，对中猪的效果仍有一些，但对肥育猪则没有明显效果。说明中猪阶段可添加少量铜，大猪阶段正常添加即可，无需额外添加。另外，猪采食青绿菜叶后，粪便颜色也变黑，这当然是好事！

89. 何为微量元素氨基酸螯合物？

答： 近年来猪用预混料生产厂家常提到微量元素氨基酸螯合物。其实就是通过新技术将微量元素和某些氨基酸整合在一起形成新一代二者合一的营养性螯合物。生物体内生物离子绝大部分以螯合物形式存在。 研究发现一些氨基酸可以和微量元素螯合在一起形成比较稳定的螯合物。这种螯合物在动物体内易被吸收，并被迅速转运至目的地，不仅其生物学利用率很高，投入产出也高。生产上用得越来越多，越来越普遍。

90. 怀孕母猪料中要不要添加绿色饲料？

答：有条件的猪场要添加青绿饲料，如新鲜苜蓿草，水花生，水葫芦，绿萍，各种新鲜杂草，抑或新鲜蔬菜。青绿饲料中含有多种维生素，能提高猪体免疫力，增强抗病性，促进胎儿生长发育。特别是青绿饲料中含有大量有效纤维素，能促进小母猪肠道发育，加强蠕动，从而能缓解怀孕母猪常见的便秘现象，大豆纤维素还能提高产仔数，据报道每窝平均可增加 0.4 头仔猪，但其机理尚不清楚。在增喂青绿饲料时要注意定期驱虫。

91. 为什么怀孕母猪要在临产前 3 周提高喂料量？

答：这与胎儿在子宫内的生长发育规律有关。在怀孕最初 3 个月，胎儿生长速度缓慢，其增长的体重约为出生体重的 1/2。然而在临产前三周，胎儿生长速度大大加快，期间的增重量约为前 3 个月的总和。而且，这段时间乳腺发育加快，羊水生成增加。为了满足上述的需要，产前 3 周提高喂料量，在前三月每 d 每头约 2.0 kg 的基础上，视母猪膘情不同，每 d 每头加喂 1.0 ～ 2.0 kg 饲料。

92. 请问猪粮比价的意义何在？

答：在养猪生产过程中饲料成本占总成本的 65% 左右。而现代猪饲料中粮食谷物是基本组成元素，故粮食产量和其价格直接影响养猪数量和猪价。因此猪价和粮价之间存在一种必然的相互关系。即猪粮比价关系。猪粮比价越高说明养猪利润越高，反之则越低。举例来说，当猪粮比价为 9.0：1 ～ 6.0：1 时，表明猪价轻度下降；猪粮比价为 5.5：1 ～ 5.0：1 时，表示猪价中度下降，养猪效益下降；而猪粮比价低于 5.0：1 时，说明猪价已严重下跌，养猪业正面临严重亏损。

93. 我们刚建了一家 2 000 头母猪的猪场，养不好小猪，怎么办？

答：你们先要做好哺乳仔猪的饲养管理，了解哺乳仔猪的生长发育和生理特点：（1）生长速度快、物质代谢旺盛。（2）消化器官不发达，消化机能不完善。（3）先天性免疫能力差，易得病。（4）体温调节能力差，行动不灵活。因此，要做好哺乳仔猪的管理，（1）做好接产护理：①接产人员协助除去羊膜，使出生仔猪能正常呼吸，并尽快擦干仔猪身上的羊水，以免仔猪受凉。②剪脐带：在剪脐带时，先把脐带里的血挤回腹腔里，然后在离腹部 3 ～ 5 公分处剪断，断面用 5% 碘酊溶液消毒。③掉犬齿：仔猪出生后，立即剪掉犬齿，以免在吸吮母乳时伤及母猪乳头和仔猪互相咬对方脸部。④剪耳号：可以识别猪只，便于建立完善档案资料。⑤剪尾。⑥称初生窝重。（2）吃好初乳：使仔猪具有抗病能力，提高仔猪存活率，一般仔猪出生后 1 h 内让其吃上初乳。（3）固定好乳头：为了使仔猪个体间均匀，一般把体小仔猪固定在前面乳头，体大的固定在后面乳头。（4）补铁：出生后 3 d 在颈部或大腿部肌注牲血素 0.1 ml/ 头。（5）保温：可采用高瓦数白炽灯、红外线保温灯、保温电热板等。保温可以提高成活率，减少腹泻。仔猪生长适宜温度如表三十二。

表三十二　不同日龄的仔猪生长适宜温度

仔猪日龄	0 ~ 1	2 ~ 4	5 ~ 7	8 ~ 15	16 ~ 21	22 ~ 35
适宜温度（℃）	35	33 ~ 34	31 ~ 33	28 ~ 31	25 ~ 28	22 ~ 25

（6）早补料：应在出生后第七 d 开始用人工乳或教槽料进行诱食补料。补料时要注意：①料槽或地面要求干净卫生。②补料要适量，少喂勤添。③及时清除陈旧、潮湿、发酵或脏的饲料。④不要在母猪采食后两 h 内或仔猪吃奶或睡觉时补料。⑤保证新鲜干净的饮水。⑥4 周前不要用自动料槽。⑦去势：非种用小公猪在 1 ~ 2 日龄时去势，可减少流血及伤口愈合快。⑧24 ~ 28 d 断奶。做到了以上几点，要想小猪不长都难。（图39）

图 39　出生后第七天开始用人工乳或教槽料进行诱食补料

94. 我的猪有时皮红，是不是生病了？

答：不一定。建议量一下猪的体温，再参考一下呼吸和心率数。

表三十三　不同年龄猪的正常体温及其他生理指标。

年龄	直肠温度（±0.3℃）	呼吸（次 /min）	心率（次 /min）
初生仔猪	39	50 ~ 60	200 ~ 250
断奶猪	39.3	25 ~ 40	90 ~ 100
架仔猪	39	30 ~ 40	80 ~ 90
肥育猪	38.8	35 ~ 55	75 ~ 85
妊娠母猪	38.7	13 ~ 18	70 ~ 80
公猪	38.4	13 ~ 18	70 ~ 80

95. 我家的后备母猪已养了半年，有几头有发情症状，可以配种吗？

答：最好不配，等到第 2 ~ 3 个周期再配。表三十四供参考。

表三十四　后备母猪初配的基本要求

隔离和适应期（周）	6～8
配种日（d）	220～230
体重（kg）	120～130
背膘厚度（mm）	17～19
配种时间	第2～3情期
饲料	后备母猪专用料2.5～2.8 kg/d

96. 后备母猪不发情怎么办？

答：后备母猪发情首先必须满足的条件：体重达120 kg以上或年龄8个月以上，如果以上条件满足了仍然不发情，可考虑用公猪诱情，如果14 d以后仍不发情，可考虑用激素按说明书注射。或将几头母猪圈养在同一个猪圈，以刺激发情。

图40　将几头母猪圈养在同一个猪圈，以刺激发情

97. 我养的1头母猪生过1胎后到现在已有90多 d 不发情。请问怎么办？

答：初产母猪断奶后不发情、发情延迟、配种后产仔数低的问题是世界养猪业的普遍难题，目前的解决办法是将不发情的母猪赶到公猪跟前或留在一起每d接触10～20 min，连续数d，通过公猪爬跨、气味等的刺激促使母猪发情，也可用发情母猪来诱情。这种方法经济简便，但收效慢，也不是对每头母猪都行之有效。运动可使母猪体质增强，接触阳光和新鲜空气，促进新陈代谢，加快血液循环，对促进发情很有好处。将不发情母猪每d上下午各1次赶到运动场或在舍外驱赶运动1～2 h，有放牧条件的地方，可每d放牧2～4 h，既可代替运动，又可采食牧草获取营养。也可以采取附图37的方法。

98. 我养的母猪断奶以后很久都不发情，什么原因？怎么处理？

答：影响母猪断奶发情的因素主要包括以下几种：（1）热应激。（2）营养不良。（3）饲料霉变。

（4）初产母猪配种过早。（5）限位栏饲养条件下母猪缺乏足够运动。（6）公猪刺激不足。（7）疾病因素等有密切关系。断奶发情迟缓及返情率高在目前的猪场是比较普遍的问题，要解决这一问题，需要从这几方面着手：（1）首先检查猪群是否存在疾病因素，如有必要需通过投药、激素等技术措施加以处理。（2）检查饲料是否存在霉变，特别是高温高湿季节要特别注意；同时，从管理操作和环境着手，避免粗暴操作、改善猪舍内的卫生状况和温湿度特别是热应激的有效应对。也可以采取图 37 的方法，共参考。

99. 自己选留的母猪，现在有 100 kg 多了，就是不发情。请问是什么原因，我该采取什么措施？

答：母猪性成熟不等于体成熟，成年体重 60% 以上才可配种，长白、约克猪应在 8 月龄以上，体重 120 kg 以上才初配，你的母猪年龄到了吗？如果到了，不发情，是营养不全（缺乏维生素 E 或锌）就应调整日粮；是过肥，就应减少喂料量；是内分泌紊乱，可注射催情素；如果是带有繁殖障碍性疾病病毒或细菌感染的话，则不宜留种，应及时淘汰。当然也可以采取附图 37 的方法，供参考。

100. 一般母猪断奶后几 d 发情？排卵时间多长？一般一次排几个？

答：母猪断奶后一般在 3 ~ 7 d 发情，见表三十五，供参考。

表三十五　不同发情间隔与发情时间持续期和排卵时间的关系

行为	时间			
断奶 ~ 发情间隔 /d	3	4	5	6
发情持续时间 /h	61	53	49	38
从发情开始至排卵时间 /h	41	37	34	27

一般排卵时间为 1 ~ 3 d，一次排卵 7 ~ 25 个。见表三十六，共参考。

表三十六　母猪发情与排卵时间的关系

		平均	变化范围
发情周期（d）		21	18 ~ 23
发情周期（h）		53	12 ~ 72
发情后排卵（h）		40	38 ~ 42
排卵持续时间（h）		3.8	2 ~ 6
排卵数（个）	经产母猪	13.5	7 ~ 16
	后备母猪	21.4	15 ~ 25

101. 母猪的发情周期是多少？何时配种为好？

答：母猪的发情周期是 21 d。母猪若表现行动不安，减食，外阴部红肿初步说明已发情。二元母猪发情症状不明显，若用手按压发情母猪的背部呆立不动，或用公猪试情，接受公猪的爬跨，说明已发情为适配期，一般在母猪发情的 16 ～ 24 h 配第一次，隔 9 ～ 14 h 再配 1 次。

102. 如何计算母猪正常的发情，怀孕和泌乳周期？

答：这个问题其实很简单。最好的办法是记住 6 个 3；3-3-3-3-3-3。即：发情周期平均为 3 周（21 d）；怀孕周期是 3 个月 3 个星期又 3 d（114 d），而泌乳期目前全中国多数猪场采用的是 3 周加 3 d（24 d），这是由于母猪产奶量的峰值出现在泌奶的第 3 周，其后开始下降，故 3 周半断奶最为经济。看来养猪与 3 这个数字很有缘分呐！

103. 诱导母猪发情的方法有哪些？

答：经常听到猪农抱怨，外来品种母猪长期不发情或发情不明显。遇到这种情况，可以试试以下几种方法：（1）调换原有同舍饲养的公猪。（2）空怀母猪单栏饲养改群养。（3）更换群养中一半的母猪。（4）把不发情的母猪装拖拉机在高低不平的路上颠簸 2 ～ 3 h。（5）用凉水全身冲淋刺激（冬天慎用）。（6）用催情药。（7）用性欲强的公猪同栏混养。

104. 如何准确鉴定母猪发情？

答：猪的发情，后备猪比生产母猪难于鉴定，长白母猪比大约克、杜洛克母猪等难于鉴定。一般可通过下面的方法进行鉴定：发情的母猪，外阴开始轻度充血红肿，后较为明显，若用手打开阴户，则发现阴户内表颜色由红到红紫的变化，部分母猪爬跨其他母猪，也任其他母猪爬跨，接受其他猪只的调情，当饲养员用手压猪背时，母猪会由不稳定到稳定，当赶一头公猪至母猪栏附近时，母猪会表现出强烈的交配欲。当母猪阴户呈紫红色，压背稳定时，则说明母猪已进入发情高潮。

105. 母猪开始发情（打圈子）了，什么时间配种好呢？

答：那得从母猪发情、排卵规律上谈起。母猪发情后一般在 25 ～ 36 h（平均 31 h）排卵，排卵持续时间是 10 ～ 15 个 h，排卵后 8 ～ 12 h 有受精能力，受精部位在输卵管上 1/3 处；交配后精子到达此处需 2 ～ 3 h。根据这一生理规律，母猪在发情后 20 ～ 30 h（平均 26 h）配种最为恰当。

106. 母猪发情后配几次种比较合适呢？

答： 在第一次交配后，间隔 18 ~ 24 h 再配 1 次，绝大多数可获得较好的效果。如果公猪数量允许，两次之间间隔 5 ~ 10 分钟，用两头公猪和一头母猪交配。好处是：能补充母猪反射性兴奋，促使卵子加速成熟，缩短排卵期、增加排卵数，卵子还有较多机会选择活力强的精子受精，这样不但产崽多，而且仔猪整齐，生命力强。

107. 母猪配种时有什么应该注意的问题？

答： 有如下细节需要注意：（1）性成熟的母猪，发情周期平均在 21 d 左右。第一个发情期没配上（回栏了），要注意掌握下一个情期，下一个情期最好更换另一头种公猪配种。（2）母猪发情时，多数阴门肿胀，食欲减退，表现不安，常有鸣叫、拱地、跳圈、频繁排尿等现象。倘有母猪愿意接近公猪，并允许爬跨，用手按压其腰部，常有呆立不动等表现，就应适时进行配种。（3）母猪发情后平均 26 h 左右开始配种，但发情刚一开始的时间是难以界定的，多数不被人们注意，往往发现时已快进入盛期，所以配种一般是宜早不宜迟（精子在母猪生殖道内，一般能保持 10 ~ 12 h 有受精能力）。在实际生产中，母猪让爬跨（稳栏）就进行配种，一个情期一 d 配 1 次，连配两 d 就可以了。如种公猪够用，第三 d 母猪仍让爬跨，也可再配 1 次，原则上以有情就配为好，保证有足够的精子与卵子相遇，利于提高受胎率。（4）对发情症状不明显的母猪，最好用公猪试情（就是让公、母猪互相接触），每 d 早、晚各 1 次，以防漏配。这样不但能鉴别出母猪是否发情，好适时进行配种，而且还能起到逗情、刺激母猪性欲和促进卵泡成熟的作用。（5）群众有"老配早、小配晚、不老不小配中间"的说法，这一经验的总结是有道理的，可供参考。（6）母猪肥瘦要适中，过肥过瘦都影响其繁殖能力。（7）母猪不要圈得过死，要给予适当的运动，以利于健康，促进发情。（8）要防止近亲交配，选用的种公猪不允许和配种的母猪有近亲血缘关系，否则近亲繁殖，容易出现畸形、死胎，即使成活的仔猪，后天生命力也不强，适应性差，抵抗力弱，易患病。

108. 发现母猪发情后，何时配种为宜？

答： 取决于发现母猪发情的时间，以及母猪的状况。配种（授精）时间安排见表三十七。

表三十七　配种（授精）时间安排表

断奶~发情间隔	7：00 ~ 9：00		15：00 ~ 17：00	
	诊断发情		诊断发情	
	输精2次	输精3次	输精2次	输精3次
3 ~ 6 d	下午1	下午1	上午2	上午2
	上午2	上午2	下午2	下午2
	—	下午2	—	上午3
6d以上发情母猪、后备母猪和返情母猪	上午1	上午1	下午1	下午1
	下午1	下午1	上午2	上午2
	—	上午2	—	下午2

109. 养猪场适宜的存栏母猪胎次比例多少为好?

答：见表三十八，供参考。

表三十八　养猪场存栏母猪理想的胎次比例

胎次	所占的比例 %
1	18
2	17
3	16
4	15
5	14
6	13
7胎及以上	7
后备母猪占存栏经产母猪的比例	35 ~ 40

110. 能否提出一个规模化猪场生产水平的参考指标?

答：见表三十九和表四十，供参考。

表三十九　产仔及保育阶段的指标

检测项目		单位	优良	一般	差	可达指标
每年每头母猪产仔窝数		头	2.45	2.35	2.1以下	2.55
每年每头母猪断奶仔数		头	25.5	21 ~ 23	20以下	28
每窝产活仔数		头	11	10.75	10.0以下	11.5
每窝产死仔率		%	4	5	6.0以上	3
每窝产木乃伊率		%	0.2	0.3 ~ 0.5	0.6以上	0.1
平均出生重		kg	1.5以上	1.35 ~ 1.5	1.25以下	1.6
每窝断奶仔猪数		头	10.4	9.5	8.8以下	11
断奶前死亡率		%	3 ~ 5	6 ~ 8	8以上	2
产胎率		%	93以上	90 ~ 93	85以下	95
种猪群死亡率		%	1.5	2	3以上	1
均头断奶重	21 d	kg	7.0以上	6.0 ~ 6.5	6.0以下	7.5
	28 d	kg	8.5以上	7.5 ~ 8.0	7.0以下	9
	35 d	kg	10以上	9.0 ~ 9.5	8.5以下	10.5
窝断奶重	21 d	kg	72.8以上	57 ~ 61.75	52.8以下	82.5
	28 d	kg	88.4以上	71.25 ~ 76	61.6以下	99
	35 d	kg	104以上	85.5 ~ 90.25	74.8以下	115.5
断奶后死亡率（到25 kg）		%	1.0以下	2	3.0以上	0.5
到25 kg猪只日龄		d	58	60 ~ 63	65 ~ 70	55
断奶母猪7 d内发情率		%	95以上	90 ~ 95	90以下	98
母猪更换率		%	25以下	30	40以上	23
每年每头母猪非生产d数		d	25以下	28 ~ 35	40以上	20
饲料转化率	出生 ~ 出栏		2.6以下	2.6 ~ 2.8	2.8以上	2.4

表四十　育肥到出栏阶段的指标

检测项目	单位	优良	一般	差	可达指标
25 ~ 100 kg饲养d数	d	85	90 ~ 95	100 ~ 105	80
体重100 kg时饲养d数	d	140	150 ~ 157	165 ~ 175	135
25 ~ 100 kg均日增重	g	880	800 ~ 840	700 ~ 750	930
此阶段死亡率	%	0.5以下	1.0 ~ 2.0	3.0以上	0.2
此阶段猪舍周转率	次	3.5	3.2 ~ 3.4	3	3.7
每头消耗料	kg	210	210 ~ 225	225 ~ 250	195
饲料浪费率	%	3.0以下	4.0 ~ 6.0	6.0 ~ 8.0	2
饲料转化率	kg	2.8以下	2.8 ~ 3.0	3.0 ~ 3.3	2.6
出栏猪体重达标率	%	90以上	85	80以下	95
屠宰瘦肉率	%	62以上	60	54 ~ 58	64

111. 我家有 500 头母猪，需要多少公猪？母猪使用几年划算？

答：约需 20 头公猪，建议你采用人工授精。一般母猪使用 3 年较合算。见表四十一，仅供参考。

表四十一　母猪主要生产技术指标

妊娠期（d）	114	公母比例（本交）	1∶25
哺乳期（d）	21 ~ 28	公猪使用年限（年）	2 ~ 3
保育期（d）	35	母猪使用年限（年）	3（6 ~ 8 胎）
断奶至下次发情（d）	2 ~ 10	初生重（kg）	1.2 ~ 1.5
母猪年产胎次（次）	2.24 ~ 2.4	28 日龄重（kg）	6 ~ 8
经产母猪窝均活仔数（头）	10	63 日龄重（kg）	18 ~ 25
初产母猪窝均活仔数（头）	8.5	152 ~ 180 日龄重（kg）	90 ~ 120
经产母猪情期受胎率 %	85	哺乳仔猪成活率 %	90
后备母猪情期受胎率 %	80	保育仔猪成活率 %	95
分娩率 %	95	生长育肥成活率 %	98

112. 我父亲是搞房地产的，他想改行建万头猪场，请问需要养多少母猪？

答：约需饲养 540 头母猪，考虑到你们缺少经验，再多养 60 头，凑足整数 600，图个吉利吧！见表四十二，仅供参考。

表四十二　规模猪场猪群结构

猪群类别	生产母猪				
	100 头	200 头	300 头	400 头	500 头
空怀母猪	16	32	48	64	80
妊娠母猪	64	128	192	256	320
分娩母猪	20	40	60	80	100
后备母猪	6	12	18	24	30
公猪（包括后备）	5	10	15	20	25
哺乳仔猪	160	320	480	640	800
保育猪	192	384	576	768	960
生长育肥猪	515	1 030	1 545	2 060	2 575
合计存栏	978	1 956	2 934	3 912	4 890
全年上市商品猪	1 884	3 768	5 652	7 536	9 420
上市平均日龄（120 kg）	180 d（初生至上市）				

113. 请问如何才能使猪皮红毛亮、爱睡觉、长得快、料肉比低?

答:首先,我建议把料肉比改成料重比;其次,皮红毛亮不是砷制剂;爱睡觉不是催眠药;日增重快、料肉比不是激素造成的,上述效果只有通过如下方法达到:(1)皮红毛亮:高质量和含量足够的维生素、不饱和脂肪酸。(2)爱睡觉:猪每日采食到的消化能足够,食物在胃肠道内停留时间长,消化率高,饲料中各种营养平衡,动物体内各种物质代谢顺利。解决办法是采用电脑软件和质量可靠的维生素、微量元素。(3)长得快、料重比低:饲料中各种营养平衡,动物体内各种物质代谢顺利。(4)提供卫生、干燥、舒适、通风良好的猪舍环境。生活在图8中的猪怎能不皮红毛亮、爱睡觉、长得快、料重比低?

114. 如何克服断奶应激?

答:(1)使断奶饲料的消化利用率与母乳接近;(2)使乳猪料的适口性与母乳接近;(3)乳猪料中采取防止乳猪腹泻的措施;(4)防止断奶后仔猪的拒食;(5)在猪舍吊又香又甜的膨化大豆舔砖,增加仔猪的好奇心,减少应激,增加采食量。

图41 猪舍吊又香又甜的膨化大豆舔砖

115. 猪的毛色不好是怎么回事?

答:由于饲料中缺维生素,主要是维生素A,B族维生素中的泛酸、生物素等成分,导致猪毛发育不良,显得毛色不好。

116. 母猪的假妊娠是怎么回事?

答:有时候,母猪配种后没有返情,到了快分娩了,表现出分娩前的一切表现,但是就是没有小猪生下来,我们叫这头母猪假妊娠了。发生这种情况,一般是在母猪配种怀孕半个月后,1个半月前这段时间,出现了强刺激,导致受精卵被吸收,但是妊娠程序已经启动,就会进行下去,因而有了种种表现。配种半月内有问题,就会返情。各种强刺激包括病毒感染、环境高热、物理碰撞等。

117 猪屠宰后，有的马上、有的过一会儿就肌肉发白，为什么？

答： 猪在被屠宰以前，受到过强应激状态，屠宰之后，肌细胞膜破裂，里面的水分就会流出来，一些品种对应激特别敏感，一般来说，瘦肉率越高的品种，对应激越敏感。

118. 能否讲解一下猪的一些外观表现及其原因？

答： 常见的毛长，猪的毛长度是与日龄相关的，一般看到的毛长，实际是毛密，显得毛长了。而毛密集，是因为猪的体积太小，没有发育好造成的。发育慢的猪，日龄就长，毛的长度也就长些。皮肤红，猪的皮肤红本来是一种指标，表明血色素正常，但是由于饲料厂家不断迎合用户，往饲料中添加一些使毛细血管扩张的药物，因而看起来皮肤特别红，但是会对人类的健康造成危害。猪在剧烈运动后，皮肤也会变红的。

119. 小猪拉稀对未来增重的影响有多大？

答： 一般统计结果显示，仔猪腹泻 1 d，育肥时间会延长 4 d，料肉比增加 0.05。原因是腹泻会损害肠黏膜细胞的吸收能力，导致后来的育肥经济效益差。

120. 仔猪 14 日龄断奶在什么样的饲养条件下可以实行？

答： 仔猪出生后 14 d 进行断乳则为超早期断乳。这种方法对提高母猪繁殖效率具有重要作用。但在一般生产条件及生产技术水平不高的情况下，超早期仔猪断乳技术应用还存在一定风险性，仔猪超早期断乳必须做好以下几方面工作：（1）母猪怀孕期间合理地饲喂与饲养管理，以保证乳猪出生重量和初生猪的机体健康。（2）在产前对母猪及产房等设施必须进行消毒，同时母猪在分娩前按常规程序进行有关免疫注射，使仔猪出生后吃到按常规免疫程序进行预防后的初乳，获得必要的抗体，以减少仔猪疾病发生。（3）哺乳母猪饲料应含较高的蛋白质与能量，以满足母猪分泌更多乳汁需要。（4）哺乳期间，加强泌乳母猪的饲喂及管理，以供给乳猪足够的营养物质，使乳猪生长发育良好，确保乳猪断奶时强壮、健康和个体均匀。（5）出生后仔猪按常规免疫程序进行免疫，产生并增强自身免疫能力。（6）仔猪出生后 3 日龄内注射或口服补铁制剂，如注射牲血素每头 1 ml，以防止新生仔猪缺铁性贫血。（7）新生仔猪应尽早诱食，科学补料。仔猪出生后 5 ~ 7 d 即可补料，饲料应选择易消化、营养丰富高档全价乳猪饲料，必要时可选用代乳料以满足仔猪生长需要，这有助于母猪产奶量下降时乳猪能保持良好的生长速度，同时也能使乳猪及早适应采食饲料。乳猪补乳料除应满足乳猪的正常营养需要外，还必须在提高消化率、提高乳猪免疫力、减少下痢等方面强化有效措施。当然，出生 7 d 后给仔猪补母猪料也未尝不可，既便宜又方便，一举两得。（8）饲喂高营养的断奶仔猪日粮，由于早期断奶仔猪缺乏良好的免疫力和成熟的消化酶体系，因而高营养浓度、高消化日粮对断奶仔猪的营养需要十分重要。与常规饲料相比，这类日粮有减少仔猪死亡和促进仔猪生长等优点，还有利于改善断奶体重偏轻的仔猪生长性能。（9）加强对乳猪的饲养管理，保证环境卫生、做好保温工作、进行补铁、严格合理的防疫等都是保证早期断奶仔猪健康生长的关键。成功的断奶还应根据现有设施及管理技术水平来合理确定断奶日龄，决不能在各种条件未达到的情况下盲目进行不切实际的提早断奶，以避免损失。笔者于1995～1996年在美国迪卡种猪公司工作时曾经进行过10 d超早期断乳，并取得成功。

121. 猪舍环境如空气质量对猪的生长有何影响？如何控制？

答：随着养猪业的集约化规模化程度的不断提高，猪舍空气中的污染现象日趋明显。空气中有害气体含量较低时，猪会出现轻微临床症状；浓度过高时，会引发支气管炎、肺炎、眼结膜炎等呼吸道疾病，给养猪生产造成重大经济损失。（1）猪舍空气的污染源：猪舍空气污染物主要包括粉尘、有害气体和有害微生物。目前，猪的饲料多为粉料和颗粒料，饲料粉尘较多。在投喂过程中，猪相互抢食，呼气冲击等都会带来粉尘飞扬。有的猪场在猪舍内采用厚垫料御寒，垫料被猪撕咬、踩压时，也会产生大量尘埃。猪排泄粪尿和呼吸运动还会产生恶臭、有害气体等，若得不到及时的清洗与排除，会带来空气中硫化氢、二氧化碳、氨气、一氧化碳、二氧化硫、酪酸、吲哚、硫醇、酚类、粪臭素、甲烷气体含量增加。空气中微生物的来源有猪的呼气、饲料、垫料、粪尿排泄和体表携带，有时外来的空气和生物（昆虫和鼠）也会带入，其中有害微生物（细菌、病毒、真菌）的增加势必引发疾病。另外，猪的皮肤细胞因新陈代谢而不时地脱落，连同皮毛碎片都会飞进空气中，特别是猪在猪栏墙蹭痒时，产生的皮毛尘埃更多。（2）猪舍空气污染的控制：要想彻底解决猪舍空气污染是一件比较困难的事。以下几种方法能有效降低尘埃和有害气体的含量和危害。①采用颗粒料好于粉料，在保证正常生理要求下，磨粗的比磨细的谷物料好。②饲喂湿料好于干料，如用粉料喂猪时，要拌成湿拌料。③夏季打开猪舍窗户，做到空气流通，冬季定时开通排风装置排出污浊空气。④尽量不用或少用垫料，既可减少尘埃又能节约开支。⑤夏季启用喷水装置，每d进行3～5次喷雾，可使猪舍内尘埃减少。⑥及时清除粪尿，清洗地面，降低氨气、二氧化硫、硫化氢、二氧化碳等空气中的含量。⑦做好猪的体表寄生虫防治，减少猪蹭痒带来的皮屑、断毛的飞扬。⑧杀灭猪舍内昆虫和鼠类，减少带入有害微生物的机会。同时也要有充足的光照，因为太阳紫外线能杀灭空气中的有害病菌。图12中小猪们在干净、宽敞、通风、光照充足的猪舍内生活，多么悠哉乐哉！

122. 请介绍一下世界上先进的猪饲料的湿喂方式？

答：北欧使用湿喂方式的养殖者数量已达到历史新高，并且这种饲喂模式已逐渐进入亚洲和欧洲市场。本作者1989～1996年在美国猪场工作时就用过湿喂方式饲喂母猪和生长肥育猪。这是因为谷物价格一路走高，给饲料成本带来了空前的压力，在这种情况下，依靠泵和管道的生长肥育猪湿喂方式再次引起人们的关注。在欧洲的一些国家，采用生长和肥育期湿喂方式的猪场数量具有区域差别。在北欧，湿喂方式的普及率非常高，而在欧洲南部的地中海沿岸，这种方式的普及率却很低。在丹麦和瑞典，超过60%的屠宰肥育猪及大多数的繁殖母猪都是采用湿喂方式饲养的。据统计，荷兰和法国采用湿喂方式的肥育猪约占全国总存栏量的30%，但这个数字并不完全具有代表性，因为在这2个国家的生猪主产区，这个比例可达到50%～60%，但在繁殖母猪饲养中采用湿喂方式的却很少。荷兰国内猪场繁殖母猪采用湿喂方式的比例最大，可提高到

15%～20%。在南欧，人们习惯在猪饲料中使用一些传统性的副产品，虽然这些副产品的营养价值不高，但价格低廉，这也是该地区湿喂方式普及率低的一个原因。但对于该地区的养殖者而言，饲料卫生指标仍是影响其决策的首要条件。在欧洲一些气候寒冷的地区，人们所担心的是湿料的配制和输送能否适应这种气候条件；而在欧洲的温热地区，人们则担心真菌是否会随饲料一起进入动物体内，因为在该地区气温较高的时候，微生物的生长和繁殖非常迅速。目前，关于如何解决湿料对寒冷或温热气候的适应性问题，已被列入湿喂方式下一步的研究目标。从德国全国范围看，采用湿喂方式的肥育猪比例约为40%，但繁殖母猪采用这种饲喂方式的比例相对较低。东部的全部规模化猪场及西北部的大部分规模化猪场均采用湿喂方式，而南部的一些小型猪场却并不喜欢采用这套饲喂系统。由于德国的一些大型猪场不断扩张，而小型猪场不断消失，因此，对于几乎每 d 都有增长的湿喂方式所占的市场份额来讲，具有一定的地域局限性。采用湿喂方式所增加的设备成本仅为干料配送设备成本的一小部分。有资料显示，在北欧，饲养 1 500～2 000 头生长猪即可达到所需安装湿料设备的盈亏平衡点。其中，湿料配制车间和管道是投入较高的两部分。随着猪存栏量的增加，每头猪所占的湿料成本会相应降低。对干料而言，虽然养殖前期投入较低，但随着饲养量的增加，成本会相应增加。与干料相比，以副产品为主配制的湿料，无论从设备或环境来讲，其成本都相对低廉。有数据表明：每吨湿料可节约饲料成本 20～30 欧元。如果养殖场距离主要副产品原料供应厂家较近的话，湿料成本会降到更低。这些主要的副产品来源于酿造厂、面包厂，以及牛奶和马铃薯的加工过程。根据一些养殖场的地理位置，决定是否需要安装粉碎或混合湿料原料的机器。在北欧，利用养殖场本身具有的粉碎混合设备加工原料变得越来越普遍。但不同地区之间，湿料原料配方的变异非常大。在上述地区，粉碎混合设备较常见，而在邻近牛奶加工厂的地区，粉碎混合设备就较少。

在日本，2007 年由政府发起并资助了一个相关项目"生物质计划"，如果养殖场的主要目的是利用副产品资源，政府就会资助一部分的设备安装费用。在美国的太平洋沿岸，随着生物燃料项目的推进，提高了湿喂方式的可行性，生物燃料项目不仅减少了玉米（乙醇生产原料）的市场供应量，也提高了谷物的价格，但该项目的实施却增加了谷物蒸馏副产物——DDGS 的产量，作为液体饲料的原料，DDGS 非常便于饲喂。大量液体副产品的长途运输始终是影响液体饲料发展的一个问题，而近期油价上涨则加剧了该问题的严重性。另外，原料新鲜度的多样性及缺乏相应标准同样是困扰副产品质量评价的重要问题。对原料的内容物和成分进行经常性的抽样检测也是湿喂方式的必要组成部分。同样，在原料经过较长的管道后，这种检测也是观察原料是否分层的一种方法。

目前，关于湿料饲喂设备的设计规划理念已发生了改变。以前，循环管道装配一个大的混合罐，一部分液体饲料将会回流至混合罐内。但现在的一些规模化养殖场都安装了 2 个混合罐，并且这 2 个罐的容积均小于以前的混合罐。当前批湿料进入输送管道后，其中，一个罐就开始制备下一批湿料。有专家认为：小罐体可更好地保证湿料的卫生指标。许多养殖场都选择了安装大的混合罐，这种做法是不合适的，因为体积大的混合罐往往会超出养殖场的生产需要，造成浪费。另外，需要根据混合罐的充盈状态对罐体进行清洁，这种清洁应保持每 d 1 次，而不是仅在每次维护的时候才进行。清洁时应注意一系列的事项，如每 d 都需要向混合罐中加几次酸，每周用酸处理 1 次混合罐；每隔 4～6 个月就用碱液彻底清洗 1 次管道，也可用专用的清洁液和装备有紫外线灯的设备（价格低廉，但紫外线灯需要定期清洁）对罐体杀菌消毒。由于残留在混合罐和管道中有害微生物的不断滋生，提高了对清洁水平的要求。但其中有益的乳酸菌也会同时形成稳定的菌落。丹麦的一项研究表明：在稳定的微生态环境建市前，如果清除了这些乳酸杆菌，那么大肠杆菌会在短时间内大量繁殖，从而影响动物的生产性能。乳酸菌一般生长在谷物类植物中，并且在潮湿环境下繁殖。这种乳酸菌适宜生长的环境也会促进副产品中的糖类产生发酵作用，增加了湿料的酸性，并通过竞争性排他作用抑制了其他微生物的生长，因此减少了肠道病原体的含量。换句话说，就是液体饲料良好的发酵水平有益于猪的健康。一些研究也证实了上述观点，湿料轻微发酵可减少沙门氏菌和大肠杆菌的数量，降低腹泻的发病率，并保护断奶仔猪的肠道组织。对于使用湿料的养殖者来说，目前所面临的问题是选择自然发酵还是人工发酵。自然发酵可定义为，不采用任何外部手段影响发酵，使最终微生物菌的生长保持自然状态。在生产中缺乏控制的发酵意味着你并不知道利用哪种菌进行发酵，而且发酵结束后，你也不知道哪种菌占优势。将发酵控制在一定的温度范围内，养殖者便可将生湿料有效地保存在密封罐中。这种密封罐需要每个月都完全清空 1 次，以监测酵母的生长情况，但酵母的生长量也同时依赖于罐的密封程度。可接受新鲜空气的外部贮存方式被认为是最合理的，或为密封建筑中的罐体安装一个简易的风筒，以便进行气体交换。用富含酵母的剩面团和啤酒废酵母等配制的湿料并不适合人工发酵，因为这类副产品的pH值大于4，从而阻止糖类进行发酵。尽管软饮料生产厂家的副产品具较高的淀粉含量，但也不能用于人工发酵，因为这种产品 pH 值为 1.5 ~ 2，远低于人工发酵所要求的条件。这些副产品的发酵能否成功主要依赖于整个系统的卫生条件，目前你所做的也恰恰是去改变整个养殖场的微生态环境。当奶酪加工厂需要这些卫生指标时，我们同样会给他们提供技术支持。湿料加工车间与养殖场内猪的距离最好超过 100 m，因为许多微生物可通过空气进行传播。对于一个准备采用发酵湿料的新猪场来说，最初 3 个月是最关键的时期。之后就可进行一些改变，如调整副产品的种类等，这样就可保证整套饲喂体系的顺利实施。在这之前，可能有一阶段大肠杆菌占据优势，这时候要采取措施消除大肠杆菌，直到乳酸菌成为优势菌群为止。大肠杆菌不仅危害猪的健康，而且还会降解料中的合成赖氨酸及其他的氨基酸，这种降解作用的时间极短，一般在几秒钟就可完成。因此，湿料 pH 值要求尽快达到 4 或低于 4。在欧洲，对采用人工发酵养殖场提供的数据进行统计后发现，新建湿料设备的成本约比传统设备的成本高 5% ~ 10%，这些多出的成本主要是贮存罐的购置费用。实际上，整套系统中的混合罐、泵和管道的成本较以前相比，便宜了许多。支持湿料饲喂方式的人认为：湿料较低的 pH 值可保证其经过管道后不出现任何问题，这样就不需要将剩料再送回混合罐，因此，在设计上就可用简单的直线管道替代环形管道了。此外，有资料表明，在人工控制条件下，发酵湿料的利用率会得到提高，给养殖者带来很好的回报率，而且对生长肥育猪的机体健康也大有益处。在饲喂 8 ~ 25 kg 仔猪湿料的可行性方面，英国、丹麦和荷兰的科研工作者进行了一些相关研究，结果表明：湿料提高了仔猪的生产性能。这个结果为湿料推广到猪的不同生长阶段提供了借鉴。但由于仔猪的采食量很少，因此常规的设备不适合为仔猪哺育舍内的仔猪供料，虽然理论上发酵湿料可长时间停留在管道中，但在实际生产中却并不能这样。

123. 妊娠母猪饲养管理在采食方面应注意哪些问题？

答： 母猪妊娠阶段饲养管理水平对哺乳期母猪、初生仔猪、断奶仔猪以及母猪连续性生产能力都会构成极大地影响；繁殖阶段饲养管理的关键是"妊娠期严格限饲、哺乳期能够充分采食"。妊娠母猪严格限饲的目的也是为了能够提高哺乳期母猪采食量，使哺乳母猪日进食营养总量达到产奶的基本需求。下面是猪场经常容易发生错误的细节。（1）断奶—配种：有很多猪场认为断奶到配种只是短短的 3 ~ 7 d 时间，喂什么料都无所谓，进了配种舍就开始使用妊娠母猪料。但很多试验表明配种前虽然时间很短，但使用低能（低亚油酸含量）低蛋白的妊娠母猪料会影响母猪排卵数，是产仔数下降的原因之一，如果母猪群偏瘦这种影响会更大。（2）配种后一周内要严格限饲，因为配种后48～72 h是受精卵向子宫植入阶段，如果饲喂量过高，日进食能量过高均会导致胚胎死亡增加，使产仔数下降；母猪群偏瘦时更容易发生饲喂过量的问题。如果母猪群偏瘦可以在妊娠7～37 d时调整饲喂量，调整范围0.6～0.9 kg/d，这一阶段即可以使母猪体况迅速恢复，也不会造成哺乳期母猪采食量下降的问题。（3）妊娠母猪限饲时间：欧、美大多数猪场都会限饲到怀孕的第95～100 d，再进入妊娠后期加料阶段。美国堪萨斯大学猪营养组的研究已经证实，妊娠母猪加料时间过早（84 d）会导致哺乳母猪乳腺细胞数量减少，通过RNA检测发现妊娠100 d加料的母猪，比84 d加料的母猪RNA总量明显高；所以过早加料会影响母猪乳腺的发育，这也是造成母猪产奶量下降和仔猪断奶体重小的重要原因。（4）妊娠母猪后期的饲养不精准，导致初生体重偏小。大家都知道这一阶段很重要，但在实际饲养过程中最容易出现两个错误，一是加料量不足，二是使用妊娠母猪料加料。加料不足主要是因为加料过早（84 d）平均3 kg/d，妊娠100 d前还可以满足胎儿增重的基本营养需求，100 d后仔猪进入快速生长期，依然每d加料3 kg，不改变饲料种类继续使用妊娠母猪料加料，就很难满足胎儿快速生长的营养需求。这时应使哺乳母猪料的配方标准能够达到代谢能3 150 kcal/kg以上、粗蛋白17.5%、赖氨酸含量不低于0.86%。如果不加油脂或脂肪粉，代谢能很难达到3 150 kcal/kg以上，所以瘦肉型母猪在哺乳母猪料中必须添加脂肪，特别是富含亚油酸（中短链脂肪酸）。高饱和脂肪酸（长链脂肪酸）母猪很难利用，因为母猪在妊娠后期会把大量的中短链脂肪酸转化为酮体，而仔猪会把酮体迅速转化为脂肪储备，而高脂肪储备对改善仔猪成活率有非常积极作用。为了有效地预防难产，初产猪加料量最好控制在3 kg/d；2产以上的母猪不低于3.5 kg/d；加料时间95～112 d，产前减料2 d。

124. 怀孕母猪不吃食咋办？

答：妊娠母猪不食症是兽医临床工作中的一种生殖疾病。如果不及时治疗或因治疗方法不恰当，可能导致母猪流产，产后死胎，母猪产后无乳，乳质下降，重者导致母子双双死亡，是母猪繁殖仔猪一大障碍疾病。（1）发病原因：大多数因喂食过多精料，尤其是豆饼之类的喂量过多，饲料长期缺少维生素，微量元素，矿物质，长期下去加重了胃肠道的负担，引起消化不良，圈舍空间小，运动少也可导致本病。（2）发病特点：大部分母猪一般在妊娠20～50 d发病或临产前一个月左右发病，也有少数在妊娠期不同时间发病。（3）临床症状：母猪体温正常或偏低（36～37.5℃），粪便正常或稍干，极个别出现便秘，甚至有无排便现象，尿少而赤黄，精神沉郁，好睡，呼吸正常，饮食大幅度下降，继而发展为绝食，全身无其他明显症状。（4）治疗原则：抗菌控制继发感染，强心补液，根据不同情况缓解自体中毒为主，养血，稳胎（安胎）。（5）给药方法：采取药物静脉输液给药方法为主。（6）单独饲喂优质鱼粉或膨化大豆，诱食，提高采食量。

125. 母猪采食正常精神状态良好但无下奶征兆，怎么办？

答：（1）可以考虑注射催产素诱导产奶。对于精神状态正常、乳腺充胀、疼痛但不分泌乳汁的青年母猪，肌注 10IU 催产素即可。对于易激动、烦躁、拒仔吸乳、不理睬甚至伤害仔猪，而乳腺胀满，流不出乳汁的异常兴奋母猪，首先注射镇静药物，同时肌注 5IU 催产素；或将母猪放到一个宽敞的场区，尽量减少干扰因素，放出一两个仔猪进行哺乳，待母猪安静后，放出其它仔猪哺乳。（2）营养不良造成的无乳症：瘦弱母猪在开始分娩至分娩结束这段时间还有乳汁，在产后 1 ~ 3 d 泌乳量减少或完全无乳，乳房及乳头缩小而干瘪，乳房松弛或乳房肥厚，但挤不出乳汁。可考虑饲喂优质鱼粉或膨化大豆，诱食，提高采食量。（3）预防：对于体格瘦弱者加强补充饲料，逐步增加精料在日粮中的比例。一般来说，整个阶段日粮中粗蛋白质的含量不能低于14% ~ 16%，在母猪妊娠的后期，日粮中鱼粉的比例应大于3%，膨化大豆的比例应高于5%。同时加强管理，注意运动，母猪舍应保持干燥，特别是母猪趴卧的地方，母猪不能饲养在图 42 这样潮湿的环境中。

图 42　潮湿的环境对猪生长不利

126. 产前产后母猪需要什么样的呵护？

答：为了猪场最大经济效益考虑，产前产后的母猪需要全身抗生素化，从而减少产后子宫内膜炎—乳房炎症的发生，尤其产前给予抗生素，效果远远比产后用抗生素治疗来的确实可靠，经济划算。分娩时母猪需要高的血钙浓度，高的血钙浓度对缩短产程，加速子宫复原很关键。此时需要给母猪饲喂酸化剂，从而降低血液 pH 值，增加血液钙溶解度。由于产后较长一段时间内，母猪体内因为子宫收缩需要的能量——葡萄糖的无氧酵解导致的产物——酮体的大量蓄积，母猪十分疲劳，因此胃口有限，采食量不够，而采食量不够，又进一步导致体脂肪和体蛋白异化作用，产生更多的酮体，如此恶性循环，因此对产后的母猪，如何校正体内酮血症，是关键点之一。有条件的猪场，应在产后给母猪补饲鱼粉、膨化大豆、青绿草等。

127. 热应激对母猪有哪些影响？

答：（1）对猪繁殖系统的影响：热应激时，母猪表现为受胎率下降、妊娠末期死胎数增加、窝重减少，甚至流产。怀孕母猪夏季容易患无名高烧、中暑等病症，严重的会导致怀孕母猪胃肠扭转而死亡；对空怀母猪可造成配种不孕或母猪返情不正常；后备母猪初情期和性成熟延迟，母猪发情推迟，隐性发情甚至不发情。母猪在配种后 8 d 和胚胎附植后的 11 ~ 20 d 以及妊娠后期遭受热应激，可发生严重的繁殖问题，夏季母猪窝产仔数和活仔数减少，母猪泌乳量降低，乳猪生长不良，成活率低，断奶仔猪体重小。（2）对母猪采食量的影响：怀孕母猪减少采食，影响胎儿初生重。哺乳母猪采食量减少，影响乳汁分泌。目前哺乳母猪日粮能量水平一般为 12.12 ~ 12.54 MJ/kg，由于夏季高温，母猪平均采食量在 4.0 kg 左右。所以能量摄入不能满足哺乳母猪产奶的需要，整个泌乳期，母猪需动用体内的营养储备，来满足产奶的营养要求。而动用过多的体内营养储备，将导致母猪掉膘严重，影响下一胎的发情配种。（3）对母猪分娩的影响：母猪在环境温度较高的 5 ~ 10 月份分娩的仔猪，其仔猪死产率比环境温度较低的月份平均每窝高出 0.3 ~ 0.4 头，其主要原因是夏季高温造成母猪的产程延长。夏季由于高温，母猪受热应激的影响，体内分泌过多的应激激素——肾上腺素。肾上腺素引起子宫血管收缩，从而使到达子宫平滑肌的催产素减少，子宫肌得不到足够的氧气，造成子宫收缩的频率和强度下降，造成分娩时间延长。同时，呼吸加快使体内大量的钙离子流失，而肌肉的收缩强度与钙离子的浓度在一定范围内是密切相关的，如分娩时母猪体内含钙太低，无论是否有催产素，子宫肌肉都将不再发挥其作用，容易产下弱仔；严重缺钙时，神经肌肉的应激性就会升高，形成肌肉痉挛，导致滞产、死胎增多，胎衣不下，产后感染概率上升；也导致产后少乳或无乳、便秘、子宫复原推迟、产后发情推迟、返情增多等现象。

128. 提高母猪泌乳能力的操作都有哪些？

答： 由于母乳是仔猪出生后的主要营养物质，因而必须保证母猪有较高的泌乳力。（1）保证食欲：采取母猪产前减料、产后逐渐增料的技术措施。母猪分娩前 3 d，减到原量的 1/3 或 1/2，分娩当 d 停喂。产后 3 d 加至原量，然后随着哺乳日数增加，逐渐增加饲料量。切不可加料过急，以免产生乳腺炎或食欲缺乏而影响泌乳。（2）科学饲喂：泌乳母猪是整个繁殖周期中需要营养最多的阶段，只有在喂好的前提下做到少喂、勤喂、夜喂，才能满足泌乳的营养要求，才能使其多产奶。（3）充足饮水：母猪哺乳阶段需水量大，只有保证充足清洁的饮水，才能有正常的泌乳量。产房内最好设置自动饮水器和储水装置，保证母猪随时都能饮到清洁的水。（4）多喂青绿多汁饲料：在饲料搭配上，对哺乳期母猪应多喂些青绿饲料及块根茎类饲料，以增加泌乳量。（5）保护乳房：保护母猪的乳房和乳头。母猪乳房乳腺的发育与仔猪的吸吮有很大关系，特别是头胎母猪，一定要使所有的乳头都能均匀利用，以免未被吸吮利用的乳房发育不好，影响泌乳量。据试验，对初产母猪产前 15 d 进行乳房按摩，或产后开始用 40℃左右温水浸湿抹布，按摩乳房 1 个月左右，可收到良好效果。（6）环境适宜：哺乳母猪的猪舍内应保持温暖、干燥、卫生，及时清除圈内排泄物，保持清洁干燥和良好的通风；定期消毒猪圈、走道及用具；尽量减少噪音，避免大声喧哗等。冬季应注意防寒保温，哺乳母猪产房应有取暖设备，防止贼风侵袭；夏季应注意防暑，增设防暑降温设施，防止母猪中暑。图 43、加拿大某猪场的通风装置；图 44、美国某猪场的泌乳猪舍，这样好的管理和生活条件，叫母猪不多泌乳都难！

图 43　通风装置

图 44　母猪哺乳情形

129. 应对母猪热应激的方法都有哪些？

答：（1）猪舍内有效降温：对封闭式猪舍，通风和蒸发是最主要的降温措施。通风可有效降低空气湿度，带走猪舍内的热量。蒸发降温是最有效的方法，常用的蒸发降温系统有：湿帘 - 风机降温系统、喷雾降温系统、喷淋降温系统和滴水降温系统。喷雾、喷淋会增加舍内和地面湿度，不宜在封闭式猪舍内采用，但可用于屋顶冷却降温，一般用于配种怀孕阶段。湿帘 - 风机降温系统能有效降低封闭式猪舍温度，一般用于公猪舍。滴水降温系统最适合定位栏饲养泌乳母猪采用，滴水器安装在母猪颈肩部上方，每间隔 45 ～ 60 min 滴水 1 次，滴水器调控每次滴水可使颈肩部充分湿润而又不使水滴到地上，降温效果显著。（2）供应充足清洁的饮水：一般情况下，泌乳母猪摄食料、水之比为 1 ∶ 3，高温时可达 1 ∶ 4 ～ 5。一头哺乳母猪的饮水量高温下要在 40 L/d 以上。母猪若得不到充足饮水，必然抑制其采食量。（3）合理安排饲喂：增加饲喂次数可增加母猪采食量，一般白天可以不限量饲喂 2 ～ 3 次，夜间饲喂 1 次；喂凉水拌湿的饲料或采用颗粒饲料，均可增加采食量。一头带仔 10 ～ 12 头的泌乳母猪日采食量在泌乳盛期应能达到 6 ～ 7 kg。（4）改变营养配比：高温下哺乳母猪食欲不佳，宜选择适口性好、新鲜质优的原料配合饲粮；应采取高能量（ME3300 千卡／ kg 以上）、高蛋白质（18%以上）、高赖氨酸（1%以上）饲粮，为提高能量浓度可添加 5 %以内油脂；适当降低高纤维原料配比，控制饲粮粗纤维水平，以减少体增热的产生；如有条件，对怀孕母猪、公猪可投喂一些青饲料。（5）在饮水中添加 VC，小苏打等抗应激药物：VC 具有减缓体温升高，增强抗热能力，提高采食量、日增重和饲料效率的作用。在炎热天气，增加种公猪 VC 的饲喂量，有助于降低热应激对精子质量和受精率的影响。VE 可以调节猪体内物质代谢，增强免疫功能，提高抗应激能力。诱食开胃剂能改善饲料的适口性，能强烈刺激猪口腔唾液的分泌，提高猪采食量；同时促进胃肠内的消化酶活性，提高营养物质的消化吸收，提高饲料利用率。饲料中添加 0.3% ～ 0.5%小苏打可提高体内碱贮，以有效中和热应激下的代谢酸产物。（6）应用特殊功能性添加剂：母猪受热应激的影响，使体内大量的钙离子流失，而子宫肌肉的收缩强度与钙离子的浓度在一定范围内是密切相关的，如分娩时母猪体内含钙太低，容易形成死胎。功能性添加剂可考虑：合生元、异黄酮、大豆磷脂、甜菜碱、核苷酸等。图45、美国某猪场湿帘 - 风机降温装置。

图 45　湿帘风机降温装置。

130. 降低猪群应激的管理方法都有哪些?

答: 应激的动物比正常动物更容易发病,生产中应激因素很多,导致猪疾病的发生。在炎热的夏季,热应激会导致猪的生产性能急剧下降,甚至造成死亡;在秋冬季节,应激对猪呼吸道疾病的影响更为严重。其他如饮水短缺,饥饿,运输拥挤和微生物的入侵等等都会造成应激。生产中的防疫和转群等均可造成应激。因此,每当采取任何会造成猪应激的行动之前,都要考虑采用一种能够降低应激的方式来完成相应的工作。(1)改善舍内通风:猪在恶劣的空气环境中多数会发生肺炎。户外饲养的猪几乎不发生肺炎,这是因为大量的新鲜空气起了作用。由于每栋猪舍的大小、饲养密度各不相同,所需的气流类型也不相同。搞好通风要做到风扇和通风口能随意控制。要千方百计防止贼风,因为贼风更易引起应激。除了考虑整栋猪舍的通风状况外,还要考虑局部风的强度,高速的局部气流可使猪感到寒冷而引起应激。如进风口位置不当,门没关好,门窗破了或者墙上和帘子上有洞,风速都会增强,这样猪就容易发生呼吸系统疾病。即便在最热的天气,也要对风速加以控制。(2)控制舍内温度:理想的温度条件下,猪任何时间都会感到舒适。酷热和寒冷都会造成应激,降低猪的免疫力,增加发病几率。应保证新断奶仔猪舍足够温暖,必要情况下进猪前应提前 24 h 为猪舍增温。猪对温度的需求是随着年龄的增长而降低。(3)搞好湿度调节:猪对舍内的湿度也有一定的要求,相对湿度低于 50% 就太干,高于 75% 又太湿。如果舍内湿度太低,极易引起猪发生呼吸道疾病。潮湿空气的导热性为干燥空气的 10 倍,冬季如果舍内湿度过高,就会使猪体散发的热量增加,使猪更加寒冷;夏季舍内湿度过高,就会使猪呼吸时排散到空气中的水分受到限制;猪体污秽,病菌大量繁殖,易引发各种疾病,增加养猪成本,降低养猪效益。生产中可采用加强通风和在室内放生石灰块等办法降低舍内湿度。(4)合理的饲养密度:饲养密度是否合理不仅与猪的发育状况有关,还与猪的肺炎有密切的关系;密度变化依气候不同,夏季应尽可能的小,冬季可稍大一些,但每个圈舍内应有总面积 2/3 的干燥地面用于猪只躺卧和休息。无论是水泥地面还是裸露的地面,都要保证睡眠区的清洁干燥和舒适,从而减少猪的应激。降低断奶仔猪的饲养密度是非常关键的。建议饲养密度为:断奶仔猪:3 头 /m²、生长

／肥育猪：>0.75 m²/头。⑤饮水消毒：饮水消毒可减少水中病原对猪造成的应激，减少猪发病，提高猪的健康水平。最好是采用地下水或不含有害物质和微生物的水，同时要注意随时供应清洁充足的饮水，以满足猪体的需要。⑥适量的碳水化合物和脂肪：高温环境下猪采食量减少，造成能量供给不足。为缓解猪受高温环境的影响，一般在高温季节应给予猪较高营养浓度的日粮，以弥补因高温引起的能量摄入量的不足。炎热气候条件下，碳水化合物代谢加强，产热量明显增多，其体增热大于脂肪，因此要适当降低饲料中碳水化合物的含量。在生长猪日粮中加入2%植物油，并相应降低碳水化合物的含量，从而可以减少体增热，减轻猪的散热负担。⑦合理的蛋白质和氨基酸：炎热环境下，猪体内的氮消耗多于补充，热应激时尤为严重。高温会使猪血浆尿素含氮量升高，表明高温时蛋白质分解代谢加强。高温条件下，采食量下降使蛋白质摄入的绝对量减少，且有证据表明，在热应激期间蛋白质的需要量也增加；在饲料和各种养分中，虽然蛋白质的体增热大，但高蛋白日粮只要符合猪的生理需要，体增热不是增加而是减少；在日均气温30.7℃的高温条件下，将生长猪能量提高3.23%，蛋白质增加2个百分点，在日采食量相同的情况下，日增重提高8.03%，料肉比降低7.69%。也有报道认为，平衡氨基酸，降低粗蛋白摄入量是缓解猪热应激的重要措施。据报道，喂给合成的赖氨酸代替天然的蛋白质对猪有益，因为赖氨酸可减少日粮的热增耗。炎热气候条件下，若以理想蛋白质为基础，增加日粮中赖氨酸的含量，饲料转化率可得到改进，猪生产性能、胴体品质与常规日粮相比，无显著差异。⑧注意维生素的添加量：高温环境造成饲料中某些维生素氧化变质，降低其生物利用率，正常情况下猪体内合成的维生素减少，而猪为了适应高温应激，对一些维生素的需要却增加了，因此必须通过饲料或饮水补充维生素，以保证机体的特殊需要。在炎热天气，增加种公猪VC的饲喂量，有助于降低热应激对精子质量和受精率的影响。在肥育猪饲料中添加VC 1 g/kg，有一定的抗热应激作用。VE可以调节猪体内物质代谢，增强免疫功能，提高抗应激能力。在饲料中添加VE200IU/kg，可有效缓解肥育猪的热应激，降低肉猪在热应激时的体温和呼吸数，并可有效改善肥育猪的生产性能。当温度超过34℃时，可酌情使用VC、VE、生物素和胆碱等抗热应激添加剂。⑨微量元素的使用：研究表明，普通日粮中的铬含量不能满足动物应激条件下的需要。补铬对抗应激，提高生产性能，调节内分泌功能，影响免疫反应及改善胴体品质均具有一定作用。给高温环境下的猪日粮中补加铬300μg/kg（吡啶羧酸铬），在前两周对日增重、日采食量和饲料转化率没有显著影响；在后两周，补铬可提高猪的日采食量，日增重，料重比下降，同时改善铬代谢，调节血浆中皮质醇和尿素氮水平；在150只体重均为50kg新嘉系杂交猪的基础日粮中分别添加铬0μg/kg、150μg/kg、300μg/kg、450μg/kg和600μg/kg（吡啶羧酸铬），气温在25℃～37℃之间，相对湿度在85%～100%之间，发现添加300μgCr/kg为最佳，提高日增重9.3%，降低料肉比3.9%。⑩适宜的抗热应激药物：热应激时猪的体热增加，为减少肌肉不必要的活动和产热，可用镇静类药物来抑制中枢神经及机体活动，可以减轻热应激的影响。在热应激肥育猪基础日粮中添加牛磺酸400 mg/kg，对提高热应激时肥育猪的采食量有益，但不能改善增重和饲料利用率；能降低呼吸数和皮质醇水平，提高免疫力。

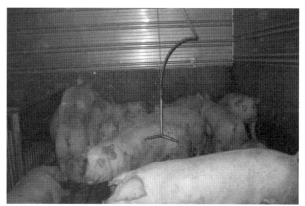

图46　美国某猪场在冬季增加饲养密度　　　　　图47　美国某猪场在夏季将饮水管放到猪舍中间，
　　　　　　　　　　　　　　　　　　　　　　　供猪饮水、玩乐、降温

131. 为保证生猪安全过冬应采取哪些措施？

答： 猪舍内的最佳环境温度为 15 ~ 25℃，低于 5℃或高于 30℃，猪只的生长就会受到影响，甚至发生疾病。因此，冬季应对猪只采取特殊的饲养管理方法。具体应从以下六方面做起：（ 1 ）改善环境。寒冷到来之前，应对猪舍及周围环境进行全面检查，及时修缮坏、危、漏猪舍；猪舍内宽敞通风处可挂上麻袋片或草帘，麻袋草帘的高度以猪啃咬不到为宜；圈内的鼠洞、裂缝、缺口、破顶等风口要堵塞严实，防止"穿堂风"和"贼风"侵袭猪体；给猪的睡铺铺上干草，给猪的凉圈蒙上塑料薄膜，这是防寒保暖至关重要的措施之一。（ 2 ）防潮防湿。生猪喜干燥、怕潮湿。空气是一种导热物质，而且越潮湿其导热性则越强，圈内生猪体内的热量散发得越快。猪体发冷，就会相互挤在一起，发生挤伤或压伤，甚至发生咬架的现象。猪圈内的粪便要勤打扫，并注意训练猪定点排粪排尿，有个干燥卧处。勤换垫草，保持垫草干净。在阳光充足的天气里，保持猪舍有一个干燥的环境，以利于生猪健康成长。（ 3 ）调整饲料。冬天生猪的饲料配方应在蛋白质含量稳定的前提下，增加玉米等能量饲料。（ 4 ）增加密度。饲养密度大时，每头猪的占地面积缩小，躺卧时可互相体贴取暖，同时，饲养密度大时它们的身体散热量也加大，有利于提高舍内温度。冬季一般要比平时增加 1/3 的猪只，使每头猪占地 0.6 m² 左右。但饲养密度也不宜过大，以免猪之间发生打斗现象。如能达到图48 中的饲养密度，小猪是不会受冷的。

图48　美国某猪场冬季的饲养密度

（5）供应温水：冬季可用粉料，也可用热水拌料。保证供应充足清洁的温水，猪对水的需求很大，如失去体内10%的水分时，猪会感到不适；失去20%的水分时，就会死亡。（6）增加喂次：增加喂料次数的目的是相对增加采食量。有条件的地方，最好采取自由采食。图49、图50、猪喜干燥、怕潮湿，生活在这种环境中，叫它们如何去健康成长？

图49　冬季猪怕潮湿　　　　　　　　　　图50　冬季猪不能生活在这种环境中

132. 提高仔猪成活率的实用方法都有哪些?

答：新生仔猪适应能力差，体温调节机能不健全，胃肠消化机能低，极易患病。生产中我们针对初生仔猪的生理特点和生长规律，采取以下措施。（1）做好保温：仔猪最适宜的环境温度是：出生后为35℃；2～4日龄为34℃；7日龄为30℃；8～14日龄为26～28℃。新生仔猪的组织器官和机能处于未成熟状态，仔猪毛稀、皮薄，油脂少，缺乏自身调温能力，低温环境很容易造成仔猪冻僵、冻死。特别是在严寒季节产仔，要做好猪舍的保温工作，可在猪舍内为仔猪设置保温箱并安装红外线保温灯或加热板。

图51　母猪产房要有护仔箱　　　　　　　图52　保持舍内温度

（2）采用产床产仔：采用母猪产床产仔，便于管理，可有效改善母猪踩压仔猪及仔猪环境卫生条件，可有效减少仔猪伤亡和疾病发生，仔猪健壮整齐，为生长肥育阶段打下良好基础。（3）吃好初乳：在仔猪出生后2～3d内让仔猪及时吃上初乳，是提高仔猪成活率的关键措施之一。产后及时哺乳，可使仔猪获得母体母源抗体，产生免疫力。（4）及时补铁：新生仔猪补铁是一项容易被忽视而又非常重要的措施。仔猪生长快，铁元素需要量大，母猪在哺乳期间供给仔猪的铁量不足 5% 时，仔猪出生后很容易发生缺铁性贫血。缺铁仔猪常表现为精神不振、生长缓慢、诱食困难、易发白痢、肺炎等，解决的唯一办法是补铁。预防仔猪贫血最有效的方法是在仔猪生后 3 日龄、10 日龄内肌肉注射补铁剂。（5）及早补料：早期补料仔猪的生长快，适应性强，在断奶时应激小。可根据仔猪消化器官发育的特点，配制适口性强、营养全价适口的饲料，在 7 日龄时对仔猪进行补料。仔猪早期觅食可促进胃酸的形成，从而激活胃蛋白酶消化饲料，为提前断奶奠定良好的基础。（6）实施早期断奶技术：早期断奶可以缩短母猪的繁殖周期，减少仔猪疾病，增加年产仔数和窝数。（7）寄养：当仔猪吃奶不够时需采取寄养，寄养时需选择两头产仔时间间隔不超过三 d 的母猪，且仔猪均由人工辅助吃一到两 d 的初乳。仔猪并窝前，要考虑将寄养的仔猪和本栏的仔猪涂上同一有强烈异味的药液，否则嗅觉灵敏的母猪会因别窝仔猪气味不同而可能拒绝哺乳。（8）做好预防：首先应做好日常的卫生消毒、隔离、无害化处理等工作，其次定期给母猪接种猪瘟、口蹄疫、蓝耳病、猪丹毒及肺疫、乙脑等疫苗，初产母猪配种前一个月注射细小病毒，经产母猪在产前一个月注射伪狂犬等。

133. 猪场管理应结合哪些方面的因素来及时监控猪只的采食情况？

答：收集饲料消耗的历史数据用以作为采食量变化的依据，这样可以及时发现猪只采食情况，保证正常的增重。大多数影响采食量的因素有两个：饮水和饲料。猪场是否有采食记录，来判断合理的采食量是多少？可以考虑使用统计图表来协助完成数据的处理。

134. 引进种猪应注意哪几方面的问题？

答：引种是每个猪场都要考虑的问题，它是实现品种改良和迅速提高养猪效益的有效途径，在养猪企业中，品种的改良速度是牵制企业发展速度的重要因素。无论是到国外引种，还是在国内引种，都应该树立一种科学的引种理念。（1）品牌意识：品牌是实力的象征，实力是品牌的支柱。有品牌、有实力的养猪企业，有自己独特的政策优势、雄厚的资金优势和过硬的技术优势，从客观的角度来讲，这样的种猪企业有可能、有能力生产出更为优良的种猪。更不可忽视的是，在种猪引进的同时，其所附带的品牌附加值，如完善的、更为人性化的售前、售中、售后服务，内容包括围绕养猪生产各个环节的培训及指导等。（2）健康意识：目前猪病让太多的养猪者无奈，有时一旦发病就不可收拾，因此健康的养猪理念显得尤其重要。猪群保健涉及养猪生产的各个环节，包括猪场设计、饲料因素、环境因素、气候因素、饲养管理因素、品种因素及整个猪群的健康水平和免疫状况等。从引种的角度谈保健，首先要选择信誉良好的种猪公司。这是选种的一个前提，具体到每头猪要注意观察其外观表现。对于猪瘟、口蹄疫阴性猪不选或者加强免疫，伪狂犬病毒阳性猪禁止引入，这样可以从源头上控制疾病的引入。当然，种猪场也不能让人随便进入猪舍，要建参观走廊。（3）良种意识：优良的种猪是育种场通过不同的现代育种技术（种猪性能测定、遗传评估或分子育种等），经过严格选育的结果，其各项生产性状都表现出良好的遗传性。父系猪主要体现在良好的产肉性能，饲料利用率、日增重、屠宰率、瘦肉率高，腿臀肌肉发达，背膘薄和公猪性欲强等生产性能。母系猪则表现出良好的繁殖性能，性成熟早、产仔多、泌乳力强，使用年限长、分娩指数高等生产性能。在养猪生产中，品质越好的种猪，带来的利润自然就会越多。作为每一个养猪生产者，都应该具有强烈的良种意识。图53、估计该猪场的老板也在设计一个类似"星光大道"的节目，让猪们各显神通，快乐生活，以便卖个好价钱！

图53　种猪场也不能让人随便进入猪舍，要建参观走廊

135. 种母猪挑选有哪些方法？

答：母猪养殖户挑选什么样的母猪留种，应从品种（品系）性能和母猪个体性状两方面进行选择评估。对于母猪品种（品系）性能的要求，除了瘦肉率达到瘦肉猪标准、生长发育快外，更要注重其繁殖性能和对地方饲养条件的适应性。在这方面国内的培育品种占有明显优势，主要表现为：（1）产仔数多。（2）性成熟早，发情症状明显，如闹圈、爬栏或爬跨同栏猪及阴户红肿等发情行为比引入品种明显，十分便于生产的发情鉴定与及时配种，可减少漏配，提高繁殖效率。（3）耐粗饲，适应性强，这一特点对于许多饲养条件较简陋的养殖户来讲很重要。在我国已有不少性能优良的引入品种由于缺乏这一点，结果出现生产性能的严重下降。确定的母猪的品种（品系）后就要挑选母猪的个体，对每一头青年母猪的体质外貌及有关性状进行综合评定：（1）母猪外生殖器应无明显缺陷，如阴门狭小或上翘。（2）奶头数一般不少于7对，奶头间隔均匀，奶头发育良好，无瞎奶头、翻奶头和副奶头。（3）身体健康，结构发育良好，生长速度快，防止小老猪，无肢蹄病，行走轻松自如。（4）初情期要早，一般不超过6月龄。（5）性情过分暴躁的小母猪不宜作种用。（6）有条件者可借助系谱资料，依据亲本和同胞的生产性能（如繁殖成绩等）对其主要生产性能进行遗传评估。

136. 母猪分娩管理有哪些注意事项？

答：（1）分娩前的准备：在母猪产前二周准备好产房，产房要干燥、保温，空气新鲜，产房可利用2%的烧碱水进行消毒，围墙可用20%的生石灰溶液粉刷。为了使母猪习惯于新的环境，应提前 3 ~ 5 d 赶入产房。集约化猪场应在产前一周将妊娠母猪赶入产房。产前要将猪的腹、乳房及阴户附近的污垢清除，然后用 2% ~ 5% 来苏儿溶液进行消毒，并擦干。（2）接产：母猪临产的主要征状是乳房膨大和衔草做窝。在临产前两三 d，两侧乳头外张，用手挤压时有乳汁排出；母猪将垫草衔到睡床周围做窝或用蹄刨地；阴道松弛红肿，行动不安。如发现母猪起卧不安、频频排尿、阵缩、阴部流出粘液，那是即将产仔的迹象。妊娠母猪赶入产房前要将猪的污垢清除，该母猪的情况如何？图 54、其实，这只母猪在分娩前也没有清洗好！

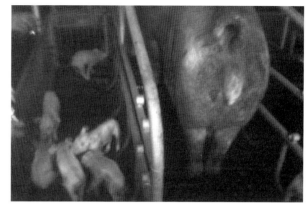

图 54　这只母猪在分娩前也没有清洗好

137. 什么是离地笼养仔猪？离地笼的设计及注意事项？

答：离地笼养仔猪是国外的一项先进养猪技术，具有较多优点：（1）可用加温和通风的方法调节温湿度，做到笼舍内冬暖夏凉，有利于仔猪的生长发育。（2）可获得较好的饲料报酬。采用自动饮水器、自动食箱，让仔猪自由采食。尿粪漏到地面，使之不污染或者少污染饲料，以保持笼舍和饲料的清洁卫生。（3）便于观察和管理。（4）有利于防治疾病。（5）能提高栏舍的利用率并节约劳动力。每个面积为 5 m² 的仔猪笼，可养仔猪 8 头 ~ 10 头，1 个饲养员可管理 400 头 ~ 500 头仔猪。离地笼的设计：每间仔猪舍的有效面积为 60 m²，安装 2 排笼，每排 3 个。每个仔猪笼的面积为 5.2 m²，内装 250 瓦红外线保温灯泡 1 个，鸭嘴式饮水器 2 个，饮水器距笼底高度 20 cm、30 cm 各 1 个。自动食箱用角钢和镀锌铁皮做成，入料口宽，前高后低易倒料，设有活动摆，当仔猪吃食时，碰到活动摆，饲料即随之外流。据试验，平均每增重 1 kg 仅消耗饲料 2.1 kg。由于笼的面积较小，没有运动场地，仔猪在笼内饲养的时间不宜过长，一般在 80 日龄 ~ 90 日龄，或体重超过 50 kg 时就应落地饲养，否则四肢会出现畸形。有些泰国养猪者将猪分二层养，有些上面的猪拉的粪尿被下面的猪采食，不知味道如何（图 55）。

图 55　泰国养猪者将猪分二层养

138. 猪的肉色不好，如何系统地解决该难题？

答：猪的肉色主要取决于品种。中国猪种，特别是北方的地方猪种肉色鲜红。外种猪父系，杜洛克肉色较 L、Y 深，美系 D 比台系 D 肉色好一些。所以，改善商品猪肉色和风味，应从选择合理的杂交配套体系入手。（1）加入我国猪种，如二洋一本、三洋一本；（2）慎重选择终端父本，不要只顾瘦肉率而不顾肉质；（3）饲料中要有足够的维生素和能量；（4）饲料中要有 50% 以上的黄玉米。

139. 春季养猪如何做好通风保温？

答：春季气温时高时低，昼夜温差较大，养殖户在春季养猪时要注意通风和保温。（1）遇降温或阴雨大风天气时，要迅速给猪舍升温和加垫草。（2）做到"春捂"，草帘、塑料膜、火炉等保温设施不能撤得过早。随时挂好门帘，查堵猪舍漏洞，防止贼风入侵。（3）重视产房仔猪和保育猪的保温情况，尤其是腹部的有效温度。（4）北方地区昼夜温差大，要坚持夜间巡圈制度，根据猪群状况随时调控圈舍温度。（5）封闭式猪舍要在离地面 1 m 处设通风口，每 d13：00 ~ 15：00 温度较高时清粪和通风；大棚猪舍棚顶通风口晚上加盖草帘。

140. 如何提高养猪经济效益？

答：（1）饲养优良的品种：品种是提高养猪经济效益的首要条件，品种的好坏直接决定了猪的生产性能、饲料消耗量、饲养周期和料肉比等。众多试验表明，饲养优良的杂种猪，可使母猪每窝断乳仔猪增加 1 ~ 2 头，增重提高 10% ~ 30%，饲料利用率提高 10% ~ 15%。好的品种如大约克、长白猪等比本地猪生长速度快、饲养周期短，可提高经济效益 10% ~ 12%。（2）防止饲料浪费：饲料是养猪的基础，是养猪成败的关键因素。一般情况下，饲料费用占养猪成本的 70% ~ 80%，所以怎样合理地选择、利用、开发饲料，提高饲料报酬率，降低耗料率，对提高养猪的经济效益起到决定性的作用。节约饲料的主要途径如下：一是科学配制饲料，提高饲料转化率；二是精心计算，降低饲料成本；三是实行阶段饲养，按需供应饲料。（3）适度规模养殖：猪场利润的增加与猪场规模成正比，因为猪场规模过小，不能创造较高的利润，特别是在产品价格较低的情况下，所得的利润更少。规模较大的猪场，即使单位产品价格较低时，也可获得较为可观的规模效益。应根据饲养者的资金、科技水平、市场营销能力等实际情况综合分析，量力而为。（4）提高母猪的年生产力：由于猪具有多胎、高产、妊娠期短的特性，如能利用先进的饲养管理技术，就能充分发挥母猪多胎、高产的潜能，提高母猪的年生产力。母猪产后 28 ~ 35 d 断奶。断奶母猪 10 d 内发情配种，一头母猪就可以实现年产 2.2 ~ 2.5 窝仔猪。每胎产活仔 10 头，育成 9 头，每头繁殖母猪一年可以提供 20 ~ 25 头断奶仔猪。（5）提高年出栏率：充分利用猪舍面积，猪群进场、出场应有周密的计划，按时转群，充分利用有效面积和养猪设备，不使猪舍空闲。合理组织猪群，实现全年养猪均衡生产。（6）提高成活率：猪舍的温度和湿度直接影响猪的增重速度、饲料利用率和养猪生产的经济效益。要为猪群提供适宜的温度、湿度、光照、通风换气等环境条件，保证其营养需要。猪舍做到冬暖夏凉、清洁干燥、通风良好，有利于猪群生长发育。

成活率高，产肉量高，经济效益随之上升。（7）降低生产成本：采用先进技术和科学管理，提高人员的知识水平和工作效率。减少非生产人员和非生产费用的开支，节约水、电、煤和机械设备费用。随时淘汰病、弱、残和不发情猪，节约饲料，避免饲料浪费。加强饲养管理，减少猪病发生，既可以节省疫苗购置费用，又可以节约常规预防用药费用和治疗用药费用。（8）做好消毒防疫工作：规模化养猪必须长期坚持"预防为主、防重于治"的方针，只有努力做到猪群健康无病，才能实现规模养猪最大的经济效益。要切实抓好消毒防疫工作，谢绝参观。严禁车辆到猪舍附近通行，防止传染病蔓延流行。一旦发现疫情，要及时采取隔离措施，尽快确诊，控制疾病蔓延，造成猪群的发病或大批死亡。猪场周围要设置防疫沟或防疫墙，进出门口要设消毒室或消毒池，进出人员和车辆一定要认真执行消毒制度。（9）适时出栏销售：要根据饲养水平，计划好出栏时间，一般在3～4月，7～8月购猪饲养，效益较高。猪的生长规律按照前期增重慢、中期增重快，后期增重又变慢的规律确定出栏时间，育肥猪以饲养180～200 d为宜。图56、美国一家猪场散装运料车进猪场前必须彻底消毒；图57、饲养员将料筒盖打开，卡车司机不用下车，即可卸料。生物防治措施之严格，可见一斑！

图 56　消毒后的散装车

图 57　猪舍外的饲料筒

141 如何减少仔猪断奶应激？

答： 仔猪断奶是液体母乳转变为固体饲料，对仔猪是一个大应激。由规律的1 d16～24次吮吸母乳变为固体饲料，常常出现仔猪拒绝采食的现象。一旦饥饿后，仔猪又会饱食一顿吃入过多固体饲料，由于仔猪消化器官发育未成熟，消化酶、胃酸分泌不足，容易发生腹泻。这一阶段的平稳过渡，成为保育的重中之重。湿拌料结合断乳法很好地解决了这个问题。（1）选一个大饲料厂的开口料，仔猪断奶后切断水源，3 h后在圈内放水料槽和干料槽，将开口料和水按1∶3拌成稀饭，干料槽放开口料，这时仔猪很渴，都上来抢喝，你会只听到"吱吱"的抢喝声，声音美妙之极。（2）以后按时拌料，3 d后撤掉水槽，仔猪可吃干料了。这样很顺利的开食、旺食，仔猪不拉稀。当然，此期间你要注意饲槽的卫生。这个办法让仔猪断奶后不掉膘，不消瘦，断奶7 d日增重200 g以上，降低了断奶应急，提高了成活率。

142. 秋抓仔猪如何转入正常饲喂？

答：秋季新购进的仔猪，往往因环境、饲料、饲喂方式等明显改变而处于应激状态，机体各系统出现机能紊乱，轻者十 d 半月不生长，重者易诱发高热、便秘、下痢等疾病，甚至引起死亡。因此，新购仔猪应按以下"三部曲"来采取综合措施，降低发病率。（1）进栏前准备：①做好进栏前的准备。在准备购进仔猪前应先将栏舍清扫干净，尤其是发生过疫病的栏舍，应进行彻底消毒。消毒可根据病原选用 2% 的烧碱水、5% ~ 10% 的来苏尔或 10% 的过氧乙酸等。②挑选健康的仔猪。最好购买本地产、健康状况好的仔猪，如从集市上或流动商贩手里购买仔猪，一定要看好是否健康，并索要"三证"。在购买仔猪时应问清仔猪以前所采食饲料的种类、饲喂时间及次数，以便有针对性地进行饲养管理或更换饲料，更换饲料时要循序渐进，不可一次性全部更换完毕。（2）饮高锰酸钾水消毒：购进仔猪第 1 d，要先喂给 0.1% 的高锰酸钾溶液或在饮水中加入抗生素，并供给充足的清洁饮水。饮水后让仔猪自由活动，待其觅食时再喂给适量的青绿多汁饲料或颗粒饲料。第 2 d 以后逐渐添加一些精饲料，让仔猪吃 7 ~ 8 成饱即可。（3）转入正常饲喂：当仔猪完全适应了饲养环境和饲养人员后就可转入正常饲喂。开始饲喂正常饲料时让其自由采食，并在饲料中添加多西环素，每日每头 0.4 ~ 0.8 g，以防止仔猪下痢。为增强仔猪胃肠的适应能力，还可在饲料中添加酵母粉或苏打片。

143. 农村养猪的误区有哪些？如何纠正？

答：在农村养猪实践中，存在着许多误区，这些误区是影响农村养猪安全和饲养经济效益的大敌，严重影响着农村养猪的安全和饲养经济效益，必须彻底纠正。（1）杂交仔猪留母猪：杂交猪遗传性能极不稳定，作种用其后代会出现严重的性状分离，饲料报酬降低，生长速度变慢，抗病能力减弱。（2）怀孕母猪患病不诊治：有的农民认为：母猪怀孕后，如果患病时打针用药，会对仔猪胎不利。兽医专家指出：这种认为是错误的。因为临床上有些药物如四环素、链霉素、氯霉素、阿司匹林等对孕猪用药时都采用静脉注射，药物不通过肝脏进入胎体，毒性较大，但如果改为口服，药物经过肝脏解毒后，则变得安全有效。所以，母猪怀孕后生病时，应及时请专业兽医诊治，用药时也应听从专业兽医的精心指导。（3）阉割防疫同时进行：当前，一些养母猪的农户很重视防疫，但忽视科学方法。一是为了省事，在给仔猪阉割时，接着又打防疫针；二是母猪怀孕时打防疫针。畜牧专家说：这样做一方面容易使仔猪阉割的伤口难以愈合，同时，防疫效果也相对受到影响。另一方面母猪怀孕后对外界刺激特别敏感，防疫又属于强刺激，打防疫针容易引起死胎或流产。所以母猪怀孕后最好不打防疫针，仔猪则应在阉割后 10 ~ 15 d 再打防疫针。（4）治病只用安乃近：有的农民朋友见猪不吃食，全身发热，连忙注射大剂量的安乃近。认为只要降低了体温，猪病就会好。兽医专家解释说：猪病同人病病理一样，患病后容易出现炎症，导致猪体发热，使用安乃近可以很快减轻其发热症状，但安乃近副作用很大，易引起猪过敏性休克，体温急剧下降，导致呼吸、循环衰竭而突然死亡。所以应请专业兽医仔细诊断，确定病症，然后选用抗生素或磺胺类药物，适当配用解热药，既治标，又治本，消炎解热同步进行。（5）育肥猪饲喂土霉素：在育肥猪饲料中长期添加大量土霉素，认为这样可以让猪长得更快。其实长期添加大量土霉素，由于猪体产生抗药性，不仅浪费成本，而且可能抑制猪的生长，且产生药残会对人体有害。（6）仔猪腹泻断水：当仔猪出现拉稀时不敢给水喝，怕越是喝水越是拉稀。几乎所有农民都有这种观点，这种误区就导致仔猪拉稀后出现脱水而使病情更严重。（7）喂猪习惯喂水食：80%的农户习惯喂水食。水放得很多，还长时间泡饲料，这样不仅导致饲料中营养成分分解失效，水食在胃肠道中停留时间短、排泄快、消耗热能多，且消化液被冲淡，不利于消化，农民认为喂水时猪吃得饱，喂干料耗料多，且有长期习惯问题，所以很难改变这种现象。干喂方法是料水比1：1，拌匀后及时喂，圈内应有两个槽，一个是料槽，一个是水槽，水槽应保持不断水。（8）颗粒饲料用水：有的农民用颗粒料喂猪，仍和用粉料一样，加水拌成粥状，使饲料的营养成分受到破坏，营养价值降低。用颗粒料喂猪，干喂后再添加饮水才是正确的方法。（9）配料方法科学：有些农户养猪不是根据猪只不同的生长阶段的需要配制日粮，而是图省钱、怕麻烦，有啥喂啥，使饲料利用率降低，出栏时间延长，实际费用增加。生产中应根据猪只不同生长阶段的营养需要，把玉米、饼粕、鱼粉、骨粉、添加剂、维生素等，按一定比例均匀混合，制成营养全面的饲料，这样可以提高饲料利用率和猪的增重速度。（10）饲料熟喂利用率高：饲料熟喂，一方面破坏了饲料中的营养成分，导致饲料营养价值降低；另一方面熟食又稀喂，看起来猪吃得较多，实际是吃下去的水分较多。生产中应喂湿拌料，饲料含水量的多少以手握成团、落地即散为宜。同时要注意供给猪只充足清洁的饮水。（11）蛋白质越高越好：蛋白质是猪生长发育过程中不可缺少的营养素，缺乏它，生长受阻，发育不良，于是很多养殖户在选择饲料时，首先看蛋白质高，质量就好，这样很多饲料企业为迎合养殖户消费心理，有的把蛋白标得很高，有的在饲料中添加质量较差的血粉、羽毛粉或非蛋白氮，使饲料中的粗蛋白含量很高，而饲料质量很差。事实上，蛋白质的营养最终是氨基酸的营养，况且蛋白质的大量沉积需要能量做后盾，只有饲料中可利用的必要的氨基酸含量高且平衡、能量含量高的情况下，饲料中的蛋白质质量才会高，蛋白质才能充分利用。例如，血粉，虽然粗蛋白含量在80%以上，但因其消化率低氨基酸不平衡，质量较低，如果饲料中蛋白质较高，能量较低的话，蛋白质不能充分利用，不但不利反而有害。同时蛋白质过高，不但浪费，且易引起猪的下痢，所以评价饲料的好坏不能单纯看蛋白质的高低，可消化氨基酸和能量更重要。（12）饲养大猪效益好：不少农民都喜欢喂大肥猪，殊不知肥猪超过90 kg后生长速度明显减慢，且以沉积脂肪为主，所以越喂越不合算，而且肥肉增多后也不好销售。一般育肥猪以达到90 kg左右出栏或屠宰最好。

144. 怎样做好仔猪保育工作？

答：（1）栏舍消毒断奶仔猪进入保育舍前，要对保育舍内、外进行彻底清扫、洗刷和消毒，杀灭细菌；仔猪进入保育舍后，要定期消毒（每周2～3次），及时清理粪尿等污物。（2）分群与调教在分群时按照尽量维持原窝同圈、大小体重相近的原则进行，个体太小和太弱的单独分群饲养，以减少因相互咬斗而造成的伤害，有利于仔猪情绪稳定和生长发育。要做好仔猪的调教工作，仔猪进保育舍后，前几d饲养员要调教仔猪区分睡卧区和排泄区。（3）保持适宜的饲养密度。规模化猪场要求保育舍每圈饲养仔猪15～20头，最多不超过25头。圈舍采用漏缝或半漏缝地板，每头仔猪面积为 0.3 ~ 0.5 m²。（4）创造一个良好、舒适的生活环境。保育猪最适宜的环境温度，刚断奶仔猪一般要求舍内温度 30℃，以后每周降 3 ~ 4℃，直至降到 22 ~ 24℃。最适宜的相对湿度为 65% ~ 75%。（5）供给充足的清洁饮水。在断奶后 7 ~ 10 d 内的饮水中加入葡萄糖、钾盐、钠盐等电解质或维生素、抗生素等药物，以提高仔猪的抵抗力，促使仔猪采食和生长，防止仔猪喝脏水引起腹泻。（6）加强饲养管理：断奶后 5 ~ 6 d 内要控制仔猪采食量，以喂七八成饱为宜，实行少喂多餐，逐渐过渡到自由采食。投喂饲料量总的原则是在不发生营养性腹泻的前提下，尽量让仔猪多采食。不同日龄喂给不同的饲料，当仔猪刚进入保育舍后，先用代乳料饲喂 1 周左右，以减少饲料变化引起的应激，然后逐渐过渡到保育料。饲料要妥善保管，要等料槽中的饲料吃完后再加料，以保证饲料新鲜，防止饲料发霉（图 58）。

图 58　仔猪吃饱喝足后情形

（7）做好免疫注射和驱虫工作：在保育舍内不要接种过多的疫苗，主要是接种猪瘟、猪伪狂犬病以及口蹄疫疫苗等；驱虫主要包括驱除蛔虫、疥螨、虱、线虫等体内外寄生虫，驱虫时间以 35 ~ 40 日龄为宜。

145. 如何提高母猪产仔数？

答：（1）养好种公猪：俗话说得好："母猪好好一窝，公猪好好一坡"！要加强公猪营养，保证精液品质；适度运动，增强体质（图 59、60）；合理使用，严格控制种公猪的初配年龄、体重及配种次数，避免未老先衰。一般种公猪的初配年龄为 8 ~ 9 月龄，体重为 100 kg 左右。（2）养好母猪：要调整好母猪膘情，注意饲粮的全价性，特别注意在饲粮中搭配充足的优质青饲料，增加母猪排卵数，提高卵子质量，也要掌握好母猪初配适期，一般母猪初配年龄为 8 月龄，体重 100 kg 以上。（3）适时配种：一般多在发情后第二 d 开始配种，由于母猪是分期排卵，所以就必须设法使精子多和一些卵子适时相遇，才能形成更多的受精卵，所以每一个情期内要配种 2 ~ 3 次，每次间隔 11 ~ 12 h。实践当中要注意至母猪年龄不同，发情表现不同，应适时掌握配种火候。在生产实践中，采用复配的办法可以提高母猪产仔数。（4）管好母猪，注意保胎：受胎是提高产仔数的基础，但忽视保胎，会因妊娠期流产、死胎等影响母猪产仔数。图 59、图 60、给猪适度的运动，增强体质。

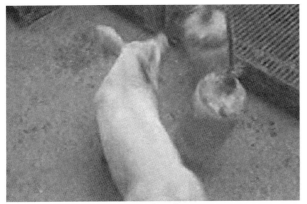

图 59　猪在练拳击?

图 60　给猪提供玩具

146. 提高仔猪成活率的措施有哪些?

答：仔猪成活率的高低是影响养殖效益的关键因素。近几年，由于多种疫病的混合感染、饲养管理不到位、卫生环境差的因素，导致仔猪成活率相对较低，严重影响了养殖效益。笔者根据几年来在养殖场的工作实践，认为提高仔猪成活率应做好如下几方面的工作。（1）做好母猪的饲养管理和疫病防治工作：首先，加强妊娠母猪和哺乳母猪的饲养管理。母猪饲料配合应多样化，饲料品质必须优良，腐败、霉烂、变质、有毒的饲料决不能喂。保证母猪各阶段的营养，但妊娠母猪不能过肥或过瘦，否则会影响泌乳性能和乳汁质量。确保母猪产后八成膘情，以保证有充足的乳汁和抵御疾病的能力。其次，对能繁母猪要严格按免疫程序免疫，一是口蹄疫、猪瘟等重大动物疫病的免疫接种；二是影响繁殖的疾病。如细小病毒病、伪狂犬病、高致病性蓝耳病、布鲁氏分枝杆菌病等。（2）创造适宜环境，保证猪只的健康成长：适宜的环境条件，不仅有利于提高猪只生产力。而且可减少疫病的发生。首先。要保证母猪圈舍的干燥卫生。要调教母猪养成"三角定位"的排粪习惯。对粪便、垃圾要及时清扫，垫草要经常更换，同时，做好消毒工作，圈舍、食槽等要定期消毒。春、秋、冬季每隔 3 ～ 5 d 消毒 1 次，夏季可 2 ～ 3 d 消毒 1 次。消毒药品要交替使用，不能只用一种消毒药物。其次，新生仔猪的体温调节能力差。要求仔猪生出后 1 ～ 3 d 时环境温度保持在 30 ～ 32℃、4 ～ 7 日龄 28 ～ 30℃、8 ～ 30 日龄 22 ～ 25℃、31 ～ 45 日龄 20 ～ 22℃。同时保证猪舍内干燥清洁。（3）做好初生仔猪的护理：初生仔猪的护理是提高仔猪成活率的关键步骤。母猪分娩时要有管理人员接生，以防仔猪被母猪压死或因母猪难产而死在腹中。出生后 10 ～ 20 分钟内让仔猪尽早吃到初乳，这对仔猪的成活、健壮及正常生长发育有重要意义。初乳营养丰富，具有轻泻性，利于排出胎粪。出生后 24 h 内要做好断齿、去势、断尾工作，注射铁制剂，预防缺铁性贫血。同时要固定乳头，以保证全窝仔猪发育均衡。将体质弱、体重小的仔猪固定到前边乳头，将体重大、体质好的仔猪固定到后边乳头上。（4）适时补饲，保证仔猪营养：由于仔猪生长发育快，而母猪所提供的奶量在产后 24 d 左右达到高峰，此后逐渐下降，若仅依靠母乳，则不能满足仔猪的生长发育要求，应采取补料措施，从而充分发挥仔猪的生长潜力，这对提高仔猪的断奶窝重和仔猪后期的生长发育，具有十分重要的意义。补料时间以 7 日龄左右为宜，补料采取由少到多诱食的办法进行。同时饲料必须清洁、新鲜。不喂霉烂、变质饲料，饮水要清洁、充足。食槽、水槽与用具要经常洗刷与消毒。（5）适时断奶，把好仔猪断奶关：目前，多采用 28 日龄断奶的饲养形式。仔猪在 18 ～ 23 日龄时，用 5 d 的时间把教槽料过渡为断奶料，为 28 日龄断奶做好准备。当仔猪每日采食量达到 100 ～ 200 g 时，可在 28 日龄前后给仔猪断奶。刚断奶的仔猪，常因为断奶程序不当或断奶过快导致腹泻，所以断奶前必须让仔猪适应饲料。（6）做好初生仔猪的疫病防治工作：哺乳仔猪抗病能力差，容易患病死亡，尤其是腹泻对仔猪的危害更大。要预防仔猪腹泻，常见的仔猪消化系统病、仔猪呼吸系统及其他疾病等，要做到早发现、早治疗，从而提高仔猪的成活率。

147. 如何给猪测量体温?

答: 采用测量猪直肠内的温度。测体温前应在兽用体温计的末端系一条长 10 ～ 15 cm 的细绳，在细绳的另一端系一个小铁夹。测体温时应先将水银柱甩至 35℃ 刻度线以下，并对体温计用酒精棉球、碘酊进行消毒，涂少许润滑剂；一只手拉住猪的尾巴，另一手持体温计沿稍微偏向背侧的方向插入其肛门内，再用小铁夹夹往猪尾根上方的毛以固定体温计。5 ～ 10 分钟后取出体温针，用酒精棉球将其擦净迅速读出测量的体温数。猪的正常体温为 38 ～ 39.5℃。一般仔猪的正常体温比成年猪的正常体温高 0.5℃，傍晚猪的正常体温比上午猪的正常体温高 0.5℃。一般低温发生于大出血、产后瘫痪、循环衰弱、某些中毒或临死期；体温升高超过正常范围，多见于传染性疾病和某些炎症过程中。对刚经过剧烈运动的猪测量体温，应作适当休息后再进行测温；对性情温驯的猪测量体温时，可先用手指轻轻搔其后背部，待安静站立或卧地后，再将体温计插入直肠；对凶暴或骚动不安的猪，应作适当安定后再进行测温；在对初生乳猪进行测量体温时，体温计不可插入肛门过深，要用手抓住体温计末端进行固定。

148. 生产瘦肉型商品猪的技术与要领有哪些?

答: （1）采用杂交猪育肥：可选用长白、大约克、杜洛克、汉普夏等瘦肉型公猪与本地纯种母猪杂交，也可用三元杂交来生产瘦肉型商品猪。即用上述杂交 一代作母本，再用另一品种瘦肉型公猪作父本杂交来生产商品猪。这样生产的杂交仔猪抗病力强，健壮、出生个体重，然后采用科学饲养技术育肥，就可生产出高效的瘦肉型商品猪。（2）采用一贯育肥法：为了提高经济效益，必须采取一贯育肥法，而不能搞传统的吊架子育肥法。这样就可把饲养周期由原来的一年左右缩短到六个月左右。（3）加强管理和疾病的防治：①首先要进行猪瘟、丹毒、肺疫的预防注射；②每两周用石灰消毒一次圈舍。圈舍进出口，要设石灰水消毒坑；③驱一次体内寄生虫；④圈舍勤打扫，经常保持清洁、干燥。猪舍要冬暖夏凉；⑤按大小强弱进行分群饲养；⑥应加强调教，使之吃料、睡觉、拉屎排尿定位。图 58、图 59、猪是非常聪明的动物，经过调教后，它们能养成定位拉屎排尿的好习惯！

图61 训练猪定位排粪尿

图62 调教后猪定位排粪尿

149. 如何从技术上降低养猪的成本？

答：（1）坚持养杂交一代猪。杂交一代猪的生命力强，生长迅速，饲养效果好。要普遍推广公猪良种化、母猪地方化、仔猪杂交一代化的"三化"新技术。（2）坚持喂配合饲料。根据不同生长阶段猪的营养需要，坚持用全价配合饲料，其营养全面而不浪费。（3）改吊架子育肥为直线育肥。传统的吊架子育肥是把猪的育肥期分成几个阶段，按各个不同阶段采精粗饲料结合进行催肥。此法饲料单一，营养不全面，不能满足猪的生长需要，猪生长慢，出栏率低。如果对断奶后的小猪到出栏前的肥猪采用提高营养水平直线育肥法，可有效缩短育肥期，提高出栏率，增加经济效益。（4）广泛利用辅助饲料。利用经过处理的酒糟、鸡粪、兔粪等对在混合饲料中一起喂猪，猪爱吃，又上膘，增重快，出栏早，可降低养猪成本 1% ~ 3%。（5）自繁自养。自己饲养优良种公猪、种母猪，自己培育杂交仔猪，自己育商品猪，有利于防疫灭病，提高仔猪成活率，有利于降低成本。（6）推行高密度养成猪。冬季 0.8 m² 猪舍养 1 头育肥猪，夏季 1 m² 猪舍养 1 头育肥猪。高密度养成猪，不仅建圈少，费用低，而且育肥猪争抢吃食。没有活动场地，猪吃饱就睡，增重快，减少饲养费用。（7）向科技要效益。推行一条龙快速养猪法。实行"五改一加"：一改养脂肪型猪为长白、约克夏、杜洛克等瘦肉型猪；二改喂单一饲料为经过配方的全价饲料；三改喂"长寿猪"为适时出栏，奖勤罚懒中喂添加剂生长素；四改熟喂为生料湿喂；五改有病找兽医为无病早防疫，严格控制猪瘟等传染病，提高成活率、出栏率。（8）适时出栏和屠宰。育肥猪超过 90 kg 后，日增重速度明显减慢，且以脂肪沉积为主；不足 90 kg 屠宰，虽饲料利用率高，但因体重小而出肉率低，经济上也不合算。一般育肥猪 90 ~ 120 kg 屠宰最合适。

150. 提高断奶仔猪体重的有效措施有哪些？

答：提高初生重，增强仔猪抵抗力：（1）引入优良繁育体系，科学配种。引入优良品种和体格大的种母猪进行繁殖可提高仔猪初生重。在选配过程中要进行合理异质交配，即用体型有一定差别的公母猪进行交配，充分利用杂交优势。（2）加强妊娠母猪的饲养管理，提高仔猪初生重。配种前 7 ~ 10 d 适当加料刺激，可增加母猪排卵数。妊娠早期，在体内激素等作用下母体新陈代谢加强，食欲增加，消化能力提高，体重增加很快，需要适当限饲，否则母体太肥，导致早期流产、产仔数减少，或造成难产以及产后母猪采食量和泌乳量减少，从而影响仔猪发育。妊娠 1 个月内的喂料量为 1.8 ~ 2.2 kg/d，妊娠第二个月到 80 d 的喂料量为 2.0 ~ 2.5 kg/d。妊娠后期胎儿增重快，特别是临产前 20 d 生长量约为初生重的 60%。因此母猪妊娠后期的营养摄入量将直接影响胎儿的大小。随着母猪腹围的逐渐增大，消化系统受到挤压，每次采食量将减少，需要增加饲喂次数，增加钙、磷等矿物质，以满足其营养需要量，对体况较差的母猪给予特殊护理。产前 1 个月的喂料量为 2.8 ~ 3.5 kg/d，产前 1 星期开始喂哺乳料，并适当减料。保持饲料新鲜和料槽、饮水器的清洁卫生。产前 1 个月适当提高日粮的能量水平，每 d 补喂 200 ~ 250 g 的动物脂肪或油脂性饲料，可提高初乳与常乳的乳脂率，增加胎儿体内的能量贮存，有利于提高仔猪成活率。（3）养好产后猪，确保母猪泌乳力：产后母猪的饲养管理好坏，尤其是奶水充足与否，直接影响到哺乳仔猪的成活率，因此养好产后母猪是养好仔猪的保障。母猪泌乳期间的饲粮需要量包括母猪的维持需要量和泌乳需要量，母猪的维持需要量约为 1.5 ~ 2.0 kg 饲粮；泌乳需要量按哺育 1 头仔猪需 0.4 kg 的饲粮计算，如 1 头哺育 10 头仔猪的泌乳母猪，每日需采食 6.0 ~ 7.0 kg 的饲粮。泌乳母猪采食量不足，就会造成母猪减重过大，进而影响其繁殖成绩，增加淘汰率，同时也影响仔猪的生长速度和断奶窝重，可在饲料中添加高能脂肪来提高饲料的能量水平，以弥补标准采食量的不足。实际生产中，要严禁饲喂霉变饲料，提供充足清洁的饮水，防止母猪便秘。（4）加强仔猪管理：①科学接产：在接产前用热毛巾将母猪乳房、外阴部、臀部洗净，再用消毒药水清洗；及时消毒产房，保证产位清洁。环境清洁卫生、干燥温暖，可防止仔猪腹泻。②早吃初乳：初乳能增强仔猪的抗病能力并促使胎粪排出，最好让仔猪产后 1 h 内吃到初乳，仔猪吮乳的刺激有利于母猪子宫收缩，加快分娩过程，产后 3 d 内的仔猪应饲养在保温箱内，1.5 ~ 2 h 哺乳 1 次。③防寒保暖，减少应激：新生仔猪的适宜温度范围是 29 ~ 34℃，1 ~ 3 日龄为 30 ~ 34℃，4 ~ 7 日龄为 28 ~ 30℃，以后每周下降 2℃，直至 20℃左右。（4）加强卫生防疫：①产前母猪的免疫。根据当地疫情和本场具体情况实施有效的免疫措施，一般可在产前 5 周和产前 2 周选择性地给母猪接种大肠杆菌、传染性胃肠炎、流行性腹泻等疫苗。腹泻严重的猪场可在临产前 2 周将产房内病死仔猪的肠胃或仔猪的粪便收集起来投喂给妊娠母猪，这样能使母猪产生本场易感病的抗体，对仔猪产生较强的保护作用。仔猪生长发育快，饲料利用率高。同窝仔猪断奶体重相差 0.5 kg，在相同的饲养条件下，肥育结束时体重相差 5 kg；若达到相同体重出栏，时间相差 7 ~ 10 d。因此，提高断奶仔猪的窝重，在养猪生产中非常重要。②仔猪的保健与免疫。产后 1 ~ 3 d 补铁（含硒最好），3 ~ 7 d 接种传染性胃肠炎、流行性腹泻二联苗，14 ~ 20 d 再补铁 1 次，2 ~ 4 周依次接种猪蓝耳病、气喘病、猪瘟疫苗。对仔猪危害最大的是腹泻病，有条件的猪场最好对仔猪进行肌肉注射 1 针长效抗生素，可以预防仔猪腹泻，促进增重，提高断奶仔猪整齐度，并能预防猪萎缩性鼻炎、细菌性肺炎及其他细菌性疾病的发生，减少因病毒性疾病而引起的继发感染。

151. 冬季养猪如何做好保温御寒工作？

答：冬季气温下降明显，在冷刺激的影响下极易患病，影响猪的正常生长，吃的饲料都被维持体温消耗掉了。要采取确实有效的方法科学地防寒增温，促进猪健康育肥，减少各种呼吸道和肠道疾病的发生。以下几种常见的保温方法可借鉴：①保暖御寒：冬季寒风容易从残缺的部位侵入猪舍袭击猪体，造成猪感冒发烧和肺炎、肠炎等疾病。猪舍选址就应该在地势高、干燥、向阳之处。天气变化后要塞住窗洞，及时检修屋顶及四壁的缝隙，猪舍的窗户和通风孔应距离地面 1 ~ 1.5 m 以上，并能调整孔洞的大小以保持舍温相对稳定。在猪舍迎风方向用稻草或玉米秆搭成风障墙或堆草垛挡风，以防止风侵袭猪舍。②搭建屋中屋：在圈舍内搭建屋中屋，可以使用塑料薄膜和毛毡材料。塑料薄膜能透光保温、毛毡能透气能聚温。搭建屋中屋有投资少、制作简便、见效快等特点。③增加饲养密度：将分散饲养的猪合群饲养，舍内养猪头数可比夏季增加 30% ~ 50% 左右，利用猪之间以体温取暖，可提高舍温。猪舍进新猪时，用有气味的低浓度来苏儿喷雾猪身后再进行合群，同时饲养员需要观察几 h，以防止猪打架。也可以选择晴暖天气，把猪赶到外面多晒太阳，加强运动，提高对寒冷天气的抵抗力。④提供优质配料：在配制猪的日粮时，应适当增加高粱和玉米等能量饲料或者选用正规厂家的优质全价饲料。有的养殖户喜欢饲料经发酵后再进行饲喂，但是一定要饮用温水。可以增加饲喂次数，以增强抗寒和抗病能力，促进快速增长。⑤合理驱虫：把握恰当的驱虫时间。仔猪在 45 ~ 60 d 时进行第一次驱虫效果比较好，以后每隔 60 ~ 90 d 驱虫一次。驱虫宜在晚上进行。喂驱虫药前，让猪停饲一顿，晚上 7 ~ 8 点将药物与饲料拌匀，一次让猪吃完，若猪不吃，可在饲料中加入适量的盐水或糖精，以增强适口性。图 63 中所示，猪舍的保暖御寒工作没做好哦！

图 63　猪堆积在一起说明猪舍温度低

152. 冬季如何做好仔猪护理?

答：由于气候寒冷，冬季对仔猪护理要格外细心，注意把握要点，以提高成活率。①适时补料：如果仔猪太多或母猪奶水不足，随着仔猪日龄的增大，母猪的泌乳量很难满足所有仔猪的需要，此时仔猪提前补料就显得至关重要。可以在仔猪 7 日龄时开始补料，注意保持料的新鲜与卫生，补料应少加、勤加。仔猪断奶后再连续使用一周，然后逐步更换为保育料。②严格限制寄养：寄养对母猪和仔猪均是一种应激，且寄养易导致疾病交叉感染，所以应尽量减少寄养，特别要严禁跨房间寄养。当产后母猪泌乳量严重不足、产仔数过多、母性差、母猪体弱多病、有恶癖或母猪死亡时可考虑寄养，寄养应在出生后 24 ~ 48 h 内，并保证仔猪能吃到充足初乳后进行。寄养可将身体强壮的仔猪寄养给其他母猪，也可将数头母猪所产弱仔集中寄养给一头奶水较好的母猪。③仔猪保健：初生仔猪体内铁的贮量很少，而母乳中的铁不能充分满足仔猪的需要，所以应在出生时采用颈部肌肉注射铁剂的方法给仔猪补铁。④弱仔猪的处理：出生时体重低于 800 g 的仔猪，一般哺乳能力较差、活力弱、死亡率高，可称其为弱仔。对于精神状态很好、有吮乳能力的弱仔可通过固定乳头和人工辅助其哺乳等方法以提高其成活率。对于精神状态很差、无吮乳能力的弱仔，尤其是体重低于 500 g 的弱仔要考虑淘汰。因为这些弱仔很难成活，且免疫能力和抵抗力差，这些弱仔在猪场里作为一种易感猪群容易感染疾病从而成为传染源，造成更大的损失。

153. 如何实现低碳养猪?

答：低碳养猪是循环经济发展模式，是传统养猪业的创新发展，具有资源消耗低、带动系数大、就业机会多、综合效益好等优势。如何实现低碳养猪，应是养猪及畜牧行业从业者、尤其是畜牧生态环境工作者当前乃至今后较长时期内研究的重要课题。随着我国规模化养猪的快速发展，生猪粪便和污水已成为许多地方农村和城镇新的污染源。规模化猪场排放的污水不仅水质差，而且排放量大。据统计，2003 年规模化猪场排放的废弃物 COD 量达到 503.1 万 t，占全国生猪排放的废弃物 COD 总量的 31.9%。同时，规模化猪场空间分布日益向发达地区集中，向城郊和居民聚居点集中，出于降低养殖、运输和销售成本及便于加工的需要，不少规模化猪场建在人口稠密、交通便利和水资源充沛的地方，约 30% 的规模化猪场距离居民区或水源地不超过 100 m，已经对自然环境和居民健康带来巨大威胁，对生态环境造成严重污染。有鉴于此，大多数发达国家都建立了专门法规、标准，以加强环境管理。从国内外的经验看，对养猪业污染防治，从技术上看主要有以下几个方面：种养结合，粪污还田。按照"资源节约，环境友好"原则，大力推行种植业与养猪业有机结合的生态循环养殖模式，利用植物生产、动物转化、微生物还原的原理，利用猪粪便作有机肥，促进种植业的发展，实现种植业和养猪业的良性循环。猪粪便还田用作肥料是一种传统的、原始的、经济有效的处置方法，小规模养猪场及散养农户的废弃物大多采用这种方式，在我国已有几千年的历史。猪粪便还田除供给农作物水分外，还能供给大量肥料，能够改良土壤和提高肥力，具有投资省、不耗能、运行管理费用低、便于操作等特点。但其缺点是土地占用量大，并可能造成地下水污染。　　达标排放，生化处理。生化法分为生物法、化学法及生物与化学结合法等。采用生化处理方式的规模猪场，必须拥有污染处理设施，以对生猪养殖中产生的废弃物进行处理，做到达标排放，或者进入公共污水处理厂进行有偿处理。即要求猪场对生猪养殖产生粪便和尿液及冲洗水分开，尿液、冲洗水全部进入城市管网，由污水处理厂处理。生物处理法中常用的包括厌氧处理、好氧处理、水解酸化、厌氧 + 好氧相结合处理等工艺。化学处理法主要是通过混凝剂对水中胶体颗粒的压缩双电层作用、吸附电中和作用、吸附架桥作用及沉淀物卷扫作用，从而使胶体颗粒脱稳凝聚，去除废水中大部分的 COD 和 BOD，减少碳的排放。生化处理具有占地少、适应性广等优点，但投资大、能耗高、运转费用高。沼气化处理技术。沼气化处理技术采用现代生物发酵工程技术，以猪场废弃物为原料，配以多功能发酵菌，通过厌氧发酵和连续池式发酵，使猪场废弃物通过有益微生物的处理，经过除臭、腐熟、脱水等一系列化学反应，最终转变成沼气和活性生物有机肥，使之无害化、资源化。沼气发酵能处理高浓度有机质污水，自身耗能少，运行费用低，而且沼气是极好的无污染燃料，可以发电或采热供暖，对沼渣再加工，生产有机肥，处理后的沼液可回用，因而具有良好的经济效益、社会效益和生态效益。建立新型生态养猪模式。

微生态发酵床养猪是根据微生态理论和生物发酵理论采用发酵床垫料饲养的方式，是一种零排放、无污染、低成本、高效益的新型生态养猪模式。这种模式是按一定比例混合锯末、秸秆、花生壳粉和微生物垫料，在猪舍地面形成一个微生态发酵床，快速消化分解粪尿等养殖排泄物，猪舍里不产生臭气和氨味，猪的排泄物可充分发酵转化为有机肥，能够从源头上解决猪粪尿的污染环境的问题。同时，它可以促进猪的生长和提高饲料利用率。据测算，这种生态养猪可节约饲料20%～30%，省水、省电约80%，节约劳动力近50%，并且，发酵床有益微生物菌群可以提高生猪机体免疫力，减少猪呼吸道疾病，使猪肉各项指标达到无公害食品标准，显著改善猪肉品质，养猪成本也会降低。图64、泰国一猪场采用沼气发电，老板将电免费提供给当地农民，即使猪场有些臭味，邻居们也不抱怨。因为"吃了别人的东西，嘴软！拿了别人的东东，手软！"，泰农的思维跟中国人差不多呀！图65、中国某猪场在发酵床上养猪；图66、新加坡某养殖场利用猪粪便生产沼气；图67、四川某猪场利用沼气发电，供猪场热水、食堂做饭。

图64　泰国一猪场采用沼气发电，将电免费提供给当地农民

图65　发酵床上养猪

图66　粪便生产沼气

图67　沼气发电

154. 我家的母猪再有10 d左右就到产期了，现在却生下死胎，为什么？

答： 母猪产死胎的原因有精子或卵子活力较弱，虽然能受精，但受精卵的生活力低，容易早期死亡被母体吸收形成化胎；高度近亲繁殖使胚胎生活力降低，形成死胎或畸形；母猪饲料营养不全，特别是缺乏蛋白质，维生素A、维生素D和维生素E，钙和磷等容易引起死胎；饲喂发霉变质、冰冻、有毒有害、有刺激性的饲料容易发生流产；母猪喂养过肥容易形成死胎；对母猪管理不当，如鞭打、急追猛赶，使母猪跨越壕沟或其他障碍，相互咬架或进出窄小的猪圈门时互相拥挤等都可能造成母猪流产；某些疾病如乙型脑炎、细小病毒病、高烧和蓝耳病等可引起死胎或流产。

155. 寒冷天应如何应对猪只"五怕"?

答：一怕冷。适宜猪生长的温度：初生仔猪 35 ~ 32℃，保育猪 26 ~ 20℃，中猪和大猪 23 ~ 15℃。低温对猪生长增重的影响极为严重，当猪舍温度低于适宜温度的下限时，每降低 1℃，其日增重可减少 17.8 g；如果舍温继续下降至 4℃ 以下时，其增重速度可锐减 50%，增加饲料消耗量 1 倍以上。为此，冬季养育肥猪和妊娠猪要采取综合保暖措施（如猪舍上覆盖塑料薄膜等），饲养分娩猪和保育猪要采取供暖设备供暖，可采用地热、热风炉、中央空调和保温箱等供暖设备，减少猪体代谢的消耗，以提高饲养效益。二怕潮。适宜的温度条件下，湿度一般不影响猪的增重。当舍内环境温度较低时，相对湿度大，会使猪增加寒冷感。这种低温高湿的环境，会严重影响猪的生产性能，特别对幼猪危害更大。在冬季相对湿度高的猪舍内的仔猪，平均增重比对照组低 48% 左右，且易引起下痢、肠炎等疾病。不同猪只要求适宜的相对湿度是：仔猪为 50% ~ 70%、40 ~ 80 kg 体重的育肥猪为 70%、80 ~ 110 kg 的育肥猪为 80%、繁殖母猪为 55% ~ 80%。防止猪舍内潮湿，保证干燥，可通过通风、增加光照、增加保暖垫料等方法来解决。三怕凉。冬季猪的饮水和食料的温度对猪的生长发育和健康有密切的关系。若水温、料温是 0℃ 时，要把这些水、料温度升高到体温 39℃ 的水平，猪体就要消耗 682 ~ 878 kcal 的热能，也就等于需要 0.5 ~ 0.75 kg/d 的精料白白地消耗在维持体温上。冬季妊娠母猪喂冰凉水料，还易造成流产等不良后果。因此，在冬季饲养仔猪和母猪，最好喂温料和温水，水温保持在 37℃ 左右为宜。四怕风。猪在严冬最怕"穿堂风"和"贼风"，因为这 2 种风吹入猪舍，不仅降低舍温，更易引起猪感冒、中风、风湿等疾病。为此，冬季的猪舍必须堵风洞，挂草帘，糊窗口，关严门窗，防止圈内的鼠洞、裂缝、缺口、破顶、门边、窗缝等"贼风"吹进，影响猪生长发育。五怕病。如果冬季猪舍温度低、湿度大、卫生差、通风不好，猪易患疾病。因此，必须加强饲养管理，保持圈舍通风换气、清洁干燥，定期进行圈舍消毒，最好采取火焰消毒法。同时要做到"五观察"，即观形态、观精神、观采食、观粪尿、观呼吸，一旦患病及时诊断，尽早隔离治疗。

156. 仔猪母乳喂养为什么要固定乳头?

答：母猪乳房的构造和特性与其他家畜不同，各个乳房由 2 ~ 3 个乳腺团组成，没有乳池贮存乳汁，各乳房互不相通，自成一个功能单位。猪乳的分泌除分娩后 2 ~ 3 d 是连续的以外，以后则定期排放，一般每隔 40 ~ 60 分钟放乳一次，每次放乳时间 10 ~ 20 秒。仔猪体重轻，弱的放在前面的乳头哺乳，因为仔猪哺乳位置的不同其增重也有差异。

157. 小猪的适应温度是多少?

答：1 ~ 3 日龄 30 ~ 32℃；4 ~ 7 日龄 28 ~ 30℃；15 ~ 30 日龄 22 ~ 28℃；2 ~ 3 月龄 22℃。

158. 怎样寄养仔猪?

答: 在猪场同期有一定数量母猪产仔的情况下,将多产或无乳吃的仔猪寄养给产仔少的母猪,是提高成活率的有效措施之一。当母猪产仔头数过少时需要并窝合养,以使部分母猪尽早发情配种。仔猪寄养时要注意以下几方面的问题。(1)母猪产期接近,实行寄养时,仔猪日龄最好不要超过 3 d。后产的仔猪向先产的窝里寄养时,要挑体重大的仔猪寄养;而先产的仔猪向后产的窝里寄养时,要挑体重小的仔猪寄养,以避免体重相差太大,影响体重小的仔猪发育。(2)被寄养的仔猪要尽量吃到初乳,以提高成活率。(3)寄母必须是泌乳量高,性情温顺、哺育性能好的母猪,只有这样的母猪才能哺育好多头仔猪。(4)注意寄养乳猪的气味,猪的嗅觉特别灵敏,母子相认主要靠嗅觉来识别。为了顺利寄养,可将被寄养仔猪与养母所生仔猪关在同一仔猪箱内,经过一定时间放到母猪身边,使母猪分辨不出被寄养仔猪的气味,才能寄养成功。

159. 仔猪断奶的方法有几种?

答: 仔猪的断奶方法有 3 种。即一次性断奶法、分批断奶法和逐渐断奶法。(1)一次性断奶法:当仔猪达到预定的断奶日期,断然将母猪与仔猪分开。这种方法省工省时,操作简单,适合规模化养猪场。采用此方法断奶时,在断奶前 3 d 左右适当减少母猪的饲喂量,为减少仔猪的环境应激,仔猪断奶时将母猪转走,仔猪在原产床继续饲养 1 周,然后再转移至仔培舍。(2)分批断奶法:根据仔猪食量、体重大小和体质强弱分别先后断奶,一般是发育好、食欲强、体重大、体格健壮的仔猪先断奶,发育差、食量小、体重轻、体质弱的仔猪适当延长哺乳期。采用这种方法会延长哺乳期,影响母猪年产仔窝数,而且先断奶仔猪所吮吸的乳头称为空乳头,易患乳房炎,但这种断奶方法对弱小仔猪有利。(3)逐渐断奶法,在仔猪预期断奶前的 3~4 d,把母猪赶到离原圈较远的圈里,定时赶回让仔猪吃乳,逐日减少哺乳次数,到预定日期停止哺乳。这种方法可减少对仔猪和母猪的断奶应激,但较麻烦,不适于产床上饲养的母猪和仔猪。

160. 何为早期断奶? 早期断奶的优点?

答: 早期断奶:是指仔猪出生后 2~3 周龄体重达 4.5 kg 以上时,与母猪等其他猪完全隔离的一种断奶方式。

早期断奶的优点:(1)提高母猪利用强度。(2)提高饲料利用效率。(3)有利于仔猪的生长发育。(4)提高分娩猪舍和设备的利用率。

161. 断奶仔猪的饲养管理是怎样的?

答: 仔猪断奶是继出生以来又一次强烈的刺激。一是营养的改变,由吃温热的液体母乳为主改为吃固体的生干饲料;二是由依附母猪的生活变成完全独立的生活;三是生活环境也发生了变化,由产房转移到仔猪舍,并伴随重新编群;四是易受病原微生物感染而患病。(1)饲料与饲喂方法过渡：饲料过渡就是仔猪断奶2周以内应保持饲料不变（仍然饲喂哺乳期补料），2周以后逐渐过渡到吃断奶仔猪饲料，以减轻应激反应。饲喂方法的过渡指仔猪断奶后3～5d最好限量饲喂，平均日采食160g，5d以后实行自由采食。（2）环境过渡：仔猪断奶后头几d很不安定，经常嘶叫寻找母猪，为减轻应激，最好在原圈原窝饲养一段时间，待仔猪适应后再转入仔猪培育舍。断奶仔猪转群时一般采取原窝培育，即将原窝仔猪（剔除个别发育不良的个体）转入仔猪培育舍，关入同一栏内饲养，如果原窝仔猪过多或过少时，需要重新分群，可按体重大小，强弱进行分群分栏，同栏每头仔猪体重差异为1～2kg。每群的头数，视圈舍面积的大小而定，一般可4～6头或10～12头一圈。（3）断奶仔猪的饲养方案：应采用阶段日粮，最好分成三阶段，第一阶段断奶到8～9kg；第二阶段（8～9）～（15～16）kg。第三阶段（15～16）～（25～26）kg。第一阶段采用哺乳仔猪料；第二阶段采用仔猪料，第三阶段，此时仔猪消化系统已日趋完善。消化能力较强，消化能3 200～3 300 kcal/kg，粗蛋白质17%～18%，赖氨酸1.05%以上。

162. 生长育肥猪的饲养管理要点是怎样的？

答：（1）对外购仔猪育肥，要在无疫区选调品质优良的健康仔猪，仔猪调回后，先隔离饲养，5～7日内不能过量采食，待猪完全适应环境后，转入正常饲喂，并做好防疫注射和驱虫工作，未去势的要去势。（2）生长肥育舍要彻底清扫，消毒和干燥后，方可转入保育猪。（3）3保育猪转群时要合理分群，应尽量原窝或原群转入一栏，避免重组咬逗应激。（4）转群后，最少用5～7d时间训练定点采食，饮水排泄和睡觉，营造舒适的居住环境。（5）提供给猪舒适的生长环境条件，密切注意圈内密度、温度、湿度、光照等因素对猪生长的影响。（6）供给充足清洁的饮水，一般冬季饮水量约为采食量的2～3倍，春秋季饮水量为采食量的4倍，夏季饮水量为采食量的5倍，水槽最好与料槽分开，自动饮水器要经常检查水的流速，防止水流不畅影响饮水。（7）按程序及时进行防疫注射、用药和驱除体内外寄生虫。（8）每d检查猪只采食、饮水、健康状况，及时处理病、残、死猪。（9）实行全进全出制管理，打破疾病在猪群之间的传播。（10）控制慢性增生性肠炎和慢性消耗性疾病和呼吸道疾病的发生。（11）做好猪只转入转出、死亡、用料等记录，系统分析猪只饲养及经济效益状况。（12）根据市场行情，适时出售。目前商品猪市售体重一般在120 kg。生猪在这种环境中生活，"饭来张嘴"乐悠悠！

163. 种公猪的饲养管理要点是怎样的？

答：（1）按种用要求筛选具有优良性状的种公猪个体。一般要求公猪品种纯，睾丸大、两侧对称，乳头7对以上，体躯健壮而灵活，膘情中等，腹线平直而不下垂。（2）外购种公猪，要在无疫区的猪场选购，公猪调回后，先隔离饲养，5～7日内不能过量采食，等猪只完全适应环境后，转入正常饲喂，并做好防疫注射和寄生虫的驱除工作。（3）实行单圈饲养，定时定量饲喂，保证充足的清洁饮水，调教公猪定点排便，做好冬季防寒保暖和夏季防暑工作。（4）加强公猪运动，每d定时驱赶和逍遥运动1～2h。（5）每d擦拭一次，有利于促进血液循环，减少皮肤病，促进人猪亲和，切勿粗暴哄打，以免造成公猪反咬等抗性恶癖；利用公猪躺卧休息机会，从抚摸擦拭着手，利用刀具修整其各种不正蹄壳，减少蹄病发生。（6）配种前要先驱虫，再及时注射乙脑、细小病毒、猪瘟、链球菌等疫苗。（7）后备公猪要进行配种训练，初配时要进行人工辅助，防止猪跌倒或者体况差、体重小的母猪被压伤。（8）初配青年公猪第一个月每周可配种 2 ~ 3 次，幼龄公猪配种应每 2 ~ 3 d 配 1 次，成年公猪宜配种 1 次，偶尔可使用 2 次，5 ~ 7 d 休息 1 d；配种时间，夏季在一早一晚，冬季在温暖的时候，配种前一 h 不能喂饮，严禁配种后用凉水冲洗躯体；公猪发烧后，一个月内禁止使用；对于性欲较差的公猪，可肌注 175 μg 氯前列烯醇，但在夏季不能使用。（9）不定期采集公猪精液进行镜检，评定精液质量，调整饲养管理，保持种公猪正常配种能力。（10）严格执行配种计划，做到不错配、不漏配，认真填写配种记录，严防近亲配种。（11）及时淘汰不能作种用的公猪。

164. 后备母猪的饲养管理要点是怎样的？

答：（1）选拔符合品种特性和经济要求的后备母猪。① 从高产母猪的后代中筛选，同胎至少有 9 头以上，仔猪初生重 1.2 ~ 1.5 kg。② 足够有效的乳头数，后备母猪至少有 6 对充分发育良好、分布匀称的乳头，其中，至少 3 对应在脐部以前。乳头不开孔或内翻的小母猪不保留。③ 体形良好，体格健全、匀称，背线平直，肢体健壮整齐。臀部削尖或站立艰难的小母猪寿命短，不要利用。④ 身体健康，本身及同胎无遗传缺陷（如疝、锁肛等）。⑤ 外生殖器发育良好，180日龄左右能准时第一次发情。⑥ 母性好，抗逆性、抗应激能力强。⑦ 无特定病原病，如萎缩性鼻炎、气喘病、猪繁殖呼吸道综合征等。（2）外购后备母猪，要在无疫区的种猪场选购，猪调回后，先隔离饲养 45 ~ 60 d，5 ~ 7 日内不能过量采食，待猪只完全适应环境后，转入正常饲喂，并做好防疫注射和寄生虫的驱除工作。（3）小群饲养，每圈 3 ~ 5 头（最多不超过 10 头），每头占圈面积至少 0.66 m²，以保证其肢体正常发育。（4）必须饲喂后备母猪专用料，而不能喂生长肥育猪料。90 kg 或 180 日龄前实行自由采食，90 kg 或 180 d 后至配种实行限饲与自由采食结合，日饲喂 2.5 kg 左右，分 2 ~ 3 次饲喂，并供给充足的清洁饮水，让骨骼、性器官充分发育，目的是达到不肥不瘦（8 成膘）的种用体况。（5）配种前 2 周实行优饲催情，日饲喂量增至 3.0 ~ 3.5 kg；配种后恢复每 d 饲喂 2.5 kg 左右，这样既可以增加排卵，也可避免影响受精卵着床。（6）每 d 至少运动 30 分钟，从而增强体质，促使骨骼和肌肉的发育，保证肢蹄健壮。（7）按驱虫和免疫程序，进行驱虫和免疫接种工作。（8）提供良好的环境条件，保持栏舍内清洁、干燥、冬暖夏凉。（9）配种前一段时期按摩乳房，刷拭体躯，建立人猪感情，使母猪性情温顺，好配种，产仔后好带仔。（10）为保证后备母猪适时发情，可采用调圈、合圈、成年公猪刺激的方法刺激后备母猪发情；对于接近或接触公猪 3 ~ 4 周后，仍未发情的后备猪，要采取强刺激，如将 3 ~ 5 头难配母猪集中到一留有明显气味的公猪栏内，饥饿 24 h、互相打架或每 d 赶进一头公猪与之追逐爬跨（有人看护）刺激母猪发情，必要时可用中药或激素刺激；若连续 3 个情期都不发情则淘汰。（11）在配种前后一段时间喂给优质青绿饲料或青贮料，可促进发情和排卵。

图 68　数头后备母猪养在一起，可刺激发情

165. 妊娠母猪的饲养管理要点是怎样的?

答：（1）配种后尽快将群饲改为个体饲养，在适温的情况下保持安静，使子宫能有效地埋植更多的受精卵。此时期的母猪应尽量少受应激，特别是要避免热应激，不饲喂霉败、冰冻的饲料，以防止死胎和流产；（2）配种后 18～24 d 以及 39～45 d 认真做好妊娠诊断，及时检测出复发情或未受孕的母猪；（3）调教定点排便，保持圈舍干燥卫生；做好夏防暑冬保暖工作，使温度保持在 20℃左右，严禁舍内高温、潮湿、结冰、打滑，防止流产；（4）妊娠一个月后，应让母猪充分运动，妊娠后期减少运动量，临产前停止运动，防止便秘，有利于产仔；（5）发现病猪及时治疗并全群消毒，禁止使用容易引起流产的药物（如地塞米松等）；严防高烧，造成流产；（6）母猪在产前 7～10 d 转入产房适应环境，同时，注意乳房、腿、阴户部分的刷洗，保持圈舍及猪体的清洁卫生。

166. 哺乳母猪的饲养管理要点?

答：（1）产前 7 d 母猪进入分娩舍，保持产房干燥、清洁卫生，并逐渐减少饲喂量，对膘情较差的可少减料或不减料。（2）产前将母猪乳房、阴部清洗，再用 0.1% 的高锰酸钾水溶液擦洗消毒；（3）母猪在分娩过程中，要有专人细心照顾，接产时保持环境安静、清洁、干燥、冬暖夏凉，严防产房高温，若有难产，通常用催产素肌肉注射，若 30 min 后还未产出，则要进行人工助产；（4）母猪产仔后，要严禁饲喂霉变饲料；在泌乳期还要供给充足的清洁饮水，防止母猪便秘，影响采食量；（5）要及时检查母猪的乳房，对发生乳房炎的母猪应及时采取措施治疗。（6）母猪断奶前 2～3 d 减少饲喂量，断奶当 d 少喂或不喂，并适当减少饮水量，待断奶后 2～3 d 乳房出现皱纹，方能增大饲料喂量，开始催情饲养，这样可避免断奶后母猪发生乳房炎。

167. 空怀母猪的饲养管理要点是怎样的?

答：（1）将断奶的母猪小群饲养，一般每圈 5～10 头，有利于母猪的发情配种。（2）断奶 2～3 d 后，实行短期优饲，每日饲喂 3～4 kg，有利于母猪恢复体况和促进母猪的发情和排卵；（3）做好母猪发情观察和发情鉴定，并适时做好配种；（4）断奶后对于乏情、异常发情和反复发情的母猪要给予更多的关注，可采用公猪诱情、应激法刺激发情和药物催情。

168. 深秋，如何做好猪的管理工作？

答： 深秋时节，天气逐渐转凉，昼夜温差较大，气候干燥，如果不注意加强管理，猪容易感冒，使机体抵抗力减弱，易继发某些疾病。因此，此时的养猪户应做好如下工作：（1）防感冒：北方秋季适合生猪的饲养，但是由于深秋的昼夜温差较大，猪尤其是仔猪易感冒，因此，在夜间至凌晨期间要做好猪舍的保温和通风。检修猪舍，把一些缝隙、窟窿补好，避免深夜的穿堂风直接吹袭猪体。（2）调整营养防中毒：加强饲养管理，可适当调整饲料营养，增加能量饲料的比例，提高猪的采食量。同时要谨防喂白菜而引起的中毒。深秋是白菜收割的时期，有的菜农将菜叶、烂菜喂猪。因白菜中含有较高的硝酸盐，稍有不慎，便会引起猪中毒。（3）加强管理：秋季是季节性配种、繁殖的最佳时节之一，此时要做好种猪配种、母猪怀孕后期、哺乳母猪、新生仔猪、保育猪等的饲养管理工作，新生仔猪还需要注意预防"三痢"、病毒性肠胃炎，注射相应的疫苗。（4）预防猪裂蹄病：对食槽、栏杆、隔墙的锐利部分要磨平。水泥、砖铺地面过于粗糙，可用砖或机械进行磨平，但不要过于光滑，以防猪只滑倒；舍内铺干草护蹄，保温；每吨配合饲料中添加维生素 H 200 ml；从 10 月开始，经常检查猪的蹄壳表面，若过于干燥应隔 3～5 d 涂抹一次凡士林或植物油，以保护蹄壳，预防干裂。（5）搞好卫生防疫：要做好卫生防疫工作，重点要预防口蹄疫、附红细胞体病、感冒、猪瘟、传染性肠胃炎等疾病的发生。

169. 如何提高母猪繁殖率？

答：（1）选择好公猪：俗话说："母猪好，好一窝；公猪好，好一坡！"因此要选择饲养品种优秀、体质强健、精力充沛、性欲旺盛、精液密度大、活力强、品质好且后代生长速度快、饲料转化率高、胴体瘦肉率高的公猪做种用。如：杜洛克、长白、约克、皮特兰等世界优良品种。（2）加强母猪的饲养管理：①注意母猪日粮的全价性，掌握好母猪膘情。应按饲养标准和生产实际出发配制日粮，饲料要多样化，合理搭配，以保证饲料营养的全价性，对不同个体母猪应适当调整。另外，充足的阳光、适量的运动，新鲜空气对母猪的正常发情、排卵，保持良好体况都有着很大的促进作用。②对母猪妊娠期饲养。如果是用精料型日粮时，要求每 kg 日粮中含消化能 2.8 兆卡，粗蛋白 12% 左右，钙 0.6%，磷 0.5%，食盐 0.3%，外加复合维生素添加剂。如果有青绿饲料如：紫籽苋、菊苣、苦荬菜等，适量饲喂，对母猪及仔猪发育效果更好。③母猪圈舍要保持干暖、清洁，妊娠母猪要有适当的放牧运动，这对获得营养，增强母猪体质，增进食欲，促进吸收，以及对胎儿生长发育都有良好作用。④合理安排母猪的配种季节：最好选择在 4～5 月份配种，9～10月份再配种，并反复循环，这样能使母猪在春秋两季配种产仔，避开寒冷和炎热的冬夏环境⑤适时配种：在母猪发情后的 19～30 h，待母猪的阴门红肿刚开始消退，并有丝状粘液流出，按压母猪后躯呆立不动时适时配种，初产母猪要在 7～8 月龄，体重 100 kg 以上时，开始配种。⑥配种方法及人工授精，必须采用双重配（即出现候配反应时配第 1 次，间隔 12 h 再配 1 次），这样可明显增加受胎率及产仔数，如果采用人工授精技术，须选用健康优种公母猪的精液，每 ml 精液要求精子在 0.4 亿个以上，精子活力在 0.6 级以上，器械要严格消毒，先用 0.01% 的 $KMnO_4$ 液精洗母猪外阴部，再将输精管缓慢插入到子宫颈内给 20 ~ 30 cm，然后连上输精注射器，缓慢注入 20 ml 精液，隔 12 h 再进行第 2 次输精。（3）搞好防流保胎工作：胚胎死亡是影响产仔数的一个重要原因。在妊娠的最后 1 个月，要特别注意加强饲养管理，避免机械性伤害，如：出入圈门、跨沟、走冰道、鞭打脚踢、受惊吓、咬架等。（4）搞好疫病防治工作，最好采取综合防治措施。对易引起流产的疾病，如：布氏杆菌病、钩端螺旋体病、乙型脑炎、弓形体病及感冒、生殖道炎症等，更要有效预防，定期防疫，以达到保胎目的。（5）搞好母猪分娩产仔工作：产前 7 d，将产圈扫干净，并用 10 ~ 20% 的新鲜石灰水喷洒消毒，临产前用 2 ~ 5% 的来苏尔液消毒母猪的腹部、乳房和阴户。母猪产仔后及时掏除仔猪鼻中粘液，扯去胎膜。对假死仔猪可用拍打胸部、倒提后肢和酒精刺鼻等方法急救。对于难产母猪要搞好助产，使母猪顺利产仔。此外，保温对初生仔猪尤为重要。仔猪出生时，分娩舍的温度必须保持在 26 ~ 32℃。（6）仔猪断奶及母猪哺乳期配种：仔猪 28 ~ 35 日龄断奶。在仔猪断奶，母猪发情后，要立即进行配种，以提高年胎产数。图 69、美国某猪场的母猪舍，宽敞、卫生、通风、干燥，饲喂全自动化。

图 69　美国某猪场的母猪舍

170. 图 70 和图 71 中香猪的体重有多大？纯种香猪的养殖技术要点有哪些？

答：图 70 和图 71 中的那些猪不是香猪，它们是吉林黑猪。成熟香猪的体重只有 5 kg 左右。纯种香猪的养殖技术要点如下：

图 70　吉林黑猪

图 71　吉林黑猪

（1）建好猪舍：应选择地热干燥，背风向阳，平整的地方建造猪舍，猪舍的形式单列式，双列式均可。每头小香猪应占地 0.8 m²，每个猪圈养 8~10 头为宜。猪舍夏天要搭遮荫的凉棚，冬天要用塑料扣棚以提高室温，这是饲养好小香猪的一个重要条件。（2）养殖技术要点：①体貌特征：纯种香猪体型小，被毛黑色、较密、细有光泽，肤色较黑，头长额平，颈部皱纹纵横，耳较小，耳根硬，耳薄向两侧平伸，眼睛周围有明显无毛区，背腰微凹，腹大、圆、下垂，四肢细短，尾细长似鼠尾，乳头多为 5 对。②繁殖：公猪 2 月龄出现爬跨行为，母猪 3 月龄发情。发情周期为 18~21 d，持续 4 d 左右。4 月龄配种，怀孕期为 114 d 左右。初产母猪平均窝产 5.6 头，经产母猪平均窝产 8.3 头。饲养中应加强种公猪的管理，增加营养，让其多运动。为了防止公猪自淫，公猪圈应建在母猪圈的上风方向，且间隔一定距离，公猪要单圈饲养。母猪适宜交配时间是发情开始后 30 h 左右。母猪怀孕 2 个月后要单圈饲养，防止挤压流产。③强化哺乳仔猪管理：加强保温，尤其冬季，防止贼风，铺垫干草。仔猪出生后 7 d 即可补料，每 kg 饲料中加活性炭 10~20 g，以防拉稀。适时断奶，仔猪初生重 0.5kg，2 月龄断奶重 3~5kg。对仔猪采取 " 超前免疫 "，即在仔猪落地后吃初乳前，注射猪瘟疫苗，注射后半 h 才能让仔猪吃初乳。经常观察仔猪动态，发现病猪及时隔离治疗，以防交叉感染。④饲料与营养：饲料可用玉米 ~ 豆粕型，自行配制。乳猪饲料含粗蛋白为 19%，断奶仔猪为 15%，妊娠母猪为 16%，公猪为 13~14%。饲养标准为 2 月龄每天喂 200 g，每增加 1 月龄日增加饲料 100 g，同时应给青粗饲料和清洁饮水，满足其生长需要。⑤饲养管理要点：圈舍向阳，通风干燥，分单养圈、群养圈两种，并保持圈舍、饲料和饮水卫生。严格控制喂料量，防止因喂量太大而引起拉稀。仔猪断奶后进行免疫接种三联疫苗。注意调教仔猪吃食、排便、睡眠三角定位。⑥科学饲养成猪：小香猪活泼好动，又胆小怕惊吓，所以要保持安静、干燥、洁净的饲养环境。在饲料方面，小香猪比较耐粗饲料，应以大麦、米糠、麸皮等粗饲料为主饲喂。但对断奶的仔猪则要饲喂配合饲料，每 kg 饲料应含消化能 10.5 兆焦，粗蛋白质 16.2%。为了提高饲料报酬，尽快达到商品猪的标准，应实行科学饲喂，定时，每日 4 餐，从早上 7 点开始，每隔 4 h 喂 1 次。定量，对体重 20kg 以上的猪，按其体重的 4.5% 投料；20kg 内的猪，按其体重的 3.5% 投料。做到前敞后限，即 2 月龄以前让其多活动，促其长架子；2 月龄后，限制其活动，促其长膘，以保证较高的瘦肉率。⑦注意防疫治病：无病早防，每 d 冲洗粪便 1 次，夏搭凉棚遮阳，冬扣暖棚保温，经常刷洗食槽，定期消毒猪舍。有病早治，特别是要注意防治仔猪副伤寒病。⑧适时出栏：仔猪饲养 5 周龄后，就可作为烤猪原料上市，此时就应及时出栏。如果出售种猪，则按规定时间出栏即可。

171. 如何做到高效养猪?

答：（1）仔猪早期断奶法：过去母猪哺乳期大都为 2 个月左右，1 头母猪 1 年最多产 2 胎，空怀时间较长，利用效率不高。而一头母猪年消耗饲料 500 kg 左右，所以，每年产的仔猪越少，成本越高。实行仔猪早期断奶，是提高母猪繁殖力的一项有效措施。①适宜断奶日龄：断奶日龄可根据生产任务和技术水平自行确定。从生理上分析，母猪在产后不早于 3~4 周断奶、配种，不会导致母猪以后各胎的繁殖障碍。仔猪断奶时，体重不少于 4.5~5 kg，生长发育正常，这时已有一定的适应环境和抵抗疾病的能力，人工培育不会有很大困难。②断奶方法：可采取 1 次性突然断奶，把母猪突然赶走，仔猪留在原舍。母猪在断奶当天停止喂料，然后恢复空怀期的饲料量及配料。仔猪应在 7 日龄左右开始诱食，并设小水槽，断奶后就会很快适应吃料，饲料可干喂，也可湿喂。③注意事项：仔猪的饲料应满足生长发育的需要，一般在仔猪饲料内应配膨化大豆、豆粕、鱼粉等蛋白质饲料，使饲料的粗蛋白质水平在 20% ~ 22%，可添加适量饲料酵母、有甜味的物质，以提高适口性。膨化大豆的质量必须过关，以免引起腹泻。人工哺育的仔猪必须加强管理，不适宜的温湿度、恶劣的卫生条件、不适当的饲料、无规律的饲喂都有可能导致早期断奶的失败。（2）生猪合栏法：新购进的猪与原存栏猪合栏，或栏舍之间的猪进行调整合并时，必须经长时间的咬斗，才逐渐适应新环境，这期间生长速度大为降低。下面这种方法可以使猪安静：先把原存栏猪赶出存栏外，在新进猪的原栏猪的身上喷酒，栏舍也用酒喷 1 遍，然后将新猪放进栏，再把原栏猪赶回栏。猪相互识别主要凭气味，由于这时四处均充满酒味，互相闻不出异味，因而原栏猪识别不了新进的猪。同时，让新猪先进栏，原栏猪后进栏，会使原栏猪失去霸栏习性，此方法可很大程度上避免咬斗、不合群的现象发生。

172. 秋冬季节的仔猪饲养如何做好温度管理？

答： 在一年中的寒冷天气里，仔猪遭受着寒冷的痛苦。后果包括生长缓慢，饲料有效利用率降低，脂肪损耗，对疾病（像仔猪腹泻和肺炎）变得易感，死亡率增高，并且增加了咬尾的发生率。当天气变得寒冷的时候，仔猪试图通过增加自身体内产热，减少热量散失来适应寒冷。寒战增加代谢性产热，增加采食量，增加的热量来自于饲料中的营养成分的消化，它们有助于仔猪取暖。仔猪机体至少通过以下 4 个不同的途径来散热，从而影响有效温度。（1）在秋季、冬季和春季，由于排气、设计不周或者是管理、换气不当或者使用敞开的畜舍，使风从仔猪穿过造成的对流散热。（2）使动物暴露在冷空气下的辐射散热，如在隔离墙、顶棚不足的情况下，即使动物没有接触表面。（3）动物实际上接触到的物体（尤其是地面）表面所带来的传导散热。水泥碎石地面比塑料、橡皮垫和木质地面更凉。与木质地面相比起来，混凝土地面会让猪多散失一半的热量，而塑料地面只会让猪多散失 1/6 的热量。（4）从仔猪体表发生的蒸发散热，这种情况发生在仔猪弄湿的时候，皮肤表面的水蒸发带走了热量。使热量损失降到最小的特别机制包括以下几个方面：拥挤一些，把腿放在它们身体下来限制身体直接接触底板，在畜栏中，寻找避风处或者是最暖和的地方，最少的通风。因此，在仔猪断奶或在冬季购猪，购买的仔猪被转移到新的畜舍时，运输期间一定要特别注意保暖，当仔猪被购进后的 1~2 周也要特别注意保暖的问题。

173. 引养良种母猪，应如何避免风险？

答： 实施种猪良种化，生产高质量的商品瘦肉猪，是目前养猪生产的重要工作内容。目前，我国从国外引进的良种是大白猪、长白猪和杜洛克猪。这些品种具有生长速度快、胴体瘦肉率高、屠宰率高、对饲养管理要求高的特点，因此，引养良种母猪，必须充实做好引种和饲养的准备工作，这样才能避免引养风险。（1）避免引进新病原：种猪引进过程中隐藏着一个重大的风险，就是伴随着引进新的病原。新引进猪群与原有猪群分开两地，隔离饲养 2 ~ 3 个月，观察是否有潜伏病原，对于产生的风险进行可以控制的评估后，新引进猪群就可以移入猪场饲养了。（2）后备种猪的挑选与装运：后备公猪要睾丸发育良好，轮廓明显，左右对称，大小一致，没有单睾、隐睾，包皮内没有明显的积尿。具备明显的雄性特征，胸宽腹平，四肢强健。后备母猪要做到本品种特征明显，面目清秀。乳头排列均匀整齐，有一定间距，没有无效乳头。外阴较大且下垂。阴户较小而且上翘的母猪往往是生殖器官发育不良的表现。运猪车辆在出发前和到达引种猪场后都应充分冲洗、彻底消毒。可以先用 2% ~ 3% 的火碱溶液彻底冲刷，再用清水冲净。运猪车内适当铺一些沙土、锯末等垫料，以防车内太滑。要仔细查看引种猪场检疫证明和消毒证明是否合格。夏季还应准备充足的饮水，尽量不要用西瓜、水果、蔬菜等喂猪，以防引起腹泻。（3）隔离种猪的观察管理：种猪到达目的地后，立即对卸猪台、车辆、猪体及卸车周围地面进行消毒，然后将种猪卸下，用刺激性小的消毒药对猪的体表及运输用具进行彻底消毒，用清水冲洗干净后进入隔离舍。如有损伤、脱肛等情况，应立即隔开单栏饲养，并及时治疗处理。种猪到场后必须在隔离舍隔离饲养 45 d 以上，并进行严格检疫。特别是对布氏杆菌、伪狂犬病等疫病要特别重视，须采血经有关兽医检疫部门检测，确认没有阳性感染，并监测猪瘟等抗体情况。隔离舍要保持舍内空气清新，温湿度适宜。一般温度要保持在 15 ~ 20℃，湿度要保持在 50% ~ 70%。种猪经过长途的运输往往会出现轻度腹泻、便秘、咳嗽、发热等症状，这些一般属于正常的应激反应，可在饲料中加入多西环素、维生素 C 等进行治疗。种猪到场 1 周后，应该根据当地的疫病流行、本场内的疫苗接种和抽血检疫情况进行必要的免疫注射（猪瘟、猪伪狂犬病等），免疫要有一定的间隔，以免造成免疫压力，使免疫失败。7 月龄的后备猪在此期间可做一些引起繁殖障碍疾病的防疫注射，如细小病毒、乙型脑炎疫苗等。在隔离期内，接种完各种疫苗后，进行 1 次全面驱虫，可使用多拉霉素或长效伊维菌素等广谱驱虫剂皮下注射驱虫，使其能充分发挥生长潜能。（4）种猪的饲养管理：种猪到场后先稍休息，然后给猪提供饮水，在水中可加一些维生素或口服补液盐，休息 6 ~ 12 h 后方可供给少量饲料。第二 d 开始可逐渐增加饲料量，5 d 后才能恢复正常饲喂量。到场后的前 2 周，由于疲劳加上环境的变化，机体对疫病的抵抗力会降低，饲养管理上应注意尽量减少应激，可在饲料中添加抗生素和多种维生素，使种猪尽快恢复正常状态。对引进种猪合理进行分群。新引进母猪一般为群养，每栏 4 ~ 6 头，饲养密度适当。公猪要尽可能做到单栏饲养。为繁殖母猪饲养管理上的方便，引进的种猪应及时进行调教，建立人与猪的亲合关系，使猪不惧怕人对它们的管理，管理人员要经常接触猪只，抚摸其敏感的部位，如耳根、腹侧、乳房等处，促使人畜亲合，为以后的采精、配种、按产打下良好基础。隔离期间经观察无异常情况发生，隔离期满后对种猪进行彻底消毒后转入生产场区。

174. 冬春仔猪的优质饲养技术是怎样的？

答：秋冬配种受孕的母猪，冬春正是生产时期，而此时正逢冰雪寒冷天气，对仔猪的生长发育影响较大。因此，要获得全年养猪的经济效益，抓好冬春仔猪的优质饲养管理最为关键。（1）保温与通风并存。对初生仔猪的保温区温度维持在 32 ~ 35℃。仔猪 1 周龄后，开始降低保温区温度，此后每周降低 2 ~ 3℃，至 2 月龄时降至 22℃左右。尤其应注意控制初生至 2 周龄期间的环境温度，因这段时间仔猪调节体温能力很差许多养猪户往往只注意保温，忽视通风，这样对仔猪的健康很不利。为了消除分娩舍湿气、异味及猪只散热，需给予通风。（2）人工帮助让仔猪早吃初乳。分娩前，管理人员要充分了解分娩舍的温度，防止初生仔猪受凉，可设置保温箱，箱内温度要调节在 33℃左右。仔猪初生后，需立即除去身上黏膜和口腔黏膜，使仔猪能自由呼吸。仔猪初生后，擦干身体后放入保温区，并帮助仔猪吮吸初乳。仔猪具有固定乳头吸乳的习惯，人工协助固定奶头是争取仔猪全活全旺的措施之一。在母猪难产或分娩时间过长时，予以助产，以减少死胎，防止压伤仔猪。仔猪脱离产道后，脐带将成为细菌侵入初生仔猪的一条通道，若操作不当，会造成细菌感染。为防止感染，剪断脐带后需用 2% 碘酒消毒。如发生脐部出血，用一根线将脐带缒紧。同时，立即擦干黏液，断脐带消毒后，帮助仔猪尽早吃初乳。初乳中含有丰富营养物质和免疫抗体，对初生仔猪有特殊的生理作用。（3）做好仔猪的寄养和并窝。母猪分娩时难产造成泌乳量不足或一窝仔猪头数超过 12 头时，需寄养或并窝。寄养在分娩后两 d 内进行，用母猪产后的胎衣、黏膜等涂抹于寄养仔猪上（或用母猪尿淋在寄养仔猪身上），同时，在母猪的鼻子上和仔猪身上擦些碘酒使母猪无法区分自产与寄养仔猪。为防止仔猪打斗时相互咬伤或咬伤母猪乳头，可在出生时把仔猪的两对犬牙和两对隅齿剪掉，但要小心不要剪伤牙肉。通常在出生第一 d 断尾以阻止相互咬尾。一般用手术刀切掉或用锋利的剪刀剪彩去最后 3 个尾椎即可，并涂药预防感染。（4）细致做好人工辅助固定奶头。仔猪有专门吃固定奶头的习惯，为使全窝仔猪生长发育均匀健壮，提高成活率，在仔猪生后 2 ~ 3 d 内，进行人工辅助固定奶头，固定奶头是项细致的工作，宜让仔猪自选取为主，人工控制为辅，特别是要控制个别好抢奶头的强壮仔猪，一般可把它放在一边，待其他仔猪都已找好乳头，母猪放奶时立即把它放在指定的奶头上吃奶。这样每次吃奶时，都坚持人工辅助固定，经过 3 ~ 4 d 即可建立起吃奶的位次，固定奶头吃奶。（5）预防仔猪贫血。在断奶时注射 100 ~ 150 ml 铁制剂预防仔猪贫血。（6）及时饲喂开食料。在仔猪 7 日龄以后即可对仔猪进行开食训练，为断奶做好准备。开食料中赖氨酸 1.25% ~ 1.5%，粗蛋白含量为 20% ~ 22%。供应开食料的目的是使仔猪消化道耐受固体日粮刺激，产生免疫耐受力，断奶后腹泻降低。在仔猪出生时要对仔猪进行去势，使用干净、尖锐的手术刀片。手术部位使用消毒剂消毒。（7）实行科学断奶。仔猪的适宜断奶时间可根据猪的具体情况而定。规模化养猪场已普遍采取早期断奶措施，哺乳时间为 28 ~ 35 d。一般来说生产中最好不要早于 21 ~ 28 日龄断奶，以避免给仔猪培育带来额外的困难，影响仔猪成活率。断奶仔猪体重一般应大于 5.5 kg，但需参考哺乳期累积饲料采食量，每头累积采食量不应低于 1 kg。离乳时间允许超过 2 ~ 3 d 时，每窝中体形较大者先行离乳。环境温度保持在 27 ~ 30℃。断奶仔猪依体重大小分栏饲养。每 4 ~ 5 头仔猪提供料槽一个，每 20 ~ 25 头仔猪提供一个饮水器。断奶仔猪处于强烈的生长发育阶段，各组织器官还需进一步发育，机能尚需进一步完善，特别是消化器官更突出。猪乳极易被仔猪消化吸收，其消化率可高达 100%，而断奶后所需的营养物质完全来源于饲料。主要能量来源的乳脂由谷物淀粉所替代，可以完全被消化吸收的酪蛋白变成了消化率较低的植物蛋白，并且饲料中还含有一定量的粗纤维。断奶仔猪采食较多饲料时，其中，蛋白质和矿物质容易与仔猪胃内的游离盐酸相结合，不能充分抑制消化道内大肠杆菌的繁殖，常引起腹泻疾病。（8）合理过渡饲料。断奶期间，应尽早让仔猪采食饲料，促进最快的生长。仔猪料品质要高，含赖氨酸 1.1% ~ 1.25%，粗蛋白质含量为 18% ~ 20%。为了使断奶仔猪尽快地适应断奶后的饲料，要对仔猪饲料的过渡和饲喂方法的过渡。仔猪断奶 2 周之内应保持饲料不变（仍然饲喂哺乳期补助饲料），并添加适量的抗生素、维生素和氨基酸，以减轻应激反应，2 周之后逐渐过渡到吃断奶仔猪饲料；仔猪断奶后 3 ~ 5 d 最好限量饲喂，平均日采食量为 160 g，5 d 后实行自由采食。（9）提前做好防病。仔猪易患仔猪黄痢、仔猪白痢、传染性胃肠炎、副伤寒、大肠杆菌性痢疾等多种疾病，死亡率很高，冬季低温仔猪还容易发生冷应激性的腹泻。应对这些疾病，除之前提到的要注意保温防潮，还要保持良好的环境卫生和空气质量。应定期消毒，粪尿及时打扫，保持饮水清洁和圈舍通风透气。还要通过提前注射疫苗和饲喂相应的抗菌剂来预防。

175. 高效养猪安全防病的三理念是什么？

答：（1）建立健全生物安全体系：目前很多规模化猪场在场址选择、建筑布局、混养管理、人员调配、病死猪的无害化处理等多方面存在纰漏。因此，在建场时就要考虑建立健全生物安全体系，从源头上预防猪病。（2）树立科学的防疫观念：正确选择和应用疫苗，科学看待疫苗在疫病防治中的积极作用，但不能以为疫苗的出现意味着我们可以完全控制某种疾病，也不能把所有的希望都寄托于疫苗之上。在运用疫苗的基础上还要定期进行抗体检测和病原监测，通过抗体检测来评价免疫效果，确保免疫的有效性和安全性。（3）正确对待病毒性传染病：从防治传染病的三大要素入手，减少传染源、彻底阻断病毒的传播、降低易感动物的数量，是控制传染病的有效手段。单纯的防疫和用药或控制疫病的某一环节，只能减少目前的经济损失，但永远消灭不了疾病。

图 72　在美国某猪场，卡车进场前，必须彻底消毒

176. 高效养猪节料降耗方法有哪些？

答：（1）根据实际情况以及供应商的服务质量，现实的考虑应该采用全价料、浓缩料、基混料还是预混料。（2）在不同原料中进行选择时，应当根据一定的标准，比如，日粮的赖氨酸水平，然后按这个标准去选择饲料原料。（3）要保证日粮中营养成分恰好满足猪只的需要，有些生产者总是添加不必要的、对提高生产性能没有帮助日粮成分，或添加过多的微量元素和维生素。（4）根据当前的生产条件调整日粮。（5）分性别饲养，阉公猪对氨基酸的需要量比母猪低。（6）分阶段饲养，从断奶到上市之间至少要分 8 个阶段，饲喂 8 种不同的日粮。（7）谨慎评估生长～育肥阶段添加促生长抗生素的经济效益。（8）日粮粉碎微粒的平均直径应控制在 600μm。微粒直径每降低 100 μm。饲料转化效率提高 1.2%，但耗电量会增加。（9）及时更新繁殖群，采用瘦肉率更高的公猪和母猪。生产脂肪需要消耗的能量比生产瘦肉多4 倍。（10）改善猪群的健康状况。全进全出是保证猪群健康的一项很好的饲养方式。（11）生产性能低下的猪只会消耗大量饲料，并增加用药的成本，对这样的猪应实施安乐死，加以淘汰。（12）寻求各种饲料原料来满足猪的营养需要，包括氨基酸、矿物质、维生素以及能量。（13）与其他猪场合伙大宗购买饲料，这样可获得价格的优惠。（14）考虑购买散装饲料原料，减少或不用袋装原料。（15）考虑将饲料加工成颗粒。玉米或黄米～大豆日粮经制粒后饲料转化效率可提高 6% ～ 8%。饲料制粒带来的效率提高常可抵消饲料价格上涨造成的成本增加。（16）要制定现实的饲料成本目标，要了解猪群的饲料转化效率、日增重、单位胴体或猪肉的饲料成本，以及单位饲料成本的产出。（17）经常调整喂料器，尽量避免饲料浪费。（18）努力与饲料供应商实现坦诚的沟通。在出现问题的情况下，坦诚的沟通有助于解决问题。（19）建立一套品控程序，要对日粮和饲料原料的关键物理性质和营养指标进行监控。（20）考虑提前定好饲料原料的价格，以便控制价格风险。（21）为饲料及原料的购买和运送过程制定规程，以便尽量降低这一环节的疾病传播风险。（22）估算自产饲料所需的总成本，与购买饲料进行比较。对大猪场来说，自己生产可能更划算。

177. 如何进行后备母猪的选育与配种？

答：（1）后备母猪的选育：后备母猪的选育选种在体重 90~100kg 时进行，母猪要有至少 6对以上发育良好的乳头，其中 3 对应在脐部以前，身体健康，本身及同胎猪无遗传缺陷，四肢正常，体型、阴部发育良好，同胎至少 9 头以上，其母猪以前所生每窝头数也较多，增重和饲料效率良好，背脂较薄，用作生产母猪时以二元杂交母猪为佳，配种前，最好群养个饲，后备母猪母性良好，无繁殖缺陷。（2）后备母猪配种：后备母猪约在 150~170 d 发情，断奶母猪在断奶后 7 d 左右发情较明显。其发情表现为：①阴部红肿，流出粘液，频频排尿；②不吃食或少食，鸣叫，爬栏或互相爬跨，呆立，压背不动，两耳竖立。后备母猪发情后配种 1 d 测试 2 次，早上、下午各 1 次。早上压背，有站立不动反应时，应于当 d 下午配 1 次，次日早晨再配 1 次；下午压背，有站立不动反应时，次日早晨配 1 次，下午再配 1 次。二次配种用以用不同公猪为佳。

178. 在农村散养户急剧减少、规模化养猪场逐渐增加的大趋势下，如何做好猪的安全生产？

答：要想使生猪生产安全、稳定地进行，就必须以生产性能优良的杂交猪为根本，以优质、安全、均衡、营养全面的饲料为基础，加强严格的消毒和科学的免疫控制，给生猪创造良好舒适的环境，进行科学有序的饲养管理，才能使养猪场的利润最大化，在养猪事业中大有可为。要做到安全生产，应做好以下几个方面的工作：（1）种猪质量：在养猪生产过程中，种猪的质量直接决定了能否盈利，许多养猪户在引种时过分注重价格或体型，往往导致引种失败，造成经济损失。由于养猪业市场竞争激烈，在种猪供应上就出现了一些把商品猪当种猪出售的现象，如果从这些猪场引进"种猪"，一是质量没有保证，同时也可能引入某些疾病，最终得不偿失，养猪户在引进种猪时一定要全方位考察，确保种猪质量。（2）猪场环境：在养猪生产过程中，猪场环境对种猪的正常使用年限及高效、稳定生产有着至关重要的作用，只有科学地选址，对猪舍进行合理地布局，才能为养猪的安全生产及培育高质量的种猪提供有力保障，因此，选址是否科学合理是猪场经营成效的关键因素之一。如果养猪场比较密集，传播疾病的概率就会增加，传播速度也会加快，不利于综合防疫的实施。（3）饲料营养：在养猪生产过程中，高质量的饲料是生产高质量生猪的基础，针对不同阶段猪的营养需要，提供安全、全价、均衡的日粮，使生猪的生产性能得以充分发挥。（4）饲养管理：科学合理的饲养管理将使猪群保持良好的健康状态，保证其生产潜力得以充分发挥。

179. 猪栏中为什么要留硬地平台？可以不留吗？

答： 硬地平台主要作为猪只采食和活动场所，盛夏季节还能供猪只栖息，特别是公猪和育成猪栏提倡留用，建有自动饮水台的保育猪栏可视情况少留或不留硬地平台。

180. 如何从管理的角度做好猪的高效饲养？

答： （1）实行生产区封闭式管理：封闭式管理可以控制外源性传染病的传染，生产区与生活区严格隔开，生产区不得饲养任何动物，生肉带入生产区，并谢绝一切参观活动。特别要严禁猪贩子、屠宰手入内。进入生产区的饲养人员要更换工作服，经紫外线灯消毒和消毒池液消毒后，方可进入生产区。场外运输车辆、用具、饲料包装不能进入生产区，以防止带病入场。猪场应采用自来水或井水，不可用塘水。（2）加强免疫工作：引进种猪，应从非疫区引进，并索要检疫证。新引进的种猪，要场外隔离观察15 d，补打防疫针，确认健康无病后方可进入生产区进行饲养。（3）严格卫生消毒制度：搞好舍内外环境卫生，做好灭鼠、驱除蚊蝇和定期驱虫工作。春季进行1次彻底的清扫和消毒。猪舍、地面、墙壁、料槽要选用2%的烧碱消毒（消毒后的饲饮用具再用前要用清水冲洗）；车辆、用具可选用5%的过氧乙酸消毒。每圈猪出栏后，要进行1次彻底消毒，并空圈1周后方可进猪。

181. 秋冬养猪如何准备暖棚？

答： （1）搞好增温保暖工作：暖棚养猪，是利用太阳能、加温设施等使圈舍达到猪生长发育的适宜温度，并保持稳定，为此，除了修好猪舍墙壁、顶棚等处外，还可以采取以下措施：①用有一定空间的隔热层或三层膜来密封圈舍，以达到增温、持久保暖的目的。②在塑料薄膜或玻璃设施上架设草帘、苇帘、麻袋等物，白天有阳光时卷起，晚上或阴雪天放下，并及时清除膜上的霜雪和灰尘，从而达到多增温久保暖的目的。（2）充分利用生物能：在采取上述措施的基础上,为了节约燃料和电能,可采用提高饲养密度的办法来进一步提高猪舍的增温保暖效果。

(3)暖棚安全养猪管理措施。①训练养成习惯:在定时、定量饲喂的同时,还要训练猪只养成定点吃喝、定点排便、定点睡觉或休息的习惯。②保持圈舍清洁干燥:要及时清除圈舍粪尿,铺上干燥适宜的稻草、沙土等垫料,防止地面积水。③适量通风换气:为了及时去污去湿,除在墙根下留有开关方便的排粪通气孔外,还要在屋顶适宜的地方留一个可开关的通气孔,每天中午或午后定时通风换气。

182. 多样猪饲料如何做到合理搭配提高饲喂效益?

答:饲料的多样搭配包括青、粗、精饲料的合理搭配,碳水化合物、蛋白质、矿物质和维生素饲料的合理搭配,以及同类饲料的多种搭配。饲料中所含原料的品种越多,搭配得越合理,喂猪的效果越好。(1)青、粗、精合理搭配。就青、粗、精3种饲料来说,青绿多汁饲料的特点是含水分多、体积大、能量少,但适口性好、易于消化,且含有多种维生素、矿物质和质量较好的蛋白质,是猪的优良饲料;粗料的特点是体积大、含粗纤维较多、质地粗硬,猪吃多了不易消化,营养价值较低,但在饲料中少量搭配,可增大饲料体积,让猪有饱食感;精料的特点是体积小、营养价值高、易于消化。在这3种饲料中,如果单用某种饲料喂猪,易造成猪吃不饱或营养不足,或吃多了却还有饿的感觉,所以,只有把青、粗、精3种饲料合理搭配起来,才能保持饲料营养的平衡,才能提高饲料的适口性,让猪既吃饱、又吃好,使饲料发挥最高的效率。(2)碳水化合物、蛋白质、矿物质和维生素合理搭配。碳水化合物、蛋白质、矿物质和维生素都是猪所必需的营养物质,缺一不可。但几乎没有任何一种饲料原料能全部满足猪对以上营养物质的需要,虽然每种饲料原料都含有多种营养物质,但往往是有些营养物质含量高,有些营养物质含量少,有些营养物质缺乏。如果单纯用某种或某几种饲料原料来喂猪,不但猪长不好,还浪费饲料。因此,必须根据各阶段猪的营养需要,实行多种饲料原料搭配和合理搭配。(3)同一类饲料原料合理搭配。就是在同一类饲料原料中,也必须实行多样配合。例如,同样是蛋白质补充饲料,各种饲料原料中的蛋白质品质也是不一样的。一般的说,饲料原料的种类越多,蛋白质营养价值就越高。因此,在养猪生产中,无论是青、粗、精各类饲料也好,蛋白质补充饲料也好,或其他添加剂饲料也好,都要实行多品种搭配,获取高效的搭配效益。(4)猪饲料多样合理搭配注意事项。饲料配合时除考虑多样搭配、营养全面外,还必须考虑饲料的体积、适口性及是否容易消化。

183. 什么是规模化养猪?发展规模化养猪又有什么意义呢?

答:我国是养猪大国,占世界总存栏的50%以上,我国的养猪生产,在很长一段时间一直是农民家庭的一项主要副业,是农民经济来源的重要补充。20世纪70年代中后期以来,我国广东、北京等省市学习国内外先进经验,兴建现代化规模猪场,建成一批具有法人资格的养猪企业,推动了全国养猪现代化进程。规模化养猪是采用配套的现代化养猪科学技术,创造适宜猪的繁殖、生长发育的最佳环境条件和符合科学要求的饲养管理条件,从而保证猪本身所具有的生产性能得到充分发挥。在生产上采用工厂化的生产方式,常年均衡生产商品猪。最终目的是提高养猪生产水平和养猪生产的经济效益，降低饲养员的劳动强度，提高劳动生产率，从而产生最佳规模效益。发展规模化养猪，不仅可以促进畜牧业的发展，而且有利于农业和农村经济结构调整，有利于农业增效、农民增收。

184. 规模化养猪是如何安排生产工艺的？

答：现代化养猪的目的是要摆脱分散的、传统的、季节性的生产方式，建立工厂化、程序化、常年均衡的养猪生产体系，从而达到生产的高水平和经营的高效益。养猪生产以生产线的形式实行流水作业，常年连续均衡生产，现多采用四阶段饲养工艺。第一，配种妊娠阶段：在此阶段母猪要完成配种并度过妊娠期。配种约需 1 周，妊娠期 114 d，母猪产前提前 1 周进入产房。母猪在配种妊娠舍饲养 16 ~ 17 周。如猪场规模大，可把空怀和妊娠分为两个阶段，空怀母猪在 1 周左右配种，然后观察 4 周，确定妊娠后转入妊娠猪舍，没有配种的转入下批继续参加配种。第二，产仔哺乳阶段：同一周配种的母猪，要按预产期最早的母猪，提前 1 周同批进入产房，在此阶段要完成分娩和对仔猪的哺育，哺乳期为 4 周左右，母猪在产房饲养 5 ~ 6 周，断奶后仔猪转入下一阶段饲养，母猪回到空怀母猪舍参加下一个繁殖周期的配种。第三，断奶仔猪培育阶段：仔猪断奶后，同批转入仔猪培育舍，在培育舍饲养 5 ~ 6 周，体重达 15 ~ 25 kg。这时幼猪已对外界环境条件有了相当的适应能力，再共同转入生长肥育猪舍进行生长肥育。第四，生长肥育阶段：由仔猪培育舍转入生长肥育舍的所有猪只，按生长肥育猪的饲养管理要求饲养，共饲养 16 周，体重达 110 kg 时，即可上市出售，生长肥育阶段也可按猪场条件分成为中猪舍和大猪舍，这样更利于猪的生长。通过以上四个阶段的饲养，当生产走入正轨后，就可以实现每周都有配种、每周都有分娩、每周都有仔猪断奶、每周都有商品猪出售，从而形成工厂化饲养的基本框架。

185. 在养猪生产过程中会产生大量粪便，猪场的粪便应如何处理、应用？

答：猪粪便应尽快清出猪圈，特别是幼猪圈舍，这是处理环节的第一步。除人工清粪法外还有水冲法、刮粪法等。将相对固态的猪粪集中堆积在集粪区。猪粪便中含有大量的有机物质，可以用作肥料、用作培养料、用作沼气发酵和其他途径。猪粪可用作肥料。猪粪中含有氮、磷、钾，经堆肥发酵处理成有机肥后再进行施用。在钩虫病及血吸虫病等疾病流行的地区，要进行药物处理，具体方法是，每 100 kg 粪便加 1.5 kg 的尿素处理 1 d。发酵后的猪粪可用作食用菌的生产；也可用作蚯蚓生产的培养料；还可用作单细胞及藻类生产的培养料。猪粪最有效的利用途径是生产沼气。沼气可为猪场和居民提供能源。每立方米新鲜沼气含能量 55 kW。每 68 kg 活猪就能产生 0.05 ~ 0.1 m³ 沼气，但沼气体积大，难以贮存与运输，转变成液化沼气，有效地解决了上述问题。猪粪在沼气池中发酵除产生沼气外，还减少了臭气和苍蝇繁殖，沼渣、沼液基本保全了猪粪中的原来养分，可继续作为肥料肥田。

图73 将猪粪加工成有机肥

186. 猪的粪便要尽快清出猪圈,那么猪场的污水又怎样进行无害化处理呢?

答: 污水在废弃物体积中占主要部分。对此,简单而有效的解决方法是提高冲洗水的使用效率。养猪场中产生的尿液与污水中,含有大量的有机物质,甚至可能含有一些病原微生物,在排放或重新利用之前需进行净化处理,处理的方法主要有物理方法、化学方法和生物方法。规模猪场污水处理的原则是:排放水达标;粪渣发酵后作为农肥或高效肥或专用肥;资源的综合利用,如沼气作为生活能源,排放水回收做生产用水。

图74 泰国某猪场污水处理池

图75 污水处理池岸边有野鸭,处理效果可见一斑

187. 标准化养猪的目的是什么?现代养猪生产分为哪几个阶段?

答: 标准化养猪的目的就是实现养猪业"高效率、高效益",同时为消费者提供"安全、优质、新鲜"的猪肉产品。现代养猪把养猪生产分为配种妊娠(16~17周)、产仔哺乳(4~5周)、断奶仔猪保育(5~6周)、育肥(15周)4个阶段。

188. 影响养猪效益的因素有哪些?

答: 影响养猪效益的因素有:品种、环境与圈舍、营养与饲料、饲养管理、防疫保健和经营管理。

189. 母猪的妊娠期是多少 d？如何鉴定？

答：母猪妊娠期是 114 d。母猪在配种后不再接受公猪爬跨，并表现贪食，贪睡，易上膘，皮毛光亮，性情温顺，便可初步确定已孕（第一次鉴定），在母猪配种结束后 18 ~ 24 d 未表现发情症状，可鉴定为已妊娠（第二次鉴定），配种后 39 ~ 45 d 母猪不表现发情症状可判定为已妊娠（第三次鉴定）。

190. 保育猪的饲养管理重点是什么？

答：保育猪是指从断奶到 30 kg 左右的断奶仔猪，这一阶段是猪最难养的阶段，驱虫、防疫多在这一阶段完成，饲养管理的重点是防止腹泻的发生。

191. 进猪后的饲养管理重点是什么？

答：进猪后，重点是控制猪舍温度在 28℃左右，按要求设定通风程序，及时通风换气，每三 d 消毒一次，前 5 d 限制饲喂，每次只喂 8 成饱，并在饲料或饱水中添加防下痢、防应激、电解多维等药物，连用 7 d；进猪 5 d 后，猪表现正常后按程序免疫接种。

192. 种公猪的营养需求应重点注意哪些方面？

首先要看公猪的品种，其次还要看公猪的年龄和使用频率。总的来说公猪要喂各种营养成分全面的配制原料好的全价料，其粗蛋白的含量不应少于 17%，对于生长速度快瘦肉率高并且使用频率高的公猪粗蛋白更应高于 18%。但饲料能量不能太高，以免太肥而影响性欲。要让公猪常年保持不肥不瘦、体态雄壮而矫健、精力充沛而性欲高的状态。有条件经常喂些蔬菜类饲料，如胡萝卜、甘蓝等。注意不要用棉籽饼，更不可用多量棉籽饼取代豆粕而影响公猪精子质量造成大量死精，出现配而不孕。

193. 淘汰公猪的原则是什么？

答：出现下列情况时可考虑淘汰该公猪：一是性欲低或举而不坚的；二是精液品质差畸形精子多，三是与配母猪受胎率和分娩率低；四是产仔数少；五是公猪后代中常出现有八字腿，疝气猪；六是有肢蹄病；七是年龄大的或 3 年以上；八是长期有病的；九是太凶猛易攻击工作人员的。

194. 有哪些因素影响公猪性欲？

答：公猪的性欲常受到多方面的影响，环境和激素分泌是主要两方面。一般来说，种公猪的性欲问题多数是由环境因素造成，很少由激素分泌失调引起。环境温度太高不但会影响性欲，更重要的是影响精子质量造成受孕率和产仔数大大下降，因公猪温顺而使用频率高是国内外常见的一个因素，公猪饲料营养不平衡，尤其是缺乏足够的必需氨基酸、微量元素和维生素，有时也有因公猪常年和母猪养在一起造成，也可能由遗传引起。太老的公猪性欲与青年公猪相比肯定会下降。

195. 公猪饲养环境要注意哪些？

答： 所有种公猪都应单圈、栏饲养，厩舍要光照充足、通风良好，圈舍清洁卫生，干燥舒适，湿度为65% ~ 70% 为好，冬暖夏凉，一般来说，公猪对冷的应激远小于对热的应激，故温度常年最好应控制在18 ~ 22℃，如环境温度超过28℃就会影响公猪的精液质量。一旦精液质量受热应激影响，其恢复需一个月以上。在炎热夏天的中午给公猪冲凉是必不可少的，或喷雾加风扇，有条件的可采用水帘式降温，要投喂一定量的青绿饲料，厩舍要有足够空间供猪运动，一是可减少四肢病；二是可增强体质。

196. 公母猪舍夏季有哪些有效的降温方法？

答： 最常见的方法有：（1）开窗自然通风，要求两栋猪舍间要有足够的间距，起码在15 m以上；猪舍要有足够的窗户面积，抑或全敞开，而且猪舍跨度不能太大，本法常用于肉猪舍。（2）滴水式降温，滴在猪颈部，要控制每分钟水滴数，必须安装定时器。（3）隧道式通风，要求猪舍有一定长度（50 m为好），安装大功率负压排风扇，两侧墙壁窗户密闭。（4）地冷式吹风，空气通过地下一定深度和长度后达到降低温度效果，再吹到母猪头部起到降温目的。（5）喷雾法，要注意的是雾不能太细，也不能忘了风扇吹风散热。（6）水帘式降温，目前新建的大猪场多采用本法，投资大但效果好，室内外温差可达8 ~ 10℃。

图76 二栋猪舍间有足够的间距吗？

197. 母猪配种前后喂料有何差异，为何这么做？

答： 一般多数母猪泌奶期动用体内营养物质较多，断奶后体质消瘦羸弱，急需足够的营养来复膘恢复体况发情。因而这段时间要喂泌奶料。一般是喂3.0 ~ 4.0 kg/（头·d）。个别特别瘦的要催情补饲敞开饲喂。但一经配种，无论肥瘦，第二d就应减料至平均2.0 kg/（头·d）。如不减料，则产仔数会下降，这是由于母猪血液中孕酮水平受过量采食下降，造成部分游离囊胚不能着床而死亡。

198. 猪场如何驱虫才能有效？

答： 猪体常见的有两大类寄生虫，内寄生虫和外寄生虫。内寄生虫有蛔虫、肾虫、肺丝虫和鞭虫而外寄生虫常见的是疥螨，少有虱子。由于规模化养猪，饲料和设备与散养不同，内寄生虫发生率很少。而外寄生虫由于高密度饲养发病率反而提高了。控制和消灭猪场疥螨的药物有多种。去除疥螨时用药方法影响使用效果。关键点是使用时猪场所有猪无论大小一律用药，小猪半头份，不要漏打，这样可杜绝场内疥螨的藏身之地，半年后重复用药一次，可达较好的驱虫效果。

199. 猪场和猪舍最有效的消毒剂是哪种？

答： 是干燥。潮湿加温暖是猪舍内微生物大量繁殖的两大必要条件。据研究，在冬天密闭猪舍中微生物繁殖速度可能是炎热夏天敞开猪舍的 5 000 ~ 10 000 倍，如能将猪舍内相对湿度降低 10%，即可杀死空气中原有一半的微生物。但要使猪舍干燥唯一的办法是通风，通风还可排除舍内的污气，明显提高猪的健康程度和生产性能。

图 77　猪舍干燥状况如何？

200. 有哪些症状出现表明猪已处于热应激状态？

答： 猪每分钟喘气超过 50 次（正常 22 ~ 24 次），无疾病而采食量明显下降，尤其是干料，活动量减少，喜侧身躺卧四肢体躯尽量伸展，舍内如有足够空间，猪只大多分散，抢夺水源，如无水源，喜欢在粪水中打滚或躺在潮湿处，全身粪污至猪舍变得很脏（图 78）。

图 78　猪不喜欢生活在潮湿环境中

201. 导致猪生产性能低下有哪些主要原因？

答： 采食量低下是最重要的原因之一，健康状况差的猪采食量低，病猪和有慢性病的猪长得慢，料肉比差。而环境条件又影响动物的健康，厩舍潮湿，病源微生物多，严重通风不良，空气质量低劣会造成动物整体健康水平下降，最终影响生产性能。还有饲料品质差，饲料转化率低，遗传品种，缺乏合适的料斗，管理不善造成采食量低也是不可忽视的重要原因。

202. 当前制约中国养猪规模化发展的瓶颈在哪里？

答： 中国养猪业规模化发展目前滞后的原因并非资金不足，也不缺乏科技知识，真正问题是思想守旧，西方技术知识未能真正被消化吸收，未能合理科学地被应用于生产实践，造成与国际脱轨。我们引进了世界上最优秀的种猪、疫苗、药品和饲料、有最勤劳吃苦的雇员，却未能引进和灌输最先进的养猪理念。这可能就是当前制约中国养猪业规模化快速发展的瓶颈。

203. 生产上如何鉴别母猪产奶好？

答： 母奶是哺乳仔猪是营养最丰富、仔猪最喜爱、最经济、最方便食物来源，特别是初乳为新生仔猪提供被动免疫球蛋白和溶菌素（抗体）等，而获得性被动免疫对仔猪保持健康具有极重要的意义。母猪泌乳量多寡直接影响到仔猪的生长发育、断奶体重和断奶成活率，并对其一生的生产性能、增重和断奶至上市 d 数、饲料转化率和胴体品质以及最终的经济效益产生重要影响。因此掌握简单、快速地鉴定母猪泌乳量高低的方法，对及时发现泌乳量低的母猪采取有效措施提高泌乳量，拯救挨饿仔猪，无疑有助于提高断奶仔猪的体重和成活率。母猪泌乳量高的表征主要从母猪和仔猪两个方面观察和判断。①母猪精神状态好、有生气活力。②食欲好采食高；③乳房大充盈度饱满。④用手挤压乳头奶水呈喷射状出来。⑤仔猪吃奶时观察放奶时间可达 15 ~ 25 秒。仔猪方面判断是：①健康活泼敏捷、毛光皮亮。②吃奶时争先恐后，叫声不断；③母猪放奶时仔猪臀部后蹲、耳朵竖起向后、嘴部运动快。④仔猪吃饱后主动停止吃奶。⑤断奶时仔猪体重大。图 76、加拿大某猪场的母猪泌乳后的情景，这是母猪产奶好的经典标志。

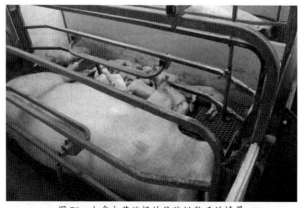

图 79　加拿大某猪场的母猪泌乳后的情景

204. 生产上如何鉴别母猪产奶性能差？

答： 母猪泌乳量低的表征：①母猪精神状态差，活动相对减少。②食欲缺乏、饮水少、有时便秘。③乳腺发育不良或乳腺组织过硬，或有红、肿、热痛乳房炎症状。④乳房及其基部皮肤皱缩，乳房干瘪；⑤乳汁难以挤出或成滴状出来。⑥哺喂放奶时间短或将乳头压在身体下，拒绝授乳。仔猪方面表征：①健康状况欠佳，仔猪无精打采，少活动；②有腹泻、被毛粗乱竖立；③行动缓慢，消瘦、生长发育迟缓不良、窝内个体大小参差不齐；④争抢奶头、乳头次序乱；⑤吃奶后，长时间奔跑寻找食物，吃母猪料。⑥断奶时仔猪体重小。

205. 如何过好仔猪的断奶关？

答： 早期断奶仔猪断奶后，应注意以下几个方面的问题：（1）断奶仔猪有条件最好不换圈不混群，仔猪留在原圈饲养 5 ~ 7 d 时间，不要在断奶时同时把几窝仔猪混群饲养，以免造成仔猪受断奶和咬架的双重应激。（2）断奶最初 3 ~ 4 d 内要继续使用补料，然后逐步切换到断奶料。（3）刚断奶的第一周要控制日喂料量。由于仔猪的消化道还不能完全适应饲料，如不控料，很容易发生消化不良性拉稀。断奶首日上午或第一 d 仔猪往往采食很少，但第二 d 会因饥饿而猛吃一顿，这样极易造成因消化不良而下痢，适当控料是非常必要的。同时要注意勤喂少喂，保持饲料的新鲜，10 d 左右可以自由采食。（4）在断奶期间要保证饮水充足和清洁，可以在饮水中添加一些抗应激的药物。并注意观察仔猪的饮水情况，因为断奶仔猪采食大量干饲料，常会感到口渴，如供水不足不仅会影响仔猪正常的生长发育，还会因饮用污水造成下痢等病。（5）在管理方面一定要做到"干燥、温暖、干净、通风和舒适"，仔猪才能从管理方面过好断奶关。

206. 为什么说猪场紫外灯消毒效果不好？

答： 有一种消毒工具在中国养猪业中用了很久并仍在沿用的就是紫外灯。但实际上紫外灯的消毒效果并不如人们想象的那么好。而猪场往往流于形式装个样子，偌大一间只有一支小而淡的紫外灯，5分钟不到还没闻到臭氧便说行了。其效果自然可想而知了。较好的办法是进猪场前淋浴，换衣服（图 80）。

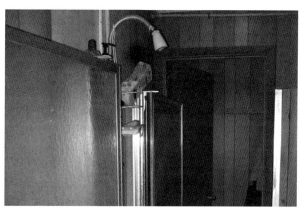

图 80　猪场淋浴室

207. 请问国外引入的"清群和重建猪群"效果如何？

答： 清群就是将猪场原有所有猪全部处理掉。然后全场经彻底清洗去污，消毒和干燥后搁置至少 6 个月。历经多月后场内被认为已无猪的病源。因此，理论上，这个场类似于新场。然后重新购买无病的健康种猪饲养扩繁，以提高猪的整体健康和生产水平从而增加经济效益。本法常常用在健康水平差的多年老场，尤其是蓝耳病严重的其他方法不见效的猪场。笔者看到近年国内也在开始应用本法。最初效果不错，但是，它毕竟不是一个新场。有些病原存活时间不止 6 个月，故而和新场效应有差距，其维持健康的时效恐不能与新场相提并论。

208. 当今养猪生产中常用"全进全出"一词，其定义是？

答： 全进全出的定义就是将一群猪同时从一处一起转移到一间（或一舍）经彻底清洗干燥消毒熏蒸的，无病原微生物的猪舍内，使其不和上一批或下一批猪有任何接触。其目的是使每批猪被感染疾病的风险降至最低。生产中不存在"基本上全进全出"一说。

209. 仔猪何时断奶为好?

答： 20 世纪 80 年代前，全世界养猪业仔猪习惯于大约 8 周龄断奶。其后欧美科学家探索早期断奶提高母猪生产效率，在断奶料中加入 1% ~ 2% 柠檬酸后成功地进行了 28 d 断奶。为了控制猪的病毒性传染病和追求高生产率，科学家们开始追求越来越早的断奶日龄，20 世纪末养猪先进国家仔猪断奶日龄已普遍定在 16 ~ 18 日龄，更早的有 10 日龄断奶，所谓"超早期断奶"。但 21 世纪初开始发现，过早断奶虽然对仔猪并无不利影响，但对母猪有负面影响，特别是母猪没有足够时间恢复生殖系统器官从而影响下一胎的生产水平乃至一生的生产，而且早于 21 d 断奶也忽视了母猪产后 3 周时达产奶高峰期，料奶转化效率最高的事实，目前认为比较确当的断奶日龄为 4 周。

210. 母猪过瘦过肥对生产有何不利影响?

答： 在生产实践中要求母猪不能养的过肥也不能过瘦。过瘦的母猪往往因体况差不易发情，断奶至再发情期延长。即使发情配种也容易在妊娠早期发生胚胎死亡被母体吸收而返情，或早产，流产，产弱崽，仔猪初生体重偏低，给哺乳期的饲养管理带来很大压力，仔猪断奶前死亡率较高。相反，过肥母猪胎儿出生体重过大易造成难产，增加了死胎数，肥母猪的产仔数普遍会下降，产后母猪子宫炎、乳房炎、无乳症会大大增加，同时母猪产后采食量下降，奶的含脂率提高使乳猪腹泻率增加，而且仔猪被母猪压死率也会增加，断奶后母猪的受胎率下降。图 78 是上世纪欧美猪场常用的母猪肥瘦比照图，中间为最佳体况图。用背膘测定仪能准确测定背膘母猪肥瘦程度，欧美设定的最佳体况背膘厚度为平均 20 mm。

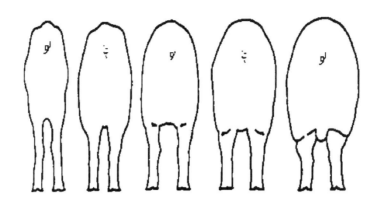

图81　上世纪欧美猪场常用的母猪肥瘦比照图，中间为最佳体况

211. 选种猪为什么不能只注重外表？

答：选种猪只注重外表是绝大部分中国养猪生产者的一个通病。一头种质优良的种猪，其特点是生产性能表现优越，如日增重，料肉比，产仔数等。而这些性能并不与猪的外表有很强的相关性。因此，在许多国内外种猪拍卖会上，获得冠军奖的种猪外表往往并不十分起眼，但它后裔的生产成绩却惊人。因此，国人必须要改变传统的误人观念。

212. 何谓母猪按胎次饲养？

答：简言之就是将头胎青年母猪和二胎以上的成年（经产）母猪分开养在不同的分娩舍中。并且头胎仔猪断奶后又必须和经产母猪的断奶猪继续分开饲养在不同的保育舍内。严格来说，生产育肥期也要分开养。因为这种饲养新方法的目的是提高猪群的健康水平，逐步净化猪场的疾病，从而最终能达到提高猪场生产效益的目的。

213. 为什么母猪要按胎次分开饲养？

答：头胎青年母猪和成年母猪相比接触外界的微生物较少，其体内相应抗体种类少而浓度低，往往疾病传播率较高。如果和成年母猪养在同一产房内，其头胎仔猪得到的母源抗体相应低而少，成年母猪身上的病原造成头胎小猪发病率和死亡率明显高于经产母猪产的小猪。而一旦产房有小猪发病就会造成新一轮疾病的暴发源头。况且头胎母猪的胃相对较小而继续发育又需要额外的营养，故需要营养浓度较高的饲料。同时，头胎母猪带崽经验少于成年母猪，分饲后饲养员可集中精力于头胎母猪舍。凡此种种，生产实际中极需将头胎和经产母猪分开饲养以提高生产水平和生产效益。

【人工授精技术】

1. 什么叫猪人工授精技术？

答： 猪的人工授精（Artificial Insemination, AI）技术，是现代国内外养猪业中一项先进的生猪繁殖技术。它的操作过程包括采精、精液品质检查、稀释、保存、运送和输精等 6 个方面。猪的 AI 是采用特制的假阴道，使其温度、压力、粘滑度与母猪阴道相似的仿生原理，借助采精台采取合格的公猪精液后，加入营养稀释液，在常温或低温中运输保存，然后用一根与公猪阴茎结构相似的橡胶输精管，将精液输入母猪子宫内，使母猪受胎产仔。

2. 人工授精有哪些优缺点？

答： AI 的优点主要有：①能提高优良公猪的利用率。采用自然交配，1 头公猪 1 次只能配 1 头母猪；而采用 AI，1 头公猪 1 次采精可配 10 ~ 15 头母猪；②能做到保证精液质量，适时输精，提高生产力；③能充分利用杂交优势，缩短育肥期，提高出栏率；④节省人力、物力、财力，方便群众，减少疾病传染。AI 的缺点主要为：①需要培训专门的技术人员；②长期保存稀释精液有一定难度；③增加实验室和试剂成本；④如果使用感染了疾病公猪的精液，疾病传播的速度要比自然交配方式快得多。

图 82　简易的公猪采精架

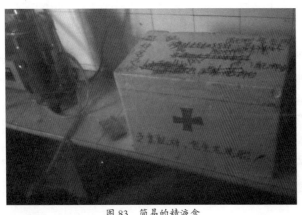

图 83　简易的精液盒

图 84　简易的精液盒

3. 听说发达国家近年在推广猪深部子宫内人工授精技术，请问该技术与传统人工授精有何不同？

答：时代在前进，科学在进步，新技术在不断涌现。猪的 AI 技术也不例外。随着时间的推移人们发现，老的 AI 技术有诸多缺点。其中最主要的缺点是授精过程中精液的回流浪费，浪费量约占总输入量的 1/3，即每次配种大约浪费 10 亿有效精子。而新法即深部子宫内人工授精技术则可避免这一缺点。新技术与传统老技术相比，其诸多优点是：①可减少精液的回流浪费；②可减少每次输精的精子数，由原来的 30 亿精子减少至 20 亿；③可减少每次输精的精液量，由原来的 80 ~ 100 ml 减至 50 ml；④每次输精花费的时间大为减少；⑤每头公猪配种母猪的头数由原来的 70 ~ 80 头增至 120 ~ 130 头，从而降低了种公猪饲养成本；⑥增加了每头优良种公猪的子代数量；⑦母猪的受孕率和产仔数也有改善。

4. 为什么要推广猪人工授精技术？

答：猪的 AI 技术始于 1780 年，由意大利科学家首次发明。中国在上世纪五十年代开始试验，七十年代开始着手推广猪的 AI 技术。为什么要推广这一技术？①因为该技术能给养猪业带来巨大的经济效益。传统的本交方法一头公猪只能配 16 ~ 20 头母猪，而采用 AI 则一头公猪能配 70 ~ 80 头母猪，可少养 3/4 的公猪。如全国养猪生产都采用这一技术，可少养 1.8 ~ 2.0 百万头公猪，其节省的成本是相当可观的。②本技术虽然不能避免猪病的传播，但因无猪体间的直接接触而大大减少了疾病的散布，尤其是传染病的传播率。③提高了杂交优势，生产实践中可用多头种公猪的混合精液配同一头母猪以提高子代生产性能。④优良种公猪的后代增加了 4 ~ 5 倍，这无疑对商品猪生产或种猪选育均有重大意义。

5. 采用人工授精技术能净化猪群 / 场疾病吗？

答：不能。但是应用 AI 技术能大大减少许多疾病在猪群间的传播，减少发病概率。这是因为通过 AI 避免了动物肢体间的直接接触。但是，仍有一些病源体能透过公猪睾丸屏障进入精液从而将疾病间接传递给母猪。

6. 为什么夏天人工授精效果一般不如其它三季好？

答：最重要的也是最常见的原因之一是公猪舍的温度太高。对公猪最适宜的环境温度是 18 ~ 22℃，如环境温度超过 28℃就会负面影响公猪的精液质量。畸形、死精子数量增加，精子活力严重下降，从而造成母猪受孕率下降，产仔数减少，死胎弱仔上升，甚或出现早产流产等现象。况且一旦精液质量受热应激影响，其恢复至正常状态需长达一个月以上时间，故而整个秋季母猪生产性能受到影响。另一重要的往往受国人忽视的原因是母猪舍的环境温度，母猪舍夏季的降温和公猪舍同等重要，母猪舍的高温常常是公猪舍降温后效果不佳的最重要原因之一。

7. 生猪人工授精的好处有哪些?

答: 生猪 AI 的好处: ①提高优良种公猪的利用率; ②克服公、母猪体重悬殊而不易配种的困难; ③克服时间、地点的限制, 扩大配种范围; ④公、母猪不直接接触, 可预防疾病的传播。

8. 精液的保存与运输应注意哪些问题?

答: 保存精液的适宜温度是 12 ~ 18℃。同时升温与降温必须逐渐进行。长途运输精液, 要把精液瓶装满, 外面包上纱布, 放在广口瓶内, 以免振荡。

9. 猪人工授精室包括哪些主要建筑设施?

答: 包括采精室、精液处理室及洗涤消毒室。采精室应宽敞、清洁、防风、安静、光线充足, 其面积为 30 ~ 35 m²。精液处理室内装备精液检查、稀释和保存所需要的器材, 以及各项纪录档案, 一般占地 14 ~ 18 m²; 洗涤消毒室是处理 AI 所用器材和药品, 占地面积 10 ~ 14 m²。

10. 猪人工授精必备的设备有哪些?

答: 包括假母台、17℃恒温冰箱、妊娠诊断仪、蒸馏水机、显微镜、恒温载物台、水浴锅、精子密度仪、天平或电子称等。

11. 猪人工授精需准备哪些?

答: 包括输精管、精液瓶、量筒、量杯、烧杯、玻棒、纱布、毛巾、采精杯、采精袋、过滤纸、润滑剂、稀释粉等。

12. 何为自动采精系统?

答: 在美欧等养猪发达国家为了提高工作效益, 减少工人降低支出成本, 发明了猪自动采精系统, 对于大量公猪站使用效果非常显著。如一个 300 头公猪的种公猪站, 每周要提供 10 000 份精液, 其中周一就可能达到 8 000 份, 周五再采 2 000 份, 这样自动采精设备彻底改变了人工手工操作方法。用的也越来越普遍。但对这个问题也有不同声音, 有人认为人手可以把握个体差异的敏感性。

图 85　自动采精系统

13. 猪人工采精用的假母台如何制作？

答：假母台可用钢材、木材制作，上包一张加工过的猪皮，假母台规格为高 0.6 ～ 0.7 m、宽 0.3 ～ 0.4 m、长 1.2 ～ 1.3 m，当然也可购买商品假母台。

14. 年轻公猪在什么日龄开始采集精液？

答：公猪的青春期开始于 4 ～ 5 月龄，其精液中可以发现精子。一旦公猪生理成熟能够产生足量优质成熟精子时，可以开始训练公猪上架，大概 7 ～ 8 月龄。

15. 采精时怎样调教公猪？

答：调教公猪有 3 种方法，①在假母台后躯涂抹发情母猪的阴道黏液或尿液，也可用公猪的尿液或唾液。②在假母台旁边放 1 头发情母猪，引起公猪的性欲和爬跨后，不让交配而把公猪拉下，爬上去，拉下来，反复多次。待公猪性欲冲动至高峰时，迅速牵走或用木板隔开母猪，引诱公猪直接爬跨假母猪采精。③将待调教的公猪栓系在假母猪附近，让其目睹另一头调教好的公猪爬跨假母猪，然后诱使其爬跨。

16. 采精前应做好哪些准备？

答：①对器械进行清洗消毒，如对玻璃类、金属类、纱布、毛巾先煮沸后干燥。②剪去公猪包皮的长毛，将公猪体表赃物冲洗干净并擦干体表水渍。③配制好精液稀释液，用蒸馏水按使用说明上的比例配制好所需量的稀释液，置于水浴锅中预热至 35℃ ～ 37℃。④调节好质检用的显微镜，开启显微镜载物台上恒温板以及预热精子密度测定仪。⑤准备好分装精液所需的瓶或袋。

17. 对采精人员有什么要求？

答：采精人员最好固定，防止产生不良刺激而导致采精失败。在采精前采精人员指甲必须剪短磨光，采精前穿戴洁净工作衣帽，桶靴，手要充分洗涤消毒，用消毒过的毛巾擦干后方可进行采精。

18. 采精方法及过程？

答：采精有徒手采精法、假阴道法和电刺激法，最常用的是徒手采精法。徒手采精法的方法为采精员一手采精，另一手持保温提锅（内装已消毒的烧杯）用于收集精液，用 0.1% 高锰酸钾溶液清洗公猪腹部和包皮，再用温水清洗干净，避免残留药液对精子的伤害，挤出包皮内的积尿，按摩包皮，刺激其爬跨假母猪，待公猪爬跨假母猪并伸出阴茎，脱去外层手套，用手（大拇指与龟头相反方向）握住伸出的阴茎螺旋状龟头，顺其向前冲力将阴茎的"S"状弯曲拉直，握紧阴茎龟头防止其旋转。待公猪射精时用滤纸过滤收集精液于保温提锅内的烧杯内，最初射出的少量（5 ml 左右）精液不接取，直到公猪射精完毕，一般射精过程历时 5~7 分钟。

19. 采精公猪多长时间使用一次？

答：公猪的采精频率以单位时间内获得最多的有效精子数来决定，做到定时、定点、定人。经训练调教后的公猪，一般 1 星期采 1 次，12 月龄后，每星期可增加至 2 次，成年公猪每星期 2~3 次。

20. 公猪精子的生成需要多长时间？

答：产生 1 个精子细胞大概需要 5 周时间，另外还需在附睾中停留 2 周时间。附睾是一个很长的管状物，附在睾丸上表面，精子在这里慢慢移动，逐渐成熟并且获得潜在的受精能力，附睾也是主要的精子储存地。必须注意的是，当天采集的精液是 7 周之前生成的。

21. 公猪精液里有什么？

答：精液由精子和精清组成。精清主要来自公猪副性腺的分泌物，此外还含有少量的睾丸液和副睾液。精清中，95% 是水分，2% ~ 10% 是干物质；干物质中 60% 是蛋白质。

22. 正常公猪的精子看起来像什么？

答：正常的精子包含 1 个头部和 1 个尾巴，头部含有遗传信息。在头部的顶端是顶体。顶体为单位膜包围的囊状结构，其中富含酶类，在受精过程中，能帮助精子刺穿卵子。尾巴包含颈部、中部、基部和尾部。中部富含线粒体，这里产生精子活动所需的能量。

23. 公猪的精子有多大？

答：正常精子大约长 45 μm，如果将精子细胞头尾相连形成串，可以将 220 个精子串成 1 cm。

24. 公猪的精子是无菌的吗？

答：精子不是无菌的，它可能包含细菌。细菌可能来自精液本身、母猪，或者来自环境。他们一般对母猪无致病性，但是，如果它们大量存在可能会影响精子质量。这就是为什么大多数稀释液里含有抗菌素，并且要求在17℃储存的原因，并且在采集和处理过程中必须特别小心以确保细菌污染量最小。

25. 对公猪精液常规检查项目和定期检查项目分别指什么?

答： 常规检查的项目是指每次采精后都应进行，而且可以迅速得出结论的指标。它们是：射精量、颜色、气味、云雾状、pH、活力、密度等。而定期检查项目是指那些需要较复杂的检查设备不能立即得出结果的指标，它们是：精子计数、精子形态（畸形率）、精子存活时间及存活指数、精液微生物污染、精子代谢能力等。

26. 公猪的射精量为多少?

答： 采精后用量筒量取，后备公猪的射精量一般为150～200 mL，成年公猪为200～300 mL，有的高达700～800 mL。

27. 公猪精液的颜色和气味怎样?

答： 正常的精液是乳白色或浅灰色，精子密度越高，其透明度愈低。如带有绿色、黄色、浅红色、红褐色等异常颜色的精液应废弃。精液一般无味或略带腥味，如有异常气味，应废弃。

28. 如何评价公猪精子的活力?

答： 精子的活力是指原精液在37℃下呈直线运动的精子占全部精子总数的百分率。测定方法是将一滴原精液滴在一张加热的显微镜载玻片上，显微镜工作台的温度应保持在37℃，放大200～400倍进行检查。视野中有90%呈直线前进记为0.9级，80%呈直线前进记为0.8级，以此类推。

29. 公猪精子的活力与繁殖力有关吗?

答： 根据美国北卡罗莱纳州的研究证实，当公猪精子活力超过60%时，繁殖力和产仔数就不再会受到精子活力的影响。因此用于输精的精子活力要超过70%。

30. 如何评价公猪精子的密度?

答： 精子的密度指每ml精液中含有的精子量。正常公猪精子的密度为2亿～3亿个/mL，有的高达5亿个/mL。精子密度的检查方法有密度常规检查法、红细胞计数板计数法和精子密度仪测定法。常规检查法采用目测法，观察显微镜视野中精子的稠密程度及分布情况，来估计精液内所含精子数，分为密、中、稀 3 个等级。"密"指整个视野中充满精子，几乎看不到空隙；"中"指视野内精子间有相当于 1 个精子长度的明显空隙；"稀"指视野中精子间空隙很大。

31. 哪些是畸形公猪精子？

答： 在显微镜的高倍镜（>600 倍）下进行镜检，会出现形态不正常的精子，我们称为畸形精子，其形态有各种各样，按其精子的形态结构一般可分为 3 大类：①头部畸形，如缺损、巨大、瘦小、膨胀、细长、双头等；②颈部畸形，如粗大、纤细、断裂等；③尾部畸形，如粗大、短尾、长尾、双尾、无尾等。在正常情况下，一般精子头部和颈部出现畸形较少，而尾部畸形多见。

32. 公猪的畸形精子是如何产生的？

答： 畸形精子产生的原因比较多，一些畸形是在精子生成过程中产生的；一些是在精子通过附睾的过程中产生的；一些可能在射精过程中或者射精之后，因为处理和储存不当而产生。每个阶段不同的因素都会导致精子畸形，如公猪发烧（体温升高），温度、pH 或者精子稀释过程中渗透压的变化都会导致精子畸形。

33. 公猪精子畸形意味着什么？

答： 大多数畸形精子不具有繁殖能力。虽然根据精子的成熟度有些畸形精子也能够繁殖，但一般用于输精的精子畸形率不得超过 20%，否则会严重影响受胎率。

34. 稀释公猪精液的目的是什么？

答： 其目的在于扩大精液的容量，增加受配母猪的头数，延长精子在体外的生存时间，充分提高优良种公猪的利用效率，同时只有经过稀释的精液才适合于保存、运输和输精。

35. 可以将不同猪的精液混合吗？

答： 可以混合，但是为了减少任何可能的健康风险，最好不把不同公猪的精液进行混合，保证输精瓶里的精液均来自单一公猪，同时混合时要保证精液等温。

36. 公猪稀释精液的倍数如何确定？

答： 要求以稀释后每 mL 稀释精液中含 1 亿个精子为原则进行稀释。在生产实际中，稀释倍数一般为 1 ~ 3 倍。

37. 公猪稀释液的主要成分有哪些？在生产中怎么配制？

答：一般精液稀释液包括有一种或多种保护剂，主要化学组成有营养剂（葡萄糖、果糖等）、稀释剂（氯化钠、蔗糖等）、保护剂（柠檬酸钠、磷酸氢二钠等）及抗生素（青霉素、链霉素、庆大霉素等）。在生产中最好采用专业生产厂家配制好的商品稀释粉，根据相应的说明配制稀释剂。

38. 公猪稀释精液时应该注意哪些问题？

答：一是精液采集后应尽快稀释，原精贮存不超过30分钟；二是未经品质检查或检查不合格（活力0.7以下）的精液不能稀释；三是稀释液与精液要求等温稀释，两者温差不超过1℃；四是稀释时，将稀释液沿盛精液的杯（瓶）壁缓慢加入到精液中，而不是把精液加入稀释液中；五是作高倍稀释时，应先进行低倍稀释，防止精子所处的环境改变，造成稀释打击；六是精液稀释后，立即进行镜检，观察精子的活力，活力下降立即找出原因。

39. 如何对稀释好的公猪精液进行分装？

答：精液的分装有瓶装和袋装两种，装精液用的瓶子和袋子应为对精子无毒害作用的塑料制品，根据不同的猪种选择不同规格的精液瓶，本地母猪一次性输精剂量为10 ml，而外种母猪一次性输精剂量为60~80 ml。

40. 分装好的公猪精液瓶上应该注明哪些内容？

答：分装好的精液瓶上一般得标明站名、公猪的品种和耳号、采精日期、保存有效期、稀释剂名称和采精员姓名等。

41. 公猪精液贮存对温度有什么要求？

答：稀释分装好的精液置于室温（25℃）1~2 h后，再放入17℃恒温箱贮存，如果贮存时用毛巾把精液瓶包严放入17℃恒温箱内保存效果更好。

42. 为什么公猪精液需17℃保存？高于或者低于这个温度意味着什么？

答：理想的精子储存温度是17℃。如果精子被储存在高温条件下，比如20℃，精子活性没有被足够抑制，加速了养分和能量的利用。因此，精子的生命力会降低。另外，温度高了也存在细菌孳生的风险。如果精子储存在15℃，精子的保护膜包括顶体，可能会损坏。你在显微镜下简单检查时可能观察不到这个现象，因为在这种情况下，精子的运动可能并未受到影响。

43. 为什么需要把公猪精液存放在避光的地方?

答:因为阳光中的紫外光能够损伤或杀死精子,所以我们在存放精液时必须把其放在避光的地方。

44. 输精瓶中的公猪精子保存期为多长?

答:一般为 2~10 d,具体情况取决于所采用的稀释液,以及精液存储是否得当。

45. 为什么需要每 d 将输精瓶摇晃两次?

答:如果不将输精瓶晃动,精子将沉淀在瓶底。因此需要摇晃以使精子能够获得养分和代谢物,使其在稀释液中重新分配。

46. 为什么用新鲜公猪精液和没有冷冻的公猪精液?

答:猪冷冻精液在技术上是可行的,但是没有新鲜精液效果好,如产仔数和初生仔猪成活率通常比较低,所以冷冻精液技术一直没有商业化应用。

47. 进行公猪精液运输时应注意哪些环节?

答:精液运输应置于保温较好的装置内,保持在 16℃ ~ 18℃恒温器中运输,防止受热、震动和碰撞。

48. 输精瓶中的精子准备好与卵子结合了吗?

答:还没有,因为它还没有经历一个叫做"活化"(精子获得受精的能力)的过程。活化通常是在精子进入母猪体内进行,需要 6 ~ 8 h。

49. 输精的精子有多少可以到达受精部位?

答:只有很少一部分精子能够到达受精部位(不到1%)。受精后,快速通过子宫,仅有 10 000 个精子到达输卵管的精子储存部,大部分精子在穿过子宫的过程中遭受逆流,也就是流出子宫颈之外,或被母猪体细胞吞噬,当母猪机体受到外来物质刺激时就会发生这种吞噬。当排卵发生时,精子慢慢从储存区域里释放出来,向受精部位移动,这个过程当中只有不到 100 个精子存活下来。

50. 精子在母猪体内能存活多久？

答：一般优质的精子可以在母猪的繁殖部位存活约 24 h，卵子只能存活 12 h，所以，最好在排卵之前精子已经到达受精部位。

51. 输精前还需要对公猪精液进行检查吗？

答：当然，在输精前必须对精液进行镜检，检查精子的活力、死精率等，如果精子的活力低于 0.5 级、死精率超过 20% 的精液不能使用。

52. 猪的人工授精中输精管的种类有哪些？

答：输精管的种类很多，都能在 AI 中成功应用，有些输精管是一次性的，用后即抛弃；另一些则可重复使用，但每次使用后应彻底洗涤，然后放入高温干燥箱内消毒，也可蒸煮消毒。需要特别提示的是，在用一次性输精管进行输精配种时，一定记得检查输精管的橡皮头是否松动。1 头猪用 1 支输精管。

53. 猪的人工授精中对输精人员有什么要求？

答：输精配种人员必须经过专业的技能培训，熟练掌握输精的每个环节，输精配种时应把指甲剪短磨光，充分洗涤消毒，用消毒毛巾擦干，然后用 75% 酒精消毒，待酒精挥发后即可进行操作。

54. 猪的人工授精中如何把握最佳输精时间？

答：母猪输精时机以发情后期为好，当按压母猪腰尻部，母猪表现很安定，两耳竖立或出现"静立反应"，此时是输精最佳时机。如用公猪试情，一般在母猪愿意接受公猪爬跨后的 4~8 h 之内输精为宜，之后每间隔 8~12 h 进行第 2 或第 3 次输精。

55. 输精哪个部位最佳？

答：猪属双角子宫，发情时两侧卵巢均有卵泡成熟和排卵，故输精部位以子宫体为最佳位置。

56. 如何确定输精量？

答：外来种猪与本地母猪的输精量差异较大，每次输精剂量为 10 ～ 100 mL，有效精子数在

20 亿 ~ 30 亿个以上，可以保证良好的受胎率。另外，随着精子存放时间的延长，每次输精剂量中精子的数目应相应增加。

57. 输精的基本程序是什么?

答：①输精人员清洁消毒双手；②清洗母猪外阴、尾根及臀部周围，再用温水浸湿毛巾，擦干外阴部；③从密封袋中取出输精管，手不应接触输精管前 2/3 部分，在橡皮头上涂上润滑剂；④将输精管 45 度角向上插入母猪生殖道内，当感觉有阻力时，缓慢逆时针旋转同时向前移动，直到感觉输精管前端被锁定（轻轻回拉不动），并且确认被子宫颈锁定；⑤从精液贮存箱取出品质合格的精液；⑥缓慢颠倒摇匀精液，用剪刀剪去输精瓶瓶嘴，接到输精管上，轻轻压输精瓶，确保精液能够流出输精瓶；⑦控制输精瓶的高低（或进入空气的量）来调节输精时间，输精时间要求 5 ~ 10 min。

58. 子宫内深部人工输精的好处有哪些?

答：可减少精液回流的浪费；减少每次输精的精子数；减少每次输精的精液量；减少每次输精花费的时间；减少公猪的头数和降低种猪成本；增加优秀种公猪的后代；提高母猪的受孕率产仔数。

59. 请问 AI 公猪精液质量有标准吗? 是哪些 ?

答：有全国统一的标准。要求精液的颜色呈乳白色或灰白色；精液的气味略带腥味，无异味或臭味；所采精液要均匀无分层、无沉淀；显微镜检查精子活力：原精中精子活力按十分制必须达 7 分，如按 5 分制必须得 3 分；原精中精子畸形所占比例不得超过 15%。

【自然养猪】

1. 什么是自然养猪法?

答： 所谓自然养猪法，就是以发酵床为核心，在不污染自然环境的前提下，以生产绿色猪肉产品为目标，尽量为猪提供良好的生活环境等福利待遇，使猪健康快速成长，无污染、高效、新型的一种科学养猪方法。具体地讲，就是在猪舍内设置 80 ~ 100 cm 深的发酵床，以锯末和农作物秸秆等为垫料原料，在垫料上接种芽孢杆菌等多种复合有益微生物，猪粪尿直接排泄在发酵床上，利用猪的拱掘习性，加上人工辅助翻耙，使猪粪尿和垫料充分混合，通过有益微生物菌落的发酵，猪粪尿的有机质得到充分的分解和转化。从日本直接翻译过来的原名是零排放无污染环保养猪法。

图 86　猪养在发酵床上

2. 自然养猪法的科学依据是什么?

答： 自然养猪法的主要科学依据是：一是利用空气对流和太阳高度角原理，因地制宜的建设猪舍；二是利用微生物发酵原理处理粪尿，解决环境污染问题；三是利用温室和凉亭效应，改善猪只体感温度；四是利用有益菌占位原理，增强猪只抗病力，减少猪病发生，提高饲养效率和猪肉品质；五是改善猪的生活环境，提高舍内空气质量、恢复自然拱食习性、提高猪的福利条件，减少猪的应激。

3. 自然养猪法和传统养猪法有什么不同?

答： 和传统养猪法（图 87）相比，自然养猪法（图 88）是一种新型、高效的科学养猪技术。这种技术通过在猪舍设置发酵床，充分利用有益微生物的分解作用，从根本上改变了传统猪粪尿的处理方法，大大改进了传统饲养管理方式。与此同时，自然养猪法在猪舍的设计建造方面有着特殊的技术规范和要求，这也是二者最大的不同。至于饲养过程中的消毒、防疫、管理等环节和传统养猪没有大的区别。

图 87　管理不妥的传统养猪圈

图 88　新型、高效的自然养猪

4. 自然养猪法、生态养猪法、懒汉养猪法是一回事吗？

答： 自然养猪法是一种新技术，由于引进的渠道不一样，而且应用推广的时间较短。因此，各地对该项技术的叫法也不统一。目前，较为流行的名称主要有发酵床养猪、生态养猪、生物环保养猪、清洁养猪、微生态养猪、懒汉养猪、零排放养猪等，但其本质都是一样的，统称自然养猪法。日本的专家于上世纪七十年代就已开始研究推广发酵床养猪，早已证实在很大程度上解决了猪粪便污染环境、提高猪的免疫力、提高猪肉品质等方面的问题，并早已广泛应用此技术。

5. 科学养猪发酵床的常用垫料原料有哪些？木屑是不可替代的吗？

答： 垫料原料除了木屑、稻壳、花生壳、秸秆粉等几种常见原料外，不同地方因资源情况不同，常用原料蔗渣、糖渣、棉秆、葵花籽饼、玉米秸、高粱杆、花生壳、大豆杆、米糠和谷壳，都可以用来加工作为垫料原料。木屑由于碳供应强度大、供碳能力均衡持久以及通透性、吸附性良好，通常被各地当作首选原料，但随着发酵床零排放绿色养猪技术的广泛应用，木屑来源会受到影响，所以要因地制宜的选用一些性能好、来源广、价格低廉的原料来代替木屑。

6. 科学养猪发酵床的垫料在发酵过程中通常会遇到哪些问题？原因何在？如何处理？

答： 垫料发酵过程中通常会遇到以下问题：（1）不升温，原因是水分过高或过低；pH 值过高或过低，益生菌的含量不够。处理方法：调整物料水分，调整物料 pH，加大微生物菌粉或者菌液的含量。（2）升温后温度随即快速下降，原因是原料中有机氮含量太低。处理方法：应适当添加含氮量丰富的有机物料如猪粪、鸡粪等。（3）发酵过程中，异味、臭味浓，原因是 C/N（N 指氮素原料，C 指碳素原料）过低，或原料粒度过大，水分调节不匀。处理方法：通过补充碳素原料，调整 C/N，或者降低物料细度，多搅拌下，尽量搅拌均匀些，调匀水分。（4）发酵后期氨味渐浓，原因是物料水分偏大，pH 偏高，发酵时间偏长。处理方法：立即将发酵物料散开或者加入春新菌粉，让水分快速挥发。

7. 科学养猪发酵床的发酵床温度过高或过低是由哪些因素引起的？如何处理？

答：影响因素主要是水分和通透性，有时表现为单因素影响，有时表现为双因素同时产生影响。（1）如果水分偏高和（或）垫料过于疏松时，发酵强度会加大，温度就会过高，常用的处理方法就是将垫料稍微压实，或者补充部分干料后将垫料稍微压实。（2）水分偏低和垫料透气性稍差时，发酵产生的温度向空气扩散慢，往往会形成局部高温，通常可以通过采取适当补充水分或者把湿度大的垫料与湿度小的垫料混合下、增强垫料通透性的措施来解决。（3）水分过高或过低时，也会导致发酵床温度过低，解决的办法就是调节好水分，保持40% 左右湿度。（4）垫料通透性过低，发酵床温度也低，这时就要通过翻动疏松垫料或者添加新垫料，来增加垫料发酵强度，从而提高发酵床温度。

8. 发酵床养猪不同阶段圈栏大小与常规养猪有区别吗？养殖密度如何调整？

答：除了保育和育成阶段圈栏大小与常规养殖略有区别外，其他各阶段与常规养殖基本相同。保育和育成阶段，圈栏可比常规养殖稍大。保育阶段养殖密度可比常规养殖高，一般可提高 15% 以上；但育成阶段应比常规养殖密度稍低，夏季略低 10% 左右，冬季基本持平。

9. 发酵床养猪在夏季和冬季垫料养护应注意些什么？

夏季养护最重要的是尽量控制垫料水分，降低发酵强度；疏粪时尽量将粪尿集中在比较大的区域范围内，不必将粪尿局限在某个区域，可以均匀分布在整个发酵床，这样发酵床使用时间会更长些。冬季养护除保育栏有特别要求外，其它同常规。保育栏的冬季养护也要注意控制垫料水分，因为保育猪粪尿相对较少，垫料发酵强度相对偏低，如水分过大会导致热量损失大，同时还会导致保育舍空气湿度加大，造成应激。

10. 为什么发酵床垫料要定期补菌？常用的补菌方式有哪些？

答：微生物的特性是繁殖速度快、生长退化也快；环境的剧烈变化也会导致微生物的种群结构发生变化；此外发酵床日常养护不当也会对有益微生物的生长繁殖及种群数量产生影响。为了确保养殖过程的生态安全性，必须定期对发酵床垫料补充菌粉或菌液，使添加的目标微生物始终保持优势种群数量地位，同时也确保其增殖潜力。通常可结合水分调节、疏粪管理、通透性管理等养护措施进行补菌，也可通过猪舍加湿管道或者超微喷雾系统喷雾补菌。

11. 发酵床养猪，冬季排湿用的排风扇如何选用和安装，开启排风扇应注意什么?

答：冬季由于室外温差的原因，会导致猪舍湿度加大，甚至会大量凝结成水珠，对猪只的生长发育造成影响。通常可以通过安装和开启排风扇来降低圈舍湿度。风扇类型选用民用排风扇即可，采用负压抽风方式将湿气排出。排风扇应安装在猪舍较高位置，以减少抽风时舍栏下部的空气流动，并尽可能安装联动定时或者智能温湿度控制开关，以便于将排风扇开启时间设置到每2～3 h开启一次，每次15分钟左右。

12. 发酵床养猪需要定期药物消毒么?

答：不用，如果定期药物消毒，反而会将发酵床中的一些有益微生物杀灭，作用会适得其反。可以在猪场内外使用大蒜汁、白醋、百部、菌液等中药类杀菌剂来进行生态化消毒，培植营造一个良好的猪场小环境。

13. 发酵床养猪，每批次转栏或出栏后垫料如何处理?

答：只要垫料没到使用期限，猪只每批次转栏或出栏后，可适当补充部分新鲜木屑或秸秆粉及适量益生菌菌剂，调节水分至45% 左右，将垫料在圈栏中堆积或者平铺进行发酵处理，温度上升到50℃以上高温24 h后，即可作为发酵床垫料重新使用。

14. 发酵床养猪如何判断垫料使用到期?

答：当垫料在发酵床中使用达到一定期限后，其生产能力会逐渐下降，当表现出以下指征时，说明垫料已不能继续使用，需将垫料全部清出，重新更换新垫料。（1）在各项养护措施得当、到位的情况下，氨味、臭味渐浓；（2）垫料用手指轻轻揉搓便全部变成粉末；（3）垫料遇水成泥浆状，干垫料部分已全部成黑泥土色；如果垫料使用到期，但还没到转栏或出栏时间，可以临时适当补充没经过发酵的新鲜木屑，如果通过补充新鲜木屑还没有明显作用，可清出部分垫料后再加新鲜木屑。

15. 发酵床养猪如何延长垫料使用寿命?

答：延长垫料使用时间，不仅可以节约垫料成本，还可减少频繁清栏产生的各项费用，更可有效提高栏舍的周转和使用效率。但延长垫料使用的前提是必须确保其较高的碳供应特性、对粪尿的持久分解能力以及保持发酵床良好通透性能等。常用办法有：（1）合理选择垫料原料。尽量选用耐分解能力强、供碳能力均衡持久的原料，如锯木屑、棉花秸秆粉、甘蔗渣等；（2）确定合理的原料粒度。粒度较h，原料比表面积大，发酵速度快，垫料消耗大；粒度较大时，发酵速度慢，保温性差，对粪尿的消化分解能力也弱。不同原材料，最佳粒度差异大，同时不同地区、不同季节也存在较大差异；（3）合理调节湿度。要根据季节、原料、养殖群体、地域位置的不同，在满足能及时消化分解粪尿的前提下，通过控制湿度适当控制发酵强度，尽量避免无效发酵产生。

16. 发酵床养猪垫料出栏后如作有机肥使用，是否还需要做发酵处理？

答：垫料出栏后如要作有机肥使用，特别是作商品有机肥出售，必须经过进一步的发酵处理，因为垫料在发酵床中，虽已完成初步发酵，但并没有彻底完成无害化和稳定化过程，特别是有机质、总养分、水分、pH值、腐熟度等指标尚不能完全符合相关产品规定，所以需按有机肥的相关规定，作进一步的发酵处理。

17. 发酵床能用多长时间？

答：发酵床使用寿命是根据垫料的使用寿命来说的，垫料质量好，耐腐蚀，用的时间就长，一般来说使用锯末多用的时间就长，能用3年以上。使用秸秆，就用的时间短，一年左右就腐烂了，在发酵床做好之后，第一次混合的微生物菌，随着使用的时间，表面的菌会死亡，活性降低，就要补充，在补充的时间，可以用1 kg的菌液加30倍的水稀释。翻30 cm喷洒补充。补充的用量很小，每百平米一个月补充使用6 kg菌液或者0.8 kg菌粉，一般每个月翻猪床一次，顺便补充益生菌一次。

18. 给养猪的发酵床补充益生菌一次能管多少时间呢？

答：补充益生菌是要根据发酵床的发酵效果来决定，有的发酵床自然发酵状态良好。处理粪便也很迅速，猪舍里面也没有臭气，就不需要补充，有的发酵床第一次没有做很好，不能很好的分解粪便，猪舍里面有臭气，就证明发酵床发酵的不好，就要适当的补充菌液。此外养殖密度大，产出的粪便多，也就要缩短补充时间，一般来说一个月进行猪舍的整体喷洒搅拌，用菌粉或者菌液进行补充是比较适宜的。

19. 原来建造的猪棚，没阳光能改成发酵床吗？

答：发酵床不依赖阳光！不过有阳光更好，对生物是有好处的！养殖业需要有空气，水和阳光，阳光能消毒，也能促进猪的健康生长，增加猪的胆固醇、合成维生素d等，给猪提供一个优越的生活环境。

20. 生态养猪法投资成本大吗？发酵床一平米成本是多少？

答：生态养猪投资成本主要就是发酵床的投资，其他都是按原来的模式，发酵床需要垫料和菌，我们公司提供的微生物菌每平米核算 15 元左右，其他就是锯末、稻糠、秸秆、花生壳等垫料。根据地方不同，垫料成本也不同，总体上来说，一平米成本在 30 元左右。

21. 发酵床养猪有什么弊端？

答：它无任何弊端。发酵床式猪圈养猪是利用微生物作为物质能量循环、转换的"中枢"性作用，采用高科技手段采集特定有益微生物，通过筛选、培养、检验、提纯、复壮与扩繁等工艺流程，形成具备强大活力的功能微生物菌，再按一定的比例将其与锯末或稻壳、营养材料、食盐等混合发酵制成品有机复合垫料，自动满足舍内生猪对保温、通气、以及对微量元素生理性需求的一种环保生态型养猪模式。发酵床式猪舍内，小猪从出生开始就可以生活在这种有机垫料上，其排泄物被微生物迅速降解、消化或转化；而猪只粪便所提供的营养使有益功能菌不断繁殖，形成高蛋白的菌丝，再被猪食入后，不但利于消化和提高免疫力，还能使饲料转化率提高，投入产出比与料肉比降低，出栏相同体重的育肥猪可节省饲料 20% 左右，省去五至八成以上人工劳动。

22. 30 - 50 m² 一栏的话，那垫料养猪一栏可以养多少头？

答：每头猪占地面积在 1.5 ~ 2 m² 左右，三五十平方米大约能养 15 ~ 30 头。

23. 一批猪出栏后垫料还需再发酵一次吗？

答：如果发酵床的损坏不是太严重的话就不需要。

24. 垫料养猪必须要经过发酵吗？

答：一般情况下，垫料都需经过发酵处理后才能用作发酵床，特别是保育栏发酵床垫料无论何时都需先经发酵处理，但在下面两个条件同时具备时，垫料可以不经发酵处理，加入益生菌后直接做发酵床。（1）垫料原料新鲜、水分适宜（40% 以下）、无腐烂和霉变；（2）作后备母猪发酵床垫料，或作入冬前育成猪垫料。

25. 怎样控制发酵床的温度？

答：猪圈发酵节奏与温度可人为控制，要特别快速升温与发酵，可采取如下一种或几种综合措施：增加益生菌液用量、预先加红糖水活化发酵菌剂、多添加新鲜米糠或麸皮等营养物、增加锯末层厚度、增加翻倒次数并打孔通气、适当调高锯末混和物含水量（但切忌水分不能超过 70%，否则会因腐败菌发酵分解而产生臭味，与除臭目的背道而驰），等等。调低温度可采用相反措施。内部温度一般不要超过 60℃，核心发酵层不超过 70℃，发酵床表面温度一般在

20 ~ 25℃左右。

26. 怎样调节好发酵床水分？温度过大怎么办？

答：发酵床的温度过大的话也就是水分过湿，可以适当翻动垫料（或者补充新的垫料）或者添加益生菌来解决，过干的话可以采用加湿喷雾补水，也可在补菌时补水。

27. 小苏打在养猪生产中有何作用？如何使用？

答：①促进猪生长：对猪有增进食欲，调节体内酸碱平衡等作用。屠宰前，给猪口服碳酸氢钠可延迟屠宰后的 pH 值下降，从而减少 PSE 肉的发生，提高肉质。②防止黄白痢：产后哺乳母猪日粮中添加碳酸氢钠，可增强猪体质，防止仔猪黄、白痢的发生，提高仔猪成活率。③预防热应激：高温季节在饲料中添加碳酸氢钠，可有效缓解热应激对猪的不利影响。

28. 微生物发酵床养猪技术要点有哪些？

答：（1）猪舍建造：一般单列式比较合适，坐北朝南，猪舍跨度为 8 m 左右，屋檐距发酵床面高 2.5 m~3.0 m。南北窗高 2.0 m，宽 1.6 m。在猪舍北端设置 1.0 m~1.5 m 宽的水泥饲喂台和饮水台，并向北倾斜 2%~3%。（2）垫料池制作：垫料池在整栋猪舍中相互贯通，不打横格，其深度为 80 cm~100 cm。垫料池四周一般使用 24 cm 厚的砖墙，内部水泥挂面，也可使用水泥预制板拼接而成。床体下面直接使用原有土地面，不用硬化处理。（3）发酵床制作：一是根据垫料池体积的大小，确定菌种、垫料用量，并将其混合均匀，加水调整湿度至 50%~60%；二是将混合好的垫料填入垫料池中发酵，一般夏季 5~7 d，冬季 10~15 d 即可；三是垫料发酵成熟后，在垫料表面铺设约 10 cm 厚的未经发酵的垫料原料，经过 24 h 后即可进猪。（4）发酵床管理：①平时要经常查看垫料湿度，并保持适宜湿度。②每 d 将猪集中排泄的粪便疏散开，并埋入垫料下面。③每周翻动垫料 1~2 次，每月深翻垫料 1 次。④垫料下降到一定高度要及时补充垫料。⑤夏季尽量减少垫料翻动次数，并加强通风。⑥猪只全部出栏后，先将垫料放置干燥 2~3 d，再将垫料深翻一遍，视情况适当补充垫料和菌种，重新发酵。（5）饲养管理：①生猪入舍前必须先驱虫。②禁止使用抗菌药物添加剂。③禁止饲喂发霉变质、生虫和被污染的饲料。④保持适宜的饲养密度，一般每头猪占地 1.2~1.5 m^2。⑤对于患病猪，应及时隔离治疗。⑥猪舍周围环境要经常消毒，禁止在猪舍内使用消毒药物。

29. 发酵床零排放绿色生态养猪技术适合哪些猪群？

答：发酵床零排放绿色生态养猪技术对猪群没有要求，适用于公猪、后备母猪、怀孕母猪、产房、保育猪、育成猪、野猪、小香猪、藏香猪等各阶段猪群。

30. 采用发酵床零排放绿色生态养猪技术，是否还需要正常免疫？抗生素等药品能否减少？

答：应用发酵床零排放绿色生态养猪技术，正常的免疫程序不可减少，特别是规模化养猪场尤为重要，但抗生素等药品的用量可逐步减少，减少量一般可达到50%以上，规模化猪场全部采用该项技术，正常运行半年以后，药品使用量还会锐减。

31. 自然养猪法技术从哪引进的？

答：自然养猪法技术最早来源于日本，自从1974年日本专家明上教雄先生开始对发酵床养猪技术进行系统研究，形成了较为完善的技术，并在长期的研究中，制作成了最为成功的发酵菌种。

32. 自然养猪法的关键技术有哪些？

答：自然养猪法的关键技术主要有三点：一是猪舍设计；二是菌种质量；三是发酵床制作和管理。猪舍的设计和建造十分重要，既可以在原有猪舍的基础上加以改造，也可以按照自然养猪法技术标准新建。在猪舍的建造方面，一般要求猪舍东西走向，坐北朝南，充分采光，通风良好，南北可以敞开。菌种是自然养猪法的关键因素，质量的好坏直接关系到发酵床能否成功。发酵床垫料的选择要因地制宜，一般以锯末、稻壳为主。发酵床的管理主要是通过监控猪舍的温湿度和发酵垫料的温湿度，采取翻耙等措施，为发酵床正常发酵提供良好的环境条件。

33. 用自然养猪法养猪有什么好处？

答：与传统养猪法相比，自然养猪法（图89）主要有五个方面的优点：①猪舍易建。自然养猪法猪舍的建造应坚持"因地制宜，就地取材，经济实用"的原则，风格可以多样化，几乎不新增加成本。猪舍发酵床垫料以锯末、稻壳和农作物秸秆为主，易取材，成本低，便于推广。②节能增效。不用清扫猪圈和粪尿，仅做喂料、翻耙垫料、清扫饲喂台、调整湿度等工作，一般每人可饲喂800～1 000头猪，节省劳力30%～50%；除饮用水外，猪舍基本不再用水，节水约75%～90%；猪在垫料上拱食菌体蛋白、有益微生物，可有效改善肠道环境，提高饲料转化率，可节省饲料约10%～15%；猪在垫料上活动，恢复了自然习性，应激性小，基本无病原菌传播，减少了药残，死亡率明显降低。③生态环保。养猪场内外无臭味，氨气含量显著降低，养殖环节消纳污染物，发酵垫料可变成好的有机肥料，从根本上解决了粪便处理和环保难题，实现零排放无污染生态环保养殖。④效益提高。自然养猪法养猪增重快，平均日增重800 g以上，饲料报酬高，肉料比1:2.6左右，可提前10～15 d出栏。⑤安全放心。自然养猪法从环境、生产等各个环节实现了生态养殖，猪肉产品肉色红润、纹理清晰，肉质提高（图90），市场竞争力增强。可以看出，自然养猪法好处很多，无论是经济、社会效益，还是生态效益都十分显著，值得推广和应用。

图89 自然养猪经济环保

图90 自然养猪肉质也好

34. 中国的南部与北部气候条件差距大，适合全面推广自然养猪法吗？

答： 从这几年的推广来看，答案是肯定的，在全国范围内都可以推广自然养猪法，由于各地气候条件差异大，在猪舍的设计方面要因地制宜，建设适合当地条件的猪舍是最关键的；另外根据不同的自然环境条件给予不同的日常管理也不容忽视，总之，通过这些年的研究推广，可以肯定在全国各地都适合用自然养猪法。

35. 自然养猪法投资如何？

答： 和传统养猪法相比，自然养猪法猪舍建造、配套设施等基础投资不会加大，主要差别在于菌种和垫料的投资成本。据测算，发酵床每 m^3 造价通常在 60 元左右（菌种不同，垫料来源不同，价格会有所差异），但发酵床所投入的费用，在 2～3 年后清除垫料肥料销售后可一次性收回。加上节约的部分，总体来说使用自然养猪法是降低成本的。

36. 不同阶段的猪都能用自然养猪法吗？

答： 自然养猪法技术适宜于各个阶段的猪只饲养，无论保育、妊娠、育肥猪，还是公猪、母猪，都可以采用这项技术饲养。目前，国内应用推广较多的是保育猪和育肥猪。

37. 自然养猪法猪场选址有什么讲究？

答： 首先，选择猪场场址应遵循节约用地、不占良田、不占或少占耕地的原则，禁止在旅游区、自然保护区、水源保护区和环境公害污染严重的地区修建猪场。其次，猪场地势要较为高燥、背风、向阳、水源充足、无污染、供电和交通方便。 第三，猪场应远离铁路、公路、城镇、居民区和公共场所 1 000 m 以上，离开屠宰场、畜产品加工厂、垃圾及污水处理场、风景旅游区 2 000 m 以上。

38. 自然养猪法猪场怎样布局才算合理?

答： 在建造猪场时，尽量做到统一规划，合理布局，生产、生活等功能区要科学布置。猪场生产区按夏季主导风向应在人员生活管理区的下风向或侧风向处布置，隔离舍和粪污处理区应在猪舍的下风向布置。猪舍一般为东西走向（山区一般为向阳），东西向偏南或偏北不超过 30°，保持猪舍纵向轴线与当地常年主导风向呈 30°～ 60° 角；舍间距一般为 8 ～ 10 m，端墙间距不少于 10 m；猪场净道与污道尽量分开，互不干扰，饲料与病死猪运送通道尽量避免交叉，工作人员尽量不要穿越种猪区；养猪场生产区四周设围墙或其他有效屏障，大门出入口设值班室，人员更衣消毒室（图 91）。

图 91　自然养猪法猪舍

39. 发酵床的面积大小怎样确定?

答： 发酵床面积的确定应根据猪的种类、大小和饲养数量的多少来计算。实践经验表明，保育猪为 0.3 ～ 0.8 m²/ 头，一般按 0.5 m²/ 头计算；育肥猪 0.8 ～ 1.5 m²/ 头，一般按 1.0 ～ 1.2 m²/ 头计算；母猪舍 2.0 ～ 2.5 m²/ 头。

40. 怎样建造育肥（保育）猪舍?

答： 育肥猪舍建筑形式一般悉用有窗双坡屋顶式，舍内为单列式分布，猪舍跨度 8 ～ 12 m（过宽投资成本会增加）；猪舍长度根据实际情况而定，一般为 30 m 左右，但不要超过 50 m（过长不利机械通风）；猪舍内人行走道宽 1.0 ～ 1.5 m；排水槽与水泥饲喂台设为一体，饲喂台宽 1.5 m，排水槽宽 15 ～ 20 cm；与饲喂台相连的是发酵床，宽 4 ～ 8 m，一般至少应在 4 m 以上；为了便于猪群管理，一般每 7 ～ 8 m 隔栏（图 92）。

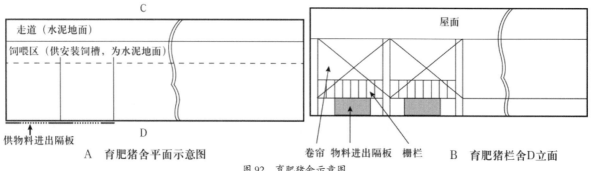

图 92　育肥猪舍示意图

保育猪舍与育肥猪舍建筑形式基本相同，但建筑要求不同。同样面积饲养数量比育肥猪增加1倍。夏季气温较高地区，在设计建造单列式自然养猪法育肥猪舍时，人行走道整体可比饲喂台低15～20 cm，夏季高热季节，可以在过道注入15 cm左右的凉水，形成水浴池，每d清晨在自动料槽内加满料后，将每个猪栏栏门打开，猪只可以自由进出水浴池，起到消暑降温的作用。

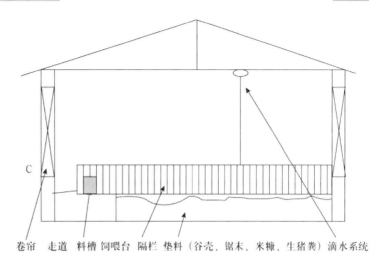

卷帘　走道　料槽　饲喂台　隔栏　垫料（谷壳、锯末、米糠、生猪粪）滴水系统

图93　育肥猪舍断面图

41. 妊娠（空怀）母猪和育肥猪舍建造有什么不同？

答：妊娠母猪舍与育肥猪舍建筑形式一样，舍内布局也一样，只是栏宽有所不同。由于要求每栏饲养的母猪数量不能太多，一般在5头左右，而每头母猪需要发酵床的面积是育肥猪的2倍。可以限位，也可大栏多头饲养，采食台宽不能低于1.5 m，可以单列式，也可双列式。

42. 怎样建造分娩猪舍？

答：一般分娩猪舍建筑形式采用双坡屋顶有窗式，母猪单栏饲喂。猪舍发酵床的设计有尾对尾（图94-A）和头对头（图94-B）两种形式，实际生产中多采用尾对尾式（发酵床面积大，利用率高）。单列式猪舍宽度一般为8～9 m，长度为30～50 m。双列式猪舍宽度一般为12～13 m，长度为30～50 m。母猪尾对尾式发酵床四周为人行走道，宽1 m，中间的发酵床通体相连。猪栏之间全部用钢管和钢筋焊接，形成围栏。发酵床之间可用高60 cm隔板隔开，或者用钢管或钢筋焊接成高60 cm，能够移动的铁栅栏门。为防止仔猪被压，专业化规模猪场可在栏内设置产床，一般中小型养猪场可在发酵床内设置移动式产床。

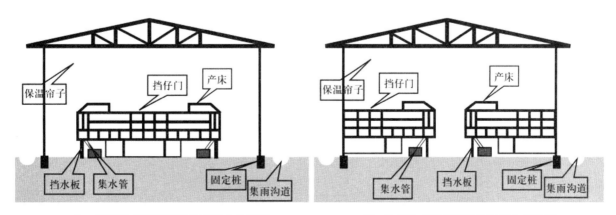

A　尾对尾式发酵垫料分娩猪舍示意图　　　　B　头对头式发酵垫料分娩猪舍示意图

图94　分娩猪舍示意图

43. 怎样建造发酵池？

答：发酵床的建造方式有地上、地下和半地上式三种。地下水位较高或土壤排水效果差时，可采用半地上或全地上式。发酵床的深度一般为 80 ~ 100 cm，最低不能小于 60 cm。

一栋猪舍发酵床应相互贯通，中间不能打横格；发酵床四周用 24 cm 砖墙砌成，内部表面水泥抹面；床体下面需硬化地面（图 95）。

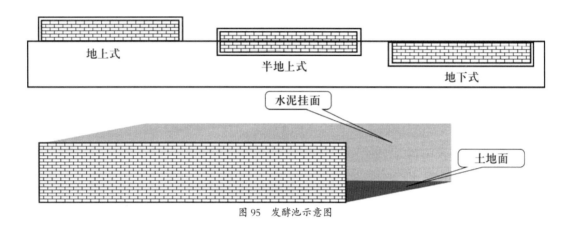

图 95　发酵池示意图

44. 猪舍的墙体怎样建造？

答：猪舍围墙的高度要求一般将夏季通风作为首选因素考虑，区域不同墙体高度略有差异，一般高度为 2.6 ~ 3.5 m，屋顶比舍墙高 1.0 ~ 1.5 m；保温墙做法：东北地区冬季较为寒冷，如有条件猪舍墙可建造保温墙。具体方法是：由内到外依次为 1:2 沙浆 1 cm 内粉，12 cm（或 6 cm）砖作内墙，6 cm 保温材料（低密度聚苯板或其它保温材料），12 cm 砖墙作外墙。半开放全顶式及全开放式全顶猪舍，一般适合南方地区，便于通风降温，另外也可做封闭式采取风机湿帘，也可以装空调来调节舍内温度。垫料进出通道。为了便于垫料的出入，在建造舍墙时，可在靠近发酵床一侧的山墙上设置活动门。

45. 猪舍的窗户设置有什么要求？

答：由于自然养猪法发酵床微生物不断发酵产生热量。因此，猪舍的窗户面积比一般的猪舍要求大一点，距离地面的高度要低一点，特别是夏季要加大猪舍内空气的对流散热。传统的标准化猪舍窗户与猪舍内地面的面积比例一般为 1:10—15，而自然养猪法的猪舍窗户和地面面积比则需提高到 1:5 ~ 8。不同地域不同设计，达到冬保暖夏通风、隔热降温的目的。窗户下部距走廊地面一般 20 ~ 30 cm。窗户主要起通风作用，所以窗扇都要能向内或向外打开。猪舍窗户不宜安装推拉式玻璃窗户（影响通风效果）。

46. 怎样处理猪舍的屋顶?

答: 屋架既可采用钢材,也可用木材或竹子。猪舍的屋顶一般要设隔热保温层,屋顶由内向外可依次为屋架、檩条、薄板或彩条布、5 ~ 10 cm 聚苯板或者稻草、薄板或彩条布,聚苯板用铁钉或铁丝固定,最外面用石棉瓦或其他防水材料屋面处理。也可建成钢架屋架,5 ~ 10 cm 聚苯板,最外面为石棉瓦。如经济许可,屋顶隔热保温层也可用彩钢保温板结构。设计通风排湿孔,安装动力或无动力风机。

47. 在猪舍设置水泥饲喂台的作用是什么?

答: 在猪舍内设置水泥饲喂台的主要作用:一是防止垫料污染饲料,影响采食量;二是夏天高温季节为猪只提供趴卧休息凉爽区;三是有利于生猪肢体发育,这一点对种猪饲养尤其重要。

在建造水泥饲喂台时,应向走道一侧倾斜坡度 2% ~ 3%,以防止猪饮水时滴漏的水流出饲喂台,浸湿垫料。一般育肥猪(保育猪)舍水泥饲喂台宽 1.3 ~ 1.5 m,妊娠母猪(空怀母猪)舍水泥饲喂台 1.5 ~ 2.0 m。后备公猪及育成种猪应适当加大饲喂台面积。

48. 人行道、饲喂台和操作间地面怎样处理?

答: 在建造猪舍时,地下基础部分可采用 2∶8 或 3∶7 比例的白灰和土 15 cm 夯实;发酵床以外地面打 10 cm 厚的混凝土,水泥抹面;人行过道与饲喂台相连处设置排水槽(主要用于排泄猪饮水时漏饮的多余水),形状设置成 U 形的明槽,槽宽 15 ~ 20 cm,槽深 5 cm 左右,排水槽应向某一方向倾斜,连到猪舍外集中收集排出。发酵池地面最好硬化,一方面便于操作,另一方面是时间长后不污染地下水。

49. 怎样设置猪舍的隔栏和料桶?

答: 猪舍内隔栏可全部用钢管焊接或钢管与钢筋结合焊接,钢管或钢筋间距根据饲养猪的大小不同而异,以猪不能跑到其他栏或栏外为宜。育肥猪猪舍隔栏高度一般为 90 cm,保育猪舍 70 cm,母猪舍 110 cm。为了便于进出垫料和猪群转圈,发酵床上部相邻圈舍的隔栏最好做成活动的铁栏杆(下部向发酵床内延伸 20 cm 左右,以防猪窜圈),以便灵活移动。在每个猪栏靠近人行道一侧的栏杆上设置宽 100 cm 左右、高与隔栏高度相同的铁栅栏门(图 96),以便饲养人员和猪进出,也可以使用水泥杆做隔栏。(图 97)。

图 96　猪舍的隔栏

图 97　猪舍的隔栏

　　育肥和保育猪舍料桶应采用自动料桶，料桶置于饲喂台上，距走道隔栏 25 ～ 40 cm；一般每两个猪栏共用一个料桶，固定于两栏之间，栏宽 7 ～ 8 m；也可以每个猪栏设置一个料桶（图 98、99）。由于对母猪要适当控制饲料给量，一般在母猪舍饲喂台设置限喂料槽，可做成水泥料槽。分娩猪舍则在每头母猪的猪栏前端设置一个料桶。也可以设置自动、半自动饲喂系统，另外，母猪可以设置自动识别控制饲喂系统。

图 98　猪舍的料桶

图 99　猪舍的料桶

50. 夏季怎样采用机械通风？

　　答：一般情况下，保育猪舍和分娩猪舍夏季采用自然通风就可以了，而母猪舍和育肥猪舍需采用自然通风与负压机械通风相结合的方式。每栋猪舍安装 2 ～ 4 台排风机，排风机规格为直径 0.8 ～ 1.4 m。排风机安装在猪舍一侧山墙上，排风机距地面 1.2 ～ 1.5 m。地域不同、条件不同可以根据情况增设湿帘。

51. 怎样建造猪舍水帘？

　　答：水帘主要用于母猪舍与育肥猪舍的夏季降温。水帘既可购置成品的纸质水帘，也可用空心砖建造简易水帘，其方法如下：

在未安装排风机一侧的山墙上，用空心砖可做成简易水帘墙。空心砖两端砖孔方向和地面平行，水帘下部起于地面以上 60 ~ 80 cm，高 100 ~ 140 cm，长 35 m。既可设置 1 个，也可设置 2 个。水帘墙上方预装一条与水帘墙长度相同的滴管，用于连接自来水管。水帘墙上方建高 20 cm，宽 24 cm 混凝土（厚度一般为长的 1/12），4 根 1 cm 钢筋的过梁，起到保护水帘墙的作用。北方地区气温相对较低，一般不需要建造或安装水帘。

52. 怎样解决猪舍的饮水系统？

答：猪只饮水通常采用自动饮水系统。进水管选用 3 cm 以上的塑、铁管，进水管紧贴人行走道隔栏。如埋入地下，水管在地面上露出 30 cm（保育猪舍应适当降低）。每 2 m 左右安装一个自动饮水器。

53. 自然养猪法猪舍怎样消毒和防疫？

答：自然养猪法并不否定和排斥消毒、防疫等措施。正常饲养管理条件下，猪舍内垫料范围不直接使用广谱消毒药进行消毒，也不提倡实施猪体消毒，以保证舍内有足够的有益菌浓度，但可以适当空气消毒或用洛东酵素液净化空气，一般情况下，舍内走道、饲喂台、墙壁等地方用火焰、蒸汽等物理消毒措施为佳，垫料区实行深翻堆积，提高发酵效率，利用产生的生物热能高温消毒。猪舍外，按照常规要求进行消毒，阻断病原微生物的传播。防疫要按照免疫程序进行，而且必须使用国家批准生产或已注册的疫苗，并切实做好疫苗的管理、保存工作，严格执行"一猪一针"的免疫注射技术规范要求，防止交叉感染。

54. 猪舍生产环境控制因素有哪些？怎样控制？

答：自然养猪法猪舍生产环境控制对猪只健康非常重要，如果控制不当，将给猪场带来不可估量的损失。猪群的生长环境主要包括温度、湿度、有害气体（氨气）含量以及空气中的粉尘浓度等。垫料湿度：在自然养猪法猪舍中，垫料的湿度决定了菌种发酵效率，也就决定了上述空间环境。一般垫料湿度控制在 50% 左右，即用手使劲捏握垫料后成型，放开后散开为标准，过干过湿都不宜。在此范围内，有益菌在猪粪尿上迅速繁殖，粪尿分解速度明显加快，氨气、硫化氢等有害气体明显减少，舍内无蝇蛆滋生。湿度与温度：一般猪舍适宜的相对湿度为 50% ~ 75% 时，在此范围病原体不易繁殖。不同生理阶段的猪只对温度要求不同。当空气相对湿度低于 50% 时，空气中粉尘浓度增加，病原菌在空气中传播速度加快，猪的呼吸道疾病发生率增加。当相对湿度高于 80% 时，病原菌的繁殖速度加快，猪群感染呼吸道疾病的概率也会增加。具体的自然养猪法猪舍室温、湿度与生长状态的关系表（见下表）。养猪场户根据此表可采取相应的环境管理措施，如在通风、滴水降温、增加垫料厚度等方面，因地制宜地采取相应调控措施。空气流速：猪舍内空气流速要求春、秋、冬季为 0.2 ~ 0.4 m/ 秒，夏季 0.4 ~ 1.0 m/ 秒。

表四十三　生物发酵舍室温、温度与猪生长状态的有关系表

温度＼室温	40%	50%	60%	70%	80%	90%	
40℃	1 600	2 000	2 400	2 800	3 200	3 600	
38℃	1 520	1 900	2 280	2 660	3 040	3 420	
36℃	1 440	1 800	2 160	2 520	2 880	3 240	←危险
34℃	1 360	1 700	2 040	2 380	2 720	3 060	
32℃	1 280	1 600	1 920	2 240	2 560	2 880	
30℃	1 200	1 500	1 800	2 100	2 400	2 700	←热
28℃	1 120	1 400	1 680	1 960	2 240	2 520	
26℃	1 040	1 300	1 560	1 820	2 080	2 340	
24℃	960	1 200	1 440	1 680	1 920	2 160	←15 kg以下
22℃	880	1 100	1 320	1 540	1 760	1 980	
20℃	800	1 000	1 200	1 400	1 600	1 800	←20～35 kg
18℃	720	900	1 080	1 260	1 440	1 640	
16℃	640	800	960	1 120	1 280	1 440	
14℃	560	700	840	980	1 120	1 260	←40～85 kg
12℃	480	600	720	840	960	1 080	
10℃	400	500	600	700	800	900	←90 kg以下
8℃	320	400	480	560	640	720	←冷
6℃	240	300	360	420	480	540	
4℃	160	200	240	280	320	360	←过冷
2℃	80	100	120	140	160	180	

根据猪体重量适合的ER值	
体重（kg）	最适ER值
10 kg	2 100
20 kg	1 740
30 kg	1 652
40 kg	1 566
50 kg	1 482
60 kg	1 400
70 kg	1 320
80 kg	1 242
90 kg	1 160
100 kg以上	1 000

注：1.ER指数＝室温×温度
　　2.生物发酵舍零排放养猪的垫料管理可以参照以上数据

有害气体含量：主要包括氨气、二氧化碳、硫化氢等。其正常含量氨气不得超过每 m³15 mg，二氧化碳不超过 0.15％ ~ 0.2％，硫化氢不超过每 m³10 mg。

55.应用自然养猪法猪发病后怎样处理？

答：与一般规模化养猪场相同，在猪场应修建隔离舍，猪发病后应及时转到隔离舍进行隔离治疗或淘汰，始终保持生产区所饲养的猪都是健康状况良好的。如对猪使用抗生素等药物，其排泄物会对垫料产生一定影响，治愈后观察 1 周或停药 1 周后才能进入发酵床再次饲养。对污染严重的垫料要进行销毁处理，污染较轻的垫料重新堆积发酵后可继续使用。

56.夏季猪舍怎样降温？一般采用哪些方法？

答：猪是恒温动物，皮下脂肪较厚，汗腺不发达，其体温调节能力相对较差，夏季高温天气会严重影响猪只的健康状况和生产性能。自然养猪法采用了发酵床养猪，发酵床内微生物在分解粪尿的同时产生生物热，使舍内温度升高。因此，夏季给猪舍降温尤为重要。夏季降温通常采取的办法主要有：一是在自然通风的基础上，增加机械通风，有湿帘的开启水帘墙降温；二是洒水或者喷雾降温；三是通过调低垫料厚度、制作垫料丘（把垫料集中在某一区域）等方法，抑制垫料发酵，起到降温的目的；四是降低饲养密度。可以根据当地情况，因地制宜地选用各种降温措施，也可多种措施同时使用。

57. 冬季猪舍怎样管理?

答:和夏季相比,冬季猪舍的管理要简单省事,但要注意以下几点:一是严格遵守通风换气的原则,宁可温度下降,也要开启门窗将被污染的空气和水汽排出去;二是要设置防风墙,特别是寒冷地区要防止"贼风"进入猪舍,以免引起猪只感冒;三是注意防湿,湿冷环境会严重影响猪的生长发育。与此同时,为了提高猪舍温度,提高发酵效率,可适当增加猪的饲养密度。

58. 自然养猪法对饲料有什么要求?

答:自然养猪法本身相对于传统规模饲养,对饲料没有更多特殊的要求,只是鉴于垫料微生物的生长繁殖,尽量使用有机微量元素添加剂,选择改善有益微生物生存环境的相关饲料,如微生物发酵饲料、微生态制剂及中草药等。

59. 饲用有益菌对猪有什么好处?

答:为了更好地保护发酵床和猪体内有益微生物群,确保猪肉质量安全,应尽量减少向饲料粮中添加各种抗生素类药物,但可添加微生态制剂。好的微生态制剂不仅可达到防病治病,促进动物生长发育的功效,而且可以减少养殖环境及粪便中重金属元素、氮、磷、恶臭物质及病原微生物的污染。试验结果表明,山东华牧天元动物保健品有限公司生产的天元三宝—猪宝在饲料中添加 0.1% ～ 0.2% 的用量,可明显提高饲料利用率,并能为发酵床补充有益微生物。

60. 日常管理都需要什么工具?

答:规模猪场每次大规模翻动垫料可选择使用小型挖掘机或小型铲车以及犁耕机等。平时饲养员简单翻耙垫料、调整垫料湿度等可使用叉、耙、铲等小型农具。

61. 废弃的垫料好处理吗?

答:三年后的垫料很好处理。(1)具有有机肥及菌肥的特点:①其中含有丰富的微生物,这些微生物具有活化土壤的功能,而且能有效地解决土壤板结问题,同时,能有效地颉颃土壤中有害微生物,显著减少作物的根部病害。②其中,富含有机质,显著改良土壤性质,有益于作物生长。③其中富含作物生长所必需的 N、P、K、微量元素等养分。④能有效地提高土壤的透气性、保肥、保水能力,为作物生长创造了优越条件。(2)不用专业加工,可直接使用,用途广泛:①有机蔬菜生产基地、有机水果生产基地大量需求。②园林苗木培养基地做高档苗木、花卉培养基,大量需求。③蔬菜育苗工厂(基地)做培养基,大量需求。④用于各种农作物的大田生产,需求量更大。

62. 用自然养殖模式的生猪好卖吗?

答: 在齐鲁晚报有一版的报道,题目是"百万生猪下江南",说的就是在上海世博会前夕上海搞生猪采购,把大量订单放给山东的临沂,原因就是临沂应用自然养猪法的比例最高,而猪的品质令人最放心。现在很多大型屠宰企业都乐意采购自然养猪法养出的猪,并且价格高于普通猪1元/kg左右。

63. 针对自然养殖法的研究推广上有什么新的进展吗?

答: 这两年国内的一些研究机构和公司都做了很多工作,原来的一些争议也达成了共识,国内生产的菌种质量也在逐步提高,相应的标准也在制定当中,以后这项技术会更规范。

64. 制作发酵床对垫料有什么要求?

答: 制作发酵床的垫料需要满足以下几个条件:一是高效的发酵菌母种。发酵床母种活力的高低决定了粪便分解和垫料发酵的效率。二是具备一定的微生物营养源。自然养猪法垫料发酵分解粪尿的过程是微生物作用的结果,而微生物需要有一定的营养源,这些营养源主要来源于垫料原料和猪粪尿中易分解的有机物。原料中的碳水化合物(碳)就是微生物的食物,而无机质中的氮素(氮)就是微生物繁殖建造细胞的材料。所以,碳和氮的含量高低就决定了微生物的生存和繁殖效率。三是适宜的酸碱度。四是透气性好。五是一定的保水性。六是合理的厚度。

65. 制作发酵床的垫料原料主要有哪些? 其作用分别是什么?

答: 制作发酵床的垫料原料主要有锯末、稻壳、麸皮、菌种等。锯末的作用主要是保持水分,为菌种发酵提供水分和碳素,应当是新鲜、无霉变、无腐烂、无异味的原木生产的粉状木屑,不能含有防腐剂、驱虫剂等(这些有毒有害化学物质对有益微生物有抑制和杀灭作用);稻壳的主要作用是疏松透气,为菌种发酵提供氧气,也应当是新鲜、无霉变、无腐烂、无异味、不含有毒有害物质,不需要粉碎,也可用经过粉碎的花生壳、玉米芯、玉米秸秆等农作物代替;麸皮的主要作用是为菌种提供营养,也可用次粉、玉米面、新鲜米糠代替。

66. 怎样确定不同垫料的组合比例?

答: 微生物细胞或者其他有机物中的碳素与氮素含量比值称为"碳氮比",发酵床原料碳氮比是发酵床动态平衡体系中最重要的影响因子。一般来说,微生物的活动繁殖所需的最佳碳氮比为25∶1,因为微生物每合成一份自身的物质,需要25份碳素和1份氮素。我们制作自然养猪法发酵垫料就是通过相关措施控制碳氮比,使发酵菌种均衡、持续、高效地活动和繁殖。由于猪粪的碳氮比为 7 : 1，是提供氮素的主要原料，所以自然养猪法发酵垫料必须选择碳氮比大于 25 : 1 的原料，这样才能达到发酵的目的。由于养猪过程可以持续不断地提供足量的氮素，所以垫料原料中碳素比例如果越高，则垫料的使用时间也就越长。碳氮比大于 25 : 1 的原料均可作为垫料原料，如锯末（碳氮比 491.8 : 1）、玉米秸（53.1 : 1）、玉米芯（88.1 : 1）、稻壳、花生壳等；碳氮比小于 25 : 1 的原料均可作为垫料的营养辅助原料，如猪粪（7 : 1）、麦麸（20.3 : 1）、米糠（19.8 : 1）等。在实际生产中，最常用的垫料组合有："锯末 + 稻壳"、"锯末 + 玉米秸秆"、"锯末 + 花生壳"等，但不管那种组合，其锯末占垫料的比例最好不要低于 30%。实践经验表明，目前"锯末 + 稻壳"的组合效果较好，"锯末 + 花生壳"次之。"锯末 + 稻壳"组合中 50% 锯末 +50% 稻壳比例组合效果最好的。

67. 制作发酵床的垫料比例怎样计算？

答：在条件允许的前提下，我们建议制作发酵床的垫料原料应以锯末、稻壳为主要原料，各地可根据资源情况适当调整锯末和稻壳的比例，但锯末的比例不要低于 30%；麸皮或者米糠作为营养辅料。实际制作垫料时，一般先以 1 m^3 为标准进行测算，然后再推算出整个圈舍的垫料用量。比例是体积比。

表四十四　垫料原料组成比例表（以 1 m^2 垫料为例）

原料	稻壳	锯末	麸皮	日本洛东酵素
用量	60%	40%	3 ~ 4 kg/m^2	150 g/ m^2

68. 制作发酵床的菌种主要有哪些？怎样选择？

答：目前我国采用推广的自然养殖法的技术主要是从日本引进的，日本的专家经过近四十年的研究，制定出最优秀的菌种——日本洛东酵素，华牧天元公司经过这些年的推广实践证明，日本的洛东酵素在使用方法上简单，便于操作，分解粪便彻底，有效菌数含量高，与其他国产菌种相比价格适宜合理。并且至今没有发酵床失败的案例。当前，国家对自然养猪法菌种的生产和管理尚无统一的技术标准，养猪户使用的菌种品种较为杂乱，质量参差不齐，如何辨别和选择菌种尤为重要。第一，要选择正规单位制作的菌种。正规单位生产的成品菌种，一般发酵功能强、速度快，性价比较高。第二，菌种包装要规范。一般正规单位提供的成品菌种包装印刷都比较规范，不仅有详细的产品使用说明或技术手册，而且有主要成分介绍、单位名称和联系电话，售后服务良好，技术较为可靠。第三，菌种色味要纯正。成品菌种应是经过纯化处理的多种微生物的复合物，并非单一菌种，颜色纯正，无异样味道。第四，菌种信誉、口碑要好。养殖户在选用成品菌种时，一定要多方了解，选择有研究和试点基础、信誉好的单位提供的菌种，多与已经使用菌种的养殖户交流，以确认其使用效果。

69. 怎样制作发酵床垫料?

答:步骤如下:

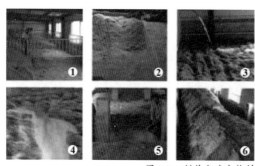

①:发酵池内铺入稻壳（60%）
②:发酵池内铺入锯末（40%）
③:浇水
④:均匀洒入酵素糠
⑤:均匀混合垫料
⑥:堆积发酵

图100 制作发酵床垫料的步骤

（1）铺料:在垫料池先铺上60%容积的稻壳,然后在稻壳上面铺上40%容积的锯末。

（2）浇水:用水管将锯末均匀基本浇湿,这样的水量最适宜。

（3）酵素糠的制作:将菌种与所需次粉混合均匀,然后再均匀地撒在浇湿的锯末上面。

（4）均匀混合:将池中的锯末稻壳等原料人工或机械均匀混合在一起。

（5）检验:①混合是否均匀,否则再混合直至均匀。②水分含量,垫料的湿度在45%左右,就是用力抓不出水,松开不成团,丢下手上无明显水珠,但有明显湿感（图101）此种湿度最适宜。

 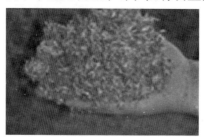 

用力抓不出水　　　　松开不成团　　　　丢掉手有潮湿感

图101 湿度适宜的垫料

（6）堆积发酵:将混合均匀,湿度适宜的垫料堆积发酵,堆积高度在1.5 m以上,每堆体积不少于10m³以上,堆积体积越大越好,可以圆锥堆形,也可以长条堆形。将垫料表面用铁锨拍实,周围用透气性的材料盖上,如用草苫、编织袋,但堆顶不盖,并且勿用塑料薄膜等不透气的材料覆盖,否则培养的菌种不但不繁殖而且会因缺氧而死亡或休眠。(7)测温:季节与地域条件的不同,湿度上升的速度也不相同,用100℃的温度计测量垫料30 cm以内的温度,一般在第2～3 d能达到40℃,以后上升至70℃左右,高温持续2～3 d,以后再逐渐下降,降至50℃左右时可以在发酵池铺开（一般发酵时间为7～15 d,夏季时间短,冬季时间长）。然后在垫料上面铺上5～10 cm未发酵的稻壳,24 h后可以进猪。

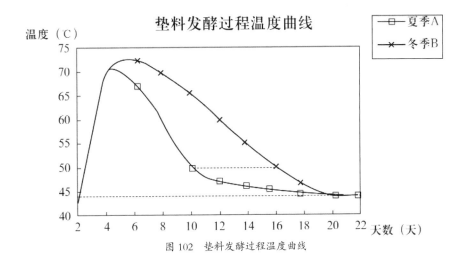

图102 垫料发酵过程温度曲线

70. 垫料发酵的目的是什么？

答： 填入发酵床的混合垫料，需要经过发酵成熟处理，才能放入猪只进行饲养。发酵成熟处理的目的：一是通过增殖优势菌种，使之达到能完全分解粪便的作用，同时抑制杂菌污染；二是利用生物热能杀灭大部分垫料中的病源菌、虫卵等有毒有害生物体。

表四十五 常见猪传染病病原的最低灭活温度、所需时间

病原	温度（℃）	时间（分钟）	病原	温度（℃）	时间（分钟）
猪瘟病毒	56	3 d	猪败血霉形体	50	20
蓝耳病病毒	56	45	猪传染性胸膜炎	60	5～20
流行性腹泻病毒	60	30	猪丹毒	50	15～20
传染性胃肠炎病毒	65	10	猪喘气病	50	10
仔猪副伤寒	60	10	链球菌	50	2 h
猪伪狂犬病毒	56	15	副猪嗜血杆菌	60	5～20
乙脑病毒	56	30	猪螺旋体痢疾	40	很快死亡
口蹄疫	70	30	猪肺疫（巴氏杆菌）	60	很快死亡
细小病毒	60	30	大肠杆菌	60	20

71. 发酵床的垫料厚度多少为宜？

答： 参与发酵的微生物通常在30℃以上的环境温度下增殖旺盛。一般要求发酵床垫料厚度80～100 cm，不得低于60 cm。如果垫料太薄则发酵产生的热迅速散失，发酵垫料难以达到适宜的温度，从而使发酵微生物增殖受限，导致不发酵。垫料太厚，不仅投入大，也增加工作量，同时不利于垫料管理。发酵床的厚度可根据季节和猪只的饲养密度作适当调节，如夏季或饲养密度h垫料可薄一点，反之相反。根据地域适当调整。

72. 发酵床对酸碱度有什么要求？

答：垫料发酵的微生物多数是需要中一微碱性环境，pH 值 7.5 左右最为适宜，过酸（pH<5.0）或者过碱（pH 值 >8.0）都不利于猪粪尿的发酵分解。正常的发酵垫料一般不需要调节 PH 值，靠自身自动调节可达到平衡。猪粪尿分解时产生的有机酸，会使一定区域内 pH 值有所降低，但不会影响正常发酵。日常管理过程中，可以通过翻耙垫料或其他措施调节酸碱度，以适应发酵微生物的生长。

73. 发酵床为什么要有一定的透气性？

答：由于垫料发酵微生物多为好氧性微生物，只有垫料本身透气性好，才有利于发酵微生物的活动和繁殖，利于对粪尿的分解。垫料原料选择时就应结合各种原料的物理特性做好透气性的调节工作，通过猪的拱掘习惯、人工翻耙等也可较好地调节和改善透气状况。

74. 垫料的含水量多少为宜？怎么判断？

答：发酵垫料需要一定的保水性，水分是影响微生物生命活动的重要因素，微生物在发酵垫料里进行着生命活动。水分不仅会影响发酵床内部养分和微生物的移动，也影响舍内空气的湿度。一般垫料水分含量为 50% 比较合适，含水量过高或者过低时均不利于发酵处理，当水分含量大于 85% 时，垫料毛细结构被破坏，从而影响发酵效率。实践中通常采用手抓握垫料的方法来判断含水量多少。具体方法是用手紧握垫料能成团，松手一晃能散开，手指缝间无水花，也不滴水，垫料抖落后，手心无明显水珠但感觉手心有湿感，这样的垫料水分含量一般就在 50% 左右。

75. 垫料堆积发酵温度变化有什么规律？

答：正常发酵的第二 d，垫料温度即可上升到 40℃ 左右，4 ~ 7 d 垫料核心最高温度可达 70℃ 以上，在 65 ℃ 以上保持 48 h，之后温度逐渐降到 45℃ 左右基本保持稳定，此时即表明垫料发酵成熟。正常情况下，夏天需 7 ~ 10 d，冬天 10 ~ 15 d。发酵成熟过程有两个关键时间点：一是发酵的前两 d，二是发酵平衡温度时间点（夏天 7 ~ 10 d，冬天 10 ~ 15 d）。通过定时测量温度，看温度变化是否符合垫料发酵成熟过程曲线图（见发酵床制作过程中~测温）。如果符合则说明发酵成功了，否则应尽快查明原因。冬季温度较低，可通过火炉及室内提温等措施，注意提高发酵环境温度。发酵成熟的垫料，由内往外翻耙平整，再在垫料表面铺设 10 cm 左右的未经发酵过的垫料原料，经过 24 h 后即可进猪。垫料温度变化的这些规律和特点是判断垫料发酵成功的重要标志，在垫料酵熟过程中要注意监控温度变化。为了准确掌握温度变化，每次测量可多找几个测量点，最少不应少于 3 个，并每 d 做好记录。一般每 d 测量 2 次，上午 10：00 和下午 16：00 左右各测量一次，测量位置在垫料堆中部表面以下 30 cm 处。

76. 怎样判断垫料发酵成功了？什么时候进猪最合适？

答：判断垫料是否发酵成熟，抓一把垫料在手中散开，其气味清爽，无恶臭、无霉变气味，制作良好的垫料还具有一股淡淡的清醇香味。这就标志着垫料发酵成功了。把发酵好的垫料均匀摊开（外面的翻到里面，里面的翻到外面），在最上面覆盖 10 cm 的垫料原料（一般为湿稻壳），经过 24 h 以后，就可以进猪了。

77. 发酵过程中会出现哪些异常情况？怎样处理？

答：垫料在堆积发酵过程中，由于各种因素的影响，会出现一些异常的变化，主要通过温度的变化表现出来。一是温度上升较慢。48 h 才能上到 40℃左右，这主要是垫料的水分太高或环境温度太低所致。如果水分较高可等 1 ~ 2 d，温度也可以升到 65℃以上，也能成功；如果温度无法升到 65℃以上，可以翻动垫料一次，使其透气性增加，一般也可以发酵起来。如还不行就应再添加麸皮（米糠）和增加干垫料原料，混合均匀，重新发酵。如果环境温度过低，就要采取提高环境温度来解决。二是停止升温。一种情况是温度升到 60℃左右就停止升温了，这种情况多数是因麸皮（米糠）的数量不够或质量不好所致，应在原来数量的基础上再增加 50% 的麸皮（米糠），重新混匀发酵。另一种情况是温度在 40 ~ 50℃徘徊，主要是因堆积的高度过低，应在原来数量的基础上再增加 50% 的麸皮（米糠），重新混匀发酵。堆积高度应达到 1.5 m 以上，体积不少于 10 m³。三是温度不均。垫料四周的温度差异很大，有的地方温度达到 75℃以上，有的点只有 50 ~ 60℃。这主要是因没有混匀所致，应在原来数量的基础上再增加 50% 的麸皮（米糠），重新混匀发酵。

78. 进猪后怎样判断垫料使用正常？出现问题后怎样纠正？

答：正常使用中的垫料，表面温度一般与室温一致，相差 1 ~ 2℃，pH 值 7 ~ 8。20 cm 以下部分应是醇香味加木屑味，无霉变气味、无氨气、无臭味；垫料下 30 ~ 50 cm 中心部位应是无氨味，相对湿度较低，温度在 45℃左右，水分明显较上层少，并可看到白色的菌丝。如与上述现象有较大出入，说明垫料发酵不正常。一般情况下，如果垫料过湿而出现氨味时，可适当添加锯末和稻壳等原料进行调整。

79. 发酵床制作好以后可以使用多长时间？

答：根据微生物发酵碳氮比（25 ∶ 1）规律可推算出垫料的理想使用年限为 4.06 年。但由于生猪生产是一个动态变化的过程，粪尿并不是均衡生产，而且垫料发酵效率受日常管理、天气状况、菌种活力、原料种类、饲养密度等多种因素影响，部分营养物质在使用过程中转化或者挥发。因此，垫料的实际使用年限要小于理想使用年限。从各地实际使用情况来看，一般"锯末＋稻壳"组合使用年限为 3 年左右，也就是说大约 3 年清理一次垫料。在满足垫料制作透气性、吸水性等基本条件的配方垫料的前提下，原则上垫料原料碳氮比越高，垫料的使用年限就越长。山东华牧天元动物保健品有限公司在推广过程中实践得知，用 3 年是没有问题的，但与日常管理的好坏有很大关系。

80. 猪进入猪舍前要做哪些准备工作？

答： 和传统养猪法一样，猪在进入猪舍前，同样要做好圈舍消毒以及猪的免疫、驱虫等准备工作。入舍时猪只大小要均衡、健康，饲养密度要适当，饲养密度可按以下标准安排：小于 50 kg 的猪为 0.8 ~ 1.2 m²/ 头，50 ~ 100 kg 的猪为 1.2 ~ 1.5 m²/ 头。

81. 发酵床制作好后，进猪初期应该注意什么？

答： 猪刚刚进入发酵床，由于猪粪尿较少，发酵床表面较为干燥，猪只活动特别是在奔跑过程中会出现扬尘，如果严重，则会增加猪的呼吸道疾病的发病率。因此，要多观察，可适当洒水或喷雾来调整垫料的湿度，尽量避免扬尘出现，保持舍内空气清新。同时，要每 d 清扫舍内卫生，将饲喂台上的粪便、垫料残渣清扫到垫料区；对猪粪便要进行适当调整，使其均匀分布在垫料区，尽量不要堆积，以加快其分解。在进猪后的前 3 d，加强管理，保持饲喂台的干燥清洁，训练猪只到垫料区排泄，如果管理得好，以后猪就不会在饲喂台排泄，否则会养成在饲喂台排泄的坏习惯，以后就很难调教过来。

82. 发酵床为什么要定期翻耙？多长时间翻耙一次？

答： 进猪以后的发酵床，要定期翻耙，主要是为了提高发酵床的透气性，同时也将猪粪便均匀翻入垫料加快分解。进猪后从第二周开始，一般每周根据垫料湿度和发酵情况翻耙垫料 1 ~ 2 次，深度在 30 cm。如垫料太干，视情况向垫料表面喷洒适量水分，用铁叉把特别集中的猪粪分散开来；在特别湿的地方加入适量干锯末、谷壳等新垫料原料，或者将较湿区域的垫料与较干的区域混合一下。用铁叉把比较结实的垫料翻松，把表面凹凸不平之处整平。从进猪之日起每 50 ~ 60 d 大动作彻底深翻垫料一次，并视情况补充适当水分、垫料原料和洛东酵素。

83. 夏季怎样维护发酵床？

答： 夏季垫料的维护与其他季节有所不同，维护要点如下：调低垫料厚度。夏季垫料深度可适当调低一些，一般不低于 60 cm，表层 30 cm，湿度不能太大，应降低垫料含水量，才能有效抑制发酵产热，在保证发酵的同时还能避免发酵产热太多。营造垫料区域性发酵环境。发酵垫料本身有温度区域化分布的规律，一般四周温度低，中间和粪尿集中区温度高。正常季节，特别是冬季，尽量将粪便均匀到各个区域，使其均匀发酵。夏季垫料管理有所不同，应有意识地营造区域性发酵环境。夏季减少或不翻耙，不用将粪便均匀散开，在猪舍自然形成一个粪尿排泄区。由于夏季气温相对高，其本身及附近区域发酵效率也相当高，如有粪便堆积，可顺势向后堆积，其他区域由于发酵环境较差，其发酵效率得到抑制而使垫料表面凉爽。制作垫料丘。也可人为地将垫料堆积成丘状，形成部分地方较薄的垫料区，为猪只提供躺卧的区域。当粪尿排泄堆积太多，可将粪尿堆积区变成加高加厚垫料区，形成新的较薄垫料区。

84. 出栏一批猪后发酵床垫料怎样处理？

答： 自然养猪法倡导使用全进全出制管理猪群，当猪群转群或销售出栏一批猪后先将发酵垫料放置干燥 2 ~ 3 d，蒸发掉部分水分，再将垫料从底部均匀翻动一遍，看情况可以适当补充菌种（ 75 ~ 100 g/m² 垫料 ），均匀混全，重新堆积发酵，表面覆盖麻袋等透气覆盖物使其发酵至成熟，充分利用生物热能杀死病原微生物（图 103 ）。

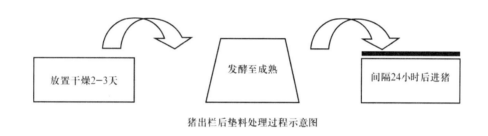

猪出栏后垫料处理过程示意图

图 103　猪出栏后垫料处理过程示意图

85. 发酵床养猪技术的技术要点都有哪些？

答： 发酵床养猪技术的原理是运用土壤里自然生长的、被称为土壤微生物，迅速降解、消化猪的排泄物。在日本民间，发酵床养猪技术很早就被农民应用于生产实践中，并不断发展和完善。发酵床养猪技术的技术要点如下：（1）土壤微生物的采集。可以在不同的季节、不同的地点采集不同的菌种，采集到的原始菌种放在室内阴凉、干燥处保存。（2）活性剂的准备。活性剂包括天惠绿汁、氨基酸液等，主要用于调节土壤微生物的活性。特别是在土壤微生物活性降低时，可以用活性剂提高土壤微生物的活力，以加快对排泄物的降解、消化速度。活性剂是从植物生长点内提取出来、经发酵后形成的。（3）有机垫料的制作。将土壤微生物菌的原种、米糠、锯屑按一定比例混合，加入一定数量的天惠绿汁和氨基酸液，使含水量达到60％，加入少量酒糟、谷壳熏炭、谷壳等发酵也很理想。经过 2 ~ 4 d 发酵就可以制成供发酵床用的有机垫料。（4）猪舍的准备。猪舍也是发酵床养猪技术成功与否的重要环节。一般要求猪舍东西走向坐北朝南，充分采光、通风良好，南北可以敞开，北侧建自动给食槽，南侧建自动饮水器，从而达到猪舍无臭、无蝇的要求。（5）发酵床的准备。发酵床分地下式发酵床和地上式发酵床两种。地下式发酵床要求向地面以下深挖 90 ~ 100cm，填满制成的有机垫料，再将仔猪放入，猪就可以自由自在地生长了。在地下水位低的地方，可采用地上式发酵床。地上式发酵床是在地面上砌成，要求有一定深度，再填入已经制成的有机垫料即可。（6）发酵床的日常管理。总体来讲与常规养猪的日常管理相似，但应注意：①猪的饲养密度，单位面积饲养猪的头数过多，床的发酵状态就会降低，不能迅速降解、消化猪的粪尿，一般每头猪占地 1.2 ~ 1.5 m²。②注意床面不能过于干燥，如过于干燥会导致猪的肺炎，可定期在床面喷洒活性剂。③入圈生猪事先要彻底清除体内的寄生虫。④要密切注意土壤微生物菌的活性，必要时需加活性剂来调节土壤微生物菌的活性，以保证发酵能正常地进行。

86. 目前发酵床养猪建筑设计中存在的问题与解决方案？

答：与我国传统的猪舍建筑相比，发酵床猪舍建筑样式在国内主要有日本发酵床猪舍、韩国自然法猪舍及塑料大棚发酵床猪舍 3 种。山东、浙江及福建大部分地区以及北京部分地区多采用日本发酵床猪舍，两边用卷帘模式。韩国自然养猪法猪舍主要在吉林、辽宁等北方寒冷地区，有1/3 的塑料膜。塑料大棚发酵床猪舍零星分散于全国各地。北方气候寒冷，南方气候炎热，不同猪舍设计应考虑当地气候条件。一些猪舍建筑不合理，导致热应激严重。热应激是任何一个发酵床养猪户必须面对的问题。猪舍设计时应考虑夏季防暑与冬季保暖问题。建议屋顶采用隔热材料，如用塑料泡沫板、砖苇箔等，猪舍中安装风扇、滴水装置等降温设施，发酵床区域留有水泥床台（或面）等。有些猪舍屋顶采用石棉瓦或塑料、没有安装风扇及无水泥床台，导致夏季热应激严重。有些养殖户误解为夏季猪躺在发酵床垫料上，垫料表面温度为 25℃，猪只非常舒服。其实不然，发酵床垫料表面为锯末，锯末导热性能差，猪在锯末上趴卧，体热不易散失，热应激加重。夏季白天高温时，猪喜在水泥台（或面）上休息，晚上温度降低时，猪可在垫料上休息。因此，猪舍建筑时，应考虑水泥台的设计。设置水泥台，还会保护猪蹄壳，减少猪腿病的发生。

【霉菌毒素与添加剂】

1. 猪场究竟如何使用霉菌毒素脱毒剂？

答： 随着霉菌毒素污染问题的日益严重，猪场在日常生产中考虑脱毒并使用脱毒剂已经成为一种共识，但是如何科学合理正确的使用霉菌毒素脱毒剂，可能还要从以下几个方面考虑：（1）对使用脱毒剂的饲料进行毒素检测，然后再决定是否需要使用脱毒剂；（2）一定要了解脱毒剂的主要成分和产品来源，国内有许多所谓的国外品牌其实全部是国内生产国内采购国内销售，在海外根本没有这个牌子；（3）懂得评判脱毒效率的基本方法，如水泡、排毒检测等试验。

2. 为什么使用了霉菌毒素吸附剂，种猪仍出现假发情的外阴红肿现象？

答： 这是因为使用的脱毒剂可能是单一型硅铝酸盐类及沸石类产品，此类产品一般对于黄曲霉毒素、呕吐毒素等效果很好，但是对于玉米赤霉烯酮等毒素吸附效果就大打折扣，所以一味的使用单一型脱毒剂，对于后备母猪、经产母猪都是不全面的做法。

3. 猪场是否所有的猪群都采用同样的脱毒技术和产品？

答： 一般性规模猪场存在以下几个阶段的猪群，乳仔猪、中大猪、育肥猪、后备母猪、怀孕母猪、哺乳母猪、空怀母猪、种公猪等八个类群，根据不同用途和不同生长阶段，应采取区别对待的方式进行霉菌毒素的预防。例如商品用的乳仔猪主要考虑其黄曲霉毒素和呕吐毒素的危害，因为呕吐毒素是采食量难以升高的主要因素，而毒素对于免疫接种成功率的干扰也是这个时期要重点考虑的，所以应该重点预防黄曲霉毒素和呕吐毒素，种用的乳仔猪，则要增加玉米赤霉烯酮的监测和控制，不然假发情现象会给猪场造成严重损失。后备母猪、怀孕母猪就特别注意玉米赤霉烯酮以及黄曲霉毒素的危害，中大猪和育肥猪主要考虑黄曲霉毒素以及呕吐毒素。种公猪则要考虑黄曲霉毒素、玉米赤霉烯酮、呕吐毒素、赭曲霉毒素等，否则一旦失去种用价值，那么损失很严重。按照以上原则，结合猪的毒素耐受限值和脱毒剂的不同功能，可以选择合适的脱毒产品——对应使用，而不是一刀切的做法。

4. 不同猪群的霉菌毒素预防控制标准是多少?

答: 见表四十六,仅供参考。

表四十六　建议不同猪群的霉菌毒素预防控制标准

动物	霉菌毒素（ ppb）						
	AF	AFB1	ZON	T2	OTA	FUM	DON
小猪＜ 30 kg	20	5	＜100	100	＜100	＜200	＜300
生长猪 30～60 kg	50	10	＜150	100～200	150	＜300	＜300
育肥猪＞ 60 kg	100	15	＜200	＜300	＜200	＜400	＜300
后备猪	100	20	＜100	＜200	＜100	＜200	＜300
母猪	100	20	＜100	＜200	＜100	＜200	＜300

注: AF: 黄曲霉毒素; AFB1: 黄曲霉毒素 B1; ZON: 玉米赤霉烯酮; T～2: T～2 毒素; OTA: 赭曲霉毒素;
FUM: 烟曲霉毒素（伏马毒素）; DON: 呕吐毒素。

（本表由上海澳灵生物科技有限公司提供）

5. 引起猪饲料霉变的原因有哪些?

答: （1）气候与季节: 霉菌生长繁殖需要一定的温度、湿度条件。与饲料卫生关系最为密切的霉菌大部分属于曲霉菌属、青霉菌属和镰刀菌属。它们大多数属于温型微生物（嗜温菌），最适生长温度一般为 20～30℃。其中,曲霉菌属最适生长温度为 30℃左右,青霉菌属为 25℃左右,镰刀菌属一般为 20℃左右。上述几类霉菌最适相对湿度为 80%~90%。因此,霉菌的生长繁殖与地区气候条件和季节有密切关系。从全国饲料霉变情况调查结果看,无论是饲料原料还是饲料产品,饲料中的霉菌检测率和霉菌带菌量,南方地区都大大高于北方地区。特别是南方地区,5~9 月份的各月平均气温均在 20℃以上,平均相对湿度在 80% 以上,这种高温高湿的环境条件,特别是梅雨季节,霉菌生长繁殖最为旺盛,饲料霉变大多发生在这个季节。（2）饲料原料含水量高: 饲料原料如果含水量高,在贮存时容易霉变。而且这种原料如不经干燥处理即用于配合饲料的生产,常会导致其产品的水分含量超标,并使产品也易于霉变。玉米、麦类、稻谷等谷食类饲料原料的水分含量为 17%~18% 时是霉菌生长繁殖的最适宜条件。粉碎后的谷食类在水分含量高时更容易发霉。因此,饲料原料的含水量应控制在防霉含水量（或称安全水分）之下（如谷食类一般为 14% 以下）。（3）饲料加工过程中的某些环节处理不当: 在生产颗粒饲料时,如果冷却器及配套风机选择不当,或使用过程中调整校对不当,致使颗粒冷却时间不够或风量不足,导致出机的颗粒水分含量计料温过高,这样的颗粒饲料装袋后已发生霉变。在饲料制粒系统的颗粒料提升料斗和管道中积存的物料,如果未定期清理,可形成霉积料,脱落后进入成品仓库和包装袋,引起整批颗粒料霉变。此外,原料仓库长期不清理或受到污染,积存在原料仓的物料,尤其是粉碎后的物料,易于发霉。（4）饲料贮存与运输不当: 饲料仓库潮湿、鼠害严重,库区未经常清扫和定期消毒,饲料堆垛不合理,库存时间过长,运输时饲料受到雨淋、暴晒等,都容易引起饲料霉变。

6. 怎样来控制猪饲料霉变?

答：由于霉菌的生长繁殖需要在一定条件下才能进行，因而控制外界条件可以有效地防霉：（1）控制贮存环境的温度：危害谷物的霉菌孢子在 7 ℃时就可发芽生长，在 24 ~ 32 ℃时生长最快，温度高于 40 ℃时霉菌就会被杀死进入孢子阶段。因此，饲料的理想储存条件是低温干燥。另外，要注意饲料加工和饲料干燥程度对饲料温度的影响。饲料经粉碎、混合、提升等加工过程后，温度会升高，所以，要待冷却后再堆放贮存。（2）控制仓库相对温度及饲料的含水量：由于饲料水分与空气相对湿度会相互影响，因此仓库要保持清洁、干燥、通风，同时设法降低饲料含水量。一般要求玉米、高粱、稻谷等含水量 ≤ 14%；大豆及其饼粕、麦类、次粉、糠麸类、甘薯干、木薯等含水量 ≤ 13%；棉粕、菜粕、向日葵粕、亚麻仁粕、花生粕、鱼粉、骨粉及肉骨粉等含水量 <12%。凡不符合原料含水量标准的原料不得入库。另外，还应注意控制饲料 pH 值，一般 pH 值控制在 10 或略偏碱性。（3）调节储存环境中的气体成分：通常采用除 O_2 或 CO_2、N_2 等气体，运用密封技术控制和调节储存环境中的气体成分。（4）保证饲料原料质量尽量减少破损率，防止昆虫、鼠类、螨类对饲料的破坏。

7. 单一丙酸型防霉剂和复合防霉剂有哪些区别?

答：近年来各种防霉剂被应用于饲料中来控制霉菌生长及防止霉菌毒素的形成。而防霉剂的作用取决于其在基质的分散度及穿透能力。使用丙酸，具有延迟黄曲霉素产生及芽孢生成的作用，且以丙酸的防霉效果优于丙酸钙。丙酸除可有效抑制霉菌外，对大肠杆菌及沙门氏杆菌的增殖亦有抑制作用。丙酸防霉剂的优点是：用量低、见效快，且有熏蒸作用，对混合均匀要求不严格，缺点是受热损失大，贮存防霉持续期比较短，易受钙盐中和而造成活力损失，丙酸的另一缺点是：腐蚀性强，工人使用时需戴特别防护器具。丙酸气味有刺激性，影响生产车间的工作环境。一般来说，如果要求一种即时起作用，但防霉期不需长的，丙酸防霉剂是上选。丙酸钙防霉剂的优点是它克服了丙酸的缺点：即不挥发、耐高温、不受钙盐中和贮存防霉持续期长、腐蚀性低、刺激性低。缺点是用量高，不能即时起抑霉作用，无熏蒸作用，使用时要求与底物充分混合。用量高的原因是：添加到饲料中的丙酸钙不能充分转化为游离丙酸。原因是：（1）丙酸钙溶解性低于 25%；（2）饲料中自由水缺乏，含水量为 13.5% 的饲料大约有 11.5% 为结合水，而只有 2% 为可用于生化反应的自由水，因此，含水量一般的饲料缺乏足够的自由水使丙酸钙充分溶解；（3）饲料中酸性缺乏，丙酸钙溶液本身呈碱性，饲料酸性不足时，不利游离丙酸的产生。一般地说，丙酸钙不适用于即时起效的饲料抑霉处理，而适用于饲料或原料中远期的防霉处理。丙酸钙型复合防霉剂具有纯丙酸钙的优点，但它添加于饲料后，其抑霉效力却不同。因为饲料的水分和酸度缺乏而受影响，丙酸盐能被充分利用，因此添加量比纯丙酸钙低。而且因为它耐高温，用于颗粒料时添加量也比丙酸低，但复合防霉剂与丙酸钙型因无熏蒸作用，使用时也要求与底物充分混合，适用于饲料或原料近、中、远期的防霉处理。复合防霉剂克服了单型防霉剂的缺点，具有抗菌谱广，防霉效果好，受饲料因素影响小，用量小，对饲料水分及酸度要求不严格，无腐蚀性和刺激性，要求与饲料充分混合。复合防霉剂主要是将不同的 pH 适应范围，不同抗菌谱的具有协同效应的防霉剂按比例配合，扩大使用范围，增强防霉效力的一类防霉剂。饲料中单独使用某一种防霉剂往往效果不佳，因为任何一种防霉剂的机理比较单一，对某几种特定的霉菌菌种有效，而对其他菌株无效或效果不佳，且这种特效受环境影响较大，而饲料又是许多原料混合物，其中含有各种霉菌和酵母菌，同时饲料水分和霉菌密度都不同，因此，常采用多种防霉剂复配的办法来解决单一防霉剂的缺陷。

8. 饲料防霉剂的作用原理以及影响防霉剂效力、饲料防霉效果的因素？

答： 饲料防霉剂的作用机理：防霉剂的活性成分是非电离状态的有机酸，有机酸的盐没有抑霉功能，必须溶于水并在酸性的反应条件下被转化为游离才有抑霉作用。例如，丙酸有抑霉功能，但丙酸钙本身却没有，丙酸钙必须溶于水，并产生丙酸，而通过丙酸起作用。将丙酸盐溶于水，在 pH=7 H 时游离酸的含量仅 0.8%，在 pH=4.9 时游离酸的含量达 50%。以有机酸为成分的防霉剂都是弱酸强碱盐，溶于水时呈碱性，必须依靠外来来自饲料的酸来调节 pH 值。到目前为止，人们对防霉剂的抑霉机理还没有完整的了解，已知的丙酸类防霉剂的抑霉机理包括：（1）游离酸在霉菌细胞壁外造成高渗透压，使霉菌细胞内脱；（2）游离酸造成霉菌细胞内 pH 的扰乱，阻碍营养运输入细胞内；（3）阻碍细胞代谢反应，如抑制三羧酸循环的几种酶的活性，抑制丙氨酸的利用，抑制泛酸的合成；（4）抑制霉菌的无性繁殖；（5）抑制霉菌孢子的形成。影响饲料防霉剂抑霉效果的因素可划分为：（1）与防霉剂有关的因素，包括有机酸种类、挥发性、反应活性、颗粒大小、制作工艺；（2）饲料有关的因素，包括成分饲料颗粒大小、水分活度、粉料或颗粒；（3）与生产工艺有关的因素。

9. 常见的霉菌毒素对猪有何影响？

答：（1）黄曲霉毒素：该毒素主要是黄曲霉和寄生曲霉产生的。其他曲菌、青霉素、镰孢霉菌和链球菌属的放线菌也能产生黄曲霉毒素。所有的动物对黄曲霉素敏感，然而不同动物的敏感性质差异较大。在家畜中以仔猪最为敏感。依污染的严重程度，造成的损失包括饲料效率下降、生长延迟、屠体品质不佳、死亡。在 20~200 ppb 的低浓度时，黄白霉毒素减少饲料摄入量、降低饲料利用率和免疫抑制。泌乳母猪的饲料中若出现 500 ppb 以上含量时，则会因乳汁中的黄曲霉素而造成仔猪迟缓和死亡。即使离乳后不再饲喂含黄曲霉毒素饲粮，仔猪生长也会受阻，饲养效果下降，一直至上市。而且低浓度的黄曲霉毒素还会造成微血管脆弱而容易引起皮下出血及挫伤等。长期饲喂含有黄曲霉毒素的，其肝脏、免疫系统及造血功能都会受损。黄曲霉毒素通过干扰肝脏中脂肪向其它组织的输送，使脂肪大量堆积在肝脏而产生斑点，同时还会干扰肝脏的合成维生素和解毒的其他功能。黄曲霉菌毒素对免疫系统所造成的伤害比肝脏更要严重，即使是在较低剂量下的黄曲霉毒素也会伤及免疫系统。黄曲霉毒素通过 DNA 和 RNA 结合并抑制其合成，引起胸腺发育不良和萎缩，淋巴细胞减少，影响肝脏和巨噬细胞的功能，抑制补体（C4）的产生和 T 淋巴细胞产生白细胞介素及其他淋巴因子。黄曲霉毒素还能通过胎盘影响胎儿组织的发育。而且黄曲霉毒素还能危害通过接种疫苗的获得性免疫，如黄曲霉毒素 B1 会干扰猪丹毒免疫所获得的免疫力。（2）呕吐毒素：直到最近，呕吐毒素已被作为梭霉菌属的霉菌毒素污染的"标记"，故即使在饲料中发现含量很低的呕吐毒素，它也是潜在的蛋白质合成抑制剂，仍会有梭霉菌属霉菌毒素中毒症的出现。主要对快速生长的组织（如皮肤和粘膜）和免疫器官产生影响，导致对传染病的易感染性。对生长肥育猪而言，含有 14 ppm 呕吐毒素的饲料喂后 10~20 分钟内即会出现呕吐、不正常的焦虑和磨牙现象。呕吐现象仅发生第一 d，持续低剂量饲喂会导致皮肤温度下降、胃食管部增生。呕吐毒素会强力抑制猪的采食量和生长速度，在呕吐毒素的含量在 0~14 ppm 的试验中，Williams et al（1998）发现饲粮中每增加 1 ppm 呕吐毒素，生长肥育猪的采食量减少 6%，在含毒量 10 ppm 以上即完全拒食。（3）玉米赤霉烯酮：玉米赤霉烯酮也称为 F2 毒素，是由禾谷镰孢霉菌产生，具有雌激素作用的霉菌毒素，其临床症状随接触剂量和猪年龄不同而异。在所有的圈养动物中，猪对 F2 毒素最为敏感，而受影响最大的部位主要是其生殖系统。较低浓度会诱发女性化现象，较高浓度会干扰排卵、受孕、植入及胚胎的发育。后备母猪最为敏感，0.5~1.0 ppm 低含量下即可造成假发情和阴道道脱垂或脱肛。F2 毒素会增加怀孕母猪发生流产及死产的几率、初生仔猪的存活率较差、出现八字腿及外阴部肿胀，饲粮中 10 ppm 的 F2 毒素会延长母猪自离乳至配种的间隔时间，降低窝仔数和增加畸形猪的数量。F2 毒素使年轻公猪性欲下降、睾丸变小、睾丸生精细胞上皮细胞变性，最后形成精子发育不良和不孕、生精细管周围组织的炎症反应等。（4）T～2 毒素：T～2 毒素是由念珠球菌属产生的新月毒素中的一种，新月毒素已超过 100 种，饲粮中的含量超过 0.4 ppm 的毒素就会对动物产生中毒症状。T～2 毒素属于组织刺激因子和致炎物质，直接损伤皮肤和粘膜。表现为厌食，呕吐，瘦弱，生长停滞，皮肤、粘膜坏死，胃肠机能紊乱，繁殖和神经机能障碍，血凝不良，肝功能下降，白细胞减少和免疫机能降低。T～2 毒素通过影响 DNA 和 RNA 的合成及其通过阻断翻译的启动而影响蛋白质合成，而且 T—2 毒素还会引起胸腺萎缩，肠道淋巴腺坏死；破坏皮肤粘膜的完整性。抑制白细胞和补体 C3 的生成，从而影响机体免疫机能。（5）麦角毒素：麦角毒素是麦角霉产生的一种毒素，它对所有的猪都会产生危害。其中毒的症状在数 d 或数周内出现，包括精神沉郁，采食量减少，脉搏和呼吸加快，全身状况不佳，后腿常发生跛行，严重者尾巴、耳朵和蹄坏死及腐肉脱落，寒冷气候可使病情加重。麦角毒素还会通过引发无乳症而间接影响猪的繁殖。在妊娠期给怀孕母猪饲喂含 0.3% 麦角毒素的饲料，可导致新生猪仔出生体重下降，存活率降低和增重缓慢。日粮中含有 0.1% 的麦角毒素会使肥育猪生长缓慢。（6）赭曲霉毒素：赭曲霉毒素是由赭曲霉及鲜绿青霉等所产生的一种霉菌肾毒素，它分为 A、B 两种类型。赭曲霉毒素 A 的毒性较大，且在自然污染的饲料中常见。猪摄入 1 ppm 的赭曲霉毒素 A 可在 5~6 d 致死。饲喂养含 1 ppm 浓度的赭曲霉毒素的日粮，3 个月后可引起烦渴、尿频、生长迟缓和饲料利用率降低。

10. 与防霉剂有关的因素有哪些？

答：（1）有机酸种类：不同种类的有机酸抑霉效力不一，抑害效力是：丙酸 > 乙酸 > 甲酸 > 山梨酸；抑制细菌效力是：甲酸 > 乙酸 > 丙酸，因此，丙酸常用为防霉剂，而甲酸和乙酸却常用于饲料原料的贮存。总的来说，同样重量（这里的重量指实际作用量，并不指添加量）游离酸的抑霉效力比该酸的盐要强，因为挥发性游离酸在饲料制粒和贮存过程中部分添加量损失。（2）水溶性：防霉剂有一定的水溶性，有利于向饲料添加。特别是盐类防霉剂，必须能溶于水，才能转化为具有抑霉活力的游离酸，盐类防霉剂溶解度低，每单位用量抑霉效率比较低。（3）挥发性：

具有挥发性的防霉剂不耐高温，用于饲料制粒时损失大。丙酸在80C制粒过程挥发量高达40%，因此，用于颗粒料丙酸防霉剂的添加量必须增加。挥发性的防霉剂在饲料贮存过程中损失快，造成防霉期缩短，相反有机酸盐类防霉剂制粒时损失少甚至不损失，贮存时不挥发，防霉期长。（4）反应活性：游离酸防霉剂反应活性高，易与饲料中钙离子反应而失去抑霉活性，盐类防霉剂不受钙中和的影响。（5）颗粒大小：防霉剂的颗粒越小，与底物接触面越大，效果越好。（6）流动性：由生产技术所决定。但流动性决定防霉剂添加到底物中的分布均匀度，盐类以及其他无挥发性防霉剂要求与底物充分混合，因此对分布均匀度要求高，但是，具有挥发性的防霉剂有熏蒸作用，对与底物充分混合的要求程度相对比较低。采用改进的生产工艺，将丙酸钙，水溶性增效剂，高效抑菌剂，以及它们转化为丙酸所需要的酸和水，采用特殊助剂的化学反应结合在一种直径为200微米的硅胶支持物上，另外通过对支持物的特别处理，使它不吸湿，表面静电力减低，颗粒流动性提高。

11. 与防霉有关的饲料因素有哪些?

答：（1）饲料成分：淀粉含量越高，发霉危险性越大；粗脂肪含量高，有助于游离酸防霉剂的活性，但不利于盐类防霉剂的活性，饲料中钙盐含量高，降低游离酸防霉剂的活性；饲料中酸性成分含量高（pH值低），有助防霉剂的活性。锌是霉菌生长和合成霉菌毒素的必需养分，实验已观察到，尽管饲料含水量低，但增加锌含量，饲料中CO_2产量、霉变的反映直线上升，对真菌代谢研究已证明基质中锌含量与黄曲霉毒素产生率之间有直接关系，因此，防霉剂的用量必须根据饲料成分作相应的调整。（2）饲料颗粒大小：饲料颗粒越小，表面积越大，与氧气及水分交流越大，因而霉菌生长的机会就越大，用同样量的防霉剂颗粒小的饲料霉菌生长量较高。（3）饲料水分：水分是霉菌生长的必不可少的因素，在此必须理解"自由水"的概念，在原料或饲料里，水分有两种不同的形态，结合水和自由水，结合水有三种组成方式：一、单层水分子：与基和铵基离子通过高能氢键结合，这种组成通常称为结构水；二、多层水分子通过氢键结合形成氢氧根和酰胺基团；三、水通过毛细管作用进入基质微孔，有基和无机分子溶解其中，使渗透压增加而成为不可用水，只有当自由水充足时，真菌才有可能生长，因为这是生物反应能够进行的唯一形式。自由水的含量用水分活度AW来表示，指被测物中水的逸度（蒸汽压）与纯水的逸度（蒸汽压）的比值，颗粒饲料水分活度超过0.7，总水分含量超过13%时，霉变的危险性开始增大，对于饲料原料来说不能单从其总水分含量来判断贮藏时霉变的风险，如玉米，含水量18%，27℃时最适合黄曲霉生长，而油料作物如花生，在相同温度下的含水量为9.5%时最适合黄曲霉生长，这是因为含油丰富的物质结合水极少，很快达到饱和，大部分水是有用的自由水。有高油成分的副产品如米糠或玉米胚粉也是如此。另外，任何增加原料或饲料含水量的加工过程，包括制粒都会增加有利霉菌生长的可用水，因为这种水分总是处于结合水表面；原料的自由水的增加促进真菌生长。饲料原料或混合饲料在保存过程中如果密封不好，饲料水分与空气水分交流，不管其开始时的含水量高低，最终含水量受空气相对湿度决定。（4）饲料包装的重要性：在高温高湿条件下，饲料采用塑料衬里包装很有必要，饲料水分可以保持稳定而且可以减少挥发性防霉剂的丢失。但是，装袋时，饲料如果温度差、水分控制不好，发霉的危险性不能排除。（5）料型：粉料由于颗粒小，霉菌生长的机会提高，调质制粒过程可降低饲料的总真菌数量，但温度应激也选择了那些耐高温真菌，这样原来真菌间互相制约的天然平衡被打破，那些在加工过程中存活的真菌，一旦温度及湿度适宜，生长速度加快，因为它们在生长和繁殖过程缺少竞争，因此颗粒料如果制粒冷却时不能完全除去过量的水分，制粒过程中加的水分都是自由水状态，发霉的危险性大。

12. 防霉剂杀菌效力及评定方法有哪些？

答：（1）杯碟法：测定最大抑菌圈直径。在杯碟中加入一定剂量防霉剂液在琼脂板上扩散，根据抑菌圈直径大小来定量测定其防霉效果。（2）最低抑菌浓度法：该方法是根据防霉剂能够抑制霉菌生长的最低抑菌浓度来判断防霉剂抑菌效果，抑菌浓度愈低，防霉效果愈佳。（3）饲料常规实验：该方法是以正常饲料（水分 11%~12.5%）在自然环境下储放，按规定的时间抽样进行霉菌检测、判定其防霉效果。（4）二氧化碳释放法：该方法是根据饲料受霉菌作用而霉变腐烂的过程中会产生 CO_2，间接测定释放出的 CO_2 产量来判断防霉效果。霉变越严重，产生的 CO_2 量越大。（5）温度测定法：饲料异常发热是饲料霉变的前兆。饲料发热和霉变是紧密相关的，饲料发热容易生霉，而生霉之后又往往促进发热，饲料发热主要与微生物活动有关，微生物大量生长繁殖，其呼吸旺盛，需要大量的热，促进饲料开始霉变，霉变是饲料微生物活动的结果。因此，测定温度的指标能定性地说明防霉剂的防霉效果。一般饲料不容易传热，它的变化比环境温度变化慢，有滞后现象，并且温度变化幅度比环境温度变化小。若测定饲料温度升高幅度在 2~5℃，即可判定饲料发热。发热后 1 d~3 d 内开始有霉点出现，在规定时间间隔内测定饲料温度，试样温度先跃升，且幅度大的防霉效果不佳。

13. 猪饲料使用、储存中存在哪些问题？

答：贮藏中的油脂或含油脂多的饲料，受氧气、日光、微生物、酶的作用，产生不愉快气味、味道变苦、甚至产生有毒物质的现象，即为油脂酸败。油脂酸败会导致油脂中的必需脂肪酸和脂溶性维生素受到破坏，既影响风味，又降低营养价值。

14. 猪饲料中油脂、维生素等引起氧化的原因？

答：（1）氧气：是饲料氧化的主要因素。（2）温湿度：高温和高湿可加速氧化过程。（3）金属离子：具有催化氧化作用。（4）光照：可引起光化学反应，促进饲料的氧化过程。（5）生物酶：微量的氧化还原酶类（如脂肪氧化酶）可能极大地加速氧化过程。

15. 如何确保储存成分的不流失？

答：添加一定量的抗氧剂并在阴凉干燥处密封保存，储运过程中应防潮、防破损、防高温和暴晒。

16. 单一抗氧化剂和复合抗氧化剂有什么区别，优缺点在什么地方？有哪些种类？

答：单一抗氧化剂主要有：乙氧基喹啉、BHT、BHA、TBHQ 等。（1）乙氧基喹在国内使用历史：1988 年颁布食品添加剂乙氧基喹的国家标准（GB8849～88），80 年代中期开始应用于饲料。乙氧基喹特点：外观为油状液体，在物料中具有流动性和扩散性、渗透性。乙氧基喹抗氧化特点：对维生素的保护作用很好，但对油脂的抗氧化作用一般，有较好的安全性。乙氧基喹缺点：在预混料中大量使用时，由于它的色泽会很快变深，造成产品"卖相"不好；对油脂的抗氧化性能一般，另外，对猪的适口性有一定的影响。（2）BHT 的化学名称：2，6～二叔丁基对甲酚，或称二叔丁羟基甲苯。BHT 特点：白色结晶，可磨成极细粉末使用。BHT 抗氧化特点：价格低廉，也可用于食品之中。BHT 缺点：在物料当中呈颗粒状态，所以难以充分起到抗氧化作用。有报道认为对人体呼吸链有一定的抑制作用。（3）BHA 的化学名称为：叔丁基羟基茴香醚，工业产品主要成分是 2～叔丁基羟基茴香醚和 3～叔丁羟基茴香醚的混合物。BHA 抗氧化特点：抗氧化性能好于 BHT；和 BHT 配合使用有增效作用；有较好的抗菌作用。缺点：价格较高，在饲料中单独使用性价比不好。（4）TBHQ 的化学名称为：特丁基对苯二酚，抗氧化效果十分理想，比 BHA、BHT 等强 5～7 倍。能有效延缓油脂氧化，耐高温，能有效抑制细菌及霉菌生长。缺点：价格较高。复合抗氧化剂的特点：以乙氧基喹为基础，配合以 BHA、BHT 或 TBHQ 等。采用特殊工艺使 BHA、BHT 或 TBHQ 溶于乙氧基喹中，改善了后两者的流动性和渗透性。充分利用不同组分之间的协同增效作用，提高抗氧化性能的同时降低使用成本，添加了适量的增效剂。此技术改善了抗氧化剂在饲料这一特定环境中的抗氧化性能。

17. 复合抗氧剂的功能有哪些？

答：（1）能有效防止氨基酸、蛋白质、脂肪的氧化变质，确保其有效成分。（2）能有效防止天然色素、维生素 A、D、E、K 等的氧化消耗。（3）特别适用于添加铜、铁、锌、锰等微量元素的预混料中作抗氧化剂。（4）各种成份以合理的配置起到协同增效作用，抗氧化效果更好，适用范围更广。（5）具有一定的防霉保鲜作用。

18. 如何做好复合抗氧化剂？

答：要复合抗氧剂有较好的效果，除了选用合理的原料及适当的配比外，还必须保证以下两个方面：（1）各种原料必须混溶，并溶于油脂，特别是增效剂，这样才能保证其在油脂中的效果和对脂溶性维生素的保护；（2）选用的载体必须有足够的外表面并能够将抗氧剂释放出来：白炭黑由于其内表面很大，吸附力比较强，将抗氧化剂绝大部分吸入内部，虽然保持了较好的流动性，但是抗氧化剂与油脂的接触面积很小，不能充分发挥抗氧化作用，只有较强渗透性和挥发性的抗氧化剂（如乙氧基喹啉）才能用白炭黑作载体，而复合抗氧化剂的大部分主要原料都不具有这种性质，因此要发挥复合抗氧剂的协同作用就不能选用想白炭黑这样的内表面积很大，吸附力很强的物质作为吸附剂，而应该选用内表面比较小，吸附力稍弱的吸附剂，尽量加大吸附剂的用量（减少稀释剂的用量），保证其与油脂有较大的接触面积和向油脂的运动能力，可以使用合适的助流剂使产品保持较好的流动性。使用低比表面的载体（如沸石粉），比使用白炭黑载体的复合抗氧剂，抗氧化能力有明显提高（达到同样的效果，添加量可以减少 20~30%）。

19. 影响饲用酸化剂应用效果的因素都有哪些？

答： 养猪业使用有机酸来减少仔猪腹泻，提高饲料报酬。柠檬酸等有机酸被广泛用于仔猪日粮，以缓解因仔猪胃酸分泌不足而引起的消化不良、食欲不振、腹泻等问题，并取得了很好的效果。由无机酸和有机酸以适当比例复配而成的复合型酸化剂，具有更明显的优势。相对于单一的柠檬酸，复合型酸化剂具有添加量小、酸化效果显著、设备腐蚀性低、流动性好等特点。使用酸化剂效果不稳定的可能原因如下：（1）日粮因素：①日粮的酸碱值和酸结合能力：日粮的酸结合能力是指一定质量的日粮对酸性物质具有的酸度缓冲能力。日粮的酸结合能力以系酸力（或叫缓冲力、缓冲值）表示，一般来说，日粮的初始酸碱值和系酸力越高，那么仔猪进食后，就必须分泌更多的胃酸或者额外添加更多的酸化剂才能将胃内的 pH 值降低到 3.5 以下。因此，不同的饲料配方，应根据其不同的酸碱值和系酸力确定酸化剂的添加量。日粮的初始酸碱值和酸结合能力取决于组成配合饲料的各种原料。不同原料的酸结合能力差别很大，能量饲料的酸结合能力一般较小，蛋白质类饲料的酸结合能力稍大些，而石粉等矿物质的酸结合能力是最大的。②日粮中蛋白质饲料的组成和粗蛋白含量高低：日粮蛋白质水平的高低和组成与仔猪腹泻密切相关。同时，在很大程度上影响仔猪对酸化剂的需求。动物性蛋白质饲料（如鱼粉、蚕蛹粉、喷雾干燥猪血粉、血浆蛋白粉等）具有很好的可消化利用性，是早期断奶仔猪的优质蛋白质来源；豆粕等植物性蛋白质饲料则以较高的蛋白质含量和较低的价格成为断奶仔猪日粮中蛋白质的主要来源。但是植物性蛋白质饲料（如豆粕等）中存在多种饲料抗原和抗营养因子，能引起仔猪腹泻和营养的消化吸收利用率下降。酸化剂能有效提高蛋白质的消化率，从而降低饲料抗原的过敏反应。在玉米－豆粕型日粮中，控制粗蛋白质在 18% ~ 20% 的水平能显著减少早期断奶仔猪腹泻现象的发生。如果要提高日粮的粗蛋白质水平，就要相应增加酸化剂的用量和提高动物性蛋白质饲料所占的比例，以提高蛋白质的消化利用率，防止营养性腹泻和减少抗原过敏反应。（2）酸化剂的种类和用量：目前被研究和应用的酸化剂中包括无机酸和有机酸。磷酸是目前应用于酸化剂的主要无机酸。磷酸是一种中强酸，在胃中能有效激活胃蛋白酶元，提高胃蛋白酶活力，同时也为仔猪提供磷源。有机酸是最早应用于饲料的酸化剂，柠檬酸、苹果酸、乙酸、富马酸和乳酸等均曾被用作饲料酸化剂。各种不同的酸，由于分子量大小、酸性强弱不同，同等质量的情况下酸化的效果也不同。有机酸既能酸化饲料，也是能量物质，还具有一些其它特殊功能，如柠檬酸的螯合作用，富马酸的弱抗氧化性和乙酸、乳酸的抑菌能力等，能提高饲料利用率和促进仔猪健康生长。但有机酸解离度小，酸性较弱，达到同样的酸化能力添加量比无机酸要大得多，添加成本高。复合酸化剂综合了无机酸和有机酸的优点，是目前应用最多的饲料酸化剂。但各品牌的复合酸化剂，由于各种酸的配比不同，有效成分含量不同，达到同样的酸化效果所需的添加量也不同。因此，使用不同品牌的酸化剂时应根据供应商的推荐用量，结合自己的饲料配方情况确定合理的添加量。（3）动物的饲养环境：饲养环境状况在很大程度上影响仔猪对酸化剂的需求量。干净、清洁、通风和光照条件好的环境，有利于早期断奶仔猪的健康成长，在酸化剂推荐用量范围内，就能起到很好的效果。而排污不畅、阴暗、通风不好的环境，能导致细菌大量滋生，威胁仔猪的健康生长（图104）。此时，有必要在仔猪日粮中添加更多酸化剂，一方面，能提高仔猪对蛋白质等营养物质的消化利用率，增强机体对疾病的抵抗力；另一方面，创造一个更好的酸性消化道环境，抑制病菌在体内繁殖，有利于仔猪健康成长。（4）仔猪日龄的影响：酸化剂应用的前提是：由于幼龄动物消化系统发育尚不完善，胃酸分泌不足，从而导致胃蛋白酶活力下降，消化力下降等。在这种情况下，补充添加酸化剂，能取得显著的效果。而随着仔猪年龄的增长，消化系统逐步发育成熟，胃酸分泌也逐渐能满足需要。此时，使用酸化剂的效果就不那么显著了。以 4～5 周龄断奶的猪为例，断奶后的 1～2 周内使用酸化剂效果最好。此时，由于仔猪失去了母乳供应，也失去了用以发酵产生乳酸的乳糖，而胃酸分泌又严重不足，对酸的需求显得最为迫切。约 8～9 周龄后，仔猪消化系统发育逐渐完善，酸化剂的使用效果便不太显著了。

图 104　仔猪在这种环境中能长好吗？

20. 我们猪场乳猪全部用高档教槽料，为何后期出现外阴红肿的典型雌激素中毒症状？

答：这是因为目前大多数生产乳猪教槽料的饲料企业，往往重视原料中黄曲霉毒素以及呕吐毒素的污染情况，有些企业根本不重视毒素问题，认为自己选用的全部是优质高档原材料，生产的高档乳猪教槽料不可能有问题，然而事实上有相当多的市面流通乳猪教槽料，黄曲霉毒素、呕吐毒素还可以，唯独玉米赤霉烯酮含量高得离谱，生产厂家没有采取必要的脱毒处理，使得从乳猪开始就慢慢积累玉米赤霉烯酮，到了仔猪阶段还是一如既往，自然到了后期就出现了中毒症状了。要改变这个现状就要从教槽料阶段开始就重视毒素检测，并要求教槽料供应商提供霉菌毒素的技术参数。

21. 饲用微生态调节剂和抗生素的种类有哪些？

答：微生态调节剂是指在微生态理论指导下，可调整微生态失调，保持微生态平衡，提高宿主健康水平或增进益生菌及其代谢产物和（或）生长促进物质的制剂，主要包括益生菌（prebiotics）、益生元（probiotics）、合生元（sybiotics，eubiotics）。合生元是益生菌与益生元的复合物，充分发挥了二者的协同作用。

22. 合生元的特点是什么？

　　答：（1）益生菌以乳酸芽孢杆菌、地衣芽孢杆菌、纳豆芽孢杆菌株复合而成，兼顾好氧和厌氧菌的特点；耐热性好，95±2℃湿加热60分钟，存活率100%，145±2℃加热30秒，存活率30%以上。耐酸、耐胆酸，萌发快。（2）益生素以木寡糖、葡聚多糖、甘露寡糖复合，为多种益生菌提供营养。（3）对原料中带来的霉菌毒素有较强的选择性吸附作用，减轻或消除霉菌毒素对动物的危害。

23. 国内外微生态制剂研究进展情况？

　　答：近年来，随着抗生素在饲料添加剂中的禁用、限用，寻求有效抗生素替代品的研究工作，受到人们极大的关注。而微生态制剂、低聚糖、卵黄免疫球蛋白、抗菌肽、中草药制剂等则是有希望的抗生素代替品。多年的研究表明，以厌氧菌和好氧菌复合并结合寡糖制得的合生元微生态制剂在替代抗生素和降低饲料配方成本方面有独到的优势，生产工序短，过程相对容易控制，适用范围广，效果明显，没有抗药性，应该是微生物制剂发展的主流方向。微生态制剂用于防治畜禽疾病是近20年的事，日本是世界上研制开发和利用微生态制剂较早的国家之一，至今在日本微生态制剂年产值达200亿日元以上的企业已有10余家。德国、美国、法国、意大利、荷兰、英国、俄罗斯和韩国等都有不同类型的微生态制剂产品，有的产品近年来进入了我国市场。在提高妊娠母猪和泌乳期母猪的生产性能，减少仔猪的腹泻率和死亡率，提高肥育猪日增重方面效果显著。产品开发进行得最成功的是美国和日本，到2004年止，美国年产各种微生态制剂4.5万吨，产值达20亿美元。其次是日本，年产各类微生态制剂1.5万吨，产值达3 000亿日元。目前国外多使用复合菌剂。我国虽然在微生态制剂的研究和开发方面比欧美起步晚，但近10年来发展相当迅速。市场上应用较多、效果较好的大多是以芽孢杆菌和乳酸杆菌为主的复合益生菌剂。到2004年止，据不完全统计，我国的各种微生态制剂的产量已达到15万吨。但由于国家没有统一的行业标准，产品的质量参差不齐。目前国际上已将微生态制剂分成三个类型。即益生菌、益生元、合生元（素）。益生菌又称益生素，或活菌制剂，益生元是一类能够选择性地促进宿主肠道微生态平衡，促进机体健康的物质。如低聚糖类。合生元是指益生菌和益生元同时并存的制剂。目前国际上对开发新微生态制品的主要方向已从单纯的"益生菌"转向"合生元"这一方面。实验研究已证明活菌制剂中加入低聚糖后，其效果比不加的提高10～100倍。

24. 益生菌有哪些种类？

　　答：（1）益生菌的概念：动物微生态制剂是根据动物微生态学理论，利用动物体内正常的微生物成员，及其代谢产物或生长促进物，经特殊的加工工艺制成的制剂。它具有补充、调整或维持动物肠道内微生物平衡，达到防病、治病、促进健康和提高生产性能的目的。益生菌是微生态制剂的主体。益生菌又叫活菌制剂，指为改善动物微生态平衡而发挥有益作用，达到提高动物生产力水平和健康水平而人工添加的活菌制剂。（2）益生菌的菌种：我国农业部于1994年、1999年、

2003 年三次公布了可以直接在动物饲料中添加的微生物种类，2003 年农业部第 318 号公告中，允许使用的微生物有：地衣芽孢杆菌、枯草芽孢杆菌、两歧双歧杆菌、粪肠球菌、尿肠球菌、乳酸肠球菌、嗜酸乳杆菌、干酪乳杆菌、乳酸乳杆菌、植物乳杆菌、乳酸片球菌、戊糖片球菌、产朊假丝酵母、酿酒酵母、沼泽红假单胞菌。美国食品药物管理局和美国饲料工业协会公布了 40 余种"可直接饲喂且通常认为安全的微生物"。（3）益生菌的种类：①乳酸杆菌制剂：此类菌属，是动物肠道内的正常微生物，其中包括乳酸菌发酵饲料、乳酸菌粉、乳酸菌提取物。该类制剂应用最早、种类最多。但是该类制剂都是厌氧菌，活菌成活率低，以前由于生产技术、工艺水平的限制，在产品加工和贮存过程中，易受干燥、高温、高压、氧化等不良环境的影响，导致产品贮存期短，质量不稳定而影响饲喂效果。经过多年的研究，我国已解决了菌株和形成芽孢的难题，不仅耐高温，而且存储 2 年仍保持很高的活菌率。②芽孢杆菌制剂：此类菌在动物肠道内存在极少，目前主要用的是蜡样芽孢杆菌、枯草芽孢杆菌、纳豆芽孢杆菌和地衣芽孢杆菌等等。中国、日本、意大利等均有用芽孢杆菌作防病、治病及饲用微生制剂的报道。与其他微生物不同，芽孢杆菌以内生孢子的形式存在，能耐受胃内酸性环境，对饲料加工、运输过程中的干燥、高温、高压、氧化等不良环境因素的抵抗能力强、稳定性高，并有很强的蛋白酶、脂肪酶、淀粉酶活性，能降解植物饲料中一些复杂的化合物。③酵母类制剂：该类菌属在动物的肠道存在的数量也极少。目前常用的制品有啤酒酵母、假丝酵母等培养物。它可为动物提供蛋白质、帮助消化、刺激有益菌的生长、抑制病源微生物的繁殖，提高机体免疫能力和抗病能力，对防治畜禽消化系统的疾病起到有益作用。此类制剂也受干燥、高温、高压、氧化等不良环境的影响，造成活菌数下降，产品的贮存期短、质量不稳定、影响饲喂效果。④复合菌制剂：复合菌剂能适应多种宿主和条件，比单一菌制剂更能促进畜禽的生长和提高饲料转化率。用于饲料中，能增强畜禽的免疫能力、促进生长、改善环境卫生，而且具有天然无毒、无残留等优点，广泛应用于世界各国的畜牧业。

25. 益生菌的作用机理如何？

答：（1）优势种群理论：宿主体内的正常微生物群均存在一种或数种优势种群，优势种群的丧失，就意味着微生态失调。在动物肠道微生态系统中，厌氧菌占 99% 以上，兼性厌氧菌和需氧菌不到 1%，因此，肠道中的优势种群菌株的作用就在于恢复或补充优势种群，使失调的微生态达到新的平衡。（2）生物夺氧理论：多数病原微生物属于需氧菌或兼性厌氧菌，当动物肠道内的微生态系统失调，局部氧分子浓度升高时，有利于病原微生物的生长和繁殖。使用微生态制剂可以培育耗氧微生物，降低局部氧分子浓度，抑制病原微生物的生长、恢复失调的微生态平衡，从而达到预防和治疗疾病的目的。（3）生物拮抗理论：正常微生物群构成了机体的化学屏障和生物屏障。微生物的代谢产物如乙酸、丙酸、抗生素和其他活性物质等共同组成了化学屏障。微生物群有秩序地定植于粘膜、皮肤等表面或细胞之间形成生物屏障。补充微生态制剂可以重新构建机体的生物学屏障，阻止病原微生物的定植，发挥生物拮抗作用。（4）微生物群与营养关系理论：肠道内正常微生物，不仅可以帮助食物的消化吸收，还可以合成蛋白质、维生素及其他有益物质。使用适量的微生态制剂，可以显著提高饲料的利用率，并有利于维护机体微量元素的平衡。（5）三流循环学说：三流循还主要内容是能量流、物质流、基因流的循环。部分微生态制剂可以作为免疫调节因子、增强吞噬细胞的吞噬能力和抗体产生的能力，还可以促进有毒物质的代谢，促进肠蠕动，维持粘膜结构完整，从而保证了微生态系统中基因流、能量流、物质流的正常运转。

26. 益生菌的功用有哪些?

答: (1) 抑制有害菌的生长, 改变肠道内微生物区系, 降低疾病的发生。①产酸: 由于微生态制剂的某些菌种, 如乳酸杆菌、双歧杆菌能产生乳酸、乙酸等有机酸, 降低肠道内的 pH 值, 可抑制大肠杆菌、沙门氏杆菌、梭菌等的增殖, 减少肠道疾病的发生。②产生过氧化氢: 一些菌种如嗜酸乳杆菌、乳酸杆菌等可产生过氧化氢, 抑制葡萄球菌的生长繁殖, 使有益菌在细菌的种间竞争中占优势。③分解胆盐: 双歧杆菌细胞内酶系统, 还可将肠内结合的胆盐分解为游离的胆酸, 通过胆酸对有害细菌产生较强的抑制作用。④竞争性地抑制有害菌的定植: 益生菌进入肠道后, 与病源菌和有害菌竞争营养物质、生存空间, 抑制病原菌粘附到肠道细胞上。在空间上阻止了病原菌与宿主肠道细胞的进一步接近。⑤生成抗生素: 某些益生菌 (如乳酸杆菌、链球菌) 可产生抗菌素, 如嗜酸菌素、乳酸菌素。乳酸菌能产生广谱性的抗菌物质, 这些抗菌物质通过改变肠道内活菌的数量和代谢而发生作用。⑥通过抑制有害菌的生长, 从而减少了胺和氨以及其他有害气体物质的产生, 减少了对动物机体的毒害作用。(2) 刺激免疫系统, 提高机体免疫能力: 微生态制剂的免疫刺激作用主要与糖类有关。糖类作为生物机能的调节因子, 主要表现为免疫增强和刺激作用。对巨噬细胞和丁淋巴细胞、自然杀伤细胞等, 均有明显的刺激作用, 使这些细胞的活性增强, 刺激机体增强免疫力。另外, 双歧杆菌及其表面结构成份, 能够刺激活体的免疫临控功能, 增强各种细胞因子和抗体的产生, 提高自然杀伤细胞和巨噬细胞的活性, 对宿主无任何毒副作用。3、营养作用: 益生菌在肠道内发酵以后, 可产生乳酸、甲酸、醋酸、丁酸等, 提高钙、磷、铁的利用率, 并促进铁和维生素 D 的吸收。早在上世纪 70 年代就有报道, 双歧杆菌能够合成维生素和蛋白质, 促进消化和吸收。双歧杆菌具有磷蛋白磷酸酶, 能分解奶中的又一酪蛋白, 提高蛋白的消化率。枯草芽孢杆菌在小肠中增殖时, 产生水解酶, 促进蛋白质、淀粉、脂肪、纤维素的分解, 因而可提高饲料的利用率。用作微生态制剂的菌种, 一般都具备有特殊的酶系, 如分解亚硝酸铵的酶, 降低胆固醇的酶, 控制内毒素的酶, 分解又一酪蛋白的酶, 分解各种纤维素的酶等。微生态制剂还在肠内代谢产生几种 B 族维生素。因此, 微生态制剂对动物的作用是非常重要的。

27. 何为益生元? 益生元的种类?

答: 益生元又叫化学益生素, 是一种不能被宿主消化吸收, 也不能被肠道有害菌利用, 只能被有益微生物如双歧杆菌吸收利用, 有促进有益菌的活性, 和促进有益微生物繁殖作用的一类化合物。益生元有下面几种: (1) 寡糖: 寡糖又叫低聚糖, 是由 2~10 个单糖通过糖甘键连接形成的直链或支链的一类糖, 一般构成单元为五碳糖或六碳糖. 基本上有 6 种: 葡萄糖、果糖、半乳糖、木糖、阿拉伯糖、甘露糖。11 个单糖以上的结合物称为大糖类, 100~200 个单糖结合物称为多糖类。由于单糖分子种类, 分子结合类型不同, 形成种类繁多的寡糖, 目前确认的有 1 000 种以上。根据其构成单元, 可将寡糖分为: 同源性寡糖和异源性寡糖两类。普通寡糖如蔗糖、麦芽糖、乳糖等, 可以被动物体消化吸收, 而功能性寡糖, 如木寡糖、果寡糖、寡乳糖、异麦芽糖、半乳寡糖等, 不能被动物体消化吸收, 但却为双歧杆菌等肠道有益菌增殖所需。目前在动物营养中常用的寡糖主要有: β—葡萄寡糖、木寡糖、甘露寡糖、果寡糖、寡乳糖、低聚焦糖、反式半乳寡糖、大豆寡糖等。(2) 菊粉: 菊粉是由 D~呋喃果糖分子以 -2, 1- 糖甘键连接而成的果聚糖。因此, 可以认为菊粉包括果寡糖和更大聚合度的果聚糖。

28. 寡糖的作用机理有哪些?

答:(1)通过选择性增殖双歧杆菌等发挥作用:肠道有益菌利用短链分支糖类物质大量增殖,形成微生态竞争优势,同时生成短链脂肪酸和一些抗菌物质,直接抑制外源致病菌和肠道内腐败细菌的生长繁殖,有毒物质大量减少,动物发病也随之受到控制。合成 B 族维生素 VB1、VB2、VB6、VB12 等。有益菌的代谢产物短链脂肪酸能刺激肠道蠕动,缩短食糜在肠内停留时间,从而减少有害物质对动物机体可能造成的毒害。(2)肠道病原菌,对动物起到保护作用:许多病原菌细胞表面的外源凝集素能结合游离的碳水化合物,而粘附在肠道上皮繁殖,低聚糖进入肠道后会竞争性地和病原细胞表面外源凝集素结合,阻止病原菌在肠上皮粘附,促进其随粪便排泄,减少对动物的危害。(3)免疫力刺激辅助因子:低聚糖具有辅剂及免疫调解的功能,所谓辅剂就是能增加免疫系统对疫苗、药物和抗原免疫应答的物质。提高血清中 LgA、LgM、LgG 的含量。从而增加动物体液及细胞免疫功能。(4)促进脂类代谢:促进脂类代谢是低聚糖的主要作用之一。日粮中添加低聚糖可降低甘油三脂的浓度,具有降低血脂和血清中胆固醇的功效。(5)促进动物对矿物质的吸收利用:日粮中添加低聚糖,可促进小鼠对钙、铁、镁等矿物质的吸收利用。(6)抗肿瘤作用:低聚糖可抑制有害菌的生长而降低肠道内的葡萄糖苷酶、硝酸还原酶、亚硝酸还原酶、偶氮还原酶这些致癌因子的含量。

29. 微生态制剂在猪饲料中的应用效果?

答:(1)用芽孢杆菌添加剂通过饲喂 1 357 头哺乳仔猪试验,结果表明,以添加 0.15% 的用量效果最佳,日增重较对照组提高 19.2% ~ 22.8%,饲料利用率提高 6.3% ~ 23.5%;添加 0.1%(育肥猪用),当消化能为 3.16 ~ 3.17Mcal/kg,粗蛋白在 15.78% ~ 13.1% 时,全程日增重无明显差异,而饲料利用率提高 7.7%;在用量和菌剂相同的情况下,当消化能为 3.2Mcal/kg 时,日增重提高 6.7%,饲料利用率提高 11.7%;在营养水平较低,消化能 2.9 ~ 3.0Mcal/kg,粗蛋白为 12.2% ~ 14.1% 时,全程日增重提高 16.5%,饲料利用率提高 6.1%;当在农村条件下试验时,日增重提高 15.1% ~ 25.8%。(2)先后对 10 余批 510 头哺乳仔猪进行试验,使用乳酸芽孢杆菌和芽孢杆菌复合制剂平均提高增重 21.5%,饲料利用率提高 9%。(3)用复合微生态制剂饲喂 35 日龄的断奶仔猪,饲喂 20 d,与对照组相比,仔猪腹泻减少,增重提高 19.6%,节约饲料 15.22%,每头仔猪增加经济效益 5.96 元。

30. 使用微生态制剂时应注意的事项有哪些?

答:(1)安全性:在菌种的筛选时,一定要进行系统的安全性毒理学试验,确定无毒副作用,并经权威机构鉴定后,方可用于生产,避免可能存在的隐患。特别是有些细菌的长期使用后,可能因理化及微生物毒素或菌体本身的原因,引起突变,产生负面影响。因此,应定期对生产菌进行安全性检测。(2)活性:活菌制剂质量不稳定,在饲料加工过程中要经过混合、制粒、运输等环节,尤其是在制粒过程中,要保持 80 ~ 100℃的高温,容易失活。活菌制剂必须保证含有一定量的活菌数,同时应保证生产菌株在一定的传代范围之内。(3)选择性: 动物微生态制剂有很多的类型，每一类型都有较适应的使用对象，应根据不同种属的动物，不同生理阶段，环境条件和使用目的的不同，使用时加以选择。①不同的动物适合使用不同的菌种。反刍动物如牛羊类，适合使用曲霉、酵母、及芽孢杆菌。若给反刍动物使用过多的乳酸菌，反而会扰乱其消化系统，引起不良反应。而单胃动物适合使用乳酸杆菌、芽孢杆菌、酵母菌。水生动物适合使用沼泽红假单胞菌、芽孢杆菌、酵母菌，其中沼泽红假单胞菌和芽孢杆菌，不但在动物体内起作用，而且对改良水的环境起着重要作用。②微生态制剂在动物的不同生长发育阶段，使用效果不一样。总的来说，在动物的幼龄期、老龄期、冷热应激期、病后初愈期、消化道疾病期等使用，均能取得最显著的效果。因此，幼龄期的乳猪、仔鸡、仔鸭、羊羔、牛犊、老龄期的母猪、产蛋鸡鸭等，使用剂量要大于中青年时期，环境恶劣时也需要加大用量。（4）有效性：影响活菌体效果的因素有很多，应通过动物实验证实并正确使用，以保证使用效果。①使用时间要早：根据先入为主的理论，通过先入菌占居地位，减少或阻碍病源菌的定居。因此，在动物出生后，应尽早添加微生态制剂是可取的。②使用时间要长：微生态制剂在进入机体后，要有一段时间进行微生物群系调整，应长期连续喂养，才能达到理想的效果。（5）微生态制剂与日粮营养的关系：日粮蛋白和限制性氨基酸的平衡程度，影响着微生态制剂的效果。在低蛋白质或氨基酸不平衡的日粮中添加更为有效。New man（1988）报道，在低蛋白质且未添加赖氨酸的日粮中，添加微生态制剂，生猪的平均日增重和饲料效率分别提高 14% 和 7%。但在蛋白质和赖氨酸都得到了满足的平衡日粮中添加微生态制剂，上述两项指标反而不如对照。（6）微生态制剂与抗生素的关系：各种抗生素对每一类微生态制剂的抑制作用不一致。若是有强烈抑制作用的抗生素，与生态制剂同时使用，可能会影响其效果，必须了解各种抗生素与所有微生态制剂之间的关系。大部分资料认为，抗生素和微生态制剂之间存在拮抗作用，在生产中，不能将两者混和使用。也有报道认为，抗生素和微生态制剂两者混和使用，会产生协同作用，需要对抗生素的种类加以选择。（7）微生态制剂的适宜添加量：①微生态制剂的添加剂量并不是越多越好，其使用量依菌种生产工艺及使用对象的不同而不同。每一种微生态制剂产品都需要通过大量的饲养试验来确立最适添加剂量，对于复合型的微生态制剂不能简单地按总菌数来换算，因为不同菌的生长速度，抗逆性不一样。一般按厂家建议的添加量进行添加即可。②芽孢杆菌类在猪饲料中每头每 d 能采食到菌数在 1×108 个较合适，鸡、鸭类每只每 d 采食 1×107 个较合适，牛、羊类每头每 d 采食 1×108 个。③乳酸菌类主要用于乳猪，几乎没有用量限制，其使用主要受制于成本。

31. 活菌制剂生产的关键技术有哪些？

答：（1）培养时间与菌体产量的关系：乳酸杆菌、地衣芽孢杆菌、纳豆芽孢杆菌这三种微生物达到产量最高值的时间分别为 54 h、54 h、48 h，达到高峰期的时间相差不大，只是乳酸杆菌的"延迟期"稍长一些。因此，在工业生产应用中，可以分别以乳酸菌和地衣、纳豆混合接种进行厌氧和好氧发酵，再制成的混合活菌剂，发酵时间为 54 和 48 h，接种时，可以同时加入，同时停止发酵。（2）培养温度与菌体产量的关系：乳酸菌的最适宜生长温度为 37℃，地衣和纳豆芽孢杆菌的最适宜生长温度为 38℃。因此，在工业化生产中，发酵温度设置为 37℃。（3）培养基初始 pH 值与菌体产量的关系：pH 值在 4 以下，乳酸菌生长量降低，地衣和纳豆生长量很小，最适的 pH 值，都在 6 ~ 7 之间，pH 值超过 7.0 以后，三种菌体生长都开始下降。因此，在工业生产应用中，应及时调整 pH 值，使发酵罐内的 pH 值维持在 6 ~ 7 之间。（4）培养基碳素营养与菌体产量的关系：微生物生长作用最好的碳源是葡萄糖。除了葡萄糖以外，能使乳酸杆菌快速生长的碳源还有玉米粉和土豆淀粉。而对地衣和纳豆芽孢杆菌来讲，除了葡萄糖以外，没有作用效果特别明显的葡萄糖替代品。发酵培养不同的菌种，对碳源的浓度要求各有差异，但差异不明显。葡萄糖的含量以 6% 最佳。（5）培养基氮素营养与菌体产量的关系：氮源的效果最好的是酵母膏，最佳使用量以作为碳源的 20%。

32. 非营养性物质与益生菌菌体产量有何关系？

答：选取了低聚木糖、β ~ 葡聚糖、低聚甘露糖三种寡糖，以及土霉素、金霉素、杆菌肽锌三种常用的抗生素来研究这些非营养性物质对益生菌的作用，地衣和纳豆芽孢杆菌采用好气性培养，乳酸菌采用厌氧培育。低聚糖的浓度设 0.05% ~ 0.3% 六个处理，抗生素的浓度设 1 单位 /g ~ 10 单位 /g 十个处理，结果如下：（1）低聚糖的种类与菌体产量的关系：采用低聚木糖、β ~ 葡聚糖、低聚甘露糖三种寡糖研究低聚糖与乳酸杆菌、地衣芽孢杆菌、纳豆芽孢杆菌的生长关系。研究表明，三种低聚糖都对乳酸杆菌具有特别明显的促进作用，作用效果最好的是 β ~ 葡聚糖，用量最低的是低聚木糖，但三种寡糖的作用效果比较，没有显著差异。而三种低聚糖对芽孢杆菌和酵母菌的生长促进作用不大，与空白对照比较，没有明显差异。（2）低聚糖的浓度对乳酸菌的影响：采用低聚木糖、β ~ 葡聚糖、低聚甘露糖三种寡糖（浓度分别为 0.05%、0.1%、0.15%、0.2%、0.25%、0.3%）研究低聚糖浓度作用效果的影响，结果表明：对乳酸杆菌作用效果最好的是 β ~ 葡聚糖，但浓度要求较高，在 0.2% 左右达到最佳效果；作用达到最佳效果所需要浓度最低的是低聚木糖，在 0.075% 时，即达到最佳作用效果，随着浓度的增加，作用效果反而降低。研究结果表明，在微生态制剂中，添加低聚糖时，β ~ 葡聚糖作用效果最明显。（3）抗生素与菌体产量的关系：采用土霉素、金霉素、杆菌肽锌三种常用的抗生素研究其对活菌制剂中四种微生物的影响。结果表明：无论是土霉素、金霉素还是杆菌肽锌，都对其生长有抑制作用，只是抑制作用的程度不同而已。抑制作用最大的是金霉素和土霉素，杆菌肽锌对菌体的抑制作用较小。抗生素对菌的抑制能力随着浓度（1 ~ 10 单位 /g）的增加而增强。研究结果，探索抗生素与活菌剂的伍配使用，土霉素和金霉素是不成功的，杆菌肽锌还能与与活菌剂伍配，但还需要进一步研究。

33. 如何制作合生元微生态制剂？

答：（1）菌制剂菌种的种类与数量：采用如下菌种，菌种数量：芽孢乳酸杆菌 5 × 109 个 /ml，地衣芽胞杆菌 1 × 1010 个 /ml，纳豆芽孢杆菌 1 × 1010 个 /ml。（2）活菌制剂的培养基配方：培养基最好碳源是葡萄糖。在生产应用中，葡萄糖的替代物是玉米粉和土豆粉，最好氮源是酵母膏。根据应用于不同的动物调整培养基的配方，对优化微生态制剂的生产条件和产品功效具有重要的意义。（3）低聚糖的种类和比例：低聚糖的种类是低聚木糖和 β ~ 葡聚糖，其比例为 0.5% 和 2%。

34. 使用合生元的注意事项有哪些？

答：（1）在肠道内定殖和形成优势菌群有一定的时间阶段，一般需要 7~10 d 时间；（2）使用时尽量避免与高剂量氯霉素、土霉素同时使用；（3）使用 5 d 合生元后，可逐步减少抗菌素的用量，可减少 50% 至完全替代；（4）使用 30 d 后可以尝试降低营养水平，降低粗蛋白 1~2%；（5）未用完的产品应将袋口密封，避免开口感染杂菌。

35. 甜菜碱的化学结构及理化特性是什么？

答：甜菜碱的化学名称为三甲胺乙内酯，纯甜菜碱结构式（CH$_3$）3-N～CH$_2$～COO-，甜菜碱盐酸盐结构式为：（CH$_3$）3-N～CH2～COOH-HCl，甜菜碱属于季胺碱类物质，常含有一分子结晶水，具有两性，水溶性呈中性，白色晶体，有甜味，其沸点为 273℃，极易溶于水，溶于甲醇、乙酸等，微溶于乙醚，极易潮解，在浓的强碱溶液中易分解出三甲胺，其盐酸盐则不易潮解，甜菜碱属于无毒物质。

36. 甜菜碱的测定方法？

答：离子色谱法，该方法准确，快速。采用高氯酸非水滴定、定氮法和中和滴定相结合的方法检测比较简单快捷，易于推广，质量好的甜菜碱或甜菜碱盐酸盐三种方法检测结果应该接近。

37. 甜菜碱的生物学功能有哪些？

答：（1）作为甲基供体：甲基是合成蛋氨酸、肉碱、肌酸、磷脂、肾上腺素，核糖核酸（RNA）和脱氧核糖核酸（DNA）等具有主要生理作用的物质所必需，以及甲基化反应在神经系统，免疫系统，泌尿系统和心血系统中所起的作用，人们认为生长期动物和成年动物都需要稳定的甲基供体。一般认为动物体内自身不能合成甲基，需要食物中具有富含甲基物质，它们的分子中具有易反应的甲基，从而参与动物生理功能，这类富含甲基的物质称为"甲基供体"，易参与此反应的甲基（即有效甲基），是与氮原子或硫原子连在一起的甲基，象甜菜碱、蛋氨酸、胆碱等。（2）与氨基酸、蛋白质的代谢：添加甜菜碱，可使肝脏中的蛋氨酸含量明显增加，在羊和鼠饲喂甜菜碱后发现肝脏中的蛋氨酸循环明显增强。这说明甜菜碱与蛋氨酸的代谢有着密切的关系。一方面，甜菜碱比蛋氨酸能更有效地提供活性甲基，降低了蛋氨酸在提供甲基方面的消耗，另一方面甜菜碱能提高动物肝脏中甜菜碱高半胱氨酸～S～甲基转移酶的总活力和比活力，促进高半胱氨酸向蛋氨酸的转化，具有净增蛋氨酸的功效。研究表明，在育肥猪料中添加甜菜碱，增加了猪背最长肌胸肌中 RNA/DNA 的比例，这就意味着蛋白质合成的增加。（3）参与脂肪代谢：甜菜碱通过促进体内磷脂的合成，一方面降低了肝脏中脂肪生成酶的活性，另一方面又促进了肝脏中脂蛋白的合成，其中极低密度脂蛋白是用作来运载内源性甘油三酯的主要载脂蛋白，从而促进了肝脏中脂肪的迁移，降低了肝脏中甘油三酯的含量。另外，甜菜碱能显著降低动物肝脏中脂肪的含量，大幅度降低猪的胴体背膘厚度。甜菜碱通过促进脂肪分解和抑制脂肪的生成这两个方面降低体脂起到抗脂肪肝的作用。（4）对渗透压调节功能和抗球虫药疗效的影响：①甜菜碱的内酯型结构使得它就有调节渗透压和平衡水分的作用，这个作用使得甜菜碱在缓解畜禽肌肉脱水、各种肠道应激引起的拉稀和无鳞鱼对水体和环境变化的应激有积极作用。②甜菜碱对渗透压激变有调节缓冲功能：当机体面临应激的情况下，外界渗透压发生激变，细胞自己开始吸收甜菜碱以维持正常的渗透压平衡，防止水份的流失和盐类的入侵，并能提高钠钾泵的功能，有利于保护肠胃道的正常功能，从而减少应激的危害程度，维护良好的健康状况，并减少死亡现象的发生。③对活体长途运输的动物饲以甜菜碱，可以显著降低运输中应激，降低死亡率，加快恢复体重。

38. 蛋氨酸、胆碱、甜菜碱三者之间是否具有可"替代性"？

答：蛋氨酸、胆碱、甜菜碱是三种不同的化学物质，它们之间具有共性，又具有各自的特殊性。就其共性，它们之间有可替代的一面；就其个性，则是不可替代的，甜菜碱的相对甲基含量是 50%，是氯化胆碱的 2.3 倍，是蛋氨酸的 3.4 倍。（1）对动物的生理作用不同：①蛋氨酸：它是构成蛋白质的基本单位之一，是必需氨基酸中含硫的氨基酸，它参与体内甲基的转移及磷的代谢和肾上腺素、胆碱和肌酸的合成，是合成蛋白质和胱氨酸的原料，是甲基供体。在动物体内有百种以上的甲基化过程都需要蛋氨酸参与。②胆碱：是体内合成磷脂、卵磷脂的重要物质，乙酰胆碱的前体。它在调整体内脂肪代谢，防止脂肪肝，保证体细胞的正常生命活动，促进软骨正常发育，以及神经系统的正常运行等方面起着重要作用。能在胆碱氧化酶的作用下，经二次氧化作用，转化为甜菜碱，参与蛋氨酸～半胱氨酸的循环传递甲基活动，即胆碱（氧化）甜菜碱，这个过程是不可逆的。所以，胆碱是动物体内不可缺少的营养物质，虽然大部分动物可以自身合成，但常不能满足自身需要，尤其是幼龄动物，因此，应注意外源补加。③甜菜碱：属维生素类似物，有其特殊的生理功能，主要靠体内胆碱转化，不足部分可以外源添加。它可以调节肾细胞的水分渗出，提高钠、钾泵的功能，调节体内渗透压。在水产养殖方面可做诱食剂。特别在动物体内，它是胆碱经二次氧化作用的产物，是胆碱参与甲基代谢的中介。值得特别提出的是：甜菜碱分子结构虽有三个甲基，但在甲基化反应过程中，只能提供一个甲基，其它部分则经过氧化，最终转化为甘氨酸。所以，这一过程只是循环传递甲基的过程，而不是蛋氨酸的合成途径。（2）三种物质的共性：它们都参与动物体内的甲基代谢活动，是甲基的直接或间接供体。①甜菜碱与蛋氨酸的甲基代谢过程不是以甲基数量为基数的数学计算关系。因为，动物体内的生化过程仍有许多未知因素，尚待研究。②甜菜碱在甲基传递过程中，只是蛋氨酸～半胱氨酸循环甲基的供体，只有在蛋氨酸满足动物基本需要后，才具有节约蛋氨酸的功效。③胆碱～甜菜碱的转化过程是不可逆的，因此，当胆碱不能满足动物体内的代谢需要时，甜菜碱对胆碱量的不足是无济于事的。（3）甜菜碱、胆碱、蛋氨酸三者可代"替代"的机理：①蛋氨酸：在动物体内的合成是靠胆碱提供甲基，而胆碱本身不起甲基供体作用。胆碱必须在线粒体内氧化成甜菜碱才能发挥甲基供体的作用，而甜菜碱则再不能还原为胆碱。②甜菜碱：可将甲基转移给高半胱氨酸合成蛋氨酸，高半胱氨酸由蛋氨酸在体内代谢产生，天然蛋白质中几乎不含这种氨基酸，新生的高半胱氨酸可进一步接受转化而来的甲基。在上述这一循环过程中，并没有新生的蛋氨酸分子，在这一循环过程中，蛋氨酸只是简单地向前面的其它反应转移由甜菜碱提供的甲基。所以甜菜碱不能回来代替蛋氨酸合成蛋白质，但是如果胆碱或甜菜碱供应不足，转甲基循环受到抑制，因为没有足够的甲基转移给高半胱氨酸用于蛋氨酸的合成．因此甲基将不得不由日粮中不能再生的蛋氨酸提供，从而使蛋白质的合成削弱，蛋氨酸的利用率下降。③胆碱：需转化为甜菜碱才能发挥甲基供体作用，而甜菜碱又不能还原为胆碱。有试验显示，甜菜碱作为动物体内普通存在的中间代谢物，是由胆碱在肝脏黄素蛋白酶氧化下形成的，此反应需 VB_{12} 的参与，同时容易被镍、钴、铁盐抑制，在核黄素缺乏及有球虫的存在时也会使反应受到抑制，影响胆碱效能的发挥。甜菜碱直接使用就减少了由胆碱转化为甜菜碱的氧化过程，所以直接使用甜菜碱将更有效。从转化甲基循环的生化路径可以看出，胆碱作甲基供体时被转变成甜菜碱，但甜菜碱再不能还原成胆碱，甜菜碱起不到胆碱其它功能的作用。如果蛋氨酸供应过量而又缺乏胆碱和甜菜碱，那么大量的高半胱氨酸在体内积蓄，会产生胫骨软骨发育不良和动脉粥样硬化等症。这就解释了日粮中为什么要有足够的胆碱和甜菜碱来满足对不稳定甲基的需要。在实际生产中，甜菜碱盐酸盐与纯甜菜碱具有相同的功效，在使用中可按含量折算添加量，用甜菜碱盐酸盐需要考虑饲料中氯离子的含量升高带来的电解质平衡问题。

39. 乙氧基喹啉有哪些功能？

答：乙氧基喹啉的功效原理：通过自身氧化消耗饲料中的氧份来确保各种营养的保存。（1）动物性食品、饲料、鱼、骨粉等中的油脂、脂肪具有不同程度的氧化变质，使用乙氧基喹啉后，能使脂肪与蛋白质得以保存和稳定，以消化氧化变质后产生的哈喇气味及饲料不良味道。（2）阻止脂溶性维生素及其他成分的氧化，使消化过程中动物机体贮存状态下 VA 和 VE 得以保证。（3）能延长动物食品、饲料、预混料、鱼、骨粉等货架寿命，使畜禽能从相同的品质饲料中获得更多的营养物。（4）乙氧基喹啉是一种可代谢的高氧化剂，它可以保持流活性，并在动物体内继续发挥作用，从而有效防止动物产品氧化和重要的营养成分被破坏。（5）乙氧基喹啉还具有较强的防霉和保鲜作用。

40. 乙氧基喹啉在猪饲料工业中有何应用？

答：乙氧基喹啉的抗氧化和防霉的双重作用已引起人们的重视。经试验确定，添加 EMQ～66（即含乙氧基喹啉66%的粉剂商品）0.025～0.05%的饲料，经20～23 d未发霉；添加丙酸钠0.1～0.2%的饲料，经21～24 d未发霉；添加抗氧剂BHT的饲料14 d已发生霉变；对照组饲料12开始发霉。从以上结果可以推断，乙氧基喹啉的抗霉效力为丙酸钠的8倍。目前，乙氧基喹啉可制成原油（油溶性）、乳液（水溶性）和粉末三种制剂。原油可用于饲料用油脂，如牛油、猪油、鱼油等，推荐用量为100～500 ppm；乳液可用于鱼粉、鸡粉、饵料等方面，推荐用量为100～200 ppm；粉末可用于各种配合饲料，推荐用量为150～200 ppm。在猪饲料中，每日每头猪加60 mg乙氧基喹啉，平均日增重684 g，而未加乙氧基喹啉的对照组为632 g，前者比后者多增重7.3%。

41. 乙氧基喹啉与其他抗氧化剂的比较？

答：乙氧基喹啉在抗氧化功能方面远胜于其他种类的饲料抗氧化剂，许多研究资料证实乙氧基喹啉的抗氧化效果至少是其他抗氧化效果的3倍。添加乙氧基喹啉的饲料可保存12周以上，而加其他抗氧化剂的饲料不到6周就酸败了。还有一些加其他抗氧化剂的饲料在第8周、第10周已检测到脂肪过氧化物分解产生的醛、酮等有机有害物质。

42. 乙氧基喹啉使用和贮存的注意事项?

答: (1) 使用时应将乙氧基喹啉粉剂均匀地加入饲料中。先将乙氧基喹啉拌成高浓度母粉,然后再按需要浓度均匀地加入饲料中。以免浓度不均匀达不到预计的抗氧效果。(2) 乙氧基喹啉在使用时,不需要特殊保护,在接触眼部时立刻用清水冲洗,在与皮肤接触时,用肥皂洗清即可。(3) 乙氧基喹啉应避光保存,避免高温和曝晒。且不宜和其它药剂混放保管,以免误用。(4) 乙氧基喹啉在加入饲料的瞬间即开始反应,因此不可能在以后分析饲料时测其加入量。使用时必须加入足够的剂量,以防止一切可能发生的意外事故。

43. 教槽料中香味剂和甜味剂对猪的影响有多大? 教槽料中有特殊的原料可提高适口性吗?

答: 教槽料中好的香味剂可吸引猪之兴趣,好的甜味剂可刺激口感,但真正影响适口性的仍是消化率,只要容易消化的,除非异味太重,均可提升适口性,像血浆蛋白、乳制品、糖、肽蛋白大多能提升适口性。

44. 何为诱食剂?

答: 饲料诱食剂指用于改善饲料适口性,增进动物食欲的一类饲料添加剂。诱食剂分广义和狭义诱食剂两种,广义诱食剂是指通过对动物的嗅觉、味觉、视觉、触觉等感觉器官产生刺激,重点是根据动物最喜食的动植物所含的化学成分,选用人工合成或提取的物质,并复配而成,诱食剂往往由两种以上的化合物组成,这些化合物对动物的摄食有协同作用,通过对动物的嗅觉、味觉、视觉、触觉等感觉器官产生刺激,提高动物食欲,改善饲料适口性,提高采食量的一类添加剂。广义香味剂可根据不同动物的感观灵敏性而有针对性开发,如家禽视觉较发达,可以开发一些改善饲料外观的诱食剂,针对部分水产动物触觉发达,可以通过加工工艺改善饲料颗粒。所以广义诱食剂应包括饲料风味剂、水产诱食剂、饲料外观改良剂等。狭义饲料诱食剂又称饲料调味剂或饲料风味剂。饲料调味剂是指用于改善饲料风味和适口性,增进饲养动物食欲的添加剂。主要由香、甜、酸、鲜、咸组成,其中香味根据风格不同又分为不同类型的风味,如苹果味、香蕉味,奶酪味,香草奶油味等。随着研究的深入,发现大部分哺乳动物均喜欢甜味,继2 000 年以来,饲料甜味剂的作用逐渐被市场认识,并以迅猛的速度发展,成为调味剂领域里一个重要分支。

45. 请介绍一下饲用诱食剂发展的历史。主要是饲料厂使用还是直供养猪场? 目前,市场上的诱食剂主要是哪些? 主要用于生猪生产的哪个阶段?

答: 饲料风味剂用于动物生产的历史不长,1946 年美国成立了第一家香味剂公司,专门组织研究、生产和销售饲料香味剂,接着美国有了专门经营饲料风味剂的机构。到上世纪 60 年代,风味剂的研究和应用范围从猪拓展到牛、羊、马、兔和其它家禽及观赏动物。我国饲料风味剂的研究和应用始于上世纪八十年代后期,开始应用的是进口产品,九十年代在消化吸收国外技术的基础上开始推出我国研制的产品,逐渐成为我国饲料添加剂中的重要组成部分。目前风味剂主要应用于猪及其它哺乳动物中，产品以香味剂（果香味和乳香味）和甜味剂为代表。从饲料风味剂的市场需求来看，由于猪嗅觉和味觉均较灵敏，再加上其生理的需要，在乳仔猪阶段，添加饲料风味剂具有明显的效果，所以在该阶段，全球基本都加饲料风味剂，这部分是市场的刚性需求。就以中国饲料市场来看，2011年猪料总产量是6 410万吨，乳仔猪料大约占猪料总量的12%，每吨按500 g添加，在乳仔猪阶段需要调味剂约3 800吨。在中大猪料及母猪料中，由于中国的饲料原料并不新鲜，氧化霉变是家常便饭，再加上各地原料紧缺并来源不同，地方原料和非常规原料的大量使用，使得饲料适口性不佳，所以在中大猪饲料中添加调味剂具有节约成本、提高采食和缓解应激的作用，所以目前中国有50%中大猪在添加调味剂，市场需求为16 000吨左右。再加上反刍动物、宠物及经济动物等均基本添加饲料调味剂，中国饲料调味剂市场需要量不低于25 000吨。从网络渠道来看，调味剂由于添加量小，几乎所有生产饲料调味剂的厂家的渠道均以饲料厂为主，中大型猪场为辅的格局。

46. 比较而言，哪个类型的诱食剂对猪更具有诱食效果？

答：动物特别是一些哺乳家畜对饲料风味特别敏感。以猪为例，其嗅觉和味觉都比较发达。不同种类、品种和年龄的动物，因为它们的生理特点、采食习惯和嗜好不同，因此对风味剂的偏好程度也不同，甚至有质和量的差别（见表四十六）。据行为学家研究报道，不同的动物具有不同的采食行为。对于刚出生的哺乳动物或婴儿来说，没有接触固体饲料的经验，它们的采食经验主要从母乳获得，它们喜欢的味道通常与母乳的风味相似。从表四十六可看出，哺乳动物的幼龄阶段偏好于乳香，成年阶段偏好于果香，水产动物则对一些氨基酸、核苷酸及甜菜碱感兴趣。从一些研究结果来看，动物对味道的偏好有一定的共性：除肉食动物外大多数动物均喜爱甜味。

表四十七　各种动物喜欢的风味剂

动物种类	应用对象	香味	味道	作者
猪	乳猪、仔猪	牛奶、奶酪、巧克力、槭糖、薄荷、苹果、柑桔、柠檬、草莓	甜、酸或鲜	McLaughlin et al, 1983
	生长育肥猪	桔香、草莓、槭糖	甜、酸	
	哺乳母猪	巧克力、草莓、槭糖	甜、酸	Moser et al, 1986
牛	犊牛	乳香、小茴香、桔香、甘草	甜、酸或鲜	Weller, 1989
	肉牛奶牛（产奶初期）	感觉灵敏，采食量、产奶量、增重及产乳量受饲料变化影响大	甜、酸	
羊	山羊、绵羊	感觉灵敏度：山羊＞绵羊	甜、酸、苦可接受	Wang-Jian et al, 1997
家禽	肉鸡、蛋鸡	无嗅觉，味觉也不敏感，但对不好味道敏感	对甜偏好	Damron, 1988
水产动物	虾	氨基酸、核苷酸	甜菜碱、不饱和脂肪酸	Katsulhiki, 1987 程艾仿, 1998 陈涌, 1996
	虹鳟	甜菜碱、氨基酸、核苷酸		
	贝类	甜菜碱、三甲胺、核苷酸		
	鲑类	巴它明、氨基酸		
		氨基酸、核苷酸		

47. 同种诱食剂对不同阶段的猪诱食效果是否有所区别?

答：当然有，由于不同阶段猪的喜好不同，原料底物不同，表现出诱食效果差别较大。

48. 请简单介绍目前使用的诱食剂的主要成分，以及在各个阶段猪料中的添加比例。成本约合多少元／吨猪料，除了狭义添加诱食剂外，饲料生产过程中的不同阶段分别有哪些会起到诱食的效果，比如原料选购的不同，生产工艺的不同，配方搭配的不同，以及储存、运输等环节。请一一举例详细说明。

答：诱食剂中香味剂主要成分为挥发性的烃、卤化烃、醇、酚、醚、酸、酯、内酯、醛、酮、缩醛（酮）、腈、杂环等芳香物质组成，不同的香型，其芳香物质的权重差异较大。饲料甜味剂则是以糖精钠为主要原料，复配长效甜味剂和增效剂，并通过特定加工工艺而成的复配产品。水产诱食剂则主要以核苷酸、氧化三甲胺、氨基酸和甜菜碱等为主要原料生产的。目前饲料香味剂的添加量平均是 500 g/t，甜味剂平均是 150g/t，香甜的添加成本在猪的不同阶段不同，一般来说，仔猪阶段大约在 35 ～ 45 元 /t 之间，中大猪大约在 15 ～ 25 元 /t 之间。使用饲料诱食剂的目的是改善饲料适口性、提高动物食欲，促进采食量。但饲料诱食剂仅是一类非营养性添加剂，万万不可夸大其作用，在实际生产中，选择优质的饲料原料和合理的加工工艺是提高动物采食量的关键，在此基础上加入饲料调味剂，不仅能起到锦上添花之妙，更重要的是可以使动物的采食潜力发挥到极致。在饲料生产的过程中，原料合理搭配、原料的产地、新鲜度、营养指标等会影响适口性，如加工过程中不同原料熟化度、粉碎粒度、混合均匀度、调制条件等同样会影响饲料适口性，当然在贮藏和运输过程中同样有许多因素影响饲料的适口性，甚至包括饲养管理这个环节，同样有影响饲料诱食效果的发挥，就拿水这个指标来说，水质、水流速度等均会影响采食量。

49. 在实际的生产过程中，饲料已经固定的情况下，养殖户采取什么样的措施也能起到一定的诱食效果，请举一两个详细的例子。

答：在实际的生产过程中，饲料已经固定的情况下，其实养殖户可以通过饲养管理的改善来发挥饲料的诱食效果，达到提高采食量的目的。如食槽的设置、环境温度、水的供应、圈舍通风、清洁等均会影响动物健康和动物的采食行为。拿环境温度来说，小猪阶段搞好保温措施会防止猪拉稀和增强抵抗力，提高断奶仔猪采食动机及采食量；但对处于夏天高温环境下的哺乳母猪和生长育肥猪，若能想法给其降温，同样有利于采食量的提高，提高饲料诱食性。有报道表明，夏天提高母猪饮水量有利于提高其采食量，但在高温条件下，水的温度也较高，哺乳母猪饮水量存在较大问题，此时给予哺乳母猪饲喂凉水，特别是温度低于 15℃下的水，会提高母猪采食量。断奶仔猪由于断奶应激的影响，采食量低下是一个不争的事实，添加其喜欢的奶香产品可以缓解断奶应激，目前市场也均在添加；但实际上，据研究发现，由于"印迹效应"的影响，在母猪的妊娠后期及哺乳期添加香味剂，这种风味可通过胎盘传递、泌乳转移、母采食行为等影响其后代，小猪会记着此风味并模仿其母亲，当在小猪教槽料和断奶料中添加同样风味的香味剂，比传统单纯在小猪料中添加饲料风味剂更容易教诱食。断奶仔猪的应激还表现在断奶前后水的摄入方式不同，断奶前平均每 d 饮水 600 ～ 800 ml，断奶后前两 d 平均每 d 不到 200 ml，此时若加入其喜欢的风味剂，可以提高其饮水量，从而提高饲料的诱食效果和采食量，类似的研究在美国和韩国均有报道。

50. 目前诱食剂的使用上主要存在哪些误区，哪些感官的判定人与猪存在较大的差异，或者截然相反？诱食剂在普及上需要注意什么？

答：使用饲料调味剂存在的误区有：（1）以人的喜好为出发点，未考虑动物的需求；（2）认为调味剂添加量越多，饲料适口性越好；（3）认为调味剂解能决所有适口性的问题，过分夸大调味剂的作用。（4）认为国外调味剂诱食效果比国内好。就感觉差异来说：哺乳动物的嗅觉和味觉均远高于人类，其中嗅觉灵敏度是人的 7 ~ 8 倍，味觉灵敏度是人的 3 ~ 4 倍，再加上长期的进化、自然选择和采食习性的影响，人和动物的感官生理发育有明显差异，造成了对同样的风味物质，感觉反应相差较大，如对一类叫索马甜的长效甜味剂，其对人来说甜度是 2 000 倍，但对猪来说，其重要味觉传入神经—鼓索神经却不能感觉到。所以在调味剂评估过程中，一定要以动物试验为参考，不能凭借饲料调味剂产家根据食品上的经验所提练的产品卖点所左右。根据现有在饲料调味剂使用过程中存在的误区，建议使用调味剂时，应注意以下事项：（1）遵循熟悉的原则，有针对性使用，不同的动物，其喜好不同，应针对动物的喜好提供相应调味剂，而不能以人的感觉和喜好来选择饲料调味剂；在更换饲料调味剂时，应逐渐过渡，避免口味的突然改变引起动物排斥，影响采食量。（2）在保证饲料产品质量的条件下添加饲料调味剂，目前有些饲料厂家在配制日粮时仅考虑了饲料价格和营养价值，而把饲料的适口性完全寄托在调味剂上，忽视了有些原料的缺陷是调味剂无法弥补的，对于一些饲料中的苦、涩、麻等不良味道，制定配方时不加以选择、处理或限制，调味剂不能充分发挥作用。（3）对于氧化变质、饲料发霉等不新鲜饲料原料，一些厂家试图通过饲料调味剂来掩盖其异味，但这种做法是不对的，一方面氧化变质、霉变的饲料本身对动物健康有较大破坏作用，另一方面，对于这些不良风味，香味剂的添加挥发反而增加不良风味的扩散。（4）正确的添加方式：饲料香味剂成分较多，各种成分具有较强的活性，会与其它成分发生相应反应，降低效价，通过试验研究发现，饲料香味剂不宜与维生素、微量元素、抗氧化剂、防霉剂和胆碱等活性成分直接接触。而甜味剂相对稳定，但添加量小，所以在添加饲料风味剂时，须用玉米、麸皮等非活性载体先预混再加入，提高利用效价。另外，对于香味剂来说，大部分耐高温能力有限，即使是耐高温的蚝味剂，高温长期保持下也会损失一部分，所以在保证饲料产品质量的前提下，饲料香味剂尽可能在生产的后面环节添加、制粒温度不要太高。（5）正确的贮存方式：建议调味剂存放于阴凉、干燥并密闭贮存，特别是开袋后未用完的调味剂，需要把袋子重新密封严。（6）合理的添加量：由于动物的嗅觉较灵敏，过浓的添加量或以人为标准确定的添加量对于动物来说易引起感觉疲劳，引起调味剂的感觉受体饱和及神经递质传入迟钝，反而不利于激发摄食中枢，起到适得其反的作用。

51. 请简单说明诱食剂未来的发展方向？

答：对于饲料调味剂来说，目前几乎所有饲料厂家均认为饲料调味剂是有用的。但是在选择、使用和评估调味剂过程中仍旧存在许多盲目之处，这主要与饲料调味剂的研究滞后有关，下面几点应该算是饲料调味剂的发展方向：（1）国家标准中强制指标的针对性需要加强。（2）从行业层面来说，怎样评估不同厂家的调味剂优劣？调味剂评估怎样才能标准化和量化？需要大量、针对动物的科研数据来支撑。（3）调味剂在不同原料底物下的表现形式如何？应加大不同底物浓度下饲料调味剂最适添加比例的研究。（4）饲料调味剂在动物换料、断奶、转群等应激条件发挥抗应激的作用潜力有多大，需要进一步验证。（5）对于饲料调味剂诱食机理，目前全球均基本借鉴人上的一些经验，在动物上几乎无相关报道。（6）对于那些报道对猪无反应的甜原料，与糖精钠复配后结果又是怎样的呢？目前也无系统的、科学的报道，所以饲料配方师在选择过程中也无从下手，需要进一步的系统研究。（7）通过饲料调味剂改善产品品质，如生产风味奶和优质肉也是饲料调味剂发展的重要方向。

52. 母猪奶的风味能人为调控吗？

答： 由于乳猪首先接触的食物就是母乳，所以母乳的味道自然是乳猪最熟悉和最安全的，但母奶的味道和成份会随着饲料的改变而而有微小的改变。若在母猪料中添加一种非天然母奶香型的调味剂，则该调味剂的部分就会被母猪转移到乳汁，再通过母乳对仔猪的采食产生影响，若此时也在乳仔猪料中添加该种调味剂，则可明显增进其采食量（见表十四）。所以人们可以通过调控母奶的风味来适当改变乳猪对饲料风味的偏好程度，但若香味剂本身就是天然母奶香型的话，则就不必在母猪料中对母奶的风味进行人为的调控。

表四十八　母猪和仔猪饲粮添加香味剂时对仔猪断奶 3 周内生产性能的影响（Campbell，1976）

泌乳母猪料	不添加香味剂	添加香味剂	添加香味剂	不添加香味剂
乳猪料	添加香味剂	添加香味剂	不添加香味剂	不添加香味剂
采食量（g/d）	751	818	725	729
日增重（g）	366	450	359	363

53. 乳猪为何喜欢母猪奶的味道，而不是其它类型的味道？

答： 原因可能为：①初生乳猪对母奶气味的特别嗜好是与生俱来的，这是由猪的基因所决定的，而不是以人的意志为转移的，乳猪对母奶的喜爱导致了乳猪对乳制品往往都会有偏爱（见表？）。母奶这种天然奶香气味可以引诱初生乳猪迅速找到奶头并采食母奶；②母奶中的部分风味物质可以通过刺激神经和调节体液来促进乳猪消化液的分泌，以利于乳猪的消化；③母奶中的部分风味物质（乙醛、己醛、庚醛、辛醛、壬醛等醛类，对甲苯酚等酚类，丁酸乙酯等低级脂肪酸酯等）对大肠杆菌等微生物有很强的杀抑能力；④母奶中的部分风味物质（如乳脂和乳糖等）本身也是乳猪的重要营养物质。

表四十九　乳猪对各种风味的喜爱程度（McLaughlin et al.，1983）

风味	风味剂样品数量	喜爱	中性	厌恶
奶油香	8	4	4	—
奶酪香	9	5	3	1
油脂香	4	1	2	1
果香	24	8	12	4
青草香	10	4	5	1
肉香	13	5	6	2
蘑菇香	8	1	6	1
甜	23	5	15	3
合计	99	33	53	13

【猪场设计】

1. 标准化猪舍建筑要求有哪些?

答: 标准化猪舍建筑要求:(1)能保温、隔热、舍内温度便于控制;(2)良好的通风换气设施,使舍内空气保持清洁;(3)适宜的排污系统,便于猪群的调教和清扫;(4)良好的饮水设施,并在冬季能使饮水加温的设施;(5)具有适宜的降温系统,使夏季猪舍内温度保持在适宜范围。

2. 猪舍场地的选择原则是什么?

答: 远离住宅区,距离村庄和其他养殖场应在 500 m 以上,交通便利,地势高燥,排水便利,水源充足,通风良好,无污染源的地方。当然啦,在山头上建养猪场也是一个好办法(图 105),人工岛上养猪则更符合上述原则(图 106)。

图 105　建在山头上的养猪场

图 106　人工岛上养猪更棒

3. 规模化养猪场怎样布局才算科学、合理?

答: 规模化猪场划分为生产区、辅助生产区及生活区三部分。生产区为全场的主体部分,该区应安排在生活区的下风向。(1)生产区的主体部分是各类猪舍,其中种猪舍尤其是公猪舍应位于上风向,而肉猪舍则应位于下风向,病猪隔离舍应位于最下风向。其它附属建筑有更衣间、洗澡间、消毒室、消毒池、药房、兽医室、化验室、称猪台、装猪台、化粪池等。(2)辅助生产区也称生产管理区,该区主要包括办公室、饲料生产车间、饲料仓库、水塔、水泵房、锅炉房等。辅助生产区的位置一般在生产区与生活区之间,便于为生产区服务。有的猪场将饲料生产及仓库建在生产区内。（3）生活区也称生活福利区，该区主要包括职工宿舍、食堂、汽车库、资料档案室、文化娱乐室和体育场等。为了防止生产区对生活区空气污染，除安排生产区在下风向外，最好保持500 m的距离。

4. 猪场的建筑怎样才能做到科学合理、经济、适用？

答：猪场的建筑主要是猪舍建筑。公猪舍一般采用单列开放式，最好设有饲喂走廊。运动场的前墙要求高1.3 m，厚0.37 m，后墙高2.5 m，厚0.37 m，且开后窗（长度和宽度各0.40 m），并且水泥勾缝，隔墙为0.24 m。舍内水泥抹高1 m，地板水泥抹面，外倾角2%，并开斜向交叉细沟（宽1 m，深0.5 m），屋顶一般为平顶，厚20 cm以上。工厂化猪场，公猪与空怀母猪在同一猪舍，以利于配种，单列式公猪舍，冬季可扣塑料棚。空怀母猪及妊娠母猪舍一般采用全封闭式。前后墙高都为2.5 m，厚0.37 m。阳面窗户大，高1 m，宽1.2 m，阴面窗户小，高0.4 m，宽0.5 m，距地1.1 m，内有漏缝地板和限喂栏。分娩、培育猪舍设计在同一猪舍内较为科学，便于断奶，对仔猪的刺激较小。也有单独分开的，在断奶时要用小车运猪，对仔猪刺激较大。分娩、培育混合猪舍采用全封闭式，墙、窗、屋顶与空怀妊娠猪舍相同。生长肥育猪舍可因地制宜地选择类型。南方地区，气温较高，冬季无寒冷气候，可选用全敞开式。北方地区，冬季寒冷，应选择半敞开式或全封闭式猪舍。半敞开式如同公猪舍，深秋至中春，扣塑料大棚保温，能经济有效地解决冬季养猪问题。全密闭式生长肥育猪舍，则如同空怀、妊娠混合猪舍。其主要差别在于舍内结构，可分单列式、双列式、多列式三种类型。其中以大单列式更为经济。为了避免传染病的传播，应设置病猪隔离舍，以利于观察，治疗。病猪隔离舍的建造结构参照半敞开式猪舍，冬季可扣塑料棚。每栏面积为4 m² 左右即可，病猪隔离舍的总容量为全场猪总量的5% ~ 10%。总之，猪场建筑设计要尽量做到科学合理、经济、适用。当然，猪场建在山头上也是一个好主意。

图107　猪场建在山头上，对预防疾病作用大

5. 猪场建好后，都需要进行哪些设备配置？

答：首先进行猪栏机械设备的配置。（1）公猪栏与配种栏：工厂化的养猪方式，公、母猪同舍。公猪栏与配种栏配置大致有以下三种：待配母猪栏与公猪栏紧密配置；待配母猪栏与公猪栏隔通道相对配置；待配母猪与公猪分别单栏饲养。（2）母猪栏：规模化猪场生产母猪的饲养方式，有大栏分组饲养、小栏单体饲养、大小栏相结合饲养三种方式。其中，小栏单体限位饲养占地面积小，便于观察母猪发情和适时配种，母猪不争食，不打架，避免互相干扰，减少机械性流产。但投资大，母猪运动量小，不利于延长母猪使用年限。以大小栏相结合的饲养，并设有舍外小运动场较好。（3）产仔栏：工厂化的母猪分娩采用高床网上母猪产仔栏。网上安装母猪限位架、仔猪保温箱、饮水器、补料槽等。这样母猪分娩和哺育仔猪都在网上，避免了因地板吸热对仔猪成活的影响和母猪压死仔猪的现象。规模为100头基础母猪猪场，每周平均有4头母猪分娩，母猪分娩前1周进入产房，仔猪哺乳期为5周，所以应配置24个产仔栏。（4）培育栏：培育栏由漏缝地板网、围栏、自动料槽、饮水器、支架等组成，培育栏大小与产仔栏一样，只是结构不同。规模为100头基础母猪猪场，每周有4窝仔猪转入培育舍，在培育舍饲养6周。所以应配置24个培育栏。（5）肥育栏：工厂化猪场的生长肥育猪栏用钢筋栏取代了传统的砖、石、水泥围栏。部分猪场采用高床网上饲养，大部分猪场将生长和肥育两个阶段并为一个阶段，在一个栏内饲喂到出栏。自动化饮水设备是工厂化养猪生产的重要组成部分。目前，应用最广泛的是鸭嘴式饮水器。鸭嘴式饮水器有大、小两种，适用于大猪和小猪，大鸭嘴式饮水器安放的高度在40~50 cm，小鸭嘴式饮水器安放的高度在10~30 cm。水泥食槽主要用于配种栏和妊娠栏，成长条形，特点是坚固耐用，造价低，同时还当作饮水槽。在妊娠栏和分娩栏中常用铸铁制成单体食槽。这种食槽可以做成几个一组，联动翻转，既便于同时加料，又便于清洁，使用方便。仔猪补料槽有长条形和圆形等多种形式。培育猪和生长肥育猪常用自动料箱。图108、美国某猪场的母猪舍，宽敞、卫生、通风、干燥、饲喂全自动化。

图108　美国某猪场的母猪舍

6. 我老爸明年退休，想回江西老家兴建千头母猪场，但不知怎样才能做到常年产仔，均衡生产商品猪呢？

答：规模化养猪实行常年产仔，中、早期断奶，提高母猪的利用率，使猪舍、设备充分利用。要做到常年产仔，均衡生产商品猪，生产上，以周为单位，安排母猪的配种、繁殖和猪群周转。（1）首先确定母猪繁殖周期。母猪的繁殖周期包括：空怀期、妊娠期和哺乳期。妊娠期是固定的，平均为3月3周3 d，空怀期为1周，目前我国规模化养猪多采用仔猪28日龄断奶，也就是哺乳期为4周。（2）明确每头母猪平均年产仔窝数。一般的说，母猪的一个繁殖周期为22.5周，一年有52周，也就是每头母猪平均年产仔是2.3窝。（3）确定每周应产仔的窝数。可列成公式如下：每周应产仔窝数＝（母猪总头数×2.3）÷52。例如：1 000头母猪的猪场每周应产仔的窝数是：（1 000×2.3）÷52=44（窝）。为了留有余地和便于生产上容易掌握，每周应产44窝，可按45窝进行安排。（4）安排每周应配种的母猪头数。要根据每周应产仔的窝数和母猪配种受胎率，来安排每周应该配种的母猪头数。母猪受胎率一般按80%掌握，列成公式如下：每周应配种的母猪头数＝每周应产仔窝数÷80%。例如：1 000头母猪的猪场，每周应配种的母猪头数是：44（窝）÷80%=55（头）。所以，1 000头母猪的猪场，每周应该配种55头母猪。

7. 在我国南方兴建猪场，应注意哪些事项？

答：（1）传统的观念中养殖场要搞绿化（图109），但欧美的猪场周围一般不种树。因为树会招引鸟，易传播疾病。南方雨水多，雨后四害横行，给猪的生活带来不便，造成疾病。苍蝇污染饲料，老鼠偷吃饲料，灭鼠（图110）浪费人力。

图109 建议猪场不植树

图110 老鼠过街人人喊打？

（2）母猪舍可以建成开放式的（图111、112），冬天将吊帘放下保温。

图111 母猪舍可以建成开放式的

图112 开放式母猪舍

（3）避免将职工宿舍建在猪舍旁（图113），避免在猪舍旁洗衣（图114）。

图 113　猪舍旁不能住饲养员

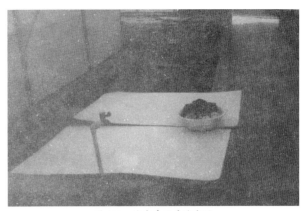

图 114　猪舍旁不要洗衣服

（4）猪舍内要做到通风、干燥、清洁，避免潮湿（图 115）。

图 115　冬季猪不喜欢在这种环境生活

（5）猪舍的粪便处理应尽量机械化，自动化。图 116 中，只能用人力将粪便拉到中间的沟里，沟中无坡度，会造成无法将水冲掉粪便的后果。

（6）猪舍地面不能太粗糙（图 117），易伤害猪蹄，造成猪蹄病。

图 116　猪舍的粪便处理应尽量机械化，自动化

图 117　猪舍地面不能太粗糙

（7）猪舍应尽量建在远离居民区，靠山傍水的地方（图 118），减少疾病的传播。

（8）严禁与业务无关的外人参观，如必须参观，可开放观察室（图 119）。

图 118 建在山腰的猪场

图 119 监控室

（9）兴建沼气池，减少臭味，用废渣做有机肥，废液用来灌溉（图 120）。

图 120 猪尿液用来灌溉果树

8. 猪对环境有哪些要求？

答：虽然猪对环境有一定的适应能力，但不良环境所造成的应激会给养猪生产带来不利影响，因此，生产中为猪创造适宜环境是很有必要的。（1）温度要求：温度是影响猪健康和生产力的主要环境因素之一。通常，猪对环境温度的要求因品种、年龄、生长发育阶段、生理状况等而有差别。"大猪怕热，小猪怕冷"。机体不同部位对温度也有不同的要求。刚出生的仔猪一般要求 30~32℃，保育期仔猪要求 20~26℃，育肥猪、成年猪的适宜温度为 18~25℃。（2）湿度：温度适宜时，湿度高低一般不会对猪的健康和生产力产生影响。通常，湿度超过 80%，对猪的体热调节均会产生影响，进而影响其健康和生产力。低湿的危害远低于高湿，当湿度低于 40% 时，会造成猪皮肤和暴露黏膜干裂，增加舍内空气中颗粒物含量，从而使猪患皮肤或呼吸道疾病。（3）风速：通风可促进机体对流散热和蒸发散热，低温时加大风速会加剧冷应激对猪的不利影响，高温时则可减轻热应激的危害。但由于猪的皮肤对风比较敏感，风速最好不要超过 2m/s。（4）空气质量要求：为确保猪群健康和生产力的正常发挥，一般要求舍内有害气体的浓度不应高于如下指标：CO_2 4000mg/m³，NH_3 20 mg/m³，H_2S 10mg/m³。猪舍空气中的细菌总数不得超过 5 万 ~10 万个 /m³；颗粒物含量不应高于 0.5~4 mg/m³。由于分娩舍和仔猪培育舍的猪群体质相对弱一些，因此要求应适当提高。（1 分）（5）光照要求：猪舍多采用自然光照，一般可按窗地比 1：10~15 设计开窗面积。为方便夜间管理，应辅助人工照明。（1 分）（6）声：猪对声音的反应较为迟钝，强噪声仅能使猪的脉搏短时间加快，而对食欲和增重基本无影响，并能很快适应。生产中，一般要求噪声不应超过85dB。

9. 初生仔猪在温度管理上应注意什么？

答：初生仔猪一般要求环境温度在30~34℃。出生后仔猪能尽快吃到初乳，且在环境温度不很低时，有利于提高仔猪的耐寒能力。

10. 高温是如何影响母猪繁殖性能的？

答：高温条件下，容易引起母猪体温升高，采食量减少和体内内分泌平衡的失调，导致母猪营养不足，促性腺激素分泌减少，甲状腺机能减弱，蛋白质合成减少及胎盘生长变慢，胎儿营养供应不足，从而对母猪的繁殖性能带来不利影响。

11. 生长育肥猪对温度有什么要求？

答：猪在不同的生长发育阶段，都有相应的适宜温度范围。一般认为，生长育肥猪的适宜温度范围在15~17℃。在这种温度下，猪长得最快，饲料利用率最高，育肥效果最好，饲养成本最低。由于猪自身的散热能力相对较差，高温容易导致猪散热困难，可能会引起体温升高和采食量下降，生长育肥速率会随之下降，有时环境温度升高，猪对饲料的利用率也可稍有提高，但还是得不偿失。适当的低温对猪的生长、育肥没有影响，但饲料利用率会下降，使饲养成本提高。

12. 湿度对猪的健康有何影响？

答：如果温度合适，湿度对猪的健康和生产一般无影响，但在温度过高或过低的环境中，湿度的大小对健康产生直接或间接的影响。湿度超过80%，对猪的体热调节均会产生影响。高湿环境容易导致猪的抵抗力下降，发病率和死亡率增加。同时，高湿环境为病原微生物繁殖、感染、传播创造了条件，使机体对传染性疾病的感染率增加，易造成传染病的流行。高湿还会促进病原性真菌、细菌和寄生虫的发育，使畜禽易患疥、癣、湿疹等皮肤病。高湿有利于霉菌的繁殖，造成饲料、垫草的霉烂。低温高湿环境下，猪易患各种呼吸道疾病、消化道疾病、神经痛、风湿病、关节炎、肌肉炎等。低湿的危害远低于高湿，当湿度低于40%时，会造成猪皮肤和暴露黏膜干裂，降低对微生物的防卫能力，增加舍内空气中颗粒物含量，容易引起皮肤或呼吸道疾病。

13. 怎样减轻高湿对养猪生产的影响？

答：在多雨潮湿季节或地区，要保持猪舍空气相对干燥比较困难。在猪舍设计和日常管理中，可通过以下一些措施来减轻高湿的影响：（1）建场之初，尽可能选择高燥、排水良好的地区；（2）

为防止土壤中水分沿墙上升，在墙身或墙脚交界处敷设防潮层；（3）注意猪舍的保温，围护结构的热阻要满足防止结露的最低热阻值，同时使舍内温度经常保持在露点以上；（4）及时清除粪尿和污水，经常更换污湿垫料；（5）保持正常的通风换气；（6）训练猪定点排粪排尿。

14. 风对猪的体热调节有何影响？

答：风主要影响动物机体的散热能力。高温时，如果机体的产热量不变，增大风速，有利于皮肤蒸发散热和对流散热。当气温等于皮肤温度时，对流散热作用消失；如果气温高于皮肤温度，则风速越大，机体从环境中得热越多。湿冷天气，风会显著提高散热量，使机体感到更冷，甚至引起冻伤、冻死。低温环境中增大风速，机体为维持体温而显著增加产热量，从而使饲料利用率下降。

15. 风对猪的健康有何影响？

答：风对猪健康的影响程度，主要取决于风速大小以及温度、湿度的高低。低温、潮湿环境中，加大风速能促使猪体大量散热，使其受冻，特别是来自于缝隙的过大风速（俗称"贼风"），对机体的危害更大，常引起冻伤、关节炎症及感冒，甚至肺炎等疾病。猪长期暴露在低温和大风的环境下，会引起体温下降。猪的日龄越小，抵抗寒冷的能力越差，很可能引起死亡。高温环境下增大风速对猪的健康是有利的，但由于猪的皮肤对风比较敏感，风速太大容易产生与体表之间的摩擦，而使猪感到不适。因此，夏季通风时，风速不宜超过 2 m/s。

16. 猪舍环境状况好坏的影响因素有哪些？

答：影响猪舍环境状况的因素，包括饲养方式、管理水平、自然气候条件、舍外环境状况、猪舍建筑形式、猪舍保温隔热性能、舍内设施与设备配置好坏以及采取的环境调控技术等。

17. 如何进行猪舍的环境调控？

答：猪舍环境控制主要是指猪舍采暖、降温、通风及空气质量的控制，需要通过配置相应的环境调控设备来满足各种环境要求。猪场常用的采暖方式主要有热水采暖系统、热风采暖系统及局部采暖系统。进行合理的猪舍设计，利用遮阳、绿化等削弱太阳辐射，在一定程度上可减轻高温的危害外，采取通风降温、湿垫风机蒸发降温、喷雾降温等措施，可获得理想的降温效果。猪舍通风一方面可起到降温作用，另一方面，通过舍内外空气交换，引入舍外新鲜空气，排除舍内污浊空气和过多水汽，以改善舍内空气环境质量，保持适宜的相对湿度。进行猪舍通风时，应注意：①夏季采用机械通风在一定程度上能够起到降温的作用，但过高的气流速度，会因气流与猪体表间的摩擦而使猪感到不舒服。因此，猪舍夏季机械通风的风速不应超过 2 m/s；②猪舍通风一般要求风机有较大的通风量和较小的压力，宜采用轴流风机；③冬季通风需在维持适中的舍内温度下进行，且要求气流稳定、均匀，不形成"贼风"，无死角。

18. 如何加强屋顶的隔热?

答:在进行猪舍屋顶设计和建设是,要使屋顶有良好的保温隔热能力,可采取下列措施:①选用导热系数小的材料;②确定合理的屋面坡度,屋脊、檐口高度;③充分利用空气的隔热特性;④采用浅色、光滑外表面,增强屋面反射,以减少太阳辐射热;

19. 适合于猪舍降温的工程措施有哪些?

答:高温干热地区,可选择喷雾降温、喷淋降温系统、湿垫风机降温等措施。前二者对猪舍的密闭性没有要求,而后者要获得理想的降温效果,必须是密闭式猪舍,密闭性越好,降温效果越佳。高温高湿地区,可选择滴水降温、地板局部降温等措施。喷雾降温、喷淋降温系统、湿垫风机降温虽然也有一定的降温效果,但降温效果并不理想,并且这些措施会使空气湿度进一步加大,猪实际感受的舒适性可能较采取措施前更差。只要空气温度或用于通风的气流温度不超过猪的体表温度,任何地区,采用强制通风、地道及自然洞穴通风等措施,对降温都有效。

20. 猪舍常用的供暖方式有哪几种?

答:猪舍常用的供暖方式主要有:热水散热器供暖、热水管地面采暖、热风供暖等。热水散热器采暖由热水锅炉、管道和散热器(暖气片)三部分组成。常用的散热器一般为铸铁或钢,其形状可分为管型、翼型、柱型和平板型四种。其中铸铁柱型散热器传热系数较大,不易集灰,比较适合于畜舍使用。散热器一般布置在窗下或喂饲通道上。热水管地面采暖是将热水管埋设在猪舍猪躺卧区域地面的混凝土层内或下面土层中,热水管下面应铺设防潮隔热层。采暖热水可由统一的热水锅炉供应,也可在每个需要采暖的舍内安装一台电热水加热器。通过管道系统对地面进行加热。热风供暖是利用热风炉、空气加热器和暖风机等设备,将空气加热到要求的温度,然后通过管道送入舍内,可与冬季通风相结合。由于空气贮热能力低,这种方式不适于远距离输送热空气。

21. 如何搭建太阳能集热—贮热石床供暖系统?

答:太阳能集热—贮热石床供暖系统由太阳能接受室和风机组成。冷空气经进气口进入接受室,经太阳能加热后,通过石床等将热能贮存,再由风机将加热后的空气送入猪舍。接受室可按照日光温室建造方式,建在猪舍南墙外侧。接受室内设有涂黑漆的铝板或其他吸热材料制成的集热器,内部填充石子形成贮热石床。集热器外围及石床下面用泡沫塑料和塑料薄膜制成防潮隔热层。将贮存的热通过风机由管道送入舍内。由于太阳能受气候条件影响较大,因此,这种系统只作为其他供暖的辅助措施。

22. 如何在猪舍实施局部采暖?

答:局部采暖是利用采暖设备对畜舍进行局部加热,使局部区域达到较高温度。局部采暖主要用于幼畜保温，可通过火炉、火炕、火墙、烟道以及保温伞、红外加热设备、热风机、保温箱或局部安装加温地板等对局部区域实施供暖。

23. 热水管地面采暖有哪些优点？

答：热水管地面采暖有如下优点：①节省能源；② 保持地面干燥，减少痢疾等疾病发生；③ 供热均匀；④ 利用地面高贮热能力，使温度保持较长的时间。需要注意的是，热水管地面采暖的一次性投资比其他采暖设备投资大 2~4 倍；一旦地面裂缝，极易破坏采暖系统而不易修复；同时地面加热到达设定温度所需的时间较长，对突然的温度变化调节能力差。

24. 采用热风炉供暖时，应注意的事项？

答：采用热风炉采暖时，应注意：每个畜舍最好独立使用一台热风炉；排风口应设在畜舍下部；对三角形屋架结构畜舍，应加吊顶；对于双列及多列布置的畜舍，最好用两根送风管往中间对吹，以确保舍温更加均匀；采用侧向送风，使热风吹出方向与地面平行，避免热风直接吹向畜体；舍内送风管末端不能封闭。

25. 影响猪舍自然采光的因素有哪些？

答：自然采光就是让太阳的直射光或散射光通过猪舍的开露部分或窗户进入舍内以达到照明的目的。舍内得到自然光照的多少，主要受朝向、太阳高度角、窗户的大小和形状及在墙上的位置、窗户之间的距离、屋檐高度、舍内外反光面及舍外情况等因素的影响。

26. 猪舍人工照明有什么意义？猪舍人工照明设计应考虑什么？

答：猪舍人工照明主要是为了弥补光照时间不足或便于饲养人员进行日常操作、管理而设置的。人工照明一般以白炽灯和荧光灯作为光源，来代替或补充自然采光。在进行人工照明设计时，需要综合考虑选择的光源类型、布置灯具数量和高度、有无灯罩以及灯的质量和清洁度等对采光带来的影响。此外，舍内设备的遮光和反光对照明及均匀度也有一定的影响。

27. 猪舍通风设计应注意些什么？

答：要根据猪舍容积和养猪的数量合理确定猪舍的通风换气量；采用自然通风时，主要从采光窗夏季通风量能否满足要求，是否有地窗、天窗、通风屋脊及屋顶风管？对于采用机械通风的猪舍，夏季风机最好选择功率较大、带有风罩的风机，冬季风机主要用于换气，应选择功率较小的风机。

28. 怎样减少空气中灰尘等颗粒物？

答：生产中可采取以下一些措施来减少猪舍空气中灰尘数量，防止其对猪的呼吸道、黏膜等产生不良影响。①新建猪场选址时，要远离产生灰尘等颗粒物较多的工厂，如水泥厂、磷肥厂等。②在猪场周围种植防护林带，对场区进行绿化。③饲料加工车间、粉料和垫草堆放场应与猪舍保持一定距离，必要时设防尘墙。④使用粒料、湿拌料可减少粉尘的产生。⑤分发饲料、干草或垫料时，动作要轻，禁止干扫地面。⑥保证良好的通风换气；采用机械通风时，可配置过滤装置或采取一些过滤措施，如在进风口蒙一层纱布，使进入舍内的空气事先滤去部分灰尘。

29. 设计猪舍时，如何降低恶臭污染？

答：养殖场产生的粪便等如果没有进行有效的处理，会发出难闻的气味，严重污染生态环境。恶臭主要来自粪便、污水、垫料、畜禽尸体的腐败分解等。畜禽养殖场的恶臭成分十分复杂。清粪方式、日粮组成、粪便和污水的处理等不同，恶臭的构成和强度就会不一样。恶臭的主要成分一般包括硫化物、有机酸、酚、醇、醛、酮、酯、杂环化合物、碳氢化合物等。这些物质主要由碳水化合物和含氮的有机物产生，在厌氧条件下分解释放出刺激性的特殊气味，高浓度存在时，会影响人畜健康。设计猪舍时，可使用除臭添加剂来降低恶臭污染。除臭剂的使用可以大大降低畜禽排泄物中的恶臭。目前所用除臭剂可分为三大类，即物理、化学和生物除臭剂。物理除臭剂主要指一些掩蔽剂、吸附剂和酸化剂。掩蔽剂常用较浓的芳香气味掩盖臭味。吸附剂可吸收臭味，常用的有机活性碳、沸石、稻壳等。酸化剂是通过改变粪便的 pH 值达到抑制微生物的活动或中和一些臭气物质达到除臭的目的，常用的有甲酸、丙酸等。化学除臭剂可分为氧化剂和灭菌剂。常用氧化剂有氧化氢、高锰酸钾等，另外臭氧也用来控制臭味。甲醛和多聚甲醛是灭菌剂。生物除臭剂主要指酶和活性制剂，其作用是通过生化过程除臭。使用植物提取物也可以减少动物恶臭的产生。如一种丝兰属植物，它的提取物有两种活性成分，一种可与氨气结合，另一种可与硫化氢结合，因而能有效地控制臭味，同时也能降低有害气体的污染。

30. 为什么说猪舍内空气中的微生物比猪舍外多？

答：舍内空气中，特别是通风不良、饲养密度过大的猪舍，微生物的种类、数量尤其是病原菌比较多，这是因为舍内有适宜的微生物生存和繁殖的营养条件。猪舍内微生物来源比较广泛，如猪每天排出的大量粪尿、病猪咳嗽、脱落的羽毛、撒落的饲料及垫料上均存在微生物。往往这些微生物需要依靠灰尘作为载体，所以一切能使空气中灰尘增加的因素，都有可能使微生物的数量随之增多。而舍外空气中的微生物大部分为非致病性微生物，且舍外空气比较干燥，缺乏营养物质，阳光中紫外线具有杀菌能力，空气本身对微生物生存不利，因此，舍外空气中微生物远少于舍内。

31. 养猪生产中猪的哪些习性需要引起我们重视?

（1）多胎、高产，繁殖率高；（2）生长发育快，生产周期短；（3）杂食性；（4）皮下脂肪厚、汗腺退化，体热调节能力差；（5）嗅觉发达、听觉灵敏而视觉较差；（6）爱清洁，易于调教；（7）群居性强，位次之分明显。

32. 猪的饲养阶段是如何划分的?

答：（1）种公猪：指供繁殖用的成年公猪，它是通过严格的选择获得的。种公猪的饲养阶段划分比较简单，公猪出生至 6 月龄，一般与育肥猪一起饲养，6 月龄选种后称为后备公猪，8 月龄开始配种后称为成年公猪。对于实行季节性生产的猪场而言，成年公猪饲养又分配种期和非配种期。（2）种母猪：指供繁殖用的成年母猪，也需要通过严格的选择来获得。由于种母猪的生理过程变化较大，因此饲养阶段划分较多。母猪自出生至 6 月龄时的饲养与公猪相同。6 月龄选种后饲养至 8 月龄开始配种，直至第一次分娩，称为后备母猪。经过第一次分娩后的母猪称为经产母猪，又分为空怀期母猪、妊娠母猪和哺乳母猪。（3）哺乳仔猪：哺乳仔猪指初生至断奶（即 0~28 或 35 日龄）的仔猪。哺乳仔猪的饲养日一般为 28 d，断奶后即转入仔猪培育阶段。（4）培育仔猪：指断奶至 70 日龄的仔猪，70 日龄后转入育成育肥阶段。（5）育成育肥猪：指 71 至出栏的猪，饲养日为 3 个月左右。

33. 猪的饲养工艺模式有哪几种? 各自有什么特点?

答：现代养猪生产的工艺与设备经过多年的发展和改革，逐渐形成了定位饲养、圈栏饲养以及厚垫草饲养等三类应用较广泛的生产工艺模式。近年来，又出现了户外养猪、舍饲散养等新的生产工艺模式。（1）定位饲养工艺：这种工艺养猪工厂化水平高，劳动组织合理。采用了先进的科学技术，如可配合采用先进省水的滴水降温法对母猪进行夏季降温，实现了养猪生产的高产出、高效率。但也面临一些难以克服的困难。如：①建场投资大、运行费用高；②高密度饲养使得舍内环境恶化；③母猪只能起卧，不能运动，造成母猪种用体质下降，繁殖障碍增多，肉质品味降低；④漏缝地板容易造成猪蹄和母猪乳头的损伤从而影响种用价值。（2）圈栏饲养工艺：与定位饲养工艺所不同的是，该工艺配种、妊娠母猪在大圈中饲养，每圈 3 ~ 4 头，有的还设有舍外运动场。但分娩母猪仍采用"扣笼"饲养，不利于母猪健康生产。圈栏饲养存在占地面积大，猪死亡率高等不足之处。（3）厚垫草饲养工艺：为了减少猪蹄的损伤，提高床面温度，国外采用该工艺来进行断奶仔猪及育肥猪生产。但这种工艺舍内粉尘浓度高，对呼吸道的损害较大，尘肺率高；还容易造成寄生虫病，增加蛔虫病感染的几率。（4）户外养猪工艺：主要是放牧结合定点补饲，恢复动物原来的活动状态和生态环境，并强化生产管理技术设施。其好处是动物接受大自然锻炼，体质好、肉的品位高；动物随其活动就地施肥，就地消纳，不会造成粪便过于集中形成公害的条件；为母猪提供了足够的活动场所，提高了发情和受胎率，并且大大减少了繁殖障碍。（5）舍饲散养清洁生产工艺：舍饲散养清洁生产工艺也称诺廷根暖床养猪工艺或猪村养猪工艺，猪群可自由行动，自己管理自己，形成猪的"社区"——"猪村"；其核心技术是设置"暖床"，猪在暖床中生长、发育的一种养猪新工艺。

34. 什么叫厚垫草饲养工艺？其主要作用是什么？

答：厚垫草饲养工艺是指使用一定厚度的垫草（或垫料）来饲养家畜的一种工艺方式，通常，垫草的厚度在 20~50 cm。地面铺设垫草，其主要作用有：保暖、吸潮、吸收有害气体、增强家畜舒适感和保持机体清洁等。

35. 哺乳仔猪什么时候断奶合适？

通常认为，在仔猪体重 4~5 kg 以上或 3~5 周龄断奶较为适宜。

36. 正常情况下，各类猪平均每 d 需要喝多少水？

喝水多少与猪的生理阶段、饲养方式有关。如大猪饮水比小猪多，舍饲饲养比放牧饲养时饮水要多。不同类别猪的日平均需水量见下表。

表五十　不同类别猪的平均需水量（kg/ 头·日）

猪的类别	平均需水量	
	舍饲期	放牧期
哺乳母猪	75 ~ 100	50
妊娠母猪	40 ~ 50	25
断奶仔猪	15 ~ 25	15
育肥猪	15 ~ 25	15

37. 我国猪场规模大小是如何规定的？

答：猪场规模尚无规范的描述方法，有的按存栏头数计，有的则按年出栏商品猪数量计。多数情况下，商品猪场按年出栏量计，种猪场亦可按基础母猪数计。比较认可的猪场规模大小划分如下表所示：

表五十一　猪场规模划分

类型	年出栏商品猪头数	年饲养种母猪头数
小型场	≤ 5 000	≤ 300
中型场	5 000~10 000	300~600
大型场	>10 000	>600

38. 猪场选址主要考虑哪些方面？

答：猪场选址主要考虑自然条件，如地势地形、水源水质、土质、以及当地气象条件等。同时，还要考虑城乡建设规划、交通运输条件、水电供应情况、卫生防疫要求、土地征用等社会条件。

39. 猪场工程设计的主要内容是什么？

答：猪场工程设计的主要内容包括：猪舍的种类、数量和基本尺寸确定，猪舍内各种设备选型，猪舍建筑型式的确定、猪舍温度、通风等环境控制技术方案制定，场区工程防疫设施规划，粪污处理与资源化利用技术选择等。

40. 猪场规划设计时，一般分哪几个功能区？各功能区的特点是什么？

答：根据生产功能，猪场通常分为生产区、辅助生产区、生活管理区和粪污处理与隔离区。（1）生产区：主要布置不同类型的猪舍及采精室、人工授精室、装车台、销售展示厅等建筑。为了保证防疫安全，在生产区中应将种猪、仔猪与生长育肥猪分开，最好设在不同区域饲养。（2）辅助生产区：主要是由饲料库、饲料加工车间和供水、供电、供热、维修、仓库等建筑设施组成。（3）生活管理区：包括办公室、接待室、会议室、技术资料室、化验室、食堂餐厅、职工宿舍、厕所、传达室、更衣消毒室和车辆消毒设施以及围墙和大门。（4）粪污处理与隔离区：主要有兽医室、隔离舍、尸体解剖室、病尸高压灭菌或焚烧处理设备、粪便和污水储存和处理设施。

41. 猪场建设时需要考虑的配套基础设施包括哪些内容？

猪场建设时，配套的基础设施包括防护设施、给排水工程、采暖工程、电力电讯工程、绿化工程、粪污处理与利用工程等。在规划时须统筹考虑。

42. 理想的猪舍建筑应满足哪些要求？

答：理想的猪舍建筑应满足以下要求：①符合猪的生物学特性，具有良好的室内环境条件；②符合现代化养猪生产工艺要求；③适应地区的气候和地理条件；④具有牢固的结构和经济适用；⑤便于实行科学饲养和生产管理等要求。

43. 按照建筑外围护结构特点，猪舍建筑分哪几类？各自的特点是什么？

答：按建筑外围护结构特点可分为开放式、半开放式、密闭式、组装式等四种类型：（1）开放式猪舍：这类猪舍敞开式猪舍三面有墙，南面无墙而完全敞开，用运动场的围墙或围栏关拦猪群。或无任何围墙，只有屋顶和地面，外加一些栅栏式围栏或栓系设施。这种猪舍的优点是猪舍内能获得充足的阳光和新鲜的空气，同时猪能自由地到运动场活动，有益于猪的健康，但舍内昼夜温差较大，保温防暑性能差。（2）半开放式猪舍：这类猪舍上有屋顶，东、西、北三面为满墙，南面为半截墙，上半部完全开敞，设运动场或不设运动场。半开放式猪舍借于封闭式和开放式猪舍之间，克服了两者的短处。（3）密闭式猪舍：这类猪舍四面均是墙壁，砌至屋檐，屋顶、墙壁等外围护结构完整。墙上有窗或无窗。密闭式猪舍又分为有窗式封闭舍和无窗式封闭舍。密闭式猪舍的优点是冬季保温性能好，受舍外气候变化影响小，舍内环境可实现自动控制，有利于猪的生长；缺点是设备投资较大，对于电的依赖型大。（4）组装式猪舍：这类猪舍外围护结构可全部或部分随时拆卸和安装，还可以按照不同的气候特点，将猪舍改变成所需的类型。十分有利于利用自然条件调控猪舍内环境并易于实现猪舍建筑的商业化和规格化。

44. 按照屋顶形式，猪舍建筑分哪几类？各自的特点是什么？

答：按屋顶形式主要分为单坡式、双坡式、拱顶式、半气楼式等类型：（1）单坡式：屋顶由一面坡构成，构造简单，排水顺畅，通风采光良好，造价低；但冬季保温性能差。（2）双坡式：优点与单坡式基本相同，保温稍好，造价略高。根据两面坡长可分为等坡和不等坡两种。我国大部分猪场建筑都采用双坡式。（3）拱顶式：拱顶式结构材料有砖石和轻型钢材。砖石结构可以就地取材，造价低廉；而轻钢结构可以快速装配，施工速度较快，还可以迁移。（4）半气楼式：屋顶成高低两部分，在高低落差处可以设置窗户，供北侧采光和整栋舍的通风换气。

45. 按猪舍用途，猪舍建筑分哪几类？

答：按猪舍用途，可分为配种猪舍（含公猪舍、空怀母猪舍和后备母猪舍）、妊娠母猪舍、分娩猪舍（产房）、仔猪保育舍和生长育肥舍等。

46. 舍内猪栏布置有哪几种方式？其相应的猪舍建筑有什么特点？

答：按照舍内猪栏配置，猪舍内有单列式、双列式、多列式等布置方式。（1）单列式，猪栏排成一列（一般在舍内南侧），猪舍内北侧有设走道与不设走道之分。该种猪舍通风和采光良好，舍内空气清新，能有效防潮；在北侧设走道，能起到保温防寒作用；可以在舍外南侧设运动场；建筑跨度较小，构造简单。缺点是建筑利用率较低，一般中小型猪场建筑和公猪舍建筑多采用此种建筑形式。（2）双列式，在舍内将猪栏排成两列，中间舍一个通道，一般没有室外运动场。主要优点是利于管理，便于实现机械化饲养，保温良好，建筑利用率高。缺点是采光、防潮不如单列猪舍。育成、育肥猪舍一般采用此种形式。（3）多列式，舍内猪栏排列在三排以上，一般以四排居多。多列式猪舍的栏位集中，运输线路短，生产工效高；建筑外围护结构散热面积少，冬季保温效果好。但建筑结构跨度增大，建筑构造复杂；自然采光不足，自然通风效果较差，阴暗潮湿。此种猪舍适合寒冷地区的大群育成、育肥猪饲养。

47. 猪舍建筑地面构造设计有何要求？

答：猪舍建筑的地面设计要求较高，应做到：①不返潮、少导热；②易保持干燥；③坚实不滑，有一定弹性，耐腐蚀，易于冲洗消毒；④便于猪行走、躺卧；⑤向排尿沟方向应有适当的坡度，一般为3%~4%，以保证洗刷用水及尿水的顺利排出。⑥使用耐久，造价低廉。

48.猪舍建筑墙体构造设计有何要求？

答：墙体是猪舍的主要维护结构和承重结构。总体要求坚固耐久、抗震防火、便于清扫消和具有良好的保温隔热性能。

49.猪舍建筑屋顶构造设计有何要求？

答：屋顶是猪舍散热最多的部位，通常造价较高。因而要求结构简单、坚固耐久、保温良好、防雨、防火和便于清扫消毒。

50.猪舍建筑门窗设计有何要求？

答：（1）门　供人、猪、手推车出入，猪舍外门一般高2.0 ~ 2.4 m，宽1.2 ~ 1.5 m，门外设坡道。外门设置时应避开冬季主导风向或加门斗。双列猪舍的中间过道应用双扇门，宽度不小于1.5 m，高度不小于2.0 m；各种猪栏门的跨度不小于0.8 m，一律向外开启。（2）窗户　主要用于采光和通风换气。面积大，采光多、换气好，但冬季散热和夏季传热多，不利于保温防暑。设计时需根据当地的气候条件，计算夏季最大通风量和冬季最小通风量需求，组织室内通风流线，决定其大小、数量和位置。

51.猪舍走道如何设计？

答：走道面积一般占猪舍面积的20% ~ 30%，因此喂饲走道宽度一般为1.2 ~ 1.5 m，清粪通道一般宽1 ~ 1.2 m。一般情况下，采用机械喂料和清粪，走道宽度可以小一些，而采用人工送料和清粪，则走道需要宽一些。

52.为什么用限位栏饲养分娩母猪？栏宽通常为多少？

答：为防止仔猪被母猪压死，一般对母猪进行限位饲养，母猪限位栏宽度为60~65 cm。

53.猪舍内粪尿沟设计有何要求？

答：猪舍内粪尿沟设计要求平滑、不透水，沿流动方向有1 ~ 2%的坡度，粪尿沟一般设在猪栏墙壁的外测。

54. 猪场建设中需要配备的主要设备有哪些？

答：猪场建设是，需要配备的设备主要包括各种猪栏、地板、喂饲设备、饮水设备、清粪设备、环境控制设备以及运输设备等。

55. 选择猪栏时，应注意哪些问题？

答：猪栏是养猪场的基本生产单位，不同饲养方式和猪的种类需要不同形式的猪栏。根据饲养猪的类群，猪栏可分为公猪栏、配种栏、母猪栏、妊娠栏、分娩栏、保育栏、育成育肥栏等。按栏内饲养头数可分为单栏和群栏，单栏为一个栏内只饲养一头猪，而群栏通常在一个栏内饲养几头甚至十几头或更多的猪。此外，还可根据排粪区的位置和结构分地面刮粪猪栏、部分漏缝地板猪栏、全漏粪地板猪栏、前排粪猪栏、侧排粪猪栏，按结构形式分实体猪栏、栅栏猪栏、综合式猪栏、装配式猪栏等。（1）公猪栏和配种栏：主要用于饲养公猪一般为单栏饲养，单列式或双列式布置。过去，一般将公猪栏和配种栏合二为一，即用公猪栏代替配种栏。但由于配种时母猪不定位，操作不方便，而且配种时对其他公猪干扰大，因此单独设计配种栏很有必要。（2）母猪栏：常用的母猪栏有三种形式，①母猪的整个空怀期、妊娠期采用单栏限位饲养。其特点是每头猪的占地面积小，喂料、观察、管理都较方便，母猪不会因碰撞而导致流产。但母猪活动受限制，运动量较少，对母猪分娩有一定影响。②母猪整个的空怀期、妊娠期采用群栏饲养，一般每栏3~5头。它克服了单栏饲养母猪活动量不足的缺点，但容易发生因母猪间相互争斗或碰撞而引起流产。③在空怀期和母猪妊娠前期采用群栏饲养，妊娠后期母猪则单栏限位饲养。（3）分娩栏：也称产仔栏。猪场中，对分娩栏的要求最高。（4）仔猪保育栏：仔猪保育栏也是猪栏设备中要求较高的一种。仔猪保育栏多为高床全漏缝地面饲养，猪栏采用全金属栏架，配塑料或铸铁漏缝地板、自动饲槽和自动饮水器。（5）育成育肥猪栏：实际生产中，为了节约投资，所用的育成育肥栏相对比较简易，常采用全金属圈栏或砖墙间隔、金属栏门。

56. 采用漏缝地板有什么好处？具体有什么要求？

答：现代养猪生产中，为保持猪场栏内卫生，改善环境，减少清扫，普遍采用在粪沟上敷设漏缝地板。对漏缝地板的要求：耐腐蚀、不变形、表面平、不滑，导热性小，坚固耐用，漏粪效果好，易冲洗消毒。地板缝隙宽度必须适合各种猪龄猪的行走站立、不卡猪蹄。

57. 常见的漏缝地板有哪些？选择漏缝地板时应注意哪些问题？

答：常用的漏缝地板有：水泥混凝土板块，钢筋编织网、焊接网等金属编织网地板，工程塑料地板以及铸铁、陶瓷地板等。（1）水泥混凝土漏缝地板：水泥混凝土漏缝地板在配种妊娠舍和育成肥育舍应用最为常见，可做成板状或条状。这种地板成本低、牢固耐用，但对制造工艺要求严格，水泥标号必须符合设计图纸要求。（2）金属漏缝地板：由金属条排列焊接而成，也可用金属条编织成网状。由于缝隙占的比例较大，粪尿下落顺畅，缝隙不易堵塞，不会打滑，栏内清洁、干燥，在集约化养猪生产中普遍采用。（3）塑料漏缝地板：采用工程塑料模压而成，拆装方便，质量轻、耐腐蚀，牢固耐用，较混凝土、金属和石板地面暖和，但容易打滑，体重大的猪行动不稳，适用于小猪保育栏地面或产仔哺乳栏小猪活动区地面。（4）调温地板：以换热器为骨架、用水泥基材料浇筑而成的便于移动和运输的平板，设有进水口和出水口与供水管道连接。

58. 养猪生产中常见的饲喂设备有哪些？

答：养猪生产中，饲料成本约占 50~70%，喂料工作量约占 30%~40%，因此，饲喂设备对提高饲料利用率、减轻劳动强度、提高猪场经济效益有很大影响。人工喂料设备比较简单，主要包括加料车、食槽。自动喂饲系统由贮料塔、饲料输送机、输送管道、自动给料设备、计量设备、食槽等组成。

59. 养猪生产中常用的自动饮水器有哪些？

答：猪用自动饮水器的种类很多，主要有鸭嘴式、乳头式、吸吮式和杯式饮水器等，每一种又有多种结构形式。鸭嘴式猪自动饮水器为规模化猪场中使用最多的一种饮水设备。乳头式猪自动饮水器由壳体、顶杆和钢球三部分构成。吸吮式猪自动饮水器由顶杆、钢球、壳体三部分组成。杯式猪自动饮水器供水部分的结构与鸭嘴式大致相同，杯体常用铸铁制造，也可以用工程塑料或钢板冲压成形（表面喷塑）。

60. 养猪生产中常用的清粪机械有哪些？

答：养猪生产中常用的清粪机械有链式刮板清粪机、往复刮粪板清粪机等。链式刮板清粪机由链刮板、驱动装置、导向轮和张紧装置等部分组成。此方式不适用于高床饲养的分娩舍和培育舍内清粪。链式刮板机的主要缺陷是由于倾斜升运器通常在舍外，在北方冬天易冻结。因此在北方地区冬天不可使用倾斜升运器，而应由人工将粪便装车运至集粪场。往复式刮板清粪机由带刮粪板的滑架（两侧面和底面都装有滚轮的小滑车）、传动装置、张紧机构和钢丝绳等构成。

61. 人工清粪方式适用于那类猪场？有什么特点？对猪舍有什么要求？

答：人工清粪方式适用于小型猪场。即人工清扫集中→手推车→从舍内运出→堆粪场；②舍外粪沟→集中→手推车→运至堆粪场。该清粪方式操作简便，不需要机械设备，只需拖拉机、小推车等运输工具，不耗电，投资少，但劳动量大，效率较低。采用人工清粪方式的猪舍，舍内设置较浅的粪沟或粪便直接落在地面上；若地面为漏缝地板，则粪便掉入地板下的粪沟，通过侧墙地窗将其清除到舍外。地面和粪沟都有一定的坡度，只有少量粪便随尿液顺斜坡汇入舍外化粪池，大部分则仍保留在原地。通常，粪便的含水量相对较低，由于清粪比较及时，粪便的发酵程度不高，粪中的各种养分与鲜粪类似。

62. 机械清粪方式适用于那类猪场？有什么特点？对猪舍有什么要求？

答：机械清粪方式适用于规模较大的猪场。采用机械清粪需要配备相应的，如铲式、链式刮板式、往复式刮板等清粪设备。机械清粪可极大地降低劳动生产强度，提高劳动生产效率，但多数设备尤其是国产设备的耐用性较差，运行费用较高。采用机械清粪的猪舍，舍内均须设置粪沟。定期开启设备，将粪尿集中刮至猪舍的一端，再通过另一刮板将粪便清至舍外粪池。该清粪方式可实行定时清粪，粪尿混合，粪沟中还需定期加水冲洗，因此，舍内粪沟中粪便积存时间较短、量较少，粪便的发酵程度较低，但舍外粪池中粪便积存时间较长，含水量及发酵程度都较人工清粪的高。

63. 水冲清粪方式有什么特点？对猪舍有什么要求？

答：水冲清粪方式是猪场使用最为广泛的清粪方式。其优点是设备简单，效率高，故障少，有利于场内卫生。但用水量很大，其用水量约为粪尿产量的 1 ~ 1.5 倍。采用水冲清粪工艺的畜舍，舍内地面为漏缝地板，地板下为 0.8 ~ 1.2m 深的粪沟。定期清粪，粪便在粪沟内存放较长时间，因而，粪便有一定程度的自然发酵，存放时间越长，温度越高，发酵程度亦越高。通常，这类粪便的含水量较高，一般在 95~98% 之间。

64. 重力自流清粪方式有什么特点？对猪舍有什么要求？

答：利用重力自流清粪工艺是一种较新的清粪方式，它是根据猪粪含水率高、流动性好的特性进行设计的。舍内设置的粪沟与水冲清粪工艺类似，只是在粪沟出口处加一闸板。平时，粪液积存在粪沟中，待积存到一定量时，将闸板拉开，粪液由出口通过排污管道自动流入舍外粪池。清粪时，一般无需加水，也无需机械设备，劳动强度小。通常，粪便的含水量在 90% 左右。由于粪便在粪沟中积存一段时间，会产生一定程度的分解。粪便中各种养分含量会随着存放时间而发生变化。

65. 猪场如何进行饲料分发？

答：对采用自动饲喂的猪场，猪舍外一般建有贮料塔。由饲料厂或饲料加工车间用散装饲料车将饲料运到贮料塔边上，饲料车上配备有提升搅龙，通过搅龙将饲料从饲料车上输送到贮料塔中。采用散装饲料车运输饲料。在没有配备散装饲料车的地方，一般用包装袋包装饲料，用载重卡车运输袋装饲料。采用人工饲喂的猪场，大多建有一个或数个饲料仓库，每栋舍中设一饲料间。规模较大的猪场，可以使用小型机动车按饲料的种类分别送到相应的饲料间中。小型猪场，由于场区不大，一般使用人力车将饲料从仓库运到饲料间。

66. 仔猪转运车有什么用途？运输或转群时如何减小对猪的应激？

答：仔猪转运车主要用于断奶仔猪从分娩舍到培育舍转群之用。转群时，将车推到分娩栏或培育栏面前，车的侧面靠在分娩栏（培育栏）的漏缝地板上，打开小门，仔猪进出方便，可减少对猪的应激，提高仔猪的转群效率。

67. 对运猪车有什么要求？

答：规模化猪场种猪的进出和肥猪的销售运输量很大，一般都要置备专用的运猪车，以保证所运猪的质量，降低中途的损耗。大型猪场的运猪车一般由 8 ~ 10 吨的载重汽车改装而成。车厢的上焊制双层笼架，用铺有防滑花纹地板的斜梯供猪上下。如果是长途运猪，还应配备饮水和喂饲设备。小型猪场，猪的运输量不大，可采用轻型载重汽车运猪，在车上罩网以防猪逃跑。

68. 哪些工具和设备可用于猪只标记和识别？

答：进行猪只标记和设别，需要配置的工具和设备有：（1）耳豁钳与耳洞钳；（2）耳号牌与耳号钳；（3）电子识别卡；（4）智能卡。

69. 猪场常用的消毒方法和消毒设备有哪些？

答：常用的消毒方法有喷雾消毒、浸液消毒、熏蒸消毒和喷撒消毒等。常用的消毒设备主要有高压清洗机和火焰消毒器，以及喷雾消毒器或将冲洗与消毒合在一起的冲洗喷雾消毒机。

70. 各种消毒方法的主要应用场合是什么？

答：（1）喷雾消毒：用一定浓度的次氯酸盐、有机碘混合物、过氧乙酸、新洁尔灭等，用喷雾装置进行喷雾消毒，主要用于饲养舍清洗完毕后的喷洒消毒、带畜消毒、畜牧场道路和周围、进入场区的车辆。（2）浸液消毒：用一定浓度的新洁尔灭、有机碘混合物或煤酚的水溶液，进行洗手、洗工作服或胶靴。（3）熏蒸消毒：每立方米用福尔马林（40%甲醛溶液）42 ml、高锰酸钾 21 g，21℃以上温度、70%以上相对湿度，封闭熏蒸 24 h。甲醛熏蒸饲养舍应在空舍状态时进行。（4）喷撒消毒：在畜禽舍周围、入口、舍内饲养设备下面撒生石灰或火碱可以杀死大量细菌或病毒。

71. 猪场应采取哪些工程防疫措施，来防止进场人员对疾病的传播？

答：在生产区入口处要设置更衣室与消毒室。更衣室内设置淋浴设备，消毒室内设置消毒池和紫外线消毒灯。工作人员进入或离开每一栋舍要养成清洗双手、踏消毒池消毒鞋靴的习惯。尽可能减少不同功能区、不同舍的工作人员交叉现象。主管技术人员在不同单元区之间来往应遵从清洁区至污染区，从日龄小的猪群到日龄大的猪群的顺序。有条件的场，可采取封闭隔离制度，安排员工定期休假。当进入隔离舍和检疫室时，还要换上另外一套专门的衣服和雨靴。

72. 车辆进场前应如何消毒？

答： 猪场大门入口须设置大消毒池。池宽应大于大卡车的轮距，一般与大门等宽；长度大于车轮的周长，一般为 1.5 倍，最好达 2.5 倍。水深 10 ~ 15 cm 以上，最好达 1/2 车轮。消毒药使用 2% 烧碱液或 1% 菌毒敌等，消毒对象主要是车辆轮胎。对车身可采用高压清洗机进行清洗消毒，人员则应下车进入消毒室消毒。

73. 对死亡猪只尸体的处理原则是什么？有几种处理方法？

答： 对死亡猪只的处理原则：第一，对因烈性传染病而死的猪只必须进行焚烧火化处理；第二，对其他伤病而死的猪只可用深埋法和高温分解法进行处理。处理方法有：深埋法、高温分解法和焚烧法等。

74. 为什么要重视养猪业环保问题？

答： 随着国家对农村产业结构调整的深入和加大，畜牧业占农业经济的比重越来越大。目前，我国养猪生产中，千家万户搞养殖所占的比重很大，少则 1 ~ 2 头，多则几十头或上百头。由于布局不规范，饲养简单，管理粗放，饲养方式落后，造成疾病多、资源浪费严重、大范围环境污染等很多问题，因此，宣传并搞好农村养猪环境保护工作对保障人畜健康，为农村提供良好居住环境具有重要意义。动物疫病可以发生在不同规模的生产场或养殖户，发病症状越来越复杂，除了靠药物与疫苗外，不论是从动物健康与产品安全生产需要考虑，还是从根本上保障我国养猪业的健康和可持续发展，都迫切需要净化养殖场周围的环境卫生，保持良好的生态环境，这是关系到我国养猪业发展的前途。

75. 养猪生产中，造成环境污染比较严重的污染源有哪些？有什么特点？

答： 养猪生产中对环境造成污染问题比较突出的是臭气、生产污水和猪的粪便。猪场臭气主要来自饲料蛋白质的代谢产物，以及粪便在一定环境下分解产生，也来自粪便或污水处理过程。较臭的物质来自氨气、含硫化合物以及碳水化合物的分解产物。臭气不仅影响人畜健康，对猪的生产性能及产品品质也有影响。

规模化养猪场污水产生的数量是其他养殖场中最多的，问题最为突出。污水的数量及性质因采用不同的栏舍结构、冲洗方式和地板结构、材料以及生产规模而异。

粪便是养殖场中废弃物中数量最多、危害最为严重的污染源。粪便是动物的代谢产物，每 d 排出的粪尿量一般相当于体重的 5~8%。猪的粪尿排泄量主要受环境生态因子、饲料质量、饮水量等影响。

76. 猪场污水处理主要工艺有哪些?

答：猪场废水处理工艺主要有：活性污泥处理法，氧化沟法，序批操作反应器（SBR），人工湿地系统，稳定塘系统等。

77. 猪场污水可以通过哪些途径利用?

答：猪场污水经过无害化处理后，可用于农田灌溉、养鱼、圈舍清洁用水、生产藻类生物体、无土栽培营养液等。

78. 什么叫减量排放？在猪的饲养过程中如何实现减量排放?

答：养猪生产过程中，通过选择合理的饲料原料，减少饲料中某些成分含量，提高猪对饲料的转化率，使猪粪尿数量和成分减少或改变，以降低对环境的压力，利于环境保护。饲养过程中，通过品种改良，选择合理的饲料原料（如低植酸玉米等），采用有效的配方和低蛋白日粮，实行分阶段饲养或采取干湿饲喂，减少饲料浪费，以及适当使用酶制剂、植酸酶等，可实现粪污的减量排放。此外，提高母猪年提供商品猪头数、逐渐减少猪的饲养总量，也是减少氮和磷排泄量有效手段。

79. 对猪场进行哪些日常的环境卫生监测?

答：猪场环境卫生监测的内容主要包括：（1）场内、猪舍内温度、湿度、光照条件、气流等小气候环境参数的监测；（2）有害气体、空气中粉尘、空气中微生物等空气质量指标的监测；（3）水质、饲料成分的定期监测；（4）畜牧场污染源以及畜产品等的监测。

【 饲料加工技术 】

1. 将饲料的粉碎粒度降低可改善猪对养分的消化率吗?

　　答: 可以。但关于准确调控饲料原料的粉碎粒度以使猪生产性能达到最佳的问题很复杂, 与很多因素有关。首先, 简单回顾一下适度降低饲料原料粒度的原因。(1)使一些块根块茎类或纤维含量高的原料便于加工处理。(2)提高混合均匀度。(3)为制粒或膨化等后续加工工序做准备。(4)通过增加与消化酶的接触面积提高饲料消化率。(5)迎合消费者的喜好。粒度对饲料利用率的影响不仅依赖于原料类型, 而且还依赖于猪的生长阶段。在不考虑年龄因素时, 减小粉碎粒度可提高猪的生产性能。关于日粮中高粱粉碎粒度对育肥猪消化率影响的研究中, 通过锤片式粉碎机粉碎, 分别得到平均粒径为 1 262、802 和 471μm 的颗粒, 对安装回肠瘘管的肥育猪进行消化试验。回肠末端和全消化道食糜表观消化率的测定结果表明, 降低高粱的粉碎粒度可显著提高干物质、碳水化合物、能量和氮的表观消化率(见表五十二)。

表五十二　　高粱粉碎粒度对育成猪消化率的影响

项目	细粉碎	中度粉碎	粗粉碎
颗粒平均粒径 /Lma	471	802	1 262
颗粒数量 /ga	57 771	8 369	1 082
干物质含量			
回肠末端食糜 /%	77.84	73.37	68.34
全肠道食糜 /%	91.37	88.27	87.62
氮含量			
回肠末端食糜 /%	77.81	73.40	70.14
全肠道食糜 /%	85.26	79.56	77.13
淀粉含量			
回肠末端食糜 /%	86.04	78.10	72.26
全肠道食糜 /%	98.49	95.25	95.86
能量			
回肠末端食糜 /%	78.26	73.68	63.38
全肠道食糜 /%	90.52	86.84	85.58

注: a 根据 Pfost 等 (1976) 的方法计算; 表中各含量均为干物质基础

　　目前, 国内的饲料粉碎主要采用锤片式粉碎机 (图 121、图 122), 经过 30 多年的发展, 我国猪料粉碎机的制造已经进入世界先进行列, 大量出口到海外。

图 121　冠军王粉碎机外形

图 122　冠军王粉碎机内部构造

2. 不同的粉碎设备和原料类型对消化率也有影响？

答：对，不同的粉碎设备和原料类型对消化率也有影响。Ohh 等分别利用对辊式粉碎机和锤片式粉碎机加工的 2 种不同粒度的玉米和高粱饲喂仔猪。在加工过程中，对辊式粉碎机对玉米和高粱分别进行粗细 2 种粉碎，锤片式粉碎机则分别安装 6.4 和 3.2 mm 的筛片进行粉碎，从表 2 可见，对辊式粉碎机细粉碎后的原料平均粒径与安装 6.4 mm 筛片的锤片式粉碎机的加工粒径相似。但对辊式粉碎机破碎粒径的几何标准差小于锤片式粉碎机，而且产生的粉尘（粒径小于 145 μm 的颗粒）也较少。饲养试验中，谷物类型、加工方式和粒度对仔猪生产性能的影响，结果见表 3。其中，平均日增重没有受这 3 个因素的影响；但随着粒径的增加，仔猪采食量得到提高；与锤片式粉碎机相比，对辊式粉碎机加工的谷物也提高了采食量；采食量最低的是安装 3.2 mm 筛片的锤片式粉碎机所加工的玉米和高粱，同时，经分析，这 2 种谷物的粉尘率最高，试验结果表明，细加工谷物对仔猪的适口性较差。试验结果表明，日粮粒径降低会提高饲料利用率（P<0.05），同时也改善干物质、氮和能量的消化率（见表五十三和表五十四）。试验验证前人关于降低饲料粒度会提高营养物质消化率的研究结论，其部分原因可能是：由于细粉碎加工可提高饲料颗粒的数量，并且通过增加与消化酶接触的有效面积提高消化酶的活性。目前已证实，饲料细粉碎加工可提高家畜的生产性能，但过度粉碎同样会降低饲料适口性。同时，饲料过度粉碎会增加家畜胃溃疡的发生率。对于饲养周期较短的肥育猪，这个问题影响不大，但对于种猪，影响较严重。

表五十三　玉米和高粱粒度分析

谷物种类	粉碎机类型	粒度类别	平均粒径 /μm	几何标准差	颗粒表面积 /（cm²/g）	粒尘比例 [a] /%
玉米	锤片式粉碎机	细粉	624	2.26	87	5.6
		粗粉	877	2.25	67	1.8
	滚筒式粉碎机	细粉	822	2.04	73	1.3
		粗粉	1 147	1.99	47	0.8
高粱	锤片式粉碎机	细粉	539	2.10	97	8.8
		粗粉	722	2.07	79	2.7
	滚筒式粉碎机	细粉	855	1.81	61	0.4
		粗粉	1 217	7.74	45	0.3

注：a 粉尘直径小于 145 mm 的颗粒

表五十四　玉米和高粱粉碎粒度对仔猪生产性能的影响

谷物种类	粉碎机类型	粒度类别	平均粒径 /μm	平均日增质量 /kg	日采食量 /kg	料肉比
玉米	锤片式粉碎机	细粉	624	0.460	0.783	1.70
		粗粉	877	0.450	0.802	1.78
	滚筒式粉碎机	细粉	822	0.464	0.841	1.81
		粗粉	1 147	0.473	0.905	1.92
高粱	锤片式粉碎机	细粉	539	0.437	0.779	1.78
		粗粉	722	0.453	0.813	1.79
	滚筒式粉碎机	细粉	855	0.452	0.866	1.92
		粗粉	1 217	0.428	0.827	1.94

表五十五　玉米和高粱粉碎粒度对营养物质表观消化率的影响

谷物种类	粉碎机类型	粒度类别	平均粒径 /μm	消化率 /%		
				干物质	氮	能量
玉米	锤片式粉碎机	细粉	624	87.3a	87.5a	87.4a
		粗粉	877	84.2d	81.2c	83.5bc
	滚筒式粉碎机	细粉	822	87.0ab	86.0a	87.1a
		粗粉	1 147	85.8bc	83.6b	85.1b
高粱	锤片式粉碎机	细粉	539	84.9cd	78.2d	84.1bc
		粗粉	722	84.7cd	77.8d	84.1bc
	滚筒式粉碎机	细粉	855	83.7d	76.8d	82.8c
		粗粉	1 217	81.7e	74.5e	80.2d

表五十六　饲料粒度对营养物消化率和饲料转化率的影响

平均粒径 /μm	干物质 /%	氮 /%	能量 /%	料肉比
700	86.1	82.9	85.8	1.74
700 ~ 1 1000	84.9	80.5	84.4	1.82
1 000	83.7	79.1	82.6	1.93

3. 实际生产中有必要进行二次粉碎吗？

答：这个问题要具体分析。饲料厂生产的目的在于用最经济的粉碎工艺加工原料以满足客户的需求。在中国，饲料厂商为迎合客户的喜好，常常将饲料粉碎得特别细，甚至会用锤片式粉碎机粉碎 2 次。实际上，这种加工方式在美国老外看来非常不经济，他们认为降低饲料粒度虽然可改善家畜的生产性能，但也会引起加工和环境等一系列问题，而且还可能会降低采食量。饲料粉碎粒度与加工过程的能耗是成反比，即饲料粒度的平均值越小，所消耗的能源越多。Martin 利用 2 种谷物（玉米和高粱），2 种粉碎方式（锤片式粉碎机和对辊式粉碎机），2 种粉碎粒度（细粉碎和粗粉碎）来研究粒度对饲料混合和制粒的影响。在锤片式粉碎机加工过程中，分别使用 3.2 和 6.4 mm 的筛片获得细粉碎和粗粉碎产品。关于粒度分析和粉碎效率的试验数据见表 6，饲料粒度的平均值越小，对其粉碎加工所需的能耗就越多，而这部分增加的能耗就转化到了饲料加工成本中。同时，谷物在加工过程中过度粉碎会产生大量粉尘，导致肺吸入量过大或眼睛受刺激而引起不适。

过度粉碎还会引起进料器和贮料仓中的饲料起拱现象。

近年来，人们已逐渐认识到粉碎加工与能耗间的关系，并不断寻找降低能耗的方法。例如，在锤片式粉碎机上部安装一个预粉碎机，可使加工能力提高30%以上，而加工成本并不增加多少。这种将多部粉碎机和筛片联合使用的2级或多级粉碎方式可大大提高粉碎效率。因为锤片式粉碎机上部放置的筛片可筛分出较小的饲料颗粒，这部分颗粒就不需进行预粉碎，之后，锤片式粉碎机的筛片同样筛分出小的饲料颗粒，仅留下大的饲料颗粒进行二次粉碎。这种加工方式虽然需根据原料调整筛片和锤片式粉碎机的数量，但这种方式的能耗比使用对辊式粉碎机低。相比锤片式粉碎机，对辊式粉碎机能生产出均一性更好（几何标准差更低）的产品。无论是农场型还是商业型的饲料生产者，都应该对粉碎加工成本有足够的关注，如果按客户喜好将饲料产品粉碎过细，就要保证增加的加工费用能从上涨的成品价格中得到弥补。在这种情况下，养猪户也应考虑所增加的饲料成本是否能真正改善猪的生产性能。

表五十七　玉米和高粱的粒度对粉碎效率的影响

谷物种类	粉碎机类型	粒度类别	平均粒径 /μm	几何标准差	颗粒数量 /g	表面积 / (cm²/g)	粉碎效率 / (kWh) /t
玉米	锤片式粉碎机	3.2 mm	595	2.13	49 000	89	8.40
		6.4 mm	876	2.19	31 000	71	4.95
	滚筒式粉碎机	细粉	916	2.25	27 000	67	4.37
		粗粉	1 460	2.01	7 000	39	2.73
高粱	锤片式粉碎机	3.2 mm	508	2.18	68 000	101	6.04
		6.4 mm	741	2.17	24 000	77	4.64
	滚筒式粉碎机	细粉	974	2.14	19 000	61	3.20
		粗粉	1 387	2.01	9 000	46	1.15

4. 猪饲料原料粉碎粒度到底多大为好？

答：600～700微米左右为好。饲料粉碎粒度的优化可提高养殖效益。养猪户到处寻找可将养殖成本省1%的方法，却往往忽视了饲料通过精细粉碎就可将收益提高10%的途径。养猪户总是谈论使用饲料添加剂可提高2%～3%的经济效益，但并不重视饲料的粉碎粒度，其实，大部分养猪场在不使用添加剂等增加额外支出的情况下，仅通过改进饲料粉碎工艺就可增加10%的收益。美国养猪专家Allee博士等负责的一项关于饲养成本节约途径的研究结果表明，精细粉碎对猪的饲料消化率具有积极的影响。对于生长猪，当饲料经粗粉碎，粒度为1 000 μm时，料重比为1.93；当饲料经进一步粉碎，粒度为700～1000 μm时，料重比为1.82；当饲料经精细粉碎，粒度为700 μm时，料重比为1.74。以上研究中饲料的主要成分为玉米和高粱。根据以上的研究结论，养猪户应尽量将饲料粉碎粒径控制在600～700 μm。但在生产中，靠目测很难判定粉碎后的饲料粒度，为解决这个问题，美国堪萨斯州立大学已提供了一种可测定饲料粒度的方法。Nelssen对美国国内不同地区饲料生产厂家的饲料样品采样并进行测定后，结果发现，其平均粉碎粒度大于上述推荐粒度，约为910 μm，范围为510～1500 μm，比700 μm要高。精细粉碎后的饲料之所以可改善猪的生产性能，是由于饲料颗粒粒径越小，暴露出的表面积越大，肠道中的消化酶就是通过与这些饲料表面积直接接触进行消化的。也就是说，饲料粉碎得越精细，颗粒越小，则饲料总表面积就越大。因此，增加了消化酶与饲料的接触面积，从而提高了饲料消化率，消化率的提高意味着猪生产性能的改善。当然，饲料也可粉碎得更细。但当饲料粉碎粒度小于 700 μm，其加工过程的耗电量成本和多出来的时间成本会超过从改善动物生产性能上的收益。另外，过度粉碎的颗粒还会给肠黏膜带来损伤，当饲料粉碎粒度小于 500 μm，会加重对肠道黏膜的损伤，增加胃溃疡的发病率。精细粉碎饲料在进料仓内也会引起"起拱"现象。这种情况的产生也与所使用的是对辊式粉碎机还是锤片式粉碎机有关，其中对辊式粉碎机在精细粉碎时产生的粉尘较少，因此，这种粉碎方式可减少"起拱"现象，并且可减少因精细粉碎而导致的适口性差等其他问题。另外，对辊式粉碎机可生产出较均匀的饲料颗粒，饲料颗粒均匀度对生产性能同样重要。Nelssen 将养猪场所采集的饲料样品进行颗粒粒径测定并记录，之后在堪萨斯州立大学进行标准差分析，结果显示，虽然其中部分样品的粉尘率较高，但总体颗粒均匀度还是令人满意的。养猪户也不必因上述原因放弃使用锤片式粉碎机，可通过前期工作将粉碎粒度控制在 600 ~ 700 μm。许多养猪户发现，采用筛孔直径为 1/8 英寸的筛片粉碎高粱或筛孔直径为 3/16 英寸的筛片粉碎玉米，也可达到上述的颗粒粒度。另外，通过调整粉碎机的转数也可解决粉尘问题。一些养猪户将锤片式粉碎机的电动机调整为反转后，利用锤片棱角完整而且尖锐的另一面击碎谷物，粉碎效果也不错。

5. 小麦粉碎粒度对肥育猪生产性能有哪些影响？

答：影响不大。Leonard 等用含有 3 种不同粉碎粒度（精细粉碎、中度粉碎和粗粉碎）的小麦日粮饲喂肥育猪，以观察小麦粉碎粒度对猪平均日增重、耗料量和饲料转化率的影响。结果表明，各处理组间的平均日增重没有显著差异，但随着小麦粒度的增加，日增重有提高的趋势。

6. 用颗粒饲料喂猪有啥好处？

答：颗粒饲料通常会使生长猪和肥育猪的平均日增重增加 5%，饲料利用率提高 6% ~ 10%。

7. 请谈谈猪饲料的加工工艺？

答：在多种猪饲料原料的加工工艺中，锤片粉碎机处理也许是应用最广泛的。多数常规的原料，如大麦、玉米、小麦、高粱和燕麦在生产中利用锤片式粉碎机进行加工。但在上述原料中，特别是对于小麦和燕麦，选择何种筛片进行粉碎是一个非常复杂的问题。如果将小麦粉碎得过细，饲料黏性就会增加，采食过程中极易引起糊嘴现象，从而导致适口性降低；如果粉碎得过粗，小麦的利用率就会变得很低，但用对辊式粉碎处理可有效解决上述问题。对于燕麦的粉碎，目前有限的资料表明，较小的粉碎粒度对于提高其利用率是必要的。粉碎燕麦时，筛孔直径小于 5.25 mm，不会对其利用效率造成明显的影响；但当筛孔直径等于或大于 9 mm 时，就会降低燕麦的利用效率。与此相对的是，对燕麦进行对辊式粉碎处理，如加工很均匀且很扁时，其利用效率与用筛孔直径小于 5.25 mm 的其他任何粉碎方式的利用效率相同。另外，不同粉碎工艺对玉米和高粱利用率的影响与燕麦相似。

专业术语"压片"通常表示谷物在对辊式粉碎处理之前所进行的加热或润湿的过程。因此，压片玉米在进入蒸汽仓前首先需进行破碎处理，之后将其浸泡 1 ~ 2 d，使水分含量达到约 20 %。然后将蒸煮后的玉米通过重型对辊式粉碎机进行加工，使最终的水分含量降至约 14 %。目前，这种加工过程对玉米的调制主要包括：1) 去除玉米胚芽，仅留下无胚芽的部分进行压片处理。2) 在蒸汽仓内，使玉米水分增加，同时进行蒸煮加工。日粮中压片玉米的比例较低时，其适口性很好。但当压片玉米比例很高（如 85%），特别是在湿料饲喂或玉米没有粉碎即饲喂的情况下，适口性变得非常差。

图 123　坐落在美国堪萨斯州立大学饲料加工实验室的蒸汽压片机

图 124　蒸汽压片玉米

膨化处理是一种干热形式的加工工艺，通常指谷物在加热或加压的情况下突然减压而使之膨胀的加工方法。目前关于膨化饲料对猪生产性能的影响的资料较多，膨化处理可在一定程度上提高饲料的营养价值。

图 125　国内著名饲料设备制造商生产的膨化机

图 126　作者带领中国饲料企业家代表团参观膨化大豆厂

微爆化处理是用混合气体将陶瓷体加热到一定温度后，使谷物通过这些陶瓷体，将谷物进行对辊式粉碎和冷却处理。微爆化加工过程的温度通常控制在 140 ~ 180℃。但微爆化处理在这个温度下的暴露时间为 20 ~ 70 s，比膨化处理的时间（5 ~ 6 s）长。最近的资料显示，对生产性能影响来讲，陶瓷体加热后的对辊式粉碎过程的重要性需进行重新认识。早期研究表明，这些加工过程可改善大麦的营养价值，显著提高玉米的营养价值，但对小麦营养价值影响的结论并不一致。最近的研究表明，微爆化处理对于改善猪饲料中小麦的营养价值并无显著作用。另外，一些关于微爆化试验中所使用谷物的水分含量可能很低，研究结果充分证明了这种加工工艺对生产性能的改善效果。

　　在制粒工艺中，饲料组分在压力作用下被挤出制粒机的环模。制粒过程本身就可对饲料进行摩擦加热。大多数的饲料企业在制粒之前已对饲料进行了蒸汽加热处理，但也有一些企业并不采用蒸汽加热处理，即冷制粒，仅是依靠制粒机的压力使饲料挤出环模。因此，制粒工艺包括干制粒或湿制粒过程。关于颗粒饲料对生产性能影响的研究很多。大量的相关资料指出，制粒过程可提高饲料的营养价值，并且对多种原料进行的不同制粒处理均可提高猪的生产性能。制粒加工对猪生产性能改善的原因有多种，其中较为明显的就是颗粒饲料在饲喂过程中可明显减少浪费。另外，也有一些研究表明，制粒过程对饲料物理和化学特性的改变才是提高猪生产性能的真正原因。制粒过程可提高能量消化率，并且改善氨基酸和磷的利用率。在限饲条件下，猪肥育全程使用颗粒饲料，其减少的干物质损耗和改善的能量消化率可增加10％的消化能，但颗粒饲料的这种改善作用在很大程度上取决于制粒的具体过程。因此，制粒过程中的物理压力对其作用的影响可能大于蒸汽加热。有些研究表明，干制粒处理的饲料中有机物的消化率和饲料转化率高。

图127　装有3层调质器的制粒机

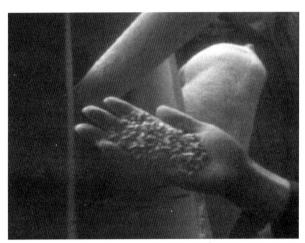

图128　饲喂猪的颗粒饲料

8. 呕吐毒素对哺乳母猪生产性能有何负面影响？

　　答：饲料间传播的镰刀菌属对动物采食量和生产性能有影响。镰刀菌属是真菌的一种，它产生的毒素通常存在于猪饲料原料中。实际上，镰刀菌属毒素和黄曲霉毒素一样，是世界上温带地区分布最广的霉菌毒素。另外，在自然界中对镰刀菌属毒素污染的饲料最敏感的动物是猪和马。这种致敏性是由多种不同途径共同作用引起的，这种污染通常难以检测且不易控制。镰刀菌属毒素中的组分种类繁多且复杂，导致对其中每种组分的具体检测非常困难，因此，在实际检测中通常将这些复合物统称为呕吐毒素或脱氧雪腐镰刀菌烯醇（DON），并将其作为所有毒素检测的标准物质。加拿大圭尔夫大学的研究者在DON对哺乳母猪生产性能的研究中，特别强调了它对采食量极大的负面影响（见表五十八，霉菌毒素的污染量为4.15 mg/kg）。其他一些研究发现，DON对日采食量的负面影响虽然并没有上述研究结果严重，但即使加入了霉菌毒素吸附剂，其不良反应也并不能完全得到缓解。

表五十八　饲料间传播的霉菌毒素对哺乳母猪生产性能的影响（kg/d）

项目	对照组日粮	霉菌毒素污染日粮
采食量	4.98	3.49
平均日增重	0.11	−0.61

　　上述研究中，试验母猪在产仔后即饲喂试验日粮，饲喂期持续 21 d。在另一项研究中，母猪产仔前 3 周饲喂添加相同剂量 DON 的试验日粮，结果显示：试验组日粮对平均日采食量的影响相对较弱（对照组为 2.41 kg，试验组为 2.12 kg），但受 DON 污染的试验日粮对日增重的影响较明显，试验组的平均日增重仅为 0.62 kg/d，而对照组的平均日增重可达到 1.14 kg/d。从表五十八可见：在母猪的 3 周哺乳期内，因霉菌毒素的污染至少降低了 30 % 的采食量，并且减少了 12 kg 的体增重，而对照组可获得至少超过 2 kg 的体增重。

9. 哺乳母猪采食量有差异吗？采食量受何种因素影响？如何提高哺乳母猪的采食量？

　　答：有。胎次是决定采食量的一个重要因素。初产母猪的采食量通常比经产母猪低 20%。另外，随着仔猪断奶日龄的增加，母猪的采食量也呈增加的趋势。在满足哺乳母猪采食量需要时，日采食量与仔猪断奶日龄呈一定的相关关系。一般情况下，母猪在产仔后的 8 ~ 9 d 即达到采食量的高峰期，而且高峰期采食量会受到品种和基因类型的影响，但相对于品种而言，个体和胎次对采食量的影响更大。通过对目前研究数据的整理，可形成一套基本的饲喂管理模式。大多数猪场的研究表明：哺乳母猪对粉碎后湿拌饲料的采食量高于干料，每 d 可提高约 0.5 kg，但这种提高往往体现在初产母猪身上，而不是经产母猪。饲养方式中首先考虑的是饲喂频率，每 d 多次饲喂（3 次或超过 3 次）的效果优于每 d 饲喂 1 次或 2 次。哺乳母猪圈舍内的料槽需设计更完善，料槽应深一些并且易让母猪接触，饮水器要安装在料槽上面或在料槽边。饲料组成成分也会影响采食量，如：组分中含鱼粉的饲料，其适口性要优于含豆粕的饲料。但普遍性的经验中也包含着矛盾的地方，紫花苜蓿就是典型的例子。有些营养学家称，紫花苜蓿的适口性并不是很好，但欧洲的一些养殖者在哺乳母猪的基础日粮中添加紫花苜蓿和燕麦的混合物，他们认为：二者可缓解由饲料中小麦可能带来的霉菌毒素污染。对于妊娠初期的母猪，在饲喂低蛋白水平日粮的情况下，提高日粮蛋白水平可增加采食量。在夏季，增加日粮中脂肪含量或适当降低日粮蛋白水平也具有一定的益处。提高哺乳母猪日粮中粗纤维的含量会增加采食量，但另一方面，粗纤维的增加可能会降低哺乳母猪采食的能量浓度。以下 2 种饲养管理措施得到了普遍认可：1）每 d 清除料槽中的剩料；2）专门为哺乳母猪配置一种含有不同组分的高营养浓度的饲料配方，以此满足哺乳母猪对能量和氨基酸的需要。在哺乳母猪饲料喂量方面，目前还存在争议，以前的观点认为：不要急于推广和应用自由采食的理论，但目前大多数人已放弃这个观点，对母猪哺乳全期限饲的饲养方式进行了一些改变。从母猪哺乳第 1 d 开始，典型的饲喂量应为 2.5 kg/d，日粮能量为 14.5 MJ/kg 消化能。这个饲喂标准与英国推荐的母猪哺乳 11 只仔猪，仔猪断奶体重达到 7 kg 的标准相同。从哺乳第 1 d 起，饲喂量每 d 增加 0.5 kg，到第 10 d 使母猪采食量达到 7 kg。这个推荐量与加拿大研究者的建议饲喂量不同，加拿大研究者建议，哺乳母猪从泌乳第 2 d 到第 8 d，每 d 饲喂量需增加 1 kg，其目的是为了维持第 8 d 到第 12 d 哺乳母猪的采食量，因为这段时间被认为是采食量最易受到影响的波动期。在母猪哺乳第 12 d 后，就可开始采用自由采食或根据母猪食欲调整采食量的饲喂方式。无论采用哪种饲养方式，都需要对饲养的哺乳母猪花费一定的时间和心思，认真观察、记录并满足它们需要的日采食量。这个记录对于寻找出现问题的地方，并判定日粮是否满足哺乳母猪全部的营养需要量具有重要意义。哺乳母猪营养需要量计算的基础是能量需要量，因为能量是保障母猪向仔猪提供足够乳汁的根本。根据一种典型的计算公式，2/3 的能量摄入量被母猪消耗，剩余 1/3 满足母猪本身的维持需要。如果采食的营养物质满足不了这 2 种生理功能的需求，哺乳母猪就会动员体组织分解供能以提供哺乳所需的能量。研究表明：母猪哺乳期体重损失的 65 % 为体脂，与体脂相比，体蛋白的损失量低于体重损失总量的 15 %，而且体蛋白转化为乳汁的效率非常低。因此，哺乳母猪的体重损失既不利于母体本身，也不利于仔猪的生长发育。将优质饲料原料的选择和加工，以及采用最有效的饲喂方式使采食量达到最大，这 2 个思路有机结合起来，是解决哺乳母猪饲养问题的有效途径。

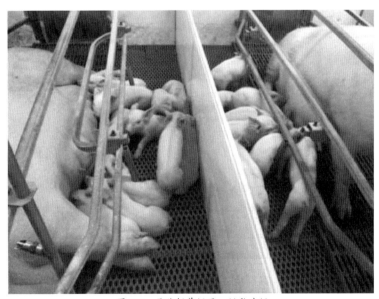

图 129　母猪饲养好了，泌乳才好

10. 谷物粉碎粒度对营养物质利用率有何影响?

答：随着谷物粉碎粒径的降低，干物质、能量和蛋白质在消化道中的消化率会逐渐提高。虽然每克谷物中颗粒数量的增加和颗粒平均粒度的降低会改善消化率，但对于不同谷物品种，可获得最大养殖效益的理想粉碎粒度目前仍难明确。此外，过细的谷物颗粒会增加猪胃肠道溃疡的发病率。谷物是猪饲料中能量的主要来源，因此，任何可影响到谷物营养价值的加工方式都具有重要的经济意义。对于猪来说，对辊式或锤片式粉碎加工后的谷物营养价值较高，而整粒风干谷物的营养价值较低。对辊式或锤片式粉碎过程可使谷物颗粒趋同于其他饲料组分，利于混合，还可避免饲料出现分级现象，为下一步的加工提供良好的基础。利用撞击、挤压和碾磨等机械力破碎整粒谷物，降低谷物粒度，可提高消化酶与谷物的接触面积。谷物被粉碎得很细时，其表面积会呈几何级增加。为评价谷物粉碎粒度对猪生产性能的影响，研究者通常会利用特定筛片确定细粉碎的粒度范围，将粉碎粒度描述为细粉碎、中度粉碎和粗粉碎。为更加准确地界定粉碎粒度，Pfost 等共同提出了使用对数正态分布评价粒度的方法。利用这套方法，研究者可利用几何平均粒径（dgw）和几何标准差（sgw）这 2 个统计学指标评定谷物的粉碎细度和颗粒粒径。谷物粉碎粒度对动物生产性能的影响主要取决于所饲喂谷物的种类和动物的生长阶段。肥育猪（50 kg 至出栏）对饲料的咀嚼并不充分，一些研究者也表明，其对整粒谷物的饲料利用率非常低；而仔猪会对采食的饲料进行充分的咀嚼。因此，对于任何生长阶段的猪，对辊式或锤片式粉碎的谷物均可提高饲料利用率。在猪饲料生产加工过程中，锤片式粉碎是减小谷物颗粒最常见的方法，同时，也有生产者采用对辊式粉碎方法。谷物中的小麦、高粱和玉米的粉碎粒度对猪营养物质消化率和生产性能均具有一定的影响。因富含谷蛋白黏胶质，小麦的粉碎过程存在着特殊的问题。如果小麦粉碎过细，就会降低采食量。粉碎方法对猪饲料中小麦营养价值的影响见表五十九。

表五十九　粉碎方法对猪饲料中小麦营养价值的影响

项目	锤片式粉碎		对辊式粉碎
	细粉碎	粗粉碎	
平均日增质量 /kg	0.65	0.67	0.67
料肉比	3.05	3.01	3.02
平均日增质量 /kg	0.64	）	0.65
料肉比	3.40	）	3.32
平均日增质量 /kg	）	0.80	0.82
料肉比	）	3.20	2.94
平均日增质量 /kg	0.73	0.73	0.75
料肉比	4.08	4.12	3.91
表观消化率			
干物质 /%	86.2	）	86.6
	81.1	82.0	84.1
氮 /%	90.0	）	89.5
	82.0	）	85.0
能量 /%	86.1	）	85.6
	81.2	）	84.9

注：a 锤片式粉碎机筛孔直径为 9.6 mm；b 细粉碎筛片直径为 4.8 mm，粗粉碎筛片直径为 6.4 mm；c 小麦经压扁处理后再经筛孔直径为 5.25 mm 的锤片式粉碎机粉碎

对辊式粉碎方法较适合小麦的加工处理，因为这种方法可降低粉尘的产生率，并减少加工损耗。Sauer 等将小麦分别经锤片粉碎（1.5 mm 筛片）和裂化破碎（6 mm 筛片）后，观察这 2 种加工方法对氨基酸的回肠回收率和粪便回收率的影响。结果表明，锤片式粉碎处理组中大部分氨基酸的回肠回收率高于裂化破碎处理组。但在粉碎粒度对氨基酸利用率的影响方面，这项研究并没有对粪便回收率进行分析。对于肥育猪，锤片式粉碎和对辊式粉碎均能改善高粱的营养物质消化率和营养价值。Owsley 观察了高粱的粉碎粒度对肥育猪回肠末端和全消化道营养物质消化率的影响。

试验所用高粱分别经对辊式粉碎（粗粉碎）和锤片式粉碎（中度粉碎 6.4 mm；细粉碎 3.2 mm）加工处理。结果表明，这 3 种粉碎方式均显著提高干物质、淀粉、能量和氮的消化率（见表六）；并且随着粉碎粒度的降低，大部分氨基酸的消化率也得到提高，但赖氨酸的消化率并没有受到粉碎粒度的影响。这项研究结果证明，粉碎粒度可影响谷物营养物质的消化率，但并不意味着粉碎粒度同样可显著影响猪的生产性能。在堪萨斯州立大学的一项研究中，Ohh 等综合评价了 2 种谷物饲料（玉米和高粱）、2 种加工方法（锤片式和对辊式粉碎）和 2 种粉碎粒度（细粉碎和粗粉碎）对猪生产性能的影响。粉碎玉米和高粱的锤片式粉碎机筛片直径分别为 3.2 和 6.4 mm。对不同谷物饲料粉碎粒度的分析见表表六十一，经锤片式粉碎加工的粗粉碎颗粒粒度与对辊式粉碎加工的细粉碎颗粒粒度相似，并且锤片式粉碎方法产生了大量粉尘（粒径 < 0.145 mm）。谷物种类和粉碎粒度对断奶仔猪生产性能的影响见表六十二。结果表明，平均日增重没有受到粉碎粒度、谷物种类和加工方法的影响；随着粉碎粒度的降低，采食量有增加的趋势，但锤片式粉碎方法加工的细粉碎谷物的采食量最低；锤片式粉碎方法加工的细粉碎玉米和高粱不仅具有粒度最小的颗粒，而且粉尘（<0.145 mm）含量均最高；另外，细粉碎谷物颗粒降低了日粮的适口性。

表六十　高粱粉碎粒度对肥育猪营养物质消化率的影响

项目		细粉碎	中度粉碎	粗粉碎
粒度		2.36	2.85	3.57
颗粒数量 /g		57 771	8 369	1 082
几何平均粒径 / μm		471	802	1 262
干物质 /%	回肠末端	77.84 ± 1.07	73.37 ± 2.07	68.34 ± 3.51
	全消化道	91.37 ± 0.91	88.27 ± 1.08	87.62 ± 3.65
	差值	13.53 ± 1.17	14.90 ± 1.13	19.28 ± 6.35
氮 /%	回肠末端	77.81 ± 1.24	73.40 ± 2.00	70.14 ± 1.88
	全消化道	85.26 ± 2.63	79.56 ± 1.39	77.13 ± 1.24
	差值	7.45 ± 2.01	6.16 ± 2.03	6.99 ± 2.67
赖氨酸 /%	回肠末端	83.45 ± 1.02	82.80 ± 2.17	81.41 ± 2.02
	全消化道	84.79 ± 2.51	81.70 ± 2.34	79.01 ± 3.52
苏氨酸 /%	回肠末端	73.74 ± 1.08	70.71 ± 2.55	67.03 ± 2.58
	全消化道	82.69 ± 2.95	77.38 ± 2.13	74.37 ± 4.16
淀粉 /%	回肠末端	86.04 ± 2.07	78.10 ± 3.57	72.26 ± 3.75
	全消化道	98.49 ± 0.29	95.25 ± 0.91	95.86 ± 1.50
	差值	12.45 ± 2.06	17.15 ± 3.07	23.60 ± 3.56
能量 /%	回肠末端	78.26 ± 0.98	73.68 ± 1.92	63.38 ± 3.73
	全消化道	90.52 ± 1.09	86.84 ± 1.16	85.58 ± 1.13
	差值	12.26 ± 1.03	13.16 ± 1.05	17.20 ± 3.95

对辊式粉碎处理组内猪的平均日采食量高于锤片式粉碎处理组，这个结果与 Maxwell 等的研究结论一致，他的研究结果表明，与锤片式粉碎的细粉碎（1.5 mm 筛片）玉米相比，对辊式粉碎加工的粗粉碎玉米的采食量较高。对辊式粉碎方法和锤片式粉碎方法对采食量影响的原因可部分归因于二者在颗粒分布（几何标准差）和粉尘比例方面的差异（见表六十一），对辊式粉碎方法

可有效降低粉尘比例，从而提高猪的适口性。

表六十一　玉米和高粱型基础日粮粉碎粒度的分析

谷物种类	粉碎方法	粒度等级	平均粒径 /μm	几何标准差	表面积 / (cm²/g)	粒度	粉尘比例 /%
玉米	锤片式粉碎	细粉碎	624	2.26	87	2.50	5.6
		粗粉碎	877	2.25	67	3.17	1.8
	对辊式粉碎	细粉碎	822	2.04	73	2.95	1.3
		粗粉碎	1 147	1.99	47	3.59	0.8
高粱	锤片式粉碎	细粉碎	539	2.10	97	2.23	8.8
		粗粉碎	722	2.07	79	2.70	2.7
	对辊式粉碎	细粉碎	885	1.81	61	3.32	0.4
		粗粉碎	1 217	1.74	45	3.70	0.3

表六十二　玉米和高粱型基础日粮对断奶仔猪生产性能的影响

谷物种类	粉碎方法	粒度等级	平均粒径 /μm	平均日增质量 /kg	日平均采食量 /kg	料肉比
玉米	锤片式粉碎	细粉碎	624	0.460	0.783	1.70
		粗粉碎	877	0.450	0.802	1.78
	对辊式粉碎	细粉碎	822	0.464	0.841	1.81
		粗粉碎	1 147	0.473	0.905	1.92
高粱	锤片式粉碎	细粉碎	539	0.437	0.779	1.78
		粗粉碎	722	0.453	0.813	1.79
	对辊式粉碎	细粉碎	885	0.452	0.866	1.92
		粗粉碎	1 217	0.428	0.827	1.94

表六十三　玉米和高粱的粉碎粒度对营养物质表观消化率的影响

谷物种类	粉碎方法	粒度等级	消化率 /%			几何平均粒径 /μm
			干物质	氮	能量	
玉米	锤片式粉碎	细粉碎	87.3a	87.5a	87.4a	624
		粗粉碎	84.2d	81.2c	83.5bc	877
	对辊式粉碎	细粉碎	87.0ab	86.0a	87.1a	822
		粗粉碎	85.8bc	83.6b	85.1b	1 147
高粱	锤片式粉碎	细粉碎	84.9cd	78.2d	84.1bc	539
		粗粉碎	84.7cd	77.8d	84.1bc	722
	对辊式粉碎	细粉碎	83.7d	76.8d	82.8c	855
		粗粉碎	81.7e	74.5d	80.2d	1 217

　　在不考虑谷物类型的条件下，粉碎粒度的降低可显著提高饲料转化率。无论玉米还是高粱，二者的干物质、氮和能量的消化率都会随着粉碎粒度的降低而得到提高（见表六十三），之前的一些研究也支持了上述结论。降低粉碎粒度可增加谷物颗粒的表面积，即增加了谷物与消化酶的接触面积，这也是提高消化率的一个重要因素。但也有大量证据证明，谷物粉碎粒度与动物胃肠道溃疡发病率间存在紧密的联系。Reimann 等的研究表明，降低玉米的粉碎粒度会增强胃蛋白酶的活性和胃内容物的流动性，进而增加胃肠道机能障碍的发病率。Maxwell 等认为，与饲喂裂化破碎的玉米相比，锤片粉碎后的玉米在体内进行了更充分的混合，胃肠道溃疡发病率也许与这种充分混合所引起的胃内容物的流动性有关。过细粉碎的谷物提高了胃内容物的流动性，增加了胃酸和胃蛋白酶进入肠道的比例，增强了二者对不具有自我保护能力的肠道黏膜的腐蚀，从而增加了胃肠道溃疡的发病率。

【疾病与防治】

1. 引起裂蹄的原因有哪些？如何解决？

答：蹄裂，在规模化猪场很常见，以蹄裂、局部疼痛、卧地少动为主要特征，发病率在4%~6%，用水泥方砖铺设地面的猪舍，猪发病率较高。轻则影响猪进食，重则被淘汰。裂蹄造成跛行，但一定是先有伤痕，再因环境中细菌感染而深及内部并发炎，才导致不能站立。造成蹄有伤痕之原因有如下几种：（1）地面粗糙；（2）畜舍设计不当，加上拥挤易引起受伤；（3）天生品种蹄弱，易受伤；（4）饲料中生物素不够；（5）用强碱洗猪舍造成地面变粗；（6）使用了刺激性消毒剂；（7）冬天干燥。解决办法：（1）选育抗肢蹄病的品种：通过肢蹄结实度的选择，改良肢蹄结构，使整个体型发生变化，进而达到增强抗该病发生的可能性。（2）改善圈面结构质地和管理：水泥地面应保持适宜的光滑度，地面无尖锐物、无积污。集约化养猪场的地面最好采用漏缝地板；新建水泥地面的猪栏用醋酸溶液多次冲洗，晾干后再进种猪。有条件的猪场，应确保种猪有一定时间在户外活动，以接受阳光，这样有利于体内维生素D的合成，促使钙磷的吸收、转化。（3）防止继发感染病的发生：在猪运动场进出口处设置脚池，池内放入0.1~0.2%的福尔马林溶液，以对发病的猪进行疾病预防和治疗。因裂蹄、蹄底磨损等继发感染的猪只，肢蹄发生肿胀的，可用青霉素等药物进行对症治疗。也可用紫药水喷伤口处，或用木棍绑上布条，布条沾紫药水打在伤口处。（4）改善饲料营养成分：供给全价平衡的日粮饲料，矿物质、维生素，尤其是生物素、亚油酸等含量应充足，确保钙磷量足够和恰当的比例，并保证锌、铜、硒、锰等微量元素的供应量。

2. 有哪些因素会产生黄膘肉及如何防治？

答：市场上不时会出现黄膘肉，即：屠宰时猪肉皮下脂肪为黄色。有些情况不但影响销售，而且有些还不能食用。产生黄膘肉的原因：（1）高温高湿条件下饲料氧化，霉变。（2）使用过多不饱和脂肪酸含量高的原料，如鱼粉，鱼油等。（3）维生素E等抗氧化剂添加剂量不足。（4）使用含丰富色素的饲料。（5）疾病：即为黄疸，可分为实质性、阻塞性和溶血性黄疸。生猪发生锥虫病、焦虫病或钩端螺旋体病时，由于机体内大量溶血，发生中毒和全身感染，胆汁排泄出现障碍，使大量胆红素排入血液，将全身各组织染成黄色，造成黄疸肉。即所有可能造成猪黄疸的疾病均可能造成黄膘肉。（6）药物：磺胺类药物使用过长，没有足够的休药期，也可能导致黄膘肉。⑦鉴别：只有脂肪黄染、略带鱼腥味，其它组织、器官不发黄或黄染不明显。肝、胆、肾等内脏无病变。肉尸随放置时间的延长黄色逐渐减褪或消失。黄疸肉：不仅脂肪黄染，而且粘膜、巩膜、结膜、浆膜、血管内壁、肌腱、皮肤、关节液、组织液、呈黄色，甚至实质器官都发黄。肝、胆、肾等内脏多有病变。肉尸随放置时间的延长黄色不褪甚至愈黄。钩端螺旋体病引起的黄疸，主要特征是皮肤、皮下组织、浆膜和黏膜有不同程度的黄染，同时还伴有出血，肝脏肿大、呈棕黄色，胆囊肿大淤血。由黄疸、磺胺引起的黄膘肉，不能食用。黄膘肉的防治：（1）在饲料中添加维生素 E 等抗氧化剂；出栏前 2 个月，减少鱼粉和不饱和脂肪酸用量，更换饱和脂肪酸高的脂肪。原料的贮存要注意防潮，通风；选择优质的霉菌吸附剂，防止饲料变质氧化。使用安全高效的肉质改良剂。（2）要积极采取防治措施，控制锥虫病、焦虫病和钩端螺旋体病。进行微生物学和免疫学诊断，查清病情对症治疗，分析出病因后进行对症治疗。（3）防治方法：在饲料中增加 VE、酵母硒、有机锌、酵母铬，主要是为减少应激，促生长和改善肉色，防滴水。VE 单独清除自由基的效果不完全，需要硒和锌协助解决问题，膨化大豆中 VE 含量高，不妨在饲料中添加一些。

3. 如何通过日粮调控有效防治早期断奶仔猪腹泻？

答：腹泻一直是困扰猪场的大问题，通过日粮调控防治腹泻的方法大致有以下几个方面：（1）调节蛋白质水平及组成：利用奶蛋白和高消化性动物蛋白质代替植物性蛋白质，降低抗原。（2）在断奶仔猪日粮中使用优质的易消化原料，乳糖甜度高、适口性好、易于消化，是肠道乳酸杆菌的最佳营养来源，在防止腹泻方面有不可低估的作用。（3）调控仔猪日粮的酸度：仔猪胃酸不足，添加复合酸化剂。（4）仔猪日粮中选用膨化植物原料，如膨化大豆、膨化玉米等。（5）在母猪日粮中添加合生元等。

4. 病毒性腹泻的症状与防治措施有哪些？

答：猪病毒性腹泻的病原主要为流行性腹泻病毒、传染性胃肠炎病毒和轮状病毒。猪流行性腹泻病毒（Porcine epidemic diarrhea, PED）属于冠状病毒科冠状病毒属，目前发现只有一个血清型，是以排水样稀便、呕吐、脱水为特征的一种肠道传染病。猪传染性胃肠炎病毒（Trans missible gastroenteritis of pigs, TGE）属于冠状病毒科冠状病毒属单股 RNA，引起猪的一种急性、高度接触性的传染病，本病毒只有一个血清型。TGEV 对酸有抵抗力，PH 值 3 ~ 4 时仍可保持活性。轮状病毒病（Porcine Rotavirus）是由轮状病毒引起哺乳仔猪和断奶仔猪腹泻的肠道传染病，在猪群中流行的轮状病毒主要有 A、B 和 C 三种血清型，三种血清型之间的交叉保护性很低。病猪和带毒猪是主要传染源，可通过粪便、呕吐物、乳汁、鼻分泌物以及呼出的气体排出病毒。易感猪通过消化道或呼吸道感染。目前病毒性腹泻一年四季均可发病，在气候温差变化较大季节多发，多发生于冬春季节，发病高峰为 12 月 ~ 2 月。发病猪表现为拒食、呕吐、拉稀、体温有时偏高。7 日龄内的哺乳仔猪感染后死亡率很高，可达 100%。母猪和育成猪很快耐过，不致死。临床症状：TGE、PED 和轮状病毒在临床症状上极为相似。仔猪突然发病，先呕吐，后水样腹泻，粪便呈黄色、绿色或白色，带有乳凝块或脱落的肠粘膜碎片。病猪严重脱水、消瘦，7 日龄以内仔猪病死率高达 100%。随着仔猪日龄增加病死率降低。病愈仔猪生长缓慢，容易变成僵猪。生长肥育猪和母猪刚开始食欲不振或废绝，其后出现灰褐色水样腹泻，粪便呈喷射状排泄出来。经过 5 ~ 8 d 腹泻停止，但分娩母猪发病后可导致泌乳量减少而加重仔猪的病情。

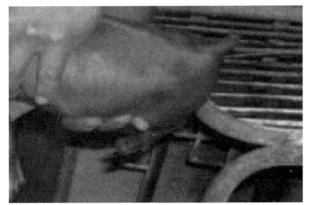

图 130 仔猪排水样粪，呈喷射状

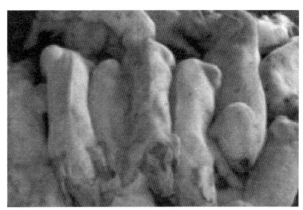

图 131 腹泻病猪脱水

图 132 生长猪排水样黄色稀粪

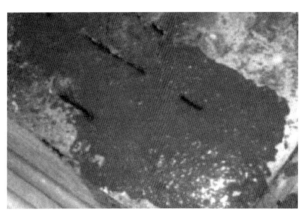

图 133 母猪灰色稀粪

病理变化：TGE、PED 和轮状病毒在临床症状和病理变化上极为相似。主要病变为尸体脱水明显，非常消瘦，胃内充满乳凝块，胃底粘膜充血、出血，肠管内充满水样粪便，肠壁变的很薄呈半透明状，肠系膜充血，吃奶小猪乳糜管内无乳，淋巴结肿胀、出血。

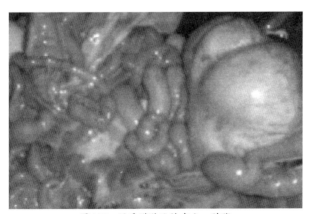

图 134 肠系膜淋巴结出血、肿胀

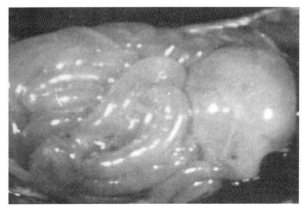

图 135 肠管变薄，充盈，内含水样稀粪

诊断：需要与大肠杆菌性腹泻，梭菌性腹泻和球虫性腹泻做出区分。细菌性腹泻一般抗生素治疗有效，病毒性腹泻抗生素无效，细菌性腹泻粪便 PH 值呈碱性，病毒呈酸性。区别如下：①球虫病有严格的发病时间界限，一般在 7～10 日龄后才发病，肠道有奶油状物，肠道变厚；②大肠杆菌性腹泻一般抗生素有效，做好环境控制或免疫预防比较容易控制；③梭菌性腹泻：7 日龄内的小猪肠道出血，血痢。一般情况下，TGE 和 PED 的症状较轮状病毒病严重，由于三种病毒病的临床症状和病理变化极为相似，如需进一步确诊需要做病毒分离或 PCR 鉴定。

防控措施：1、免疫预防：①猪病毒性腹泻主要应以预防为主。目前常用的疫苗多为轮状病毒、流行性腹泻二联苗；流行性腹泻、传染性胃肠炎、轮状病毒三联苗。由于该类疫苗产生免疫力需要一定的时间，因此接种时间应尽量提前。弱毒苗的效果优于灭活苗，防疫后应注意加强消毒，以防止在疫苗未产生作用时即被感染。②免疫程序，每年春季3、4月份，秋季9、10月份全群公母猪普免1头份/头。③发病后全场紧急接种 TGE-PED 二联苗。用本场发病仔猪的肠道给产前2周的母猪返饲，效果更好。2、严格执行生物安全措施：严禁从疫区或病猪场引进猪只。加强猪舍卫生、消毒工作，外来人员必须洗澡消毒换衣服才可以进场。加强保温工作，发病群减少饲喂，并选用优质饲料。加强卫生消毒工作，对粪便、猪栏、环境用复合酚、复合醛等消毒药消毒。3、发病猪治疗：猪病毒性腹泻对育肥猪和成年猪致死率不高，但未断奶的仔猪由于抵抗力弱，往往会因脱水而死亡，损失比较严重。对于该病的治疗，一般采取保守疗法，即抗菌、消炎，强心补液，纠正酸中毒。①对大群猪可用口服补液盐自由饮水，并加入预防剂量的抗生素，如阿莫西林等。限制饲喂，以减少胃肠功能负担，加快恢复。饲料中可加入少量涩肠收敛剂如腐植酸钠等。对发病猪饮水中按 1 000ppm 添加补液盐或葡萄糖，复合维生素 B 粉 400 ppm、小苏打 500 ppm。饲料中添加替米先锋 1 000ppm。②对于小猪可以采用腹腔补液，预防脱水。葡萄糖生理盐水混合液 +VC+VB12+ 恩诺沙星（根据病情可以更换）腹腔补液 50ml 每头猪，补液时适当输入小苏打液体，每 d1 ~ 2 次。③应用卵黄抗体进行治疗；或用鸡新城疫 I 系苗 3 ~ 5 头份诱导干扰素治疗发病仔猪，一日一次，连用 2 日，也有一定疗效。④管理上：提高怀孕舍及产房的温度，使用干燥消毒剂，空圈干燥时间延长等。

5. 从营养方面看，引起猪肝、脾肿大的原因有哪些？

答： 鱼油过多，脂肪变黄，肉变白，严重的有鱼臭味。可通过加 VE、VB 解决。如果是砷中毒，肝、脾也肿大，添加硒能缓解此症状。

6. 有的大猪还拉血，是什么原因？

答： 一般是螺旋体痢疾造成的，使用痢菌净就可以，用庆大霉素等抗生素也可以。

7. 什么是水肿病？

答： 水肿病是大肠杆菌分泌的外毒素被消化道吸收以后，导致毛细血管扩张，血浆向血管壁外部渗漏，在一些器官形成水肿，主要是脑部、肠系膜、胃壁。脑部会出现颅内压升高，最终致死。一般情况下，大肠杆菌总是在平衡状态之下，不会发病，但是在大肠内有大量营养物质时，大肠杆菌就会大量繁殖超过界限，有些型号的大肠杆菌就会分泌毒素，造成水肿病。这种情况一般出现在断奶后第 3 ~ 6 d，仔猪由拒食到大量摄食，小肠内容物在没有被充分消化的情况下进入大肠；由适口性差的饲料换成适口性好的饲料，短期内大量摄食；长期限饲状态之后自由采食，环境卫生状况不良等情况之后。

8. 如果猪场种猪经血清学检查发现含有附红细胞体及弓形体阳性，应该怎么处理？

答：一般猪附红细胞体和弓形虫病，在隐性阶段，血清检查都会表现阳性，在发病过后，也会表现为阳性，因此很多血清学检查呈阳性的猪，没有很大的影响，注意生产观察就是了。

9. 如何防止生长猪的呼吸道疾病？

答：猪的呼吸道疾病，很难预防，一般是支原体造成，生产上最好的办法，是通过种猪群逐步净化，如果乳猪被感染，后来的育肥效果就会差很多，鉴于我国目前好多种猪场都很难净化，因此在仔猪入场时，连续用 3 ~ 5 d 的抗支原体药物，一般是支原净或者氟本尼考，以后每月用一次药，自繁自养猪场，每次母猪分娩前给母猪用药，哺乳期给仔猪用药一次。对猪场的经济效益会有好的影响。

10. 如何防止母猪的产后无乳症？

答：母猪产后无乳症，主要是由于生产过程及产前产后应激过大造成的，因此要注意母猪产前限料，产后给母猪提供充足的营养、饮水和食盐，加强管理。

11. 仔猪为何会贫血？如何防治？

答：母猪的乳汁一般含铁量较低，新生仔猪生长发育迅速，对铁的需要量急剧增加。在出生后最初数周，铁的日需量约为 15mg，而通过母乳摄取的铁量每日平均仅有 1mg，且新生仔猪体内存在的铁质也较少，因此仔猪发生缺铁性贫血较为常见。在一些饲养规模较大的猪场，多是水泥地面的猪舍，最容易发生仔猪缺铁性贫血症，仔猪发病主要集中在 2 ~ 4 周之间。由于在妊娠期和产后给母猪补充含铁的药物，不能提高新生仔猪肝铁的贮存水平，基本上也不能增加乳中铁的含量，因此，防治哺乳仔猪缺铁性贫血，通常是直接给仔猪补铁。补铁的方法有肌肉注射和内服两种：（1）肌肉注射：生产上应用较普遍，用右旋糖酐铁、山梨醇铁、含糖氧化铁等含铁注射液，对 1 日龄仔猪每头注射 100 ~ 150mg 剂量的铁，10 ~ 14 日龄再用同等剂量注射一次。（2）内服补铁：对水泥地面的猪舍，经常放入清洁的含铁量较高的红泥土，是缓解本病的有效方法。也可用铁铜合剂补饲，把 2.5g 硫酸亚铁和 1g 硫酸铜溶于 1 000ml 水中，配成溶液，装在奶瓶中，于仔猪生后 3 日龄起开始补饲，每日 1 ~ 2 次，每头每日 10ml。其它如乳酸亚铁、柠檬酸铁铵等也可供口服用铁剂。另外要让猪提早开食，一般在 7 日龄就可训练仔猪采食哺乳用全价配合的乳猪料，以获取饲料中的铁元素。在口服补铁时，要注意防止含钴、锌、铜、锰等元素过多，影响铁的吸收。

12. 猪只驱虫的常用药物及使用方法有哪些？

答：目前，对猪危害较大的寄生虫有疥螨、蛔虫和圆线虫等，用来驱虫的药物也较多，在给猪驱虫时，原则上应选择高效、低毒、广谱、量小、适口性好、残留少和使用方便的驱虫药。常用的有左旋咪唑、丙硫苯咪唑、阿维菌素、芬苯达唑及其复合剂等。阿维菌素可同时驱杀体内外寄生虫，而且对怀孕母猪无副作用，目前使用较多，常用量为 0.3mg/ 次，口服或皮下注射，对处于移行期的蛔虫等幼虫和毛首线虫的效果较差。而芬苯达唑对线虫、吸虫、球虫以及移行期的幼虫、绦虫都有较强的驱杀作用，对虫卵的孵化有极强的抑制作用，可以优先选用。

13. 猪吃霉变玉米中毒都有哪些症状？如何防治？

答：猪吃了霉变玉米后 5 ~ 15 d 出现症状，病程多在 2 个月以上，但仔猪中毒后多呈急性，可在数 d 内死亡。病猪主要表现为精神沉郁，食欲不振，口渴喜饮，可视黏膜黄染或苍白，四肢无力，走路蹒跚，粪便先干后稀，重者混有血丝，甚至血痢，尿浑浊、色黄，后期出现间歇性抽搐、角弓反张等神经症状，多因衰竭而死亡。部分病例肛门或阴门水肿。剖检变化主要在肝脏，肝肿大、色黄、变性坏死、质脆；病程长者肝间质增生，质地变硬，肝表面有灰黄色坏死灶。胆囊肿大，胆汁少而浓。腹腔有少量黄色或黄红色腹水，胃底弥漫性出血或溃疡，肠道有出血性炎症。全身淋巴结肿胀、充血或水肿。肾脏肿胀、苍白或呈淡黄色，肾小管上皮脱落等。霉变玉米中毒主要是黄曲霉毒素造成。首先应观察饲料种类、储存情况等，并结合病史、发病情况、症状、病理变化、流行病学调查，做出初步诊断，确诊应结合实验室检验。对本病尚无特效解毒剂，临诊仅限于对症处理并加强肝脏解毒机能。可投服一些保肝、强心、解毒药物，如维生素 E 等。心衰时用强心剂，如安钠咖注射液等。发现猪中毒应立即停喂发霉玉米。中毒后用高锰酸钾洗胃，内服吸附剂，然后投缓泻剂。预防措施：（1）防止玉米霉变：玉米收获季节注意天气变化，及时收获。收获后玉米应尽快晾干或烘干，无条件的，可使用一些防霉剂，如丙酸制剂等。（2）饲料库要干燥，并且通风要好。玉米储存过程中定期检查料库的温度和湿度。料库温度不应超过 24℃，相对湿度控制在 80% 以下，防止玉米发热潮湿。（3）玉米中添加霉吸附剂：吸附剂主要成分是酿酒酵母细胞壁的活性提取物，它可广谱吸附霉菌毒素。霉菌毒素一旦被吸附则很难摆脱。（4）可用小麦代替 50% 的玉米，另外小麦中可添加小麦型酶制剂。（5）已霉变者应及时挑出，以防止霉菌扩散。（6）轻度发霉的玉米可先粉碎用清水或 0.9% 的石灰水浸泡 24 ~ 48 h，然后反复换水浸泡，直到浸泡水无色，之后再与预混料混合使用；同时在饲料中添加复合维生素 B，增强肝脏解毒机能；在配制全价日粮时减少玉米的用量，添加 1% ~ 5% 的植物脂肪或固体磷脂以补充能量，减少中毒机会。

14. 猪无名高热有什么好的防治办法？

答：到目前为止不能确定病因，但是这种伴随高热症状的传染性猪病，是多种病源共同参与后再继发感染的，目前较好的防控方法就是改善猪的生活条件，从环境、营养、保健多方面综合提高。如果只靠治疗是不能防治该病的，目前已经有实例证明，发病猪和疑似感染猪接种任何疫苗，不但不能缓解病情，而且可以明显加速猪的死亡。另外，此病发生严重的都是中小猪场，而大型现代化猪场要好得多，主要原因是环境，只要防疫严格，不让猪群受到病源感染，情况就好得多，再加上平常对猪群进行科学的免疫，猪群的健康也就没有那么脆弱。

15. 猪发生高热病，用抗生素治疗效果不明显怎么办？

答：这可能是猪瘟、蓝耳病等病毒性疾病引起的，建议常规疫苗比如猪瘟、蓝耳病、伪狂犬等一定要免疫好，另外可以在种猪、保育猪、生长猪全价饲料内长期添加免疫增效剂，增加疾病的抵抗力，病猪用长效广谱抗生素来控制继发感染，效果比较明显。

16. 猪蓝耳病是咋回事？如何诊断与防治？

答：猪蓝耳病又称为猪繁殖呼吸障碍综合症（PRRS），是由猪繁殖呼吸障碍综合症病毒（PRRSV）引起的猪的一种传染病。该病于1987年在美国首次发现，2006年我国部分省市猪群暴发高致病性蓝耳病，且该病毒与经典的蓝耳病病毒（PRRSV）相比，基因发生了较大的变异，具有很强的致病性。由于一些养猪朋友对PRRSV的不了解，形成了恐惧蓝耳病和对蓝耳病束手无策的局面。PRRSV是一种正链小RNA病毒，有囊膜，易变异，可引起猪的持续性感染和免疫抑制。具有高度的宿主依赖性，主要存在猪肺泡巨噬细胞以及其他组织的巨噬细胞中。感染动物通过唾液、鼻分泌物、尿、精液、粪便等排出病毒。猪对蓝耳病毒易感，主要经鼻腔肌肉口腔子宫阴道等途径传播，也可以通过患病母猪的胎盘屏障传给胎儿，导致死胎、流产、带毒仔猪的出现，分欧洲株、美洲珠和其它众多变异株。蓝耳病的主要临床症状：发热、皮肤发红、厌食、无力，瘫痪、咳嗽。母猪感染后发生流产、死胎等（见下图）；公猪厌食，精神沉郁，呼吸道症状，性欲缺乏，精液质量降低，由精液排毒可达6～92d；仔猪出现厌食、精神沉郁、皮肤充血、呼吸困难、皮毛粗乱、生长缓慢等。高致病性蓝耳病通常中大猪或母猪先发病，2～5d波及全群，发病严重的猪全身呈紫红色，部分患猪呼吸困难，死后呈败血症变化。

图136 妊娠后期母猪流产

图137 仔猪精神沉郁、呼吸困难、皮毛粗乱

病理变化：剖检症状：肺水肿，弥漫性间质性肺炎，手感较硬。

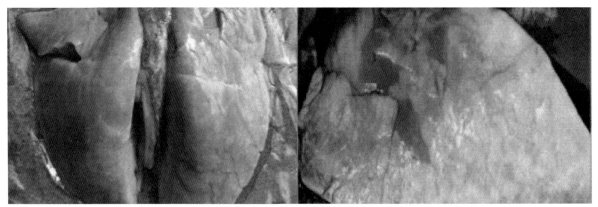

图 138　肺水肿、间质性肺炎

诊断：病毒分离阳性或 RT-PCR 阳性可确诊。理论而言，病毒分离是最确切的诊断方法，然而蓝耳病毒在死组织中不易生存，成功分离病毒，组织必须是来自刚死的猪，从繁殖障碍的成年猪体内分离到病毒几乎不可能，因为病毒很快被猪免疫系统清除，分离病毒另一个缺点是需数日培养病毒。血清学检测优点：快速、方便，缺点：不能区分自然感染和疫苗免疫，因不能确定感染时间故要不同时期采血检测以判断抗体升高或降低，ELISA 方法是北美标准的检测蓝耳病的方法。预防及治疗：由于 PRRSV 不同毒株之间的交叉保护性低，并且猪 PRRSV 的抗体依赖性增强现象，活疫苗诱导的中和抗体产生晚且水平低，因此仅靠疫苗控制 PRRSV 是不现实的。还需要其他 PRRS 控制策略：如闭群、清群、后备猪驯化、隔离断奶、分点饲养、分胎次饲养、全进全出以及其他一些管理措施。其中，闭群、后备猪驯化、隔离断奶多点饲养、全进全出等措施用来控制蓝耳病已经是普遍的做法，但相反地，商品蓝耳病疫苗的作用似乎非常有限。具体的措施有：（1）强化猪场的生物安全措施，降低猪群 PRRSV 等病原在猪群的感染率，防止病原扩散，及时隔离和淘汰发病猪，对死亡猪进行深埋或焚烧等无害化处理，严格执行全进全出制度。（2）坚持药物的预防和保健，有效控制猪群的细菌性继发感染是目前实际养猪生产中必须高度重视的问题，可在饲料或饮水中添加一些抗菌药物（如泰妙菌素、氟苯尼考、土霉素、强力霉素、阿莫西林等）。对于生长育肥猪，80 ~ 120 d 阶段易发生呼吸道疾病，这一阶段也是传胸的多发阶段，因此应以控制传胸为重点，可在饲料中添加氟苯尼考和磺胺类药物，1 ~ 2 周。（3）控制好圆环、伪狂犬、猪瘟、支原体等疾病有利于控制 PRRSV。（4）多点饲养：针对 PRRSV 的流行特点，一般小猪在保育中后期 6 ~ 8 周开始容易感染 PRRSV，并延续到育肥猪，反过来育肥猪的病毒还可以传播给保育猪和母猪；在一条龙的生产模式下，生物安全做的不到位，PRRSV 很容易在母猪、保育猪和育肥猪之间反复循环传播感染。因此可以采取多点式饲养方式，将母猪、保育猪和育肥猪分离开，从而有效控制蓝耳病感染的发生。（5）闭群驯化：猪群蓝耳病活跃的时候，封闭猪群是常用且必要的做法，即连续半年 ~ 8 个月以上不再引进新的后备猪或不给后备猪配种，直至稳定并转为阴性群。也有在闭群的同时，先在场外生产阴性后备种猪，待封群结束后投入更新。（6）引进 PRRSV 阴性后备母猪，从无 PRRSV 的猪场引种，对引种的猪场一定多方考察，引进猪只后认真隔离观察，严格执行隔离期，隔离期间辅助实验室检测。确保引进猪群 PRRSV 阴性。（7）清群或部分清群：在蓝耳病危害严重的猪场可以采取将整个猪群全部清除掉，重新引种的方法来清除 PRRSV，但是这种做法代价太高，周期太长；也可以采取清空全部保育舍的方式部分清群，来终止保育猪阶段感染散毒，来控制蓝耳病，这种方法对于一条龙的饲养模式有效，但是需要配合周期性的部分清群。（8）空气过滤：采用国际先进的空气过滤系统，将 PRRSV 隔离在猪群外面，将猪养在一个空气洁净的环境，有效降低猪群被 PRRSV 感染的几率。（9）自家疫苗：真正意义上的自家苗是将自己发病猪场分离的病毒，制作成疫苗用于防控本厂的疾病，这种自家苗防控本场 PRRS 的针对性很强，并经常监测测序毒株是否变异。（10）驯化：所有后备猪在进群前应进行驯化，较稳妥的方法是采用已感染的未断奶仔猪的血清或肺组织进行接种。感染之后，继续隔离 90 d 以上。（11）免疫：存在高致病性 PRRSV 的猪场，哺乳仔猪断奶前免疫 1 次，如果哺乳仔猪后期感染发病，建议 1 日龄滴鼻免疫接种，经产且抗体阳性母猪群不必接种。

蓝耳病可防可控，重点防控继发感染，阻断保育猪感染，确保引进后备猪不带毒，多点式生产与早期断奶结合来生产阴性仔猪。为降低阳性群的损失，常采取一些管理措施，如对头胎母猪隔离饲养、减少仔猪的交叉饲养、严格的全进全出结合彻底的清洗消毒。

17. 为什么部分猪场打疫苗后 10 ~ 30 d 出现经典蓝耳病爆发？

答：在"高热病"防控实践中，上述现象时有发生，多数养殖户（场）认为是疫苗安全问题，除了引起纠纷外，更重要的是许多养殖场因担心疫苗质量安全，形成了错误的观点：干脆不打疫苗，这其实更危险。绝大多数的疫苗是安全的，但为什么频繁出现猪场打了疫苗后出现蓝耳病爆发？这可能与猪场中已有 PRRSV 潜伏感染，在注射灭活疫苗后出现的抗体依赖性感染增强作用（Antibody-dependent enhancement， ADE）导致暴发有关。所谓 ADE 是指在某些情况下，免疫产生的抗体不但不能提供保护作用，反而有助于病毒的复制，使病毒数量大大增加。有研究证明，PRRSV 病毒中加入 PRRSV 抗体可使病毒在胎儿体内的复制比单独注射病毒显著增强；猪肺泡的巨噬细胞培养物中，加入一定滴度的 PRRSV 抗体，可使 PRRSV 产量明显增加，甚至会提高 10 ~ 100 倍。因此，如果猪场中过去感染过经典的蓝耳病（猪场阳性率高达 20 ~ 80%），由于注射灭活疫苗达到产生中和水平的抗体需要较长时间，为防止 PRRSV 出现 ADE，建议注射疫苗时，可以将经典蓝耳病弱毒苗和高致病灭活苗两者配合使用，先注射弱毒苗 1 周后，再注射灭活苗，同时添加免疫增强剂。附：蓝耳病的 ADE 与登革热病毒的非常相似，血清学研究证实，登革病毒表面存在原封不动种不同的抗源决定簇，即群特异性决定簇和型特异性决定簇，群特异性决定簇为黄病毒（包括登革病毒在内）所共有，其产生的抗体对登革病毒感染有较强的增强作用，称增强性抗体，型特异性决定簇产生的抗体具有较强的中和作用，称中和抗体，能中和同一型登革病毒的再感染，对异型病毒也有一定中和能力。二次感染时，如血清中增强性抗体活性弱，而中和抗体活性强，足以中和入侵病毒，则病毒血症迅速被消除，患者可不发病，反之，体内增强性抗体活性强，后者与病毒结合为免疫复合物，通过单核细胞或巨噬细胞膜上的 Fc 受体，促进病毒在这些细胞中复制，称 ADE，导致登革出血热发生。有人发现 II 型登革病毒株有多个与 ADE 有关的抗源决定簇，而其他型病毒株则无这种增强性抗原决定簇，故 II 型登革病毒比其他型病毒易引起登革出血热。

18. 猪感染蓝耳病毒后免疫反应产生的情况是怎样的？

答： 猪感染 PRRSV 后 9 d 即可用 ELISA 方法检测到特异性抗体，在感染后的 28 ~ 42 d 抗体水平的 ELISA 检测值一般即可达到最大，但中和抗体的产生相对较慢。一般是在感染 PRRSV 后的 63 ~ 77 d 才慢慢升高，并且之后开始呈下降趋势。在感染后的 137 d 用 ELISA 方法就已经很难检测到中和抗体，通过中和试验在感染后的 356 d 进行检测，其抗体滴度也已基本消失。体液抗体反应特别是用以全病毒为抗原的 ELISA 方法。检测出的抗体水平是未接种 PRRSV 疫苗猪场的疫情预测信息。但由于全病毒为抗原的 ELISA 方法只能笼统地检测出抗体水平，而不能区分中和抗体与非中和抗体，因此不能提供关于个体保护免疫反应发生的信息。 母猪鼻内接种 PRRSV 30 d 内病毒血症即发生，接种后的 14 ~ 120 d，用 ELISA 和中和试验可检测到母猪的血清抗体反应；接种后的 14 ~ 120 d 均可检测到干扰素的产生。血清中和抗体和干扰素在 PRRSV 的清除过程中起促进作用。

19. 感染动物的哪些部位存在 PRRSV？PRRSV 的主要传播途径有哪些？

答： PRRSV 在感染动物体内的分布：唾液、气管分泌物、血液、尿液、公猪精液。PRRSV 在猪群中的主要传播途径：空气、直接接触、配种。啮齿类动物如小鼠、大鼠对 PRRSV 并不易感。

20. 血清特异性抗体对 PRRSV 在体内的清除有什么作用？

答： PRRSV 的血清特异抗体可分为：非中和性抗体和中和抗体。非中和性抗体对 PRRSV 在机体内的清除没有促进作用；高水平中和抗体可中和病毒，对 PRRSV 在机体内的清除有促进作用；而在中度水平或亚中和滴度水平时，则可与病毒形成病毒—抗体复合物，能明显增强 Fc 受体（FcR）或补体受体（CR）阳性细胞对该种病毒的感染，从而引起疾病恶化。

21. 什么是抗体依赖增强（ADE）作用？

答： 病毒感染都是从黏附于细胞表面开始的，黏附是通过病毒表面蛋白与靶细胞上特异性受体和配体分子的相互作用来完成的。针对病毒表面蛋白的特异性抗体常常可以阻抑这一步骤，将病毒"中和"，使其失去感染细胞的能力。然而在有些情况下，抗体在病毒感染过程中却发挥相反的作用：它们协助病毒进入靶细胞，提高感染率，这一现象就是 ADE 作用。例如，在猪肺泡巨噬细胞培养物中加入一定效价的 PRRSV 抗体可使 PRRSV 病毒产量提高 10 ~ 100 倍。另外，在体内也发现了 ADE 效应：在病毒中加入 PRRSV 抗体后接种妊娠中期母猪，可使病毒在胎儿中的复制大为增强，显著高于单独接种病毒。于猪体内注射亚中和水平的抗 PRRSV 免疫球蛋白后再接种 PRRSV 的试验组，其病毒效价显著高于注入中和水平免疫球蛋白试验组和对照组。高浓度抗体介导的 ADE 强度与抗体的病毒中和活性成反比，而低浓度抗体介导的 ADE 强度与抗体中和病毒分离株的能力并无相关性。

22. 疫苗在蓝耳病的防控中能起多大的作用？

答： 灭活苗如果注射的次数或接种量不够，中和抗体水平没达到一定高度，起的是反作用。弱毒疫苗在母猪怀孕期接种对仔猪无明显的伤害，但疫苗弱毒可通过胎盘感染到仔猪。因此，在母猪空怀期接种并使之达到高抗体水平对疫病防控有利，未达到高中和水平抗体则有害（如果有PRRSV 感染。易出现抗体介导的 PRRSV 感染增强作用）。且在疫苗免疫后，中和抗体未达到高水平之前的低抗体水平也是有害的。

23.PRRSV 的变异对其致病性有没有影响？

答： 不同系即相互间发生很大变异的 PRRSV 毒株，其致病性不同。因此，在没有其他任何病原存在的情况下不同系的 PRRSV 仍可能引起不同的呼吸道疾病。

24. 猪群暴发蓝耳病后能持续带毒多久？

答： 就公猪而言，其感染 PRRSV 后病毒血症短暂，发生在接种后的 1～9 d。并且在接种后的 1～31 d，可在血液中检测到病毒 RNA. 在急性发病期的动物血液，通过 PCR 方法。PRRSV RNA 被检测到的时间要早于精液。在精液中，PRRSV RNA 通过 PCR 能被检测到的时间是在接种后的 3 d 并且持续到 25 d、56 d、92 d 不等。此外，在血液、精液、外周组织液的 PRRSV 检测均呈阴性后的 2～3 周，在部分猪的扁桃体内，通过病毒分离方法仍能检测到 PRRSV，这表明血液、精液等均为阴性的公猪仍可能在扁桃体内携带 PRRSV。给 4 周龄的猪经鼻腔接种 PRRSV，在接种后的 2～11 d，即可从血液样品中分离到病毒。并且有部分猪直到接种后的 23 d 仍能分离到 PRRSV，但没有活病毒存于排泄物中，仅有少数猪的排泄物样品呈 PRRSV PCR 阳性，表明有死病毒的存在。在接种后的 56～157 d，感染动物的口咽样本中仍能分离出 PRRSV，直至最高血清抗体水平产生之后的数周，病毒仍能从口咽部样本中被分离到。因此，可引起病毒的持续感染，造成购买的动物即使临床观察为健康，仍有可能带入 PRRSV 的后果。给 3 周龄的猪经鼻腔接种 PRRSV，接种后的 14 d，仍能从尿液中分离到病毒；接种后 21 d 仍能从血液中分离到病毒血清；接种后 35 d 从气管分泌物中仍能分离到病毒；接种后的 42 d 从唾液中仍能分离到病毒；接种后的 84 d 仍能从口咽样品中分离到病毒。但在结膜、拭子、排泄物中，一直都不能分离到病毒。因此，取扁桃体刮样做 PCR 试验是活体检测持续感染个体的最好的方法。可以把这个试验作为例行试验，用来检测将要转入猪群的重要而数量较少的动物，比如种公猪。要想认证某个猪群没有 PRRS 病毒。则必须对全部个体进行测试，且所有抗体试验与 / 或 PRRS 病毒 PCR 试验的结果都必须呈阴性。

25. 什么是蓝耳病的驯化？其在防控猪蓝耳病中的优势是什么？劣势是什么？

答： 猪蓝耳病的驯化是指为确保所有生猪接触到同源的 PRRS 病毒而进行的一系列工作，包括让流产母猪四处转移。把妊娠舍和产房的所有区域都覆盖到，或将感染组织掺到饲料里喂回给猪吃，或用流产母猪、病毒血症弱仔猪的血清给所有猪只注射。连续 4～6 个月对更新后备母猪进行感染，最后。连续200 d封闭猪群，不再引进新后备个体，如果新生仔猪当中还有带毒的，就继续延长封闭时间。优势：通过驯化措施可让猪群中所有个体对病毒产生免疫，停止排毒，以便让病毒失去新的易感宿主，找不到继续增殖的场所。如果我们不能打断病毒的感染周期，而由一头母猪向体外排毒，造成另一头新的母猪感染，那么PRRS就会反复不断地在种猪群和断奶、肥育群当中发生。反之，在PRRS暴发时保证所有的猪都感染病毒，然后封群，目前来看这是获得PRRS全群免疫、既切断垂直传播又切断水平传播和逆向传播的最可靠、最有效、最简单的方法。而对新购后备母猪的隔离、本土驯化，可让新购母猪针对本场的同源PRRS病毒产生免疫，通过这个过程，新购母猪将对本场的同源PRRS野毒样本拥有同源免疫力，可以避免在繁殖群当中形成易感本场同源PRRS病毒的亚群（后备母猪群）.显然，如果有这样的易感亚群存在。那么它们此后一旦感染将会造成疾病的再一次暴发。在让所有的后备母猪都感染PRRSV、对本场的同源PRRS病毒产生免疫力后，对继续新购进的母猪要隔离足够长的时间（对于采用全进全出生产流程的猪场需要90 d），以便度过持续感染期，这样新购母猪就已经停止向外界排毒，不至于把疾病传给本场猪群当中的易感母猪，或通过子宫内感染把疾病传给自己的仔猪。劣势：猪对蓝耳病毒的免疫反应是双刃剑，虽然病毒可刺激免疫抗体的产生，而且防止蓝耳病毒的再次感染，但蓝耳病毒在体内的繁殖可降低机体的抵抗力，易引起其它病的继发感染。此外，由于大量的生猪感染PRRSV，势必会加大猪场的损失，控制不当甚至可带来毁灭性的打击。

26. 面对蓝耳病，我们该怎么办?

答：第一，制定科学的疫苗免疫计划或猪PRRSV的驯化计划。疫苗免疫计划：根据抗体水平的监测结果选择合适的疫苗，同时加强猪群抗体水平的监测，及时调整免疫程序，确保猪群处于一个高中和抗体水平的状态。驯化计划：有条件且具备较好技术力量的猪场在疫苗免疫不能取得较好效果时可参考选用，但不推荐使用。第二，加强猪群的饲养管理，提高整体健康水平。第三，建立完善的防疫消毒制度并严格执行。

27. 不同毒株之间的交叉免疫性如何?

答：欧洲型与美洲型之间无交叉免疫。同型PRRSV不同毒株间有不同程度的交叉免疫，其强弱因毒株间基因差异程度不同而有所不同，差异大则交叉免疫作用弱。PRRSV的GP5即ORF5编码的E蛋白是PRRSV最重要的中和抗原，就当前而言，在分离的毒株间，GP5基因已经发生很大的变异。以1996年到2006年于中国分离的42株美洲型PRRSV为例，在他们中间有2个高度不同的亚型出现。所有亚群1在首要产生中和抗体的多肽GP5的基因序列与以往PRRSV相比，具有高度的差异，并且这些病毒主要是位于中国的东南部。亚群2则与他的亲本病毒高度一致。该结果可能解释PRRSV在中国的流行，并且可能帮助解释疫苗的低效性。因此，这个大的基因变异应该在疾病的防控工作当中进行考虑。

28.PRRSV 对其他疾病的防控有什么影响？ PRRSV 疫苗免疫接种应该注意什么？

答：PRRSV 病毒具有免疫抑制作用，能降低动物其他疫苗免疫，如猪瘟疫苗的免疫效果。疫苗免疫接种的注意事项：一是加强抗体水平的监测，及时接种疫苗并做好 PRRSV 疫苗的选择工作，保证猪群的高中和抗体水平。防止 PRRSV 感染及抗体感染增强作用的出现。二是处理好 PRRSV 疫苗接种与其他疫苗接种的关系。相互的接种时间间隔至少要 1 个星期以上。三是接种疫苗前后加强猪群的全面管理，保证猪群有一个好的健康水平。四是在 PRRSV 中和抗体水平未达到较高水平前应倍加警惕。防止病毒的传人、感染。建议实行严格的封场制度。

29. 蓝耳病毒的特点是什么？

答：蓝耳病毒的特点：一是免疫接种后开始阶段产生的非中和抗体没有保护作用，甚至可能由于病毒的抗体依赖性产生不利的影响；二是中和抗体的产生时间较迟；三是 PRRSV 能影响宿主细胞的免疫反应。抑制重要细胞因子的产生，如 IFN-alpha；四是通过一个毒株诱导的免疫反应可能仅仅部分抵抗不同的毒株的感染，即使是在同一个基因型内的病毒也是如此；五是免疫抑制性作用，如 PRRSV 的感染可明显降低猪瘟疫苗免疫的效果，PRRSV 的感染也能提高 PCV2 的复制，加重 PCV2 感染的病情；六是具有抗体依赖增强作用；七是高变异性。

30. 猪场使用脱毒剂后，是否不会再出现霉菌毒素中毒现象？

答：不一定。因为如果脱毒剂使用不当，非但解决不了霉菌毒素问题，反而会加重毒素污染的可能，如一些不具有选择性吸附功能的脱毒剂进入肠道便大量吸收水分和各类营养物质，使得肠道食糜粘稠度增加，明显减缓肠道物质流动速度，延长了毒素被肠壁吸收的时间，这是非常恐怖的。只有通过检测，然后选择对应性的脱毒产品，方能够达到脱毒的目的，真正保护动物的身体健康，提高饲料报酬。

31. 我养的保育猪每次断奶都会出现腹泻，请问什么原因？如何处理？

答：仔猪断奶腹泻的原因很复杂，其中最主要的原因有下面几种：（1）母猪的奶水不足或品质太差，仔猪断奶体重小，抗应激能力差，断奶应激难以适应；（2）诱食方式方法不当或太晚，使仔猪在断奶时尚未学会吃料，肠道没有得到很好的锻炼；（3）胃酸不足，仔猪断奶后的半个月内胃酸分泌量无法满足消化需要，致使胃酸屏障保护力降低、部分饲料不能完全消化，出现胃肠蠕动加快、致病菌过度增殖等问题，此时腹泻的出现无法避免；（4）断奶后下床过早、温度和环境变化太快，如果再存在水质不良，也很容易出现腹泻。针对以上导致断奶仔猪腹泻的问题，建议采取下列措施：（1）母猪产前营养足而不过，注意维生素和微量元素的含量；（2）最大程度缓解母猪产前便秘，密切注意饲料质量、控制霉变，有条件可以增加青绿饲料，如无法做到，可从母猪进入产房开始在饮水中添加液态酸化剂，这样一方面增加母猪水分的摄入，可以十分有效的缓解便秘；同时又有利于分娩后食欲调整，尽快恢复采食，从而促进采食量；（3）尽早诱食，选用好的教槽料，产后一周内就要诱导仔猪吃料；（4）补充胃酸不足，从断奶前三d左右开始用酸化剂补充胃酸不足，而且酸化剂的选择以有机液体酸化剂通过饮水补充的综合效果最为理想；（5）慎重用药，除非是非常严重的腹泻，最好是采用非药物手段来预防，大量的用药或许能控制腹泻的发生，但对猪群肠道的正常发育会产生破坏，而且极易导致猪群后期生长速度慢。用药时不要加到饲料中，应通过饮水加药。

32. 如果爆发猪圆环病毒病，我们将失去所有的猪？

答：在爆发该病的猪群中，死亡率可高达30%，但不同猪群之间会有很大的差异，有些猪群的死亡率较低。此外，一定比例的猪将大量失重，但是不会死亡。其余猪可能会出现生长缓慢，但一般情况下生长和表现均正常。

33. 除用抗生素外，还有其他方法可预防猪圆环病毒病引起的死亡吗？

答：虽然管理措施的改变并不总能预防猪圆环病毒病造成的死亡，但某些改变可以减少猪的应激，有助于控制死亡比例。（1）在不同批次之间提供清洁和经消毒的产仔舍，清洗母猪并在产仔前驱除寄生虫，并限制交叉寄养，只有那些在分娩后24 h内必需寄养的仔猪方才进行寄养。（2）猪舍在使用前应清洁和消毒，降低饲养密度，各猪圈之间使用固体物隔开，提供充足的饲喂槽位和饮水空间，控制猪舍内的空气质量和温度以满足猪的需要，不要把不同猪群的猪混群饲养。

34. 圆环病毒相关病有哪些？如何诊断与治疗？

答：这些病比较复杂，圆环病毒相关病（PCV2）为环状单股DNA病毒，无囊膜。它是断奶仔猪多系统衰竭综合征（PMWS）的主要病原。最早发现于加拿大（1991），很快在欧美及亚洲一些国家包括我国发生和流行，除PMWS外，猪皮炎与肾病综合征（PDNS）、增生性坏死性肺炎（PNP）、猪呼吸道疾病综合征（PRDC）、繁殖障碍、先天性颤抖等疾病与PCV2感染有重要关联。PCV2对外界的抵抗力较强，耐酸，在pH=3的酸性环境中很长时间不被灭活。该病毒对氯仿不敏感，在56 ℃或70 ℃处理一段时间不被灭活。在高温环境也能存活一段时间。凝集部分动物的红细胞。许多消毒剂不易杀灭PCV2。常见的PMWS主要发生在5～16周龄的猪，最常见于6～8周龄的猪，极少感染乳猪。一般于断奶后2～3 d或1周开始发病，急性发病猪群中，病死率可达10%，耐过猪后期发育明显受阻。但常常由于并发或继发细菌或病毒感染而使死亡率大大增加，病死率可达25%以上。PCV2在世界范围内流行。猪对PCV2具有较强的易感性，口鼻接触是自然传播的主要途径。该病毒还可经胎盘、精液传播。也可通过被污染的衣服和设备进行传播。PCV2 可引起 PMWS 以及 PDNS，并多发于 5 ~ 16 周龄的猪。PCV2 能水平传播，接触病毒后一周，血清中能检出抗体，随后滴度不断升高。主要临床表现：生长迟缓，消瘦；呼吸困难；咳嗽、腹泻黄疸，有些伴有皮炎变化，死亡率容易达到 30% 或更高；母猪繁殖力下降。1、PMWS 的临床症状：猪只渐进性消瘦或生长迟缓，这是诊断 PMWS 所必需的临床依据，其他症状有厌食、

精神沉郁、行动迟缓、皮肤苍白、被毛粗乱、呼吸困难，咳嗽为特征的呼吸障碍。体表浅淋巴结肿大，贫血和可视黏膜黄疸。绝大多数 PCV2 是亚临床感染。一般临床症状可能与继发感染有关，或者完全是由继发感染所引起的。2、PDNS 的临床症状：猪场少量猪（<5%）表现 PDNS，呈现食欲减退、精神不振，轻度发热或不发热，喜卧、不愿走动，步态僵硬，最显著症状是皮肤出现不规则红紫斑及丘疹，主要集中在后肢及会阴区，其他部位也会出现，随着病程的延长，病变区域会被黑色痂皮覆盖，这些痂皮褪去留下疤痕。

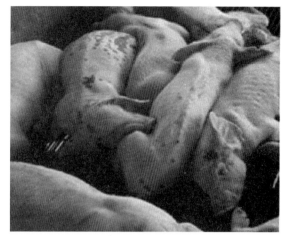

图 139　PMWS 猪

图 140　PDNS 猪

图 141　PDNS 猪

　　3、先天性颤抖的症状：颤抖由轻微到严重不等，一窝猪中感染的数目也变化较大。严重颤抖的病仔猪常在出生后 1 周内因不能吮乳而饥饿致死。耐过 1 周的乳猪能存活，3 周龄时康复。颤抖是两侧性的，乳猪躺卧或睡眠时颤抖停止。外部刺激如突然声响或寒冷等能引发或增强颤抖。有些猪一直不能完全康复，整个生长期和育肥期继续颤抖。发病窝猪常为新引入的年轻种猪所生，这表明这些血清学阴性种猪在怀孕的关键期接触了 PCV2。4、常见的混合感染：PCV2 感染可引起猪的免疫抑制，从而使机体更易感染其他病原，这也是圆环病毒与猪的许多疾病混合感染有关的原因。最常见的混合感染有 PRRSV、PRV、SIV、肺炎支原体、多杀性巴氏杆菌、副猪嗜血杆菌、链球菌等疾病，有的呈二重感染或三重感染，其病猪的病死率也将大大提高，有的可达 25% ~ 40%。病理变化：本病主要的病理变化为患猪消瘦，贫血，皮肤苍白，黄疸；淋巴结异常肿胀，肿大到正常体积的 3 ~ 4 倍，切面为均匀的灰白色；肺部有灰褐色炎症和肿胀，无塌陷，用手触摸有"疙瘩感"，坚硬似橡皮样；肝脏发暗，呈浅黄到橘黄色外观；肾脏肿大，苍白，非化脓性间质性肾炎；脾脏一端轻度肿大，梗死。

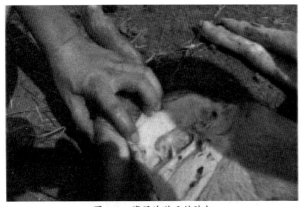

图 142　腹股沟淋巴结肿大

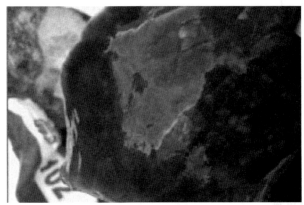

图 143　肺水肿，间质增宽

图 144　脾脏肿大，梗死

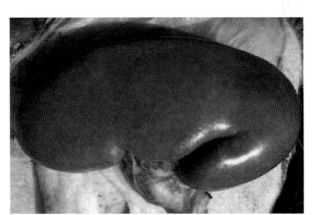

图 145　肾脏弥漫性坏死灶

　　本病的诊断必须将临床症状、病理变化和实验室的病原或抗体检测相结合才能得到可靠的结论。最可靠的方法为病毒分离与鉴定，但是病毒分离对实验室的要求较高，一般 PCR2 阳性可确诊。

　　本病无有效的治疗方法，加上患猪生产性能下降和死亡率升高，使本病显得尤为重要。而且因为 PCV2 的持续感染，使本病在经济上具有更大的破坏性。抗生素的应用和良好的管理有助于解决并发感染的问题。具体可采取的措施有：

　　1、加强饲养管理：降低饲养密度、实行严格的全进全出制和混群制度、减少环境应激因素、控制并发感染、保证猪群具有稳定的免疫状态、加强猪场内部和外部的生物安全措施、购猪时保证猪来自清洁的猪场是预防控制本病、降低经济损失的有效措施。2、做好猪的免疫工作：目前市售的疫苗能有效的控制圆环病毒病造成的病毒血症程度，降低死亡率，提高育肥猪的日增重，缩短上市时间。根据自己猪场的实际情况，选择最适合自己猪群的圆环疫苗。3、自家疫苗的使用：猪场一旦发生本病，可把发病猪的肺脏、淋巴结加工成自家疫苗，据临床实践，效果不错。但现阶段有两种观点：一是母猪和断奶仔猪同时免疫，优点是免疫效果快，基本在 1～2 月内能控制本病；缺点是如果灭活不彻底，将使本病长期存在。二是只免疫断奶仔猪，优点是免疫安全性好，基本不会使本病长期存在；缺点是免疫效果慢，需要半年左右的时间才能控制本病。4、药物预防：预防性投药和治疗，对控制细菌源性的混合感染或继发感染，是非常可取的。仔猪用药：哺乳仔猪在 3、7、21 日龄注射 3 次长效土霉素，200 mg/mL，每次 0.5 mL，或者在 1、7 日龄和断奶时各注射头孢噻呋，500 mg/mL，0.2 mL；断奶前 1 周至断奶后 1 个月，用支原净（50 mg/kg）+ 金霉素或土霉素（150 mg/kg）拌料饲喂，同时用阿莫西林（500 mg/L）饮水。母猪用药：母猪在产前1 周和产后 1 周，饲料中添加支原净（100 mg/kg）+ 金霉素或土霉素（300 mg/kg）。控制好蓝耳病、猪瘟、伪狂、支原体等有利于减少 PCV2 造成的损失。

35. 是否需要对从外面带回猪场的猪进行隔离?

答: 为了防止潜在的疾病传播, 建议隔离曾与场外猪群接触过的猪。但是, 如果没有可用的隔离设施, 就像任何可传播的疾病一样, 将会提高疾病传染给场内猪群的风险。

36. 当猪处于运输途中和在交易会及集市中时, 有什么秘诀能将它们的应激降低到最低程度?

答: 我们总是要求在运输猪群时要给它们提供舒适的条件以尽量减少应激。提供舒适的垫床或冷却和控制挂车或拖车内的气流是很关键的。在交易会上, 使用垫料和冷却设备以使参展猪保持舒适, 全程提供清洁的淡水并饲喂适当水平的饲料, 对减少应激是至关重要的。

图 146 美国猪场用的运猪车, 舒适、安全、有隔板 　　图 147 我国南方某屠宰场用的运猪车, 拥挤、无隔板、不安全、有待改进

37. 为减少猪病传播, 是否需要建立一个"干净"的封闭式猪舍或"淋浴进 – 淋浴出的猪舍"?

答: 为了尽量减少疾病的传播, 建议采取正确的疾病防御措施, 当往返于不同猪场之间时, 应进行淋浴并穿着不同的衣服。如果工作服或衣服上有明显的猪分泌物(血液、尿液、粪便、痰液), 应在接触其他猪之前更换这些工作服或衣服, 并进行清洗。洗手或戴一次性手套或穿工作靴是尽量减少传播的另一种方法。

38. 需要把不同体重的猪或者是参展猪与未参展猪分隔多远才不会发生猪圆环病毒病传播?

答: 体重 18 ~ 45kg 的猪似乎受感染的风险最大。因此, 建议将不同猪群的猪或参加春季猪交易会的猪与其余猪分开饲养。至少, 建议防止猪通过鼻与鼻的接触以及与所有体液接触。当然, 较长的隔离距离可将暴露于疾病下的风险最小化, 但短至 3 m 的接触距离就可以大大降低风险。应注意尽量减少隔离猪通过饲养员露于疾病下的风险。

39. 哪一种消毒剂灭活圆环病毒效果好？

答：有效的消毒剂包括酚类，或过硫酸氢钾类，这些消毒剂都能灭活圆环病毒，同时对其他病原体也有较好的消毒效果。

40. 猪生长到多重时才不会因猪圆环病毒病而死亡？

答：猪一旦生长到 45 kg，通常不太可能会死亡或出现临床症状。然而，这并不是说猪长到 45kg 后就不会受到影响，但随着年龄和体重的增加，此类死亡风险似乎也日益减少。

41. 口蹄疫有何症状？如何防治？

答：口蹄疫（Foot and Mouth disease，FMD）是由小核糖核酸病毒科、口蹄疫病毒属的口蹄疫病毒引起的偶蹄兽的一种急性、热性和高度接触性的传染。FMDV 是单股 RNA 病毒。FMDV 有七个不同的血清型，即 A、O、C、南非（SAT1、SAT2、SAT3）以及亚洲Ⅰ型。多变种或亚型存在于每个血清型里，各型之间无交叉免疫保护作用，各亚型之间毒力也有明显的抗原差异，FMDV 在发病早期的病猪的水泡皮和水泡液中含毒量最高，FMDV 对酸、碱和氯制剂等消毒药敏感。口蹄疫的自然宿主包括所有的偶蹄动物（有分裂蹄的有蹄动物，如猪、牛、羊，但马不属于偶蹄动物），猪对口蹄疫易感。病猪是最主要的传染源，病毒可通过消化道、空气、皮肤黏膜伤口感染易感动物。FMD 是一种传染性极高的传染病，传播迅速，一般在 3 d 就可传遍全群，经常可呈跳跃式传播。口蹄疫一年四季均可发病，一般在冬春季节易发生大流行。口蹄疫对于成年猪来说主要引起跛行，对小猪致死。接触病毒后潜伏期 2 ~ 10 d，病初体温升高到 41 ~ 42℃，患病猪可能俯卧、颤栗。主要在蹄部、口腔、乳房皮肤形成水泡，水泡破裂后表面出现糜烂、出血、溃疡，严重者蹄匣脱落，从而影响发病猪的采食和运动。哺乳仔猪感染可引起急性胃肠炎和心肌炎。病死率可达 100%。

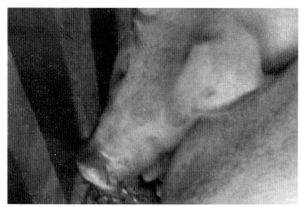
图 148　鼻镜长出水泡

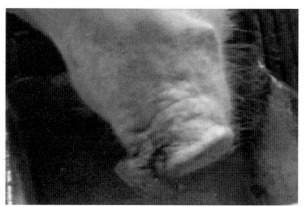
图 149　水泡破裂后结痂

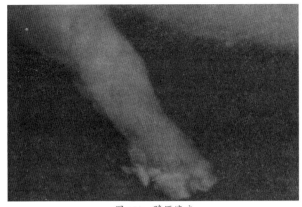
图 150 蹄匣溃疡

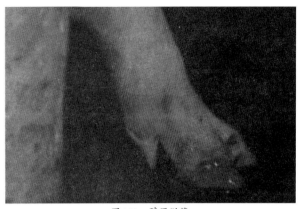
图 151 蹄匣脱落

病理变化：特征病变为"虎斑心"（见下图），在病死小猪的心内膜、心外膜和隔膜上能看到呈现灰白色或淡黄色斑纹。

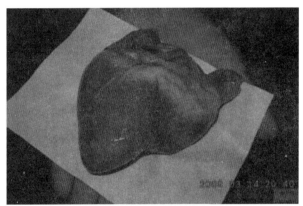
图 152 "虎斑心"

诊断：综合流行病学、临床症状和病理变化做出初步诊断，需借助实验室方法（PCR）与猪传染性水疱病，水疱性口炎相区分。

综合防治：禁止从有本病流行地区或发病猪场购入种畜及其产品、饲料。引种应进行严格的检疫和隔离观察。加强卫生消毒工作，对外来人员、外出人员以及车辆要严格消毒。1、预防：（1）未发病地区猪场：用弱毒苗和灭活油苗（选用与当前流行血清型相同的灭活油苗）做好常规预防接种工作。公母猪一年 4 次普免，每次每头 3 ~ 4 ml，仔猪 50 ~ 70 日龄首免，首免后 21 d 二免。免疫后监测抗体水平，如有必要再过 30 d 左右，三免，保证抗体阳性率在 95% 以上。（2）做好生物安全综合措施，特别是对卖猪车及其它车辆、进出物品消毒，高温消毒最有效。 2、治疗：FMDV 感染猪仅有的可用疗法是对症治疗，可以使用抗生素疗法来预防继发感染：（1）发病猪场：对全场及周围地区进行疫苗紧急免疫接种（选用与当前流行血清型相同的灭活油苗）。（2）蹄子溃烂，站不起来的中大猪。首先用 0.1% 高锰酸钾溶液冲洗患部，涂碘甘油或龙胆紫溶液，如果是母猪，用过氧乙酸擦洗母猪乳房，再外用红霉素软膏效果较好。圈舍铺垫干草，精心护理，防止受到惊吓，尤其是小猪，不能驱赶，打针等均会惊吓死亡。并配合药物预防保健，在饲料中添加克毒先 2 000ppm、多维 1 000ppm、阿莫西林 200ppm。发生疫情时，对病猪及同群同栏猪扑杀并作无害化处理。对被污染的场地、用具、饲料等就地封锁，并用有效的消毒药严格消毒。猪群用 0.5% 的过氧乙酸带猪消毒。猪栏用 2% 的戊二醛、煤焦油用于栏内消毒。猪场用氢氧化钠在栏舍外消毒。严禁人员流动，严禁冲洗粪便。

42. 什么是"五号病"及其症状？

答：口蹄疫俗称"五号病"，是一种由病毒感染偶蹄类动物（如猪、牛、羊、鹿等）所产生的疾病，其特征为受感染之偶蹄类动物的口、足等部位皮肤会出现水泡，而造成部份动物死亡，影响畜牧产业的发展。本病一般呈良性经过，经一周左右即可自愈；若蹄部有病变则可延至 2 ~ 3 周或更久；死亡率 1% ~ 2%，该病型叫良性五号病。行走摇摆、站立不稳，往往因心脏麻痹而突然死亡，这种病型叫恶性五号病，死亡率高达 25% ~50%。

43. 哪些动物会患"五号病"？

答："五号病"病毒所感染的对象仅为偶蹄类动物，如：牛、羊、猪、骆驼、鹿、河马等，绝对不会感染其它家畜如马及鸡、鸭等家禽。

44. 猪的"五号病"会传染给人类吗？

答：人类可能通过接触受感染动物而患五号病，但这种情况很罕见．因为五号病病毒对胃酸敏感，所以人类通常不会通过食用肉类感染五号病病毒。在英国，最后一次确认人类患五号病是在 1967 年。在欧洲大陆，非洲以及南美也只有很少感染案例。五号病感染人类的症状包括不舒服，发烧，呕吐，口腔组织发生红色溃疡腐烂（表面腐蚀性水疱），偶有皮肤小水疱。当五号病疫情流行时可能导致大量畜类被销毁以及来自牛奶与肉类产品收入的巨幅减少。

45. 猪发生了五号病，怎么办？

答：建议规模养殖场实行封闭生产，严格限制闲杂人员进出，对售猪车辆彻底冲洗、干燥 2 h 以上，严格消毒；同时全场强化消毒，每 d 带猪消毒一次，复合碘类消毒剂对口蹄疫病毒杀灭效果好。为了增强猪群抵抗力，如果发生五号病时，要尽快隔离病猪，每 d 消毒。

46. 我场最近两 d 因猪打架死亡 3 头。体重在 80 ~ 90 公斤左右，同栏内所有的猪全都攻击同一只猪。没有出现异嗜咬尾现象，请问应当怎么处理？

答：(1)给猪分栏，改善饲养条件，并适当调整饲料；(2)将被攻击的猪移出。

47. 肥育猪胃溃疡病，以前没这么多，为什么现在多起来了呢？

答：育肥猪因胃出血而死亡，诊断为胃溃疡。原因可能为：（1）肥猪浓缩饲料中，硫酸铜颗粒过大，含量也较一般高。（2）使用的玉米粉得过细，60% 以上颗粒直径在 1mm 以下。建议饲料厂家将硫酸铜添加量降到适宜范围内，并将粒度控制在 60 目以上；调整粉碎机筛片型号，使用 1.5mm 左右的筛片；在育肥后期料中添加 0.3% 的小苏打。

48. 如何抢救腹泻仔猪？

答： 引起腹泻的原因很多：细菌、病毒、寄生虫等病原性微生物可引起病源性腹泻，饲料品质不佳可引起营养性腹泻，寒冷、潮湿、空气污浊、断奶、转群、去势、接种等可引起应激性腹泻，也可能是几种因素同时作用引起腹泻。不论何种腹泻，造成仔猪死亡的直接原因都是机体严重脱水。采用世界卫生组织推荐的口服补液盐，给仔猪饮用补液，加入适量抗菌药，可有效预防和治疗仔猪腹泻脱水，显著减少仔猪脱水死亡的损失。

49. 我公司小猪出现关节肿胀，跛行，甚至神经症状，四肢划水运动，这是什么病？如何防治？

答： 可能是猪链球菌感染。猪链球菌是一种革兰阳性球菌，呈链状排列，无鞭毛，不运动，不形成芽胞，但有荚膜。为兼性厌氧菌，但在无氧时溶血明显。到目前为止，共有35个血清型（1～34，1/2 型），最常见的致病血清型为 2 型。猪链球菌常污染环境，可在粪、灰尘及水中存活较长时间。苍蝇携带猪链球菌 2 型至少长达 5 d，污染食物可长达 4 d。自然感染的部位是上呼吸道、消化道和伤口。常表现为猪急性败血症、脑炎、局灶性淋巴结化脓、慢性关节炎及心内膜炎。而仔猪主要是急性败血症及关节炎、脑炎，部分淋巴结化脓。本病一年四季均可发生，但在夏、秋季多发，具有潮湿闷热的天气多发的特点。有时甚至可呈地方性暴发，主要发生在断乳后的保育猪，发病急、死亡率高。通过呼吸道和皮肤的伤口感染，小猪也可由脐带感染。临床症状：急性败血型：突发，体温升到41℃~42℃，全身症状明显，精神沉郁，食欲减退或不食，结膜潮红，流泪，流鼻液，便秘；部分病猪出现关节炎，跛行或不能站立（见下图）；有些病猪出现共济失调、磨牙、空嚼、昏睡等神经症状，后期呼吸困难，1 d~4 d 死亡。最常见于刚发生过或刚发生蓝耳病期间，多数 2 型链球菌主要影响保育猪，有时见育肥猪或哺乳猪，神经症状。慢性：心肌内膜炎、腹式呼吸。

图 153　关节肿胀，跛行

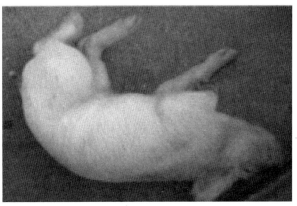

图 154　小猪神经症状，四肢划水运动

病理变化：剖检以出血性病变和浆膜炎为主，病猪皮肤有紫斑，黏膜、浆膜皮下出血。浆膜腔积液，含有纤维等。此外，还有关节炎型、心内膜炎、脑膜炎、淋巴结脓肿型等。鼻黏膜、喉头、气管、黏膜充血或出血，有泡沫状物；肺充血、水肿；肝瘀血肿大，呈暗紫色，有时呈黄色；脾瘀血肿大，呈暗黄色，病程稍长的多为黄色；全身淋巴结出血肿大或水肿，有的淋巴结周围结缔组织水肿或呈胶冻样；神经症状严重的脑膜充血、出血，严重的甚至脑膜出血或脑膜下积液。

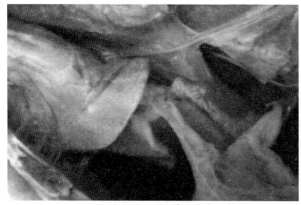

图155 心包积液，胸腔有纤维素性渗出

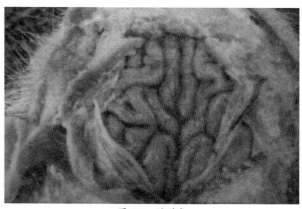

图156 脑膜炎

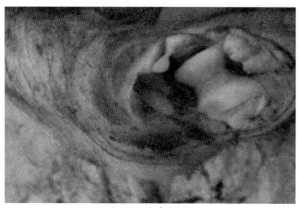

图157 关节腔积液

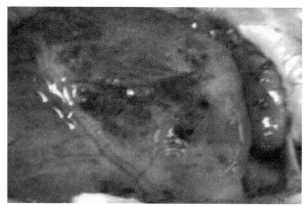

图158 心内膜炎，心肌出血

诊断：结合临床症状和病理变化做出初步诊断，如需确诊需要分离到溶血性链球菌，并染色镜检结合 PCR 鉴定。猪链球菌在鉴别诊断上应注意与猪传染性胸膜肺炎、猪副嗜血杆菌病、猪支原体性多发性浆膜炎—关节炎、猪肺疫等病相区别。

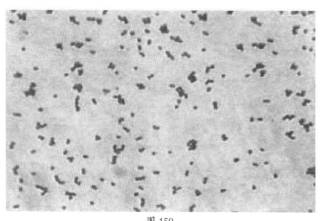

图159

预防与治疗：（1）坚强饲养管理，抓好清洁卫生、提高猪群的抵抗力；（2）疫苗免疫：母猪或出生小猪，注射链球菌2型疫苗免疫；（3）治疗：注射或加药治疗，青霉素、氨苄青霉素、阿莫西林对该病有效；（4）全进全出、同源引猪，同栋猪日龄差距小，拉长消毒后猪圈的空舍干燥时间；（5）控制好蓝耳病、圆环、伪狂有利于减少链球菌的发生。

50. 如何科学高效防治猪链球菌病？

答：猪链球菌病是一种人畜共患的急性、热性传染病，由C、D、E及L群链球菌引起的猪的多种疾病的总称。表现为急性出血性败血症、心内膜炎、脑膜炎、关节炎、哺乳仔猪下痢和孕猪流产等。猪链球菌感染不仅可致猪败血症肺炎、脑膜炎、关节炎及心内膜炎，而且可感染特定人群发病，并可致死亡，危害严重。防控措施：主要采取以控制传染源（病、死猪）、切断人与病（死）猪等接触为主的综合性防治措施。（1）在有猪链球菌疫情的地区强化疫情监测。（2）病（死）家畜应在当地有关部门的指导下，立即进行消毒、焚烧、深埋等无害化处理。（3）采取多种形式开展健康宣传教育，向群众宣传病（死）家畜的危害性，告知群众不要宰杀、加工、销售、食用病（死）家畜。（4）畜牧兽医部门组织力量，查清动物疫情范围，落实各项防控措施。用药方案：（1）免疫预防：注射链球菌氢氧化铝菌苗可预防本病，免疫期为6个月。（2）药物预防：为了控制群体感染发病，可在每吨饲料中拌磺胺嘧啶500 g和100 g三甲氧苄氨嘧啶混饲，连续使用5~7 d。（3）治疗方法：青霉素G钠盐（冲击剂量）加地塞米松联合用药。

51. 秋季猪容易发生的疾病和原因有哪些？

答：进入秋季，冷空气来袭，天气逐步转凉，病原微生物会更加猖狂，加之气温变化大，对生猪的应激影响力也随之加大，所以秋季要进一步加强猪场管理，切实做好生猪疾病的防控工作。秋季猪易发生的主要疾病：猪瘟、蓝耳病、伪狂犬病、口蹄疫、轮状病毒、副猪嗜血、传染性胃肠炎、流行性腹泻、附红细胞体、弓形体、衣原体与支原体等。寄生虫病主要是疥螨类、线虫类、吸虫类。主要原因：（1）入秋后，受季风影响，气候变化大，昼夜温差也大，恶劣高温天气依然持续，生猪的应激反应依然较大。（2）已经发过高热病的猪场，其猪群仍然处于排毒期，同时，猪的免疫系统受到损害，群体免疫力下降，健康状况一时还难以恢复。（3）高热病过后，如免疫注射疫苗种类和时机不当，或保健药物、驱虫药物的使用种类和时机不当，导致猪群抗病能力不够。（4）消毒工作理念模糊、意思淡薄、措施粗放。（5）对各类猪群每头猪的每日需水量缺乏了解、饮水相对不足和水质较差；饮水设施陈旧、水管内壁多年未清洗，水质内大肠杆菌、沙门氏菌、钩端镙旋体、弓形体、硝酸盐类、非金属离子类等超标和存在。（6）应激反应：管理因素如分群转栏、断奶、猪群密度、饲喂制度；栏舍及卫生条件如通风不良、降温方法和措施、氨气及有害气体浓度等；不当给药方式引起的病情加剧。（7）饲料品质与猪群营养不良：使用看不见嗅不到的霉变原料；猪群阶段与营养供给不匹配；自配料配方未根据季节变化作相应的调整。

52. 仔猪发烧如何做好应对措施?

答: 仔猪感冒发烧,多由急性上呼吸道感染引起,又多为病毒所致。为抵抗病毒的繁殖,畜体内的细胞就要复制出抗病毒蛋白。这种自我保护性反应需要 3~5 d,一般靠自身的抵抗力完全可以取胜。对发烧要科学处理,如仔猪精神好,没有其他症状,可服些盐酸吗啉胍片或金刚盐酸片,对减轻发热和排除病毒具有疗效。主要措施是喂给营养丰富、易消化饲料,增加仔猪的抵抗力;精心护理,适当降温。服药降温要慎重,要给仔猪多饮温水,最好饮糖盐水,补充体液。圈舍要卫生、保温,地面铺垫草,防止仔猪受凉,让仔猪能安静睡眠和充分休息,有利于畜体的病愈。

53. 仔猪保育阶段如何做好呼吸道疾病的预防工作?

答: 保育阶段是仔猪出生至出栏整个生长周期中最重要的一段时期,也是仔猪身体脆弱、抵抗力最低的一段时期,同样还是最难以护理的一段时期。因其承前启后,至关重要,所以要备加关注这一时期。早期仔猪断奶后常面临的是腹泻问题;后期则多是呼吸道问题。近几年来,呼吸道病越来越复杂,成为猪场最为棘手的问题。症状:喷嚏、咳嗽、喘,多见以腹式呼吸,逐渐消瘦,毛长色暗,皮肤苍白,采食量下降,喜卧,不愿走动。一旦明显瘦弱,往往治疗无效,多以死亡转归。在较为寒冷的季节,为了舍内保温,通风不良,空气质量差,呼吸道病发病率相对较高;在春季夏初较为温暖的季节,空气较为清新,但呼吸道病仍在发生,以散发最为常见,且较难以控制。呼吸道病多以支原体感染为主,混合感染巴氏杆菌、波氏杆菌、链球菌、胸膜肺炎放线杆菌、大肠杆菌等。有些猪场还有伪狂犬病毒、猪瘟病毒、蓝耳病病毒感染的可能,甚至环状病毒的感染。一旦有较高的发病率,则整个保育阶段猪的生产状态会明显下降,生长速度变慢,饲料报酬降低,出栏时间延迟,药费提高。早期预防感染:(1)母猪在分娩前、后一段时间,通过饲喂药物,减少仔猪在产房内早期感染支原体的机会;清理产道内细菌,如链球菌、大肠杆菌、沙门氏菌等,防止分娩过程中的早期感染。(2)自仔猪 14 日龄始,敏感药物饮水或饲喂,控制支原体、链球菌、巴氏杆菌等的感染。(3)保育阶段持续用药,控制呼吸道混合感染,减少瘦弱仔猪出现。

54. 猪支原体肺炎如何进行药物防治?

答: 本病被认为是对养猪业造成重大经济损失最常发生、流行最广最难净化的重要疫病之一。猪肺炎支原体为本病病原,带菌猪是本病的主要传染源,病原体是经气雾或与病猪的呼吸道分泌物直接接触传播的,其经母猪传给仔猪使本病在猪群中持久存在,其严重程度常因管理水平、季节、通风条件、猪的密度以及其它环境因素改变而有很大差异。最早可能发生于 2~3 周龄的仔猪,但一般传播缓慢,在 6~10 周龄感染较普遍,许多猪直到 3~6 月龄时才出现明显症状。易感猪与带菌猪接触后,发病的潜伏期大的为 10 d 或更长时间,并且所有自然发生的病例均为混合感染,包括支原体、细菌、病毒及寄生虫等。用药方案:通过对群体混饲或混饮长期治疗是控制本病较好的办法。在每吨饲料中拌泰乐菌素 500 g 加盐酸多西环素 150 g,连续饲喂 5~7 d,剂量减半,再连续使用 2 周;或在每吨饲料中拌替米考星 200 g 或泰妙菌素 100 ppm 等,连续饲喂 2 周。

55. 猪流感和猪感冒的区别在哪里?

答: 猪流感:猪流感是由猪流感病毒引起的一种呼吸道传染病。临床特征为突然发病,迅速蔓延全群。该病毒主要存在于病猪的呼吸道分泌物中,排出后污染环境、饲饮用具等,飞沫、空气及老鼠、蚊蝇等都是此病的传播途径。猪流感发生初期,病猪食欲减退或不食,眼结膜潮红,从鼻中流出黏性分泌物,体温迅速升高至 42.5℃,精神委靡,咳嗽、呼吸和心跳次数增加,最后严重气喘,呈腹式或犬坐式呼吸,大便干硬发展至便秘。猪感冒:猪感冒多是因天气骤变、忽冷忽热、寒风侵袭等引起,只侵害病猪本体,不传染其他猪。病猪表现为食欲减退或不食,精神不振,体温升高至 40℃,鼻流清涕,被毛蓬乱无光,大小便一般正常。防治:(1)注意候变化,防止猪受寒。对患流感的猪要及时隔离治疗,栏圈、饲饮用具要用 2% 的火碱溶液消毒,剩料、剩水要深埋或进行无害化处理。在猪的饲料中拌入 0.05% 的盐酸吗啉胍饲喂 1 周,有较好的预防作用。(2)防止继发感染,可选用 15 盐酸吗啉胍注射液,按猪每公斤体重 25 mg 的剂量注射,每 d 注射 2 次,连注 2 d。饲饮用具等,飞沫、空气及老鼠、蚊蝇等都是此病的传播途径。对于即将出栏的肥猪慎用抗菌素和磺胺类药物,要执行国家休药期的规定,防止猪产品药物残留超标,保护消费者身体健康和生命安全。

56. 如何让猪少生病?

答: 在养猪时尽量让猪少生病,健康地生长。让猪少生病要做到以下几点。(1)管理:满足猪对各种营养物质的需要、搞好猪舍和环境卫生。饲料要多样化,要进行合理搭配和调制。严禁喂给发霉、变质饲料、饲草,饲料的变换要逐渐进行,供足清洁饮水。(2)检疫:自繁自养是预防疫病传染的一项重要措施。如果必需从外地或市场购买种猪或仔猪时,则要做好检疫工作。(3)预防用药应注意的事项:①注射前要仔细检查瓶口和胶盖的封闭是否完好,瓶签的药品名称、批号、有效期等要完整清楚。②注射部位要用 75% 的酒精棉球消毒。③疫苗应冷冻保存,已稀释的疫苗限在 4 h 内用完。④定期驱虫。驱虫是防治寄生虫病的重要措施,要根据本地区主要寄生虫病的流行情况合理选用驱虫药物,定期驱虫。(4)消毒:消灭外界环境的病原微生物,切断传染病的传播途径,防止疫病发生。对猪圈内的粪尿要经常清理,料槽和水槽等用具要经常清洗。每年进行一次大范围清毒,每季进行一次小范围消毒。消毒要成为经常性工作。

57. 猪便秘、寒战的病猪,如何用食疗法?

答: 对便秘、寒战的病猪可喂 50 g 左右的花生油 1~2 次,使其及时排除肠胃内的积食,减少积食对肠胃的刺激和产生消化不良性轻烧,防止因吃食不正常而致死亡。

58. 仔猪感冒发烧应如何处理?

答: 冬春季节是仔猪感冒发烧的高发季节。仔猪感冒发烧,多由急性上呼吸道感染引起,又多为病毒所致。为抵抗病毒的繁殖，畜体内的细胞就要复制出抗病毒蛋白。这种自我保护性反应需要3~5 d，一般靠自身的抵抗力完全可以取胜。但发烧时间过长、过久，温度过高，可使肌体内营养物质及氧的消耗增加，并造成严重的代谢障碍，体温过高还容易导致抽搐，这对仔猪不利，要及时处理。如仔猪精神好，没有其他症状，可服些盐酸吗啉胍片或金刚盐酸片，对减轻发热和排除病毒具有疗效。主要措施是喂给营养丰富、易消化饲料，增加仔猪的抵抗力；精心护理，适当降温。退烧的办法可采用冷敷或用酒精擦。要给仔猪多饮温水，最好饮糖盐水，补充体液。圈舍要卫生、保温，地面铺垫草，防止仔猪受凉，让仔猪能安静睡眠和充分休息，有利于畜体的病愈。

59. 猪传染性胃肠炎的防治和治疗如何进行？

答：猪传染性胃肠炎是由猪传染性胃肠炎病毒引起猪的一种高度接触性消化道传染病。以呕吐、水样腹泻和脱水为特征。预防措施：（1）猪场坚持自繁自养。如确实需要引进种猪，则应避免从疫区或发病猪场引进，并对引进的种猪严格检疫，隔离观察1个月以上，确实无病时方可合群。（2）母猪产前45 d和15 d注射传染性胃肠炎与猪流行性腹泻（或猪轮状病毒）二联活疫苗。仔猪断奶前7 d，每头肌肉注射2 ml，免疫期6个月。对曾发生过传染性胃肠炎病的猪场，应在秋季和冬季对保育期仔猪进行免疫接种。（3）加强饲养管理，实施"全进全出"的生产模式，寒冷季节注意猪舍保温。（4）做好猪场的卫生消毒工作。临产母猪转入分娩舍前，应用温水擦洗干净并进行彻底消毒。生长育成舍每周应进行不少于2次的带猪消毒工作。治疗办法：使用猪传染性胃肠炎、猪流行性腹泻二联弱毒苗对猪群实施紧急接种，仔猪、保育仔猪注射1 ml，免疫期6个月。供给猪群充足的加有口服补液盐水，能明显降低死亡率。猪场发病后立即封锁，对发病猪只进行隔离，全场进行严格消毒，各猪舍固定人员，避免病毒传染给哺乳仔猪造成严重损失。

60. 秋冬季节如何做好猪的疫病防控？

答：（1）修整猪舍：把猪栏通风漏雨的地方遮挡堵严，防贼风。产房、保育舍覆盖塑料薄膜，中大猪舍可在向阳的一面搭塑料薄膜棚。产房使用保温箱，点保温灯，确保温度达到仔猪最佳生长温度。在猪休息的水泥地面上使用导热系数低的材料，防止腹部受凉。北方气温低的地方可使用暖气管供暖或吹暖空气保温，后者能弥补前者猪舍内含氧量不足的缺陷。（2）加强营养：冬季猪为了维持体温，会增加基础代谢量，一定要保证足够的采食量，才能够达到养猪最佳效益。（3）疾病防控：进入秋冬季节，因气温变化容易诱发部分传染病，如传染性胃肠炎、流行性腹泻和口蹄疫等。入冬前要检查猪免疫状况，尤其针对低温常见的传染病，确保有足够免疫力。（4）加强猪场的隔离工作，禁止外人随意进出猪场，并加强消毒措施，以杜绝传染病的发生。

61. 母猪胎儿死亡怎么办？

答：妊娠母猪腹部受到打击、冲撞而损伤胎儿，有妊娠疾病及传染病（布鲁氏菌病、猪细小病毒病、乙型脑炎、伪狂犬病等）以及慢性中毒等均可引起胎儿死亡。（1）症状：母猪起初不食或少食，精神不振，随后起卧不安、阴道流出污浊液体。在怀孕后期，用手按摩母猪腹部检查久无胎动，如果胎死时间过长，病猪呆滞，不吃。如死胎腐败，母猪常有体温升高、呼吸急促、心跳加快等全身症状，阴户流出恶露，如不及时治疗，常因急性子宫内膜炎而引起败血症死亡。（2）措施：对怀孕母猪加强饲养管理，防止腹部直接受撞击，结果已诊断为死胎，肌肉注射前列烯醇或脑垂体后叶素 10 万～50 万单位。

62. 春季如何从饲养管理角度防猪病？

答：春季，天气渐暖，这个时节天气变化无常，各种病菌大量繁殖生长，如果消毒不彻底，管理不当，极易引发疾病。因此，春季养好猪，疾病防治尤为重要。（1）做好猪舍的修复消毒：猪喜欢干燥的环境，尤其是小猪。早春昼夜温差较大，应堵塞漏洞，圈舍扣棚，挂好门窗帘，保持圈舍温暖，保持环境干燥清洁、空气流畅，创造一个有利于小猪生长发育的环境。对圈舍进行清洗，对圈舍地面、墙壁及周围环境喷洒药水，严格清洗用具后用3%~5%浓度的来苏尔液消毒，再用水冲洗。（2）加强防疫：春季要严防猪瘟、丹毒、肺疫、口蹄疫、蓝耳病等传染病的发生。养殖户要严格按照免疫程序，做好仔猪的免疫注射。一旦发生疫病，应严格封锁消毒，强化免疫注射，按照要求处理好死猪。如周围发生疫情，除消毒人员外，严格禁止外来人、车辆进入猪舍猪场。（3）注重营养：饲料配方应按猪不同的生长阶段科学投饲不同营养标准的全价日粮，并根据猪的体重、采食情况等适时调整日粮配方。有条件的猪场要尽量在日粮中添加一些多汁青绿饲料，以促进仔猪的食欲，同时补充一些维生素。（4）精细管理，科学饲养：在气候多变的春季，饲养管理稍有差错，极易引起猪患病，甚至大批死亡。因此，要改善哺乳母猪的饲养，保持母猪的乳房清洁卫生；让仔猪平安度过初生关、补料关、断奶关；为预防仔猪痢疾，应在母猪怀孕后期注射疫苗，产后注意环境的卫生清洁和仔猪体质的改善；添喂复合添加剂，多晒太阳，多活动，以促进仔猪生长，平安度过春季。

63. 冬季应如何预防猪病？

答：冬季预防猪病应注意下面几点：（1）加强饲养管理，增强猪的抗病力。体质健壮的猪对病原微生物有抵抗力，不易发病；而当猪的健康状况恶化时，抗病力降低，就容易发病。因此，加强饲养管理，满足猪对各种营养物质的需要，搞好猪舍和环境卫生，是预防猪病发生的积极措施。饲料要进行合理的搭配和调制，严禁喂给发霉、变质、腐烂、受污染、冰冻和刚喷过农药的饲料，饲料的变换要逐渐进行，供足清洁饮水。（2）坚持自繁自养，加强检疫。自繁自养是预防疫病传染的一项重要措施。如果从外地买猪时，要到没有传染病的地方或猪场买猪。所购猪只有经当地兽医进行严格检疫，出具检疫证明，预防注射疫苗后方可起运。刚购进的猪不能立刻与原有的猪混养，要隔离观察 30 d 后，确认无病时方可合群并圈。（3）做好定期预防注射、药物预防和定期驱虫工作。（4）搞好清圈消毒工作。消灭外界环境中的病原微生物，切断传染病的传播途径，是防止疫病发生的有效措施之一。对猪圈内的粪尿要经常清理，料槽和水槽等用具要经常清洗。每年进行一次大消毒，每季进行一次小消毒。

64. 仔猪断奶腹泻的原因有哪些？如何防治？

答：在猪群的饲养管理过程中，由于受饲料和环境因素的影响，很容易发生仔猪断奶腹泻疾病，若治疗不及时仔猪就会出现被毛粗乱，体质虚弱生长迟缓，严重时甚至引发仔猪断奶综合症，增加生产成本，影响养猪经济效益。因此养猪户要了解仔猪断奶腹泻的原因并做好防治工作。（1）免疫：仔猪由初乳中获得免疫球蛋白产生的被动免疫从第 3 周开始下降，免疫器官要 4 周龄以后才发育成熟，造成体内循环抗体的水平降低，仔猪抗病力差，容易感染细菌病毒等病原体而发病。（2）应激：母仔分离引起的饲料的改变以及仔猪转栏造成的周围环境、温度、湿度等因素的改变，使仔猪的消化和分泌等系统机能出现紊乱，同时胃肠道发育不完善也是致病因素。应激性腹泻以拉未消化完全的稀粪为主，死亡率不高，但仔猪体重会急剧下降。（3）生理：仔猪在断奶前其胃酸的分泌量不足，不具备稳定的消化能力，仔猪断奶前后食物由母乳向饲料的转变，其消化所需要的消化酶的种类不完全相同，使消化酶的活性降低不能完全消化食物，而饲料中部分不被完全消化的易发酵成分在肠道内发酵，产生的发酵产物在肠道内和细菌共同作用使肠内出现渗透性紊乱引起腹泻。（4）疾病：仔猪断奶后，饲料的改变会引起仔猪肠道对饲料抗原产生敏感反应，使肠细胞更新加快，肠腔上皮成熟细胞减少，出现肠黏膜萎缩（断奶后 5 d 最严重，断奶后 11 d 恢复），引起肠吸收表面减少，不利于饲料的消化吸收，使蛋白质在肠道后段腐败发酵增多，为致病大肠杆菌的大量繁殖提供了条件，引起致病性大肠杆菌生长，大肠杆菌释放大量肠毒素和内毒素，引起仔猪断奶腹泻、水肿病以及内毒素性休克等疾病。此时如果引起圆环、蓝耳、猪瘟等疾病的感染，则会引起仔猪断奶综合症，严重影响猪群健康和猪场效益。因此要保证断奶仔猪的健康，减少疾病发生，就要做好断奶仔猪的管理工作，合理安排猪群的免疫程序，减少断奶转群引起的应激。预防措施：（1）要创造仔猪生长发育的保育条件，断奶仔猪适宜的环境温度是 30℃~35℃，41 日龄~60 日龄为 21℃~22℃，60 日龄以上为 20℃。寒冷季节，特别对饲养在开放或半开放猪舍的仔猪要采取保温措施。断奶仔猪猪舍适宜的相对湿度为 65%~75%。（2）合理营养调控：在仔猪哺乳期 7 日龄左右实行补料措施，使其及早建立免疫耐受力。仔猪断奶前至少采食 600 g 以上的乳猪饲料，使仔猪断奶后适应植物饲料，安全渡过腹泻期。（3）补饲高品质乳猪饲料：选购乳猪料重要的是产品适口性要好，各种营养平衡易消化，蛋白质含量适中，食后无腹泻发生。（4）饲料中添加酸化剂：增加抗菌活性成分，抑制有害菌的繁殖，维持肠道菌群平衡，促进肠道消化吸收功能的恢复，减少疾病发生。（5）建立严格的消毒制度：仔猪断奶腹泻病的发生，是由于抗病力下降和大肠杆菌大量繁殖引起的，或者病毒入侵造成的，所以应该建立严格的消毒制度。

65. 猪胃溃疡的防治如何进行？

答：猪胃溃疡主要是指胃食管粘膜出现角化，糜烂和坏死，或自体消化，形成圆形溃疡面（图 66、正常胃；图 67、胃溃疡较重的胃），甚至胃穿孔。本病可发生于任何年龄，但多见于 50 kg 以上生长迅速的猪及饲养在单体限位栏内的母猪。病因：（1）饲料因素：①饲料粗硬不易消化。②饲料中缺乏足够的纤维。③饲料粉碎得太细。④长期饲喂高能量特别是玉米含量过高的饲料。⑤在谷类日粮中不适当混合大量有刺激性的矿物质。⑥饲料中缺乏维生素 E、维生素 B1、硒等。

⑦饲料中不饱和脂肪酸过多。⑧饲料霉变。（2）环境应激及饲养管理因素：①噪音、恐惧、闷热、疼痛、妊娠、分娩、经常转群、称重。②猪舍狭窄、活动范围长期受限制。③猪舍通风不良、环境卫生不佳。④饲喂不定时，时饱时饥，突然变换饲料。（3）疾病因素：①常继发于慢性猪丹毒、蛔虫感染、铜中毒、霉菌感染。②常见于维生素 E 缺乏、肝营养不良的猪。③体质衰弱，胃酸过多。治疗：症状较轻的病猪，应保持安静，减轻应激反应。中和胃酸，防止胃粘膜受侵害，可用氢氧化铝硅酸镁或氧化镁等抗酸剂，使胃内容物的酸度下降。保护溃疡面，防止出血，促进愈合，可于饲喂前投服次硝酸铋 5 ~ 10 g，每 d3 次。也可口服鞣酸蛋白，每次 2 ~ 5 g，每 d2 ~ 3 次，连用 5 ~ 7 d。如果病猪极度贫血，证实为胃穿孔或弥漫性腹膜炎，则失去治疗价值，宜及早淘汰。预防：针对发病原因采取相应措施：（1）避免饲料粉碎得太细，饲料颗粒度宜在 600 微米左右。（2）饲料中加入草粉使日粮中粗纤维量达到 7%。（3）保证饲料中维生素 E、维生素 B1、硒的含量。（4）避免心理应激状态，减少频繁的转群、运输、驱赶、防止猪相互嘶咬。（5）保持猪舍冬暖夏凉，加强通风、饲养密度适宜，猪舍要留有足够的空间便于猪的自由活动。

66. 早春时节如何防治仔猪缺铁性贫血?

答： 早春枯草时期出生的仔猪，易患缺铁性贫血症：表现为嗜睡、精神不振、心跳加快、呼吸困难等，严重的将死于心率衰竭。防治方法如下：（1）多补给哺乳母猪富含蛋白质、维生素、矿物质的饲料；尤其要注意补给铁、铜、锌等微量元素。（2）猪圈内放些添加有红土的食盘，让仔猪自由舔食。（3）通过注射铁制剂进行补铁，可于 3 日龄时注射右旋糖酐铁或铁钴注射液。（4）用硫酸亚铁 100 g、硫酸铜 20 g，研成细末拌入 5 公斤细沙或红土中撒入猪舍，让仔猪自由采食。

67. 如何做好新购仔猪的防疫工作?

答： 外购仔猪应注意疫病的预防，进入猪场时要注意消毒和隔离，对于仔猪疫病的防治，要注意以下几点：（1）外购仔猪购入时立即注射猪瘟疫苗，其他疫苗可根据季节和当地的疾病流行情况，制定合理的免疫程序，加强消毒。（2）仔猪购入 2 个 h 后给水，少给勤添，避免引起应激性腹泻，购入四个 h 后喂料，购入前三 d 适量限料，每 d 喂六七分饱即可。（3）仔猪购入第二周驱虫，购入二个月时再驱一次，可使猪到出栏时也不再会受寄生虫的干扰。当然，购仔猪时，运输工具也应注意。图 68 中的办法虽然新颖，但仔猪回家后会不会生病，就另当别论了。

68. 猪痢疾的防治措施如何?

答： 猪痢疾又称血痢、黑痢等，是由猪痢疾短螺旋体引起的猪特有的一种肠道传染病。本病一年四季均可发生、见于各种年龄的猪，其特征为大肠黏膜发生卡他性、出血性炎症，有的发展为纤维素性或坏死性炎症。防治措施：（1）严禁从疫区引进猪。（2）坚持自繁自养。生产实行产仔舍、保育舍和育肥舍的全进全出制度，避免交叉感染。（3）严格消毒制度。进猪前应该按消毒程序对猪舍进行消毒，定期使用 0.3% 过氧乙酸进行消毒，使用常用消毒药每周猪舍消毒 1 次，环境每月消毒1次，管理好粪便与污染物，并进行无害化处理。（4）做好各项生物安全工作。坚持灭鼠、杀虫、驱虫及防鸟，猪舍保持清洁干燥，保温防寒、通风透光，饲养密度适中，不混群饲养，场区内不准饲养其他动物；禁止饲喂腐败、发霉、变质饲料；饮水清洁，符合饮用水标准；尽可能避免各种应激因素的发生等，可有效控制本病发生。（5）预防用药。对于假定健康群，可用痢菌净。

69. 冬季养猪应如何做好防疫？

答：（1）防寒风：猪舍必须封好门窗，堵好缝隙，防止从圈内的鼠洞、裂缝、缺口等处吹进"穿堂风"和"贼风"。通气孔可留在距地面1米以上的高处。（2）防潮湿：猪舍干燥是保证猪健康生长的主要措施之一。猪舍要勤打扫，并注意训练猪定点排粪排尿，保证圈舍干燥。（3）防低温：猪生长的较适宜温度是14℃~23℃，其正常生长的温度也应该在8℃以上。为了保证猪的正常生长发育，可考虑采用暖棚饲养。（4）防冷食：冬季猪吃食主要用来御寒和增加体重，怀孕母猪还要维持胎儿的正常生长发育，故要在配料时适当增加能量饲料，增强其御寒能力。在饲喂混合饲料时，最好是生食干喂。（5）防乱喂：冬季喂猪时间要稳定，配料应根据猪的不同生产性能和不同生长阶段进行，切忌随意喂料。若需换料或改变饲喂时间，也应逐渐过渡。（6）防咬架：饲料中缺乏了某种或几种营养成分，猪不但生长滞缓，还可能出现咬架的恶癖。冬季青饲料较缺乏，恶癖出现的可能性更大。因此，要注意检查饲料中多种维生素、矿物质和微量元素的量。（7）对猪进行强弱分群、大小分圈。（8）防疫病：冬季气温低且空气干燥，猪的消化道疾病、呼吸道疾病、传染性疾病等很容易发生。为保证猪健康生长，要定期或不定期地进行圈舍消毒。猪要进行科学免疫，猪场内要备有常用药物，以便猪有病时早隔离、早治疗。

70. 初春养猪如何提高抵抗力？

答：（1）控制猪舍温度。（2）喂干料，饮清洁水，不喂霉变饲料。（3）增强猪舍空气流通。由于天气冷，猪舍长期处于相对密闭状态，空气不能得到及时更换，易造成氨、硫化氢等有毒有害气体严重超标，因此要定时打开气窗换气，排除有毒有害气体。（4）搞好清洁卫生，做好消毒工作。猪舍要勤消毒，可用20%的生灰乳或2%的烧碱热水进行泼洒消毒，圈舍用常规消毒药每周消毒一次，视动物疫病情况可适当调整。大门、人畜通道出入口应设消毒池或垫消毒地毯，并定时更换。外来人员出入、车辆进出必须采取严格的消毒措施。（5）做好疫病防治工作。搞好免疫接种，防止疫病发生。重点做好风寒感冒、胃肠炎及猪瘟、高致病性猪蓝耳病、口蹄疫等疫病的预防。

71. 春季引种猪重点注意事项有哪些？

答：（1）猪场引种前应做好如下工作：①根据实际情况制定科学合理的引种计划，并做好引种前的各项准备工作。②目标种猪场的调查了解与选择，选择适度规模、信誉度高并且技术服务水平较高的种猪场。③选择场家，应把种猪的健康状况放在第一位，应在间接进行咨询后，到场家与销售人员了解情况。④种猪的系谱要清楚。⑤选择售后服务较好的场家，尽量从一家猪场选购。（2）到目标场挑选种猪要注意下面几点：①生产性能：要求种公猪品种纯正，活泼喜动，睾丸发育正常，包皮没有太多的积液；选购种母猪时，要选择个体发育良好，无病态表现，反应机敏，生殖器发育良好，阴户较大且松弛下垂，乳头多的个体母猪。②疫病：要求种猪健康、无任何临床病症和遗传疾患。③环境适应：引种时要综合考虑本场与供种场在区域大环境和猪场小环境的差别，尽可能的做到本场与供种场的环境的一致性。（3）种猪进场注意先隔离：新引进的种猪，应先饲养在隔离舍，而不能直接转进种猪生产区；种猪到达目的地后，立即对卸猪台、车辆、猪体及卸车周围地面进行消毒，然后将种猪卸下，按大小、公母进行分群饲养；先给种猪提供饮水，休息 6 h 可供给少量饲料，第二 d 开始可逐渐增加饲喂量，5 d 后恢复到正常饲喂量；种猪到场后必须在隔离舍隔离饲养 30 ~ 45 d，严格检疫；种猪体重达 90kg 以后，要保证每头种猪每 d2 个 h 的自由运动时间，提高其体质，促进发情。（4）春季猪场引种预防七大疾病：最常见的为猪瘟、仔猪副伤寒、喘气病、乙型脑炎、传染性胃肠炎、仔猪黄白痢、蓝耳病等。春季前后将进入猪瘟发病高峰期，养猪户要尽快注射猪瘟疫苗。为预防仔猪黄白痢，母猪在产前 20 d 左右要注射大肠杆菌疫苗。除按时注射各种疫苗预防猪病外，另一个重要措施就是搞好圈舍卫生，加强饲养管理。

72. 猪发热即注射降温药合适吗？什么原因？如何操作？

答：不合适。实际上，发热是机体在疾病压力下的一种病理性保护反应，是机体动员防御力量对抗病原入侵的一种方式。在体温不太高，不严重危害生理过程的情况下，我们不要急于使用降体温的药物。在明确诊断，分析病因，针对病原体选用敏感抗菌药物的基础上，采取如下退热措施，可以起到迅速缓解病情，标本兼治的作用。体温在 40℃以下，可以不使用退热药物。体温在 40 ~ 41℃时，使用牛磺酸类产品；体温在 41℃以上时，才考虑使用对乙酰氨基酚、双氯芬酸钠、安乃近、甚至氯丙嗪等强退热药物，并配合使用牛磺酸类产品和地塞米松。因为过高的发热对生理机能会造成较大的损害，甚至危及猪的生命。

73. 如何用母乳预防仔猪传染病？

答：给妊娠母猪注射免疫制剂，使其血液和乳汁中产生大量抗体，仔猪通过哺乳获得抗体产生免疫力。预防仔猪白痢、仔猪黄痢、仔猪水肿病，可在母猪产前 28 d、21 d 分别注射 1 次 K88、K99 二价灭活疫苗 2 ml。在母猪产前 45 d、30 d，分别给其注射仔猪红痢疫苗 1 次，可使所产仔猪对红痢产生免疫力。在母猪产前 5 周、1 周各肌肉注射猪传染性胃肠炎、轮状病毒病二联弱毒疫苗 1 ml，可预防仔猪传染性胃肠炎和轮状病毒病。用猪流行性腹泻氢氧化铝灭活疫苗进行母源免疫，可预防仔猪流行性腹泻。

74. 冬春如何防治猪传染性胃肠炎病？

答：传染性胃肠炎是猪以腹泻为特点的一种急性高度流行性的传染病，其病源为病毒。病猪和康复后带毒猪是传染的主要来源，主要通过消化道或呼吸道传染。本病流行多发生在冬春季节，常为12月至次年的3月份，多呈地方流行或散发性。症状：病初体温升高（多在39℃～40℃左右），减食或停食。流泪，有呕吐现象，腹胀，接着发生剧烈腹泻，很快呈水样便，而且恶臭，后期肛门失禁。病猪有渴感，迅速掉膘。仔猪年龄越小，病程越短，死亡率也越高。10日龄以内的仔猪多数在发病2至7日内死亡。3周龄以上的猪虽然多数不死，但生长发育受到影响。防治：（1）猪舍内保持干燥清洁，阳光充足。地面和用具要经常进行消毒。（2）尽量不从外地引进猪，坚持自繁自养的原则。（3）对已发病的猪要和健康猪进行隔离，防止传染，并进行消毒。病猪康复后能产生一定的免疫力，此种免疫力可保持一年左右。（4）可用氯霉素、黄连素、高锰酸钾等进行治疗，但这些药物只可以抑制继发细菌感染，加速康复。对脱水严重的病猪应进行补生理盐水和葡萄糖，能缓解病情。

75. 猪副猪嗜血杆菌病有何症状？如何防治？

答：猪副嗜血杆菌病，又称多发性纤维素性浆膜炎和关节炎，也称 H.parasuis。可以引起猪的格氏病（Glasser's disease）。临床上以体温升高、关节肿胀、呼吸困难、多发性浆膜炎、关节炎和高死亡率为特征的传染病，严重危害仔猪和青年猪的健康。副猪嗜血杆菌，属革兰氏阴性短小杆菌，形态多变，有15个以上血清型，其中血清型5、4、13最为常见（占70%以上）。临床症状主要表现为急性病例和慢性病例。急性病例，首先发生于膘情良好的猪，病猪发热（40.5 - 42.0℃）、精神沉郁、食欲下降，呼吸困难，腹式呼吸，皮肤发红或苍白，耳梢发紫，眼睑皮下水肿，行走缓慢或不愿站立，腕关节、跗关节肿大，共济失调，临死前侧卧或四肢呈划水样。有时会无明显症状突然死亡；慢性病例多见于保育猪，主要是食欲下降、咳嗽，呼吸困难，被毛粗乱，四肢无力或跛行，生长不良，直至衰褐而死亡。猪群如存在其它呼吸道病原，如支原体肺炎、猪繁殖与呼吸综合征、圆环病毒、猪流感、伪狂犬病和猪呼吸道冠状病毒感染时，猪副嗜血杆菌病的危害会加大，会加剧生产中保育舍的 PMWS（仔猪断奶后多系统衰褐综合征）的临床表现。解剖症状：胸膜炎明显（包括心包炎和肺炎），关节炎次之，腹膜炎和脑膜炎相对少一些。以浆液性、纤维素性渗出为炎症（严重的呈豆腐渣样）特征。肺可有间质水肿、粘连、心包积液、粗糙、增厚，腹腔积液，肝脾肿大、与腹腔粘连，关节病变亦相似。腹股沟淋巴结呈大理石状，颌下淋巴结出血严重，肠系膜淋巴变化不明显，肝脏边缘出血严重，脾脏有出血边缘隆起米粒大的血泡，肾乳头出血严重，最明显是心包积液，心包膜增厚，心肌表面有大量纤维素渗出。特征性病变表现为全身性浆膜炎，此外胸腔积液、心包液、关节液增多，可见大量胸腔积液，典型病例可见心外膜增生，呈绒毛状，故称绒毛心。腹腔积液，呈黄色透明状或灰白色浑浊状，胸腔粘连，肺脏表面和心脏表面布满一层灰白色或黄色的纤维蛋白绒毛，肺脏出血、充血或水肿，严重者整个腹腔也粘连，肝脏、脾脏、肠道等各脏器也布满黄色的纤维蛋白，关节炎表现为关节周围组织发炎和水肿，关节囊肿大，关节（尤其是跗关节和腕关节）液增多，浑浊，由于有纤维蛋白渗出，而使关节液很粘稠，内含呈黄绿色脓性渗出物。脑有脑膜炎病变：大量积液，有的充血，淤血或者轻度出血。全身淋巴结肿胀，尤其肺门淋巴结有充血、肿胀，甚至出血而发黑。猪副嗜血杆菌病和猪传染性胸膜肺炎在鉴别诊断上应注意与猪链球菌、猪支原体性多发性浆膜炎—关节炎、猪肺疫等病相区别。

（1）猪链球菌病：本病除可见纤维素性胸膜炎、心包炎和化脓性脑脊髓脑膜炎外，还可见到脾脏显着增大，并常伴发纤维素性脾被膜炎。用病变组织进行涂片检查或分离培养可发现链球菌。（2）猪支原体性多发性浆膜炎—关节炎：本病是由猪鼻支原体、猪关节支原体等所引起，发病比较温和而不是呈高死亡率的急性暴发，一般缺乏脑膜炎病变；而猪副嗜血杆菌病一般有80%的病例伴发脑膜炎。（3）猪传染性胸膜肺炎：病程较长的慢性APP病例，也有纤维素性胸膜肺炎，胸腔积液，胸膜表面履有淡黄色渗出物，心包液和胸水增多，呈粉红色，部分患猪肺脏与胸膜粘连，肺尖区表面有结缔组织化的粘连附着物。但胸膜肺炎病猪一般没有伴发关节炎，而猪副嗜血杆菌病大多伴发关节炎。（4）猪肺疫：咽喉型颈下咽喉红肿发热坚硬，口流涎，剖检可见颈部皮下炎性水肿，有多量淡黄色透明液体。胸膜肺炎型有痉挛性咳嗽，肺肿大坚实，表面呈暗红色或灰黄红色，肺脏切面大理石花纹，病灶周围一般均表现淤血、水肿和气肿。预防治疗：（1）加强饲养管理，提高猪群抵抗力；（2）早期用抗生素治疗可减少死亡，一旦出现临床症状，需立即注射大剂量的抗菌素进行治疗，并且应当对整个猪群药物预防，而不仅仅针对那些表现出临床症状的猪用药。通常，可用氨苄青霉素、青霉素、庆大霉素、新霉素、四环素和磺胺二甲氧嘧啶、头孢类等药物，用药剂量要足，发病猪只采用口服或注射途径效果较好。需要注意的是副猪嗜血杆菌很多菌株对抗生素都存在耐药性，因此，进行治疗时应选用一些敏感的药物，目前头孢类（如头孢噻呋）的效果较好；（3）疫苗的使用也是预防副猪嗜血杆菌造成损失的有效的方法之一，目前国内外均有商品化的副猪血杆菌病灭活疫苗用于预防，但效果有限。（4）防控好蓝耳病、PCV2、伪狂、支原体可以减轻此病的危害。

76. 注射猪瘟疫苗有哪些注意事项？

答：（1）不要过早注射：给刚出生几d的仔猪注射猪瘟疫苗不妥。因为初生仔猪能够从母乳中获得母源抗体，可预防猪瘟。如在这时注射猪瘟疫苗，将会干扰和破坏母源抗体的作用。在仔猪40~45日龄、母源抗体开始消失时给仔猪注射猪瘟疫苗最好。（2）不要重复注射：猪瘟疫苗是一种弱毒疫苗，适量注射后，通过引发抗体产生而获得免疫力，具有1年以上的免疫期。如果在短期内重复注射此种疫苗，其抗体就会与毒苗产生中和作用，使猪容易感染猪瘟。（3）不要在怀孕期注射：在母猪怀孕期间或母猪临产时注射猪瘟疫苗也是不妥的。猪瘟疫苗能通过怀孕母猪的胎盘引起仔猪死胎、流产或早产，因此注射猪瘟疫苗只能在母猪怀孕前或产仔后进行。（4）不要共用针头：给猪注射猪瘟疫苗时，要注意针头消毒或更换针头，如果健康猪、病猪都用1个针头注射，会造成相互交叉感染的恶果。因此在注射时，一定要更换针头或将针头消毒后再用。（5）不要注射失效疫苗：有的养猪户买回猪瘟疫苗后，未及时注射，又未按疫苗保存方法正确保存，导致疫苗失效，接种后不能起到预防效果。因此注射猪瘟疫苗应做到购买疫苗后及时注射，并严格按疫苗的运输与储存条件执行，这样才能有好的预防效果。

77. 如何认识冬季常发的猪疥螨病？猪疥螨病的防治如何进行？

答：疥螨病俗称疥癣，是一种高度接触传染的寄生虫病。主要是由于病猪与健康猪的直接接触，或通过被疥螨及其卵污染的舍圈、垫草和用具间接接触而引发感染。此外，猪舍阴暗、潮湿，环境卫生差及营养不良等，均可促使本病的发生和发展。猪疥螨通常起始于头部、眼周、颊部及耳部，以后蔓延到背部、体侧和股内侧。病猪表现剧痒，到处摩擦或以蹄搔弹患部，以至擦破出血，患部脱毛、结痂、皮肤增厚，形成皱褶和龟裂。疥螨在外界环境18～20℃、湿度65%时，2～3 d死亡，7～8℃时，15～18 d死亡。病猪食欲减退，生长停滞，逐渐消瘦，甚至衰竭死亡。防治的方法：（1）搞好猪舍卫生工作，保持舍内环境清洁、干燥、通风。引进猪种时，应隔离观察，并进行预防杀螨后方可混群。（2）发现病猪，应立即隔离治疗，以防蔓延。同时应用杀螨药对猪舍和用具进行彻底喷洒、杀虫。（3）规模化猪场，每年可定期对全群进行药物杀螨。（4）选用高效、低毒、安全的药物。如1～3%的甲酚皂溶液喷洒或擦洗。（5）加强饲养管理，中午光线充足时，打开窗户，有利于通风、干燥圈舍。保证猪营养全面，清洁环境卫生，加强环境消毒。生活在图69中的猪，想不感染疥螨都难！

78. 这几d气温下降，场里的猪肢蹄、耳、腹部，甚至全身皮肤都呈绀紫色，精神沉郁，气喘，卧地不吃，皮温低，很快死亡。用抗生素治疗无效，成零星传播。怀疑是蓝耳病，但其大多发生在三四十千克的猪。请问这究竟是什么病？

答：可能是传染性胸膜肺炎后期。一般慢性型初期表现为呼吸困难，食欲减退，发病后期一般表现为耳尖、四肢、腹下泛红，个别猪只站不起，高热稽留不退，体温40~41.5℃，主要是由于后期继发感染链球菌、弓形体所造成的，剖检变化为腹腔积水，颌下以及腹股沟淋巴结出血肿大，脾脏的边缘有锯齿状的小红点，肺部的病变最为严重，呈蛋糕状。猪场一旦发生本病，通常很难将传染源清除，应按照常规方法及时隔离病猪和可疑猪只，污染场所和猪舍进行严格的消毒，对隔离饲养的病猪或感染猪群用抗菌药物治疗，可降低病死率。

79. 我家养猪场里有2窝长白仔猪，20日龄以后，先是头、颈部脱皮，接着后背脱皮，先裂成花纹，后逐渐有少部分脱落，皮质较硬，生长明显较其他窝仔猪缓慢，其中一窝现在已经有2月龄，仍然有部分猪皮屑未脱落。请问这是怎么回事？

答：有两种可能。（1）疥癣病：白猪易得皮肤疾病，最初发生于头颈部，逐渐蔓延到肩、背部，严重时蔓延到腹部和四肢等处。剧痒使猪到处摩擦或以肢蹄搔挠患部，甚至摩擦出血，导致患部脱毛、结痂、皮肤肥厚形成皱褶和龟裂。平时要搞好圈舍卫生，保持清洁透光、干燥和通风。防止购回螨虫病猪，采用10%～20%生石灰乳、5%热火碱溶液等喷洒消毒，可达到杀灭螨虫的目的。（2）缺乏锌：如果仅为背部出现症状，则可能为锌缺乏。可采用以下方法治疗：肌肉注射碳酸锌，每kg体重2~4 mg，每d1次，10 d为一疗程。对皮肤病变处可涂擦10%氧化锌软膏，对皮肤角化不全数日后可见效，数周后可治愈。

80. 一仔猪 20 kg，眼泡水肿，不发烧，后期有神经症状，用恩诺沙星治疗效果不明显。请给予解答。

答：可能是水肿病。本病没有可靠的治疗方法，早期治疗可以使用硫酸镁 15~25 g 内服，以排除肠内毒素，结合注射链霉素，或口服土霉素，每 kg 体重每日 25~50 mg。

81. 我场 1 头母猪产后 12 d 有 1 个乳头肿胀，发硬无奶，躺下后全身哆嗦。请问是不是患了乳腺炎？该怎么治疗？

答：可能是乳房炎。可以局部涂碘软膏或者 10% 鱼石脂软膏，内服磺胺类药物。

82. 母猪产后绝食，体温 37℃，饮水少，不爱运动，粪便球状。应怎样防治？

答：母猪产后绝食的原因有：（1）产后喂料过多，造成母猪厌食；（2）母猪产后吞吃了胎衣，造成消化不良，不愿吃食；（3）产后精、粗饲料过多、青饲料过少，造成母猪大便结燥而食欲减退；（4）母猪产后疲劳过度而引起食欲减少；（5）产后由于产道损伤，被细菌感染而发生炎症。预防：在产前给予营养丰富和易消化的饲料，精料、粗料、青料合理搭配，不宜饲喂得过肥或过瘦。在产前 7 d 用 5% 的新鲜石灰水消毒圈舍，防止细菌污染阴道。母猪产出的胎衣要及时拿出，不让母猪吞食。治疗：青霉素 800 万单位，链霉素 400 万单位，安乃近 20 ml 混合，一次肌肉注射，每 d2 次，连续注射 2 d。

83. 什么是猪蓝耳病？什么是高致病性猪蓝耳病？

答：猪繁殖与呼吸综合症，又称猪蓝耳病，是由病毒引起的猪的一种传染病，以母猪繁殖障碍、早产、流产和死胎，仔猪及育成猪呼吸系统症状为主要特征。猪蓝耳病 1987 年首先在美国的北卡罗来纳州发现。随后，加拿大、德国、荷兰、英国、西班牙、瑞士、法国、丹麦等很多国家报道发生本病。我国 1996 年首次报道存在该病。高致病性猪蓝耳病是由猪繁殖与呼吸综合征病毒变异株引起的一种急性高致死性疫病。仔猪发病率可达 100%、死亡率可达 50% 以上，母猪流产率可达 30% 以上，育肥猪也可发病，死亡是其特征。2006 年 6 月在我国的南方部分省、市出现，给我国养猪业造成了较大的损失。

84. 猪蓝耳病的传播途径是什么？

答：猪蓝耳病病毒可以通过多种途径传播。主要传染源是发病猪和带毒猪。病毒由病猪的鼻腔分泌物、唾液、乳分泌物、公猪精液和尿中排出。在外界环境中，常存在于车辆、圈舍、污泥、饲料、饲草、用具、饮水及污水中。尤其在饮水、污水中存活期较长，是造成传播的主要来源。空气传播和病猪接触传播是本病的主要传播方式。猪群规模越大、饲养密度越高，接触传播的危险性越高。

85. 猪蓝耳病病毒的抵抗力强吗？

答：总的来说，猪蓝耳病病毒对外界的抵抗力不强，对高温、紫外线、多种消毒药敏感，容易被杀死。热稳定性差，56℃存活 15 ~ 20 分钟，37℃存活 10 ~ 24 h。pH 值高于 7 或低于 5 时，感染力可以减少 90% 以上。但病毒存在于有机物中时，能存活较长时间。

86. 高致病性猪蓝耳病的主要流行特点是什么？

答：本病呈区域性流行，一年四季均可发生，高热、高湿季节发病明显增加。不同日龄、不同品种的猪均可发病。发病急、传染性强、发病率高、治疗效果差、死亡率高，病程 7 ~ 15 d。在同一猪群中，猪蓝耳病病毒存在持续感染，病毒可在猪群中生存、循环及再次传播。

87. 高致病性猪蓝耳病能感染人吗？

答：高致病性猪蓝耳病不是人畜共患病，不感染人。在自然感染流行中，只感染猪。不同日龄、不同品种的猪均可发生感染。

88. 高致病性猪蓝耳病常混合或继发感染哪些病？

答：由于本病可导致免疫抑制，常伴有其他病毒、细菌、寄生虫的混合或继发感染。该病常混合或继发感染猪瘟、猪圆环病毒病、猪伪狂犬病、猪肺疫、猪胸膜肺炎放线杆菌病、大肠杆菌病、副猪嗜血杆菌病、猪附红细胞体病、链球菌等疫病。多数为双重、三重感染，或多重感染。

89. 如何从症状上鉴别猪蓝耳病与水肿病？

答：（1）蓝耳病症状：哺乳仔猪与断奶小猪主要表现为体温 40℃以上，呼吸加快，有时腹式呼吸，精神沉郁，昏睡，丧失吃奶能力，食欲减腿或废绝，发病猪经常伴有拉稀，排灰黄色浆糊稀便，被毛粗乱，生长缓慢。后腿及肌肉震颤，共济失调，眼睑水肿，有口鼻奇痒，常用鼻盘，口端摩擦圈舍，鼻有面糊状或水样分泌物，病仔猪常由于继发感染而使病情恶化病情加重，断奶前的仔猪死亡率可达到 30% ~ 50%，个别的可达到 80% ~ 100%。（2）水肿病症状：猪发病情形不一，以突然发病病例为主，也有持续 3~5 d 拉稀后才发现眼睑水肿的病例。发病后的猪精神沉郁，饮食减少或绝食，口吐白沫，体温一般正常，行走步态不稳，声音嘶哑，卧地时四肢划动呈游泳状，或两前肢站立，肌肉发抖，不时抽搐，知觉敏感，触之发出呻吟声，特征性的病状是眼睑、头部水肿，有时波及颈部和腹部皮下。病程短，有的仅数 h，一般多为 1~2 d，个别病例长达 5~7 d，死亡率可达到 30% ~ 80%，个别的可达到 80% ~ 100%。（3）鉴别症状：蓝耳病猪体温升高，水肿病猪体温不高，蓝耳病没有口吐白沫，而水肿病有口吐白沫症状，一般水肿病死于膘情好的猪，而蓝耳不是，蓝耳不分膘情肥瘦，蓝耳病有耳部发蓝的而水肿没有。

90. 母猪要不要打蓝耳苗？

答： 建议打蓝耳病弱毒活疫苗，每年种猪普免4次，首次免疫28 d以后再加强一次，以后每隔3个月普免一次。

91. 怎样防止病原菌产生耐药性？

答： （1）要对症下药：抗生素是预防和治疗细菌感染疾病的最好药物，但却不可乱用，要根据引起猪疫病的致病菌的种类来选择。①革兰氏阳性菌引起的疾病，可选用青霉素或四环素类；②对青霉素及四环素有耐药性的，可选用红霉素、卡那霉素、庆大霉素。③革兰氏阴性菌引起的疾病，可选用链霉素、氯霉素、双氢链霉素、庆大霉素、红霉素等来治疗。在病因未弄清之前，不要乱用抗菌药物，一种抗生素能治好的病不要再用别的抗生素。（2）严格控制剂量、疗程及用药方法：一般来说，开始时剂量宜稍大，使体内药物浓度尽快达到有效浓度，给病原菌以决定性的打击，以后根据病情而适当减少药量，以维持血液中有效抑菌浓度。抗菌药物的局部应用和预防性给药应严加控制，避免长期给药。（3）交替用药：在流行某些传染病的疫区，应根据情况将有效的抗菌药物分期分批地交替使用，对扑灭疫病，防止耐药菌株形成及传播也是一项有效措施。

92. 动物疫病频发原因有哪些？

答： （1）生产方式落后。①饲养方式落后：传统的饲养方式，基本上都是圈舍民居相连，人猪共居一处，生产区与生活区同在一地，没有任何隔离。更有些农民养猪无栏无舍，无棚无圈，致使流动性大，到处觅食饮水，随地排泄粪尿，不仅严重污染环境，而且不利于动物防疫，容易传播疫病，往往一头猪发生传染病就可能很快传遍全村。②利用泔水喂猪：许多养猪户都有利用泔水喂猪的习惯。这些泔水多数来自大小宾馆饭店，成分十分复杂，常被细菌病毒污染。然而当这些猪出栏后往往又被卖到城区的大小宾馆，造成病毒细菌传播的恶性循环。③乱堆粪便：随着猪饲养数量越来越多，与日俱增不加处理的猪粪便已成为一个重要的环境污染源。许多养猪者乱堆乱放猪粪便，不仅影响环境卫生，而且这些猪粪便及排泄物还给许多疾病带来了传播机会。④随意使用药物：为了防治动物疫病，在猪饲养中使用药物不可避免。但在我国不按规定用药的情况也时有发生，致使屠宰的猪药物残留超标的情况不能杜绝。⑤长途贩运猪：在我国，畜禽交易频繁，特别是猪的流动现象十分普遍。这些活猪车载船装，穿城过乡，长途运输。猪粪尿随着长途贩运播洒一路，极易造成疫病沿途传播和环境污染，而且随着运输将患病猪从甲地运到乙地的现象时有发生。⑥猪集市交易：我国猪仍主要采取集市交易的方式进行买卖流通，但是由于许多猪交易市场位于集镇路边，交易猪来自四面八方，入市前后缺乏有效检疫，容易发生接触传染，传播猪病的可能性很大。⑦死猪尸体处理不当：有的人觉得猪死亡可惜就自食，还有的人将死猪随便抛弃，甚至丢在河边，不仅污染了自然环境，而且还导致了流行病的蔓延。更有甚者，一些不法商贩见利忘义，将病死猪分割后送入黑加工点或直接卖给小饭店、早餐店牟取暴利，严重损害消费者的身体健康。（2）防疫系统薄弱：目前我国的动物疫病防治体系还很不完善，现行的动物防疫机构既从事兽医行政管理又开展兽医技术服务，兽医人员水平参差不齐，职能不清，已不能适应市场经济条件下开展动物防疫工作的要求。许多动物防疫机构特别是处在动物防疫第一线的乡镇畜牧兽医站大多房舍简陋，设备陈旧，人员老化，手段落后，经费不足，难于有效地开展动物防疫工作。

93. 猪耳朵边缘水肿，流出水样液体，怎么处理？

答：这是典型的副猪嗜血杆菌症状，由于猪耳朵局部受嗜血杆菌感染引起的炎症，如果红肿严重起泡、有水样或脓样液体，先把泡里的液体用无菌针管抽掉，然后局部或全身注射嗜血杆菌敏感的抗生素，如长效氟苯尼考注射液、头孢噻呋钠等。

94. 仔猪拉稀怎么办？

答：首先区分是什么原因引起的拉稀。细菌性（比如大肠杆菌、沙门氏菌）拉稀，可以口服庆大霉素或者注射痢菌净。病毒性拉稀原因有很多，比如非典型猪瘟、伪狂犬、轮状病毒感染等均可引起仔猪拉稀，这就要求养猪户一定要做好这些疫苗的免疫工作，发病后，如果是没断奶仔猪拉稀可在全价料添加广谱抗生素，利高霉素 2 公斤 + 强力霉素 300 g，添加 10 ~ 14 d 来控制继发感染。

95. 仔猪出生后几日龄自身产生免疫抗体？

答：仔猪出生后，10 日龄开始自身产生免疫抗体，5 ~ 6 周龄时，才能达到较高水平，5 ~ 6 月龄时达到成年水平，因此，2 ~ 5 周龄这一阶段是仔猪最易患病的时期。

96. 断奶仔猪下痢的原因有哪些？如何做好防治？

答:（1）原因: 由于日粮,环境以及保育措施的不当,造成仔猪断奶期间的腹泻,也称仔猪下痢。根据临床症状可分为营养性和病原性两种，前者主要是由于日粮分配不合理,不适应仔猪的生理特点所致，而后者则是由于病原微生物侵入并在消化道内大量繁殖引起的病理反映。（2）防治措施:①搞好仔猪日粮的配制,仔猪由以母乳为主的日粮一下子转变为以玉米 - 豆粕型日粮,显得非常不适应。仔猪在三周龄以前对固体日粮的消化能力极其有限,4 周龄发育基本成熟,但功能尚不完全。用不同大豆蛋白质水平的日粮进行饲喂,大豆蛋白质越高越容易引起下痢,这是因为大豆蛋白质中存有抗胰蛋白酶因子,削弱了胰蛋白酶对大豆蛋白的消化,因此日粮中降低大豆蛋白的使用量,增加动物性蛋白和氨基酸的添加量,提高蛋白源,能有效地防止营养性下痢的发生,如果将玉米、豆粕膨化后作日粮更加合理。②培育健壮仔猪,养成良好的采食习惯,断奶前仔猪的发育与采食是安全断奶的基础。要加强对母猪的饲养管理,保证每个仔都能吃到初乳,提高母乳质量。仔猪出生后 7 d 内开始诱食，逐步刺激消化系统的发育和培养良好的采食习惯。③搞好环境与饮水卫生，有效地消灭环境中的病原微生物是防治断奶仔猪下痢的关键，开展定期的栏舍消毒和带体消毒，能有效地消灭环境和猪体表面的病原微生物。④做好饲养员及用具和外来人员的消毒工作，防止人为地传播病原性致病菌，在断奶前 7 d 内要避免防疫注射及阉割等不良刺激，使其安全渡过断奶关。（3）治疗方法：一旦发病，治愈都需要一段时间，治疗时要对症下药，做到无病早防，有病早治。同时，无论哪种原因造成的下痢，应禁饲 24~36 h（不禁水），补充水份、电解质、能量、和维生素，尤其是维生素 C。

97. 安全高效接种猪瘟疫苗有哪些注意事项？

答： 秋季是接种疫苗的黄金季节。秋季给猪注射猪瘟疫苗，是预防猪瘟发生、提高养猪效益的关键环节。接种猪瘟疫苗时应注意以下几点：（1）防止接种日龄过早：仔猪应在 40~45 日龄时注射猪瘟疫苗。因为仔猪从母体中或母猪初乳中获得母源抗体，于出生后 24 h 达到高峰，以后逐渐降低，到 60 日龄才消失，在此期间可预防猪瘟。如果过早注射疫苗，就会破坏母源抗体，使仔猪容易发生猪瘟。（2）避免盲目接种：养猪户在给猪免疫接种前，应了解本地猪病流行的规律和发病情况，制定合理的免疫程序，做到有针对性地免疫。（3）防止注射过期失效疫苗：任何疫苗都有一定的有效期，超过有效期，则失去免疫力。养猪户应到正规的畜牧部门选购疫苗。购买疫苗后，要严格按疫苗的运输与储存条件执行，稀释后的疫苗要尽快用完，避免使用过期的稀释疫苗。（4）严格使用剂量：给猪注射疫苗前，应充分摇动，使沉淀物混合均匀。细看瓶签及使用说明，严格按要求剂量注射。（5）病、孕猪禁止接种疫苗：接种疫苗的猪必须健康状况良好，体弱、发病、处于疫病潜伏期的猪，则暂时不宜接种，等肌体恢复正常后再接种。当猪群已感染了某种传染病时，注射疫苗不但达不到免疫目的，反而会导致死亡或造成疫情扩散。怀孕后期的母猪，应慎用或不用反应较强的疫苗。因为疫苗是一种弱病毒，能引起母猪流产、早产或死胎。对繁殖母猪，应在配种前 1 个月注射疫苗，既可防止母猪在妊娠期内因接种疫苗而引起流产，又可提高新生仔猪的免疫力。猪在接种疫苗前后 7 d 禁用抗生素、磺胺类药物，因为这些药物对细菌性活疫苗具有抑杀作用，对病毒性疫苗也有一定程度的影响。（6）严格消毒：注射疫苗消毒不严格，就会带毒带菌，必然引发多种疾病。不需要稀释的疫苗，先除去瓶塞上的封蜡，用酒精棉球消毒瓶塞；每注射 1 头猪要换 1 支针头，不要共用针头，否则会发生交叉感染。（7）正确选择消毒药品：免疫注射时，应选用 75% 酒精涂擦作为局部消毒，并且要待酒精挥发至干时再刺入针头注射疫苗。涂擦的酒精未干时，就刺入针头注射疫苗，酒精必然会由针头带入，影响疫苗效力，降低免疫效果，甚至造成免疫失败。（8）选择适宜的针头：一般情况下选择 12 号针头。（9）接种疫苗应采取以下防过敏措施：①在注射猪瘟疫苗时要准备好肾上腺素注射液及专用的注射器具，随时准备急救。②大面积接种前，要先对少量猪进行试验，在换用不同厂家、不同批次的猪瘟疫苗时，也应先对少量猪进行试验，如果注射疫苗 1 h 后，无异常现象发生，才能进行全群接种。③在注射疫苗之后，特别是在 30 秒内注意观察猪的反应，力争做到早发现、早抢救。④避开炎热和严寒的时间段，以减轻应激反应。

98. 猪蹄裂病和口蹄疫的区别有哪些？如何做好预防和治疗工作？

答：冬春是猪蹄裂病的高发季节，也是猪口蹄疫的多发季节，两种疾病的典型症状都是发生在蹄部，因此，不要混淆这两种病，不要把蹄裂当成口蹄疫治疗。猪蹄裂病是指生猪蹄壳开裂或裂缝有轻微出血的一种肢蹄病，临床上主要表现为疼痛跛行，不愿走动，但生长受阻，繁殖能力下降。口蹄疫临床典型症状表现为猪蹄冠、蹄趾间、蹄踵部形成水泡，水泡破溃以后，颜色发白，有些露出粘膜。有些猪鼻镜也出现水泡，母猪乳头附近出现水泡，体温通常都会升高，是一种烈性传染病，传染非常快，通常会大群发病。（1）猪蹄裂病的预防：保证猪舍及舍内设施不要过于粗糙，食槽、栏杆、隔墙的锐利部分要磨平，要注意在饲料中添加生物素，以每吨配合饲料中添加 200 mg 为宜，用以预防蹄裂。（2）猪蹄裂病的治疗方法：发病猪每日喂 0.5 kg 胡萝卜，配合饲料中加 1% 的脂肪。对干裂的蹄壳，每日涂抹 1～2 次鱼石脂，既滋润蹄壳，又促进愈合，若有炎症，应进行局部消毒，视情况确定是否注射抗生素。病猪切忌久卧，要每日数次帮助、强迫站立、活动，以防继发肌肉风湿，造成更大损失。（3）在注射五号疫苗前要准备好肾上腺素注射液及专用的注射器具，随时准备急救。

99. 猪呼吸系统感染性疾病有哪些特点？

答：猪呼吸系统感染性疾病是养猪生产中常见的疾病，以鼻炎、肺炎多见，共同症状为咳嗽、打喷嚏、呼吸困难。不同年龄和品种的猪均可感染，且感染的速度快、数量大。猪呼吸系统感染性疾病有以下特点：（1）病原复杂，常常不是同一种和同几种病菌所引发的，而是与环境中多种因子密切相关的，只有在某些环境、管理和饲养因素发生改变时，才会表现出临床症状。（2）引起该病的病原微生物在呼吸道受到损伤时侵入到损伤部位滞留、增殖，继而对猪致病。（3）该病的发生受外界因素影响很大，除肺丝虫病外，多于晚秋、冬季和早春气温剧变、闷热、潮湿、寒冷、通风不良、密集饲养、管理和饲养不善条件下发生或病情加重。（4）猪患该病时，容易发生继发感染或混合感染，从而加重病情，使疾病难以控制。（5）该病一旦发生，就难以完全治愈，且易复发。针对上述情况，目前对猪呼吸系统感染性疾病应采取常年维持稳定的适宜环境，加强饲养管理，保持呼吸道屏障作用的完整性，减少应激，接种疫苗，用抗菌素药物防治等一系列综合防治措施。

100. 怎样进行仔猪脱水症的防治？

答：（1）病因：仔猪腹泻的病因比较多，常见的有消化不良。因为仔猪胃肠机能还不发达，对食物的消化也比较弱，各种消化酶也不够健全，特别在断乳之后，由于采食量的增加使其不能适应引起食物消化不良，加之这些消化不良物质刺激胃肠，反射起胃肠蠕动加快，肠液分泌增多而导致下泻。另外，由于断乳后，仔猪觅食脏物，又加剧了腹泻结果导致机体脱水。（2）治疗措施：及时、有效地进行腹腔内补液。部位一般选择于倒数第 2 对乳头的前后方。（3）配合用药：为了消除炎症和防感染，在补液同时加入庆大霉素注射液 2~5 ml 或维生素 E。

101. 秋季防疫如何正确应用猪三联苗？

答：猪瘟是猪的一种严重传染病，对养猪业的危害非常巨大，因此在每年的春、秋两季防疫中，猪瘟被列为首防的疫病。猪三联苗（猪瘟、猪丹毒、猪肺疫三联活疫苗）可以同时预防对应的三种疫病，节约时间。应用猪三联苗时，应注意以下几点：（1）猪三联苗主要成分为猪瘟兔化弱毒株（C株），接种易感细胞，收获细胞培养病毒液，以适当的比例和猪丹毒杆菌弱毒菌液、猪源多杀性巴氏杆菌弱毒菌液混合，加适宜的稳定剂，经冷冻真空干燥制成。用于预防猪瘟、猪丹毒、猪肺疫，猪瘟的免疫期为1年，猪丹毒和猪肺疫免疫期为6个月。该苗每头份已含有足量弱毒和病毒和弱毒活细菌，使用时应遵照说明书，不可任意加大剂量，否则会引起严重的不良反应甚至死亡。（2）可在猪瘟疫苗首免后，60日龄用猪三联苗进行免疫。猪丹毒、猪肺疫多发于60日龄后的生长育肥猪，此时可选用猪三联苗进行免疫。（3）在稀释液的选用上也要区别对待。20%铝胶生理盐水可减缓注苗后的反应，延长免疫保护期，有利于猪丹毒和猪肺疫的免疫效果，但可加速猪瘟弱毒的降解；灭菌生理盐水则可减缓猪瘟弱毒的降解，有利于猪瘟疫苗的免疫效果。（4）使用猪三联苗免疫前后1周内，不能注射或饲喂抗菌药物，特别注意要停喂含抗菌药物的配合饲料。

102. 丝瓜可治疗哪些母猪产科病？

答：丝瓜性味甘凉，有清热利尿、解毒凉血、通经活络等功效，其根、藤、叶、络、瓤都可入药，在兽医临床上可治疗多种母猪产科疾病，如乳房肿胀、母猪无乳或少乳、流产、乳汁不通、产后不发情、乳房炎等。

103. 用碳酸氢钠治疗家畜疾病时应注意哪些问题？

答：碳酸氢钠即小苏打，是一种很好的健胃药物，使用过程中，应注意如下几点：（1）不要用热水溶解：用热水稀释会使碱性增强。（2）静脉注射应用等渗溶液：小苏打注射液的浓度一般为5%，系高渗溶液，不可直接静脉注射，应加稀释液2.5倍，稀释成1.3%~1.5%的浓度后方可静脉注射。（3）不可与酸性药联用：不论是内服还是静脉注射小苏打，都不能与酸性药物配合使用，以免发生中和反应而失效。（4）用量不能过大：过大会引起碱中毒。用量及用法：内服，猪2~5 g，静脉注射（先进行稀释成1.3~1.5%的浓度再静注），猪40~100 ml。

104. 如何正确使用抗菌药痢菌净？

答：痢菌净是化学合成药，不溶于水，对革兰氏阳性菌和阴性菌都有抑制作用，对密螺旋体有特效，用于猪血痢（猪密螺旋体感染）、仔猪黄痢白痢、猪腹泻，显效快，疗效高。猪内服量每kg体重5~10 mg，每d2次，连用3 d为1疗程。肌注用量：猪每kg2.5~5.0 mg，每d两次，连用3 d。

105. 如何正确使用抗菌药喹乙醇？

答： 喹乙醇具有抗菌和促生长双重作用，用于治疗肺炎和仔猪腹泻，治疗产后毒血症；抗菌力强，与其他抗菌药无交叉耐药性。具有蛋白质同化作用，能提高饲料转化率，促进增重，提高瘦肉率。

106. 夏季猪拉稀的原因有哪些？如何防治？

答： 可能的病因是：（1）原料发霉变质：因夏季多雨，玉米、豆粕、麸皮等原料易发霉，变质。多数原料稍微发霉变质，就能引起仔猪、中猪甚至大猪拉稀，严重者出现中毒，表现神经症状、甚至死亡。（2）病毒：传染性胃肠炎、流行性腹泻、轮状病毒等引起拉稀。（3）细菌：大肠杆菌、黄白痢、副伤寒、猪痢疾等引起拉稀。防治的方法：（1）严禁饲喂发霉变质的饲料，轻微发霉的玉米要先用1.5%的火碱水浸泡2 h，再用清水冲洗、晒干，配料时只能给中大猪少量添加，禁止用于仔猪和怀孕母猪。（2）加强饲养管理，保持圈内清洁、干燥、温暖，防止变天时贼风侵袭。（3）用痢菌净、氯霉素、或新霉素按说明拌料5 d。（4）病猪可注射：痢菌净注射液，1 d2次，连用3 d。（5）对已经拉稀的猪要控制采食量，喂5成饱，防止饲喂过饱而加重消化不良、拉稀。（6）给已经拉稀的猪群引用口服补液盐，连用5 ~ 7 d。（7）对于长期用抗生素治疗拉稀而无效果的猪，可停止一切药物，在饲料中添加活菌制剂，如：益生素等，连用7 d。（8）注意环境卫生，定期消毒。

107. 中猪，病初是较稀粪便，以后逐渐变成黄色水样，最后成褐色水样，直至死亡。死时皮肤苍白，用泰农200治疗效果不好，请问原因及防治方法？

答： 这是由密螺旋体引起的猪痢疾（血痢），特点是便中带血、大肠出血、溃疡、终因盆血、清瘦、衰竭而死。痢菌净为本病特效药。痢菌净按0.5 ml/公斤体重，肌内注射，每d1次，3 d为一疗程，隔4 d行第二疗程。全群一头不漏用药。由于严重腹泻，病猪群中脱水现象普遍而突出，特别是仔猪，往往因脱水致体内糖、盐、碱的大量丢失，也是其死亡率高的一个重要原因。因此，对严重腹泻的仔猪应用自配口服补液盐作饮水；同时腹腔注射5%糖盐水和维生素C共20~30 ml，每d2~4次；中猪能腹腔注射的用糖盐水50~100 ml/次，连注2~4次，可提高疗效，减少损失。养猪数量较多的猪场可采用：痢菌净原粉，配成0.5%水溶液，按1 ml/公斤体重作饮水内服，隔6 h一次，第2 d再服2次。

108. 最近，我从外地送了一批仔猪，8 d后，就出现了比较严重的咳嗽。请问我该如何预防？治疗时用什么药物较理想？

答： 用呼诺玢2%拌料，每吨料加1公斤。连喂7~15 d。也可用0.1%新洁尔灭溶液带猪消毒，以控制支原体肺炎或其他呼吸道病。

109. 仔猪弓腰、生长速度慢，常有死亡，是何病？

答： 仔猪弓腰说明腹痛，腹内有寄生虫（蛔虫、巨物棘头虫等），副伤寒、痢疾、传染性胃肠炎、猪瘟等下痢时也会弓背。钙、磷、铜、铁、硒等矿物质缺乏也有弓腰（勾偻病）现象，肾炎（如Ⅱ型圆环病毒引起皮炎肾炎综合症），也可弓腰，要综合流行、临床、剖检、疗效验证等各方面情况才能确认，具体问题具体分析，查明原因进行处置。

110. 3月龄的猪有时候喘，不吃食，而且喘的很厉害，打针之后第二顿基本上就吃食，但不几d后有的复发。请问如何防治？

答： 这是喘气病，属于慢性传染病，引起融合性支气管肺炎，病程长，恢复较慢，不是打一、两针后就能康复的，必须按疗程治疗二至三个疗程以上。群发时，可在料中加药（泰妙菌素，每d 50 mg/kg体重拌料），持续喂15 d。

111. 初产母猪不知为何妊娠两月后外阴突然肿大，似发情，就进行人工授精，几d后流产，流产的胎儿身上有针尖大小的出血点。请问是不是感染了什么病毒？此前母猪精神正常。妊娠后的母猪采取人工授精会不会造成流产？

答： 妊娠中期或后期，由于腹压增大很可能出现阴户肿胀，你们这种判断是错误的。本来母猪已经妊娠，但是你们在判断错误的情况下，又搞AI，显然是不妥的。AI操作中损伤子宫颈或将输精管插入子宫内以及母猪不适挣扎等，均可导致流产。

112. 我场哺乳猪出现腹下、耳尖、甚至全身有针尖状的紫黑点，毛色发灰，吃乳吃料正常，部分是腹泻之后出现症状，多整窝发生。抗生素治疗有效，部分可自愈。请问什么原因？

答： 这是湿疹或渗出性皮炎，可肌注维丁胶性钙，青霉素可防止继发感染；饮水中加复合维生素。注意圈舍卫生，尤其要保持清洁、干燥和定期进行猪舍消毒。

113. 有一头母猪，浑身发抖，配了两次全流产了，请问有没有治疗方法？另有一头配了已有两月，但肚子突然涨大，不知为何病，如何治疗？

答： 繁殖失败有流产、死胎、木乃伊胎。其原因复杂，有营养不全、病毒感染、打击、惊骇、公猪畸形精、弱精及管理不善，环境恶劣等原因。你说的这种情况，可能是蓝耳病或细小病毒病。肚子突然胀大，可能胎儿死亡后腹部充气、胀大，使母腹膨大，应检查后及时采取剖腹产术取出死胎。

114. 猪表皮有大面积红斑（不是猪丹毒）。内脏无异常，淋巴结肿大。请问，是什么病？

答：可能是Ⅱ型圆环病毒病，这是猪的免疫抑制综合症，目前尚无有效疫苗，只有采取综合防制措施。这种病毒可引起猪多发性感染：皮炎肾病综合症、断奶仔猪多系统瘦弱综合症、增生性坏死性肺炎、肠炎和母猪繁殖障碍（流产、死胎、木乃伊胎）。

115. 为什么母猪妊娠后阴门一直红的，有点肿胀，会不会是流产的前兆？妊娠94 d所产下的胎儿身上有针尖大小的出血点，是否为隐性猪瘟？在没有淘汰的条件下如何治疗并防止母猪的感染？

答：阴门红肿或假发情，很可能是喂了发霉饲料或霉玉米，玉米赤霉烯酮引起阴户红肿或乃至流产、死胎、胎儿出血，如果是猪瘟就有发热、便秘等征兆，带毒母猪通过胎盘传染给仔猪，除流产、死胎外，产后仔猪会出现颤抖、拉稀、死亡，注意母猪不要喂发霉饲料，且按合理免疫程序打好猪瘟预防针。

116. 母猪产后出血的原因及防治方法是怎样的？子宫脱出的防治方法又是怎样的？

答：母猪产后出血可能因胎儿过大，过度努责，或母猪血小板减少或产程过长，产道有损伤所致，应及时注射维生素k3、止血散、安络血等止血剂。子宫脱出分轻、中、重三度，轻者可用0.1%高锰酸钾水冲洗，然后涂抹油剂＋抗菌剂，整复还纳后，缝合阴门，取前低后高位侧卧逐渐康复，如果重度脱垂时间过久有坏死而无法还纳时，应采取子宫切除（宫颈部双重结扎后切除），连同卵巢去掉，淘汰育肥用，切除断端以烧烙止血为宜。

117. 本场40~70日龄的仔猪出现发热（40℃~41℃），同时顽固性拉稀，渐进消瘦，抗菌素治疗无明显效果，极少存活，病程2~6周不等。请问会是哪些方面的原因，该采取什么措施？

答：疑似副伤寒或非典型猪瘟，因为没有说病理剖检变化，如果大肠有溃病及脾增生性肿大属副伤寒，如果脾不肿大但有出血性梗死，用抗菌药不降温就可能是非典型猪瘟，两个病用抗菌素治疗效果都不理想，前者可用恩诺沙星，后可要注大剂量猪瘟疫苗。

118.20日龄仔猪后背脱皮，先裂成花纹，后逐渐有少部分脱落。皮质较硬。仔猪生长明显较其他仔猪缓慢，不知是何原因？

答：渗出性皮炎与毛囊、皮脂腺代谢有关，往往具有遗传性素质，皮肤渗出淋巴液，湿润，易脱皮，感染葡萄球菌后往往化脓、结痂、干裂、仔猪很痛苦，生长缓慢或死亡。治疗时，清洗后涂消炎膏，并肌注青霉素。

119. 猪除草剂中毒咋办？有什么急救措施吗？

答： 除草剂多系有机磷、杀灭剂，可用解磷定＋阿托品静脉注射，如系其他药物，则用相对应的解毒剂。

120. 我场新育成一批母猪，有一只母猪产后 12 d，有一乳头肿胀，发硬无奶，躺下后哆嗦。请问是不是患了乳腺炎？

答： 这是乳房炎。乳房炎最佳治疗方法是对炎症灶周围实行棱形封闭，用 0.5% 普罗卡因青霉素在猪乳房周围，用长针头（2 寸）进行注射，边退针边注药（2% 普罗卡因 20 ml＋生理盐水 60 ml＋青霉素 80 万单位）。

121. 安全高效养猪为何要以预防传染病为中心？

答： 母猪是猪病最大的传染源，母仔猪的管理水平将直接决定整个养猪户的经济效益，必须高度重视母猪的管理：（1）严格把守引种关：引种前一定要对种猪所在地区或种猪场的管理、防疫水平进行反复认真调查，有条件的应重点对猪瘟、圆环病毒病、猪蓝耳病、伪狂犬病等做抗原检测，严防病从种入。（2）严格隔离饲养：刚购进的种猪一定要隔离饲养 3 个月以上，确认是健康猪才能入舍饲养。（3）做好药物保健：要定期添加对本场细菌敏感的药物控制链球菌病、副猪嗜血杆菌病、传染性胸膜肺炎等疾病。根据不同季节，每 1~2 月投喂一次四环素类药物以控制衣原体病、支原体病和附红细胞体病。（4）做好分娩母猪的管理：防止母猪便秘、产后不食、有些养猪户仔猪冻死、压死和饿死的比例很高。所以，必须加强分娩母猪的管理。母猪哺乳期必须饲喂高能、高蛋白等营养全面的泌乳期饲料，自由采食；提前做好产房消毒、产房保温设备和接生器械药品准备工作；接生过程中要做好母猪乳头、外阴以及仔猪剪牙、断尾、断脐带时的消毒工作；让每头仔猪吃足初乳并固定好乳头；母猪产仔当 d 宜少喂或不喂饲料；母猪在产仔过程中要保持圈舍环境安静，做好母猪难产及假死仔猪急救准备。

122. 秋冬仔猪腹泻治疗原则与防治建议是怎样的？

答： 秋冬季节，仔猪腹泻是常见病，常因感染轮状病毒等引起。在发病初期表现为轻度呼吸道感染症状，如发热、咳嗽、流鼻涕等，接着出现呕吐、腹泻，严重时有脱水、心力衰竭、酸中毒等症状。治疗原则：抗菌消炎，强心补液，预防和解除酸中毒。防治建议：（1）在防风保暖的同时，尽可能保持圈舍清洁干燥，饲喂要定时定量，供足清洁饮水，在饲料中加入少量抗菌药物。（2）慎用抗生素：抗生素仅适用于细菌感染引起的腹泻，对病毒性腹泻无效。（3）仔猪腹泻后使用核苷肽等干扰素诱导剂，可促进机体加速对病毒产生抗体，增加仔猪体质。（4）轻度、中度脱水的腹泻仔猪应少量多次内服葡萄糖盐水，每头每次 20~30 ml。（5）对有呕吐、腹泻、严重脱水、心力衰竭、酸中毒等症状的仔猪，止吐每头用维生素 B6 2~4 ml；止泻用肠痢宁 10~15 ml、维生素 C 10~20 ml，1 次性肌肉注射，1 日 2 次，连续用 3~5 d。心力衰竭时用 10% 安钠咖 4~5 ml1 次性肌肉注射。严重脱水并伴有酸中毒时，用 5% 碳酸氢钠溶液 30~50 ml 加葡萄糖氯化钠溶液 500 ml 静脉注射，直到症状消除为止。（6）治疗过程中，一般不需禁食。即使仔猪患的是急性腹泻，胃肠道也能吸收一定量的营养物质。腹泻伴有呕吐时，应考虑禁食。

123. 秋季养猪如何防治传染病？

答：秋季，气温虽没夏季酷暑炎热，但由于气候多变、昼夜温差大等多种诱因，生猪易发多种传染病。这个季节，猪常见多发病有猪瘟、猪流感、猪支原体肺炎、猪传染性胃肠炎、猪流行性腹泻、猪蓝耳病、猪链球菌病、猪肺疫等。（1）猪瘟：免疫是预防本病最有效方法，本病无特效治疗药物，有效的方法是以大于平时预防量 5~6 倍猪瘟疫苗注射，使其产生免疫力。同时，在饲料中添加土霉素拌料饲喂。（2）猪流感：多发生在晚秋或气温突变的天气，猪得了流感以后，咳嗽、呼吸困难、体温升高，极易继发或并发其他疫病。防治该病，主要采取以下几点：加强饲养管理，保持圈舍清洁干燥，定期用 20% 烧碱水消毒；安乃近或氨基比林 10~20 ml 肌注，每 d2 次，连用 3~5 d。（3）猪支原体肺炎：又称"猪喘气病"，主要临床症状是咳嗽和张口呼吸，预防本病重要措施是从无喘气病的猪场引种，隔离治疗和逐步淘汰有病猪。对无临床症状的母猪、后备猪每年春秋各注射 1 次猪喘气病疫苗。在急性暴发期，泰乐菌素、四环素、土霉素、卡那霉素、金霉素及喹诺酮类药对猪肺炎支原体均有较好的治疗作用。猪传染性胃肠炎和猪流行性腹泻：这两种病均为病毒病，一般情况下 2~3 年是一个发病周期，发病规律难以掌握，因而在进入秋季时对母猪注射疫苗。一旦发病，成年猪可采用口服药物，补充维生素，并注射抗生素，一般 5~7 d 可自行恢复。（4）猪蓝耳病：以繁殖障碍、呼吸困难、耳朵蓝紫、并发其他传染病为主要特征，目前尚无特效治疗药物。防治方法：接种疫苗。目前有灭活疫苗和弱毒疫苗两种疫苗可供使用。灭活疫苗可用于种猪的免疫预防,对发病猪场应用后能大大提高母猪的产仔率和仔猪的成活率。（5）弱毒疫苗的免疫程序：后备母猪配种前 2~3 周免疫 1 次，仔猪可在 18~21 日龄母源抗体消失前进行免疫，也可以采用断奶前和断奶后各免疫 1 次。（6）猪链球菌病：该病是一种人畜共患的急性、热性传染病，在动物机体抵抗力降低和外部环境变化诱导下，会引起动物和人发病，通过预防性治疗和采取免疫、消毒等综合措施可以控制和扑灭。预防可用猪链球菌氢氧化铝菌苗或猪链球菌弱毒苗进行免疫接种，疫区在猪 60 日龄免疫 1 次，以后每年春秋各免疫 1 次。猪链球菌已对多种抗生素产生耐药性，强效阿莫西林、氧氟沙星、恩诺沙星等能有效控制病情。（7）猪肺疫：急性病例猪夜间吃食正常，翌晨死于圈舍内，看不到症状。慢性猪体温升高到 41~42℃，呼吸困难，犬坐姿势，颈下咽喉急剧肿大，口鼻流白色泡沫，腹泻消瘦。每年定期注射猪肺疫氢氧化铝甲醛菌苗 1~2 次。发病时，用青霉素按每 kg 体重 4 万单位、氨基比林 15 ml 肌注，每 d2 次。

124. 再有 10 d 左右，母猪就到产期了，现在却生下死胎，为什么？

答：母猪产死胎的原因：（1）精子或卵子较弱，虽然能受精但受精卵的生活力低，容易早期死亡被母体吸收形成化胎；（2）高度近亲繁殖使胚胎生活力降低，形成死胎或畸形；（3）母猪饲料营养不全，特别是缺乏蛋白质，维生素 A、维生素 D 和维生素 E，钙和磷等容易引起死胎；（4）饲喂发霉变质、有毒有害、有刺激性的饲料。（5）母猪喂养过肥容易形成死胎；（6）对母猪管理不当，如鞭打、急追猛赶，使母猪跨越壕沟或其他障碍，母猪相互咬架或进出窄小的猪圈门时互相拥挤等都可能造成母猪流产；（7）某些疾病如乙型脑炎、细小病毒、高烧和蓝耳病等可引起死胎或流产。预防措施：妊娠母猪的饲料要好，营养要全。尤其应注意供给足量的蛋白质、维生素和矿物质。不要把母猪养得过肥；不要喂发霉变质、有毒有害、有刺激性的饲料。

125. 猪场常用消毒药有哪些？

答：（1）猪舍及用具消毒：来苏儿，0.2-0.5％的过氧已酸；1-2％的烧碱溶液，10-20％的石灰乳，30％ 热草木灰溶液，百毒杀等。（2）带猪消毒：百毒杀：1：3000 倍稀释。（3）器械消毒：新洁尔灭 5％ 溶液稀释 50 倍。（4）皮肤消毒：75％ 酒精，5％ 碘酊。（5）饮水消毒：漂白粉（0.03％），高猛酸钾（0.05％）。

126. 商品猪的免疫程序是怎样的？

答：商品猪的免疫程序为：20 日龄免疫猪瘟弱毒疫苗；22-25 日龄免疫高致病性猪蓝耳病灭活疫苗，链球菌 II 型灭活疫苗；28-35 日龄免疫猪丹毒、肺疫二联苗；仔猪副伤寒弱毒疫苗；55 日龄免疫猪伪狂犬基因缺失弱毒疫苗；60 日龄免猪瘟弱毒疫苗，口蹄疫灭活疫苗；70 日龄免疫猪丹毒、肺疫二联苗。

127. 种母猪的免疫程序如何？

答：种母猪的免疫程序为：每隔 4-6 个月免疫口蹄疫灭活疫苗；初产母猪配种前免猪瘟弱毒疫苗，高致病性猪蓝耳病灭活疫苗，猪细小病毒灭活疫苗，猪伪狂犬基因缺失弱毒疫苗；经产母猪配种前免猪瘟弱毒疫苗，高致病性猪蓝耳病灭活疫苗；产前 4-6 周免猪伪狂犬基因缺失弱毒疫苗，大肠杆菌双价基因工程苗，猪传染性胃肠炎，流行性腹泻二联苗。

128. 种公猪的免疫程序是怎样的？

答：种公猪每隔 6 个月，分别免疫口蹄疫灭活苗，猪瘟弱毒苗，高致病性猪蓝耳病灭活苗，猪伪狂犬基因缺失弱毒苗。

129. 猪用疫苗贮藏运输和使用时应注意的突出问题？

答：疫苗的贮藏运输必须按说明书要求温度，低温冷藏保存，运输要用冷藏箱装运，严防日晒及高温。使用前对疫苗包装进行检查，了解猪的健康状况，对注射用具严格消毒，做到一头猪一个注射针头，配制疫苗的稀释液必须是注射用水，液体疫苗使用要充分调匀，疫苗接种结束后，将剩余药液及瓶子应消毒深埋，严禁乱丢弃。

130. 控制猪病的主要措施有哪些？

答：猪病控制是一个复杂的问题，涉及到环境、卫生、防疫、营养、管理和猪群保健等多方面，其主要措施有下面几点：（1）建立猪群安全体系；（2）定期消毒，净化环境；（3）定期免疫，增强猪抗病力；（4）定期药物预防，控制和杀灭病源。

131. 建立猪群安全体系的重点是什么？

答：（1）场区的环境和布局合理是前提；（2）慎引种，建立健康猪群是关键；（3）封闭性生产管理是保证；（4）生产区设围墙，门口要有消毒设施，禁止外人参观；（5）生产人员不要从事屠宰工作，场内伙食不能从外边买肉食；（6）坚持自繁自养，全进全出，实行标准化饲养，防暑降温，圈舍卫生清洁。

132. 猪病控制中的定期药物预防指的是什么？

答：就是指在季节变换，气候变化较大时，在养殖的关键阶段，应给以抗菌素、抗应激、增强免疫力（电解多维）类药物，拌入饲料或饮水中连用 7 d 以上，预防细菌性疾病的发生。

133. 营养影响免疫力体现在哪里？

答：现行的猪的营养需要和饲养标准均是以健康猪为基础制定的。但在疫病挑战时，猪的营养分配和代谢完全改变，免疫所需的养分与生长所需养分完全不同。在疫病应激下合成大量的急性期蛋白和免疫球蛋白，需要多量氨基酸或猪依赖动员体组织满足免疫的氨基酸需要。对仔猪的研究显示，免疫应激时，缺乏色氨酸造成的氮负平衡最严重，说明疫病挑战导致猪的色氨酸需要大幅增加。当动物遭受疫病挑战时，最限制的养分是能量的严重缺乏，影响动物的免疫力。对于现代瘦肉型猪的饲养，在生长阶段提供充分的能量，可保证猪保持较高的免疫力。降低猪的饲料供给，不但能量供给减少了，蛋白质和氨基酸也下降，一旦遭遇疫病来袭，后果很可能是灾难性的。蛋白质和氨基酸对于猪的免疫力非常重要，是合成抗体、淋巴细胞、巨噬细胞、急性期蛋白等的基本原料。

134. 猪瘟超前免疫原理、要点与措施是什么?

答:在养猪业中此病是目前最主要危害猪病之一。超前免疫在猪瘟流行地区是控制猪瘟的有效措施之一。对刚出生的新生仔猪采用超前免疫的办法,即于出生后立即肌肉注射猪瘟疫苗,过一段时间后再吃初乳。超前免疫的理论和方法最早由法国的 Coitheiv 等(1979)提出。(1)母猪在怀孕 70 d 时,胎儿的免疫系统可以对抗原的刺激产生免疫应答,因为此时其免疫系统已经发育;(2)初生仔猪食入初乳的母源抗体须经过 3 h 后才可以在血清中检查出来,6 h–12 h 达到高峰。故在出生后立即注射 1ml 猪瘟疫苗,2 h 后再吃初乳,此时的疫苗抗原不致被母源抗体中和;(3)猪瘟弱毒疫苗无残余毒力,对已具有免疫应答能力的新生仔猪十分安全。

135. 猪瘟病的症状极其防治措施?

答:猪瘟(CSF)是由猪瘟病毒引起的猪的一种急性,热性,接触性传染病。猪瘟病毒有囊膜,是单股 RNA 病毒。猪瘟病毒主要在猪肾细胞内复制。猪瘟病毒主要分为 3 个基因群,其中以 2 型为主,占 80%;国外流行的猪瘟病毒除 1 型、2 型,还有 3 型,其中也以 2 型占主导,占 80%。猪瘟病毒对 2%NaOH、氯制剂和复合醛等消毒药敏感。自然条件下,病毒的传播主要通过直接或间接途径与传染源接触。病猪和带毒猪是主要的传染源,病猪或带毒猪通过口、鼻、泪腺分泌物、尿液、粪便排毒,污染饲料、水、和环境。慢性感染猪不断排毒或间歇排毒,易感猪与病猪的直接接触是本病传播的主要方式。猪瘟病毒还可以通过胎盘垂直传播给仔猪,低毒力毒株感染妊娠母猪时,造成产死胎或产弱仔,有些新生小猪在子宫内感染,造成先天性免疫耐受。另外在感染母猪在分娩过程中排出大量的 CSF 病毒。本病一年四季可发生,一般在春秋季较为严重。表现明显症状时,病死率很高,可达 60-80%。猪瘟临床症状:患病猪食欲减退甚至废绝,精神不振,挤堆明显,体温高达 41-42℃;初便秘后腹泻,排出黄绿色水样稀粪。结膜炎,眼屎多,眼睑粘连。腹下、鼻端、耳根、四肢内侧形成出血点或出血斑。妊娠母猪感染可导致流产,产死胎、木乃伊胎、弱仔,如产下正常仔猪会出现免疫耐受现象。经过急性过程未死者,则转为慢性病猪,体温时高时低,食欲时好时坏,便秘与腹泻交替发生,病猪明显消瘦,被毛粗乱,精神萎靡,行走不稳,或不能站立。一般病程可达 20 d 以上,最后衰竭死亡居多,也有耐过者,而成为僵猪。公猪包皮发炎,有尿液潴留。病理变化:病变以全身性出血性败血病变化为特征。淋巴结肿大出血,呈大理石样外观。肾脏肿大出血,"麻雀肾"。脾脏边缘有呈倒三角形的紫黑色的梗死(该症状是诊断猪瘟的示病症状)。胆囊、扁桃体发生出血、坏死。口腔粘膜、心、肺、胃、肠、膀胱有出血点或出血斑,甚至形成溃疡。回盲口有钮扣状溃疡灶。肋软骨联合处到肋骨近端形成明显的骨髓线。

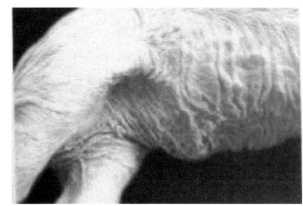

图 160 皮肤出血点 引自宣长和

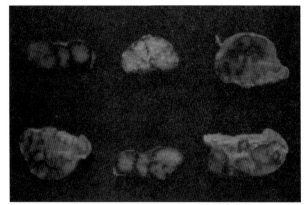

图 161　淋巴结大理石样出血　引自宣长河

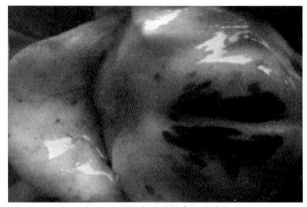

图 162　喉头出血（张亮权图片）

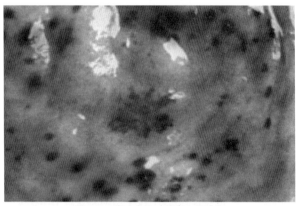

图 163　膀胱出血（张亮权图片）

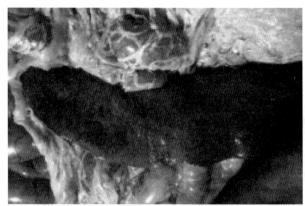

图 164　脾脏边缘梗死　（徐廷川图片）

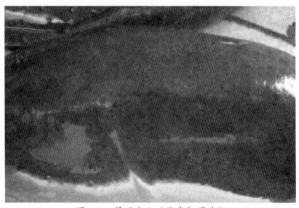

图 165　肾脏出血（张亮权图片）

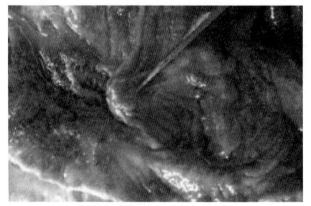

图 166　回盲口溃疡　（徐廷川图片）

图 167　浆膜出血

诊断：通过临床症状与初步剖检相结合做出初步诊断，如需确诊则需做病原的鉴定，如采用病毒的分离鉴定，FAT 实验，ELISA 和 PCR 等方法最终确诊。注意与 PRRSV、Ⅱ型猪链球菌病、败血型副伤寒、猪接触传染性胸膜肺炎、猪肺疫、弓形虫病作区别。

预防与治疗：坚持自繁、自养，从无猪瘟的地区引种。引种时做好血清检测，抗体阳性、抗原阴性的猪方可引进，进场后隔离饲养 3 ~ 4 周，确保无猪瘟症状后再混群饲养。1、预防：（1）免疫预防：应用血清学手段，对猪群定期进行抗体监测，制订适合本场的免疫程序。监测猪瘟疫苗免疫后的抗体曲线，根据检测结果调整免疫计划（每半年调整一次），保持猪群的抗体阳性率在 90% 以上。（2）疫苗种类：常用的疫苗有细胞培养苗和兔体脾淋苗，一般应用细胞培养疫苗有 BVDV 潜在感染的风险，使用前需要严格把关疫苗的质量，检测疫苗抗原滴度，以确定疫苗用量（每个批号的疫苗检测一次）。（3）疫苗的保存与运输 用疫苗专用车（疫苗专用箱放低温冰袋）运输疫苗，确保疫苗运输过程低温链完整，禁止出现疫苗接触高温现象；放在 -20℃ 以下的冰箱保存。（4）疫苗的使用：使用疫苗专用稀释液，稀释疫苗。疫苗稀释后应尽快用完（夏天 2 h，冬天 4 h），用完的疫苗需要煮沸 30 分钟销毁。注射部位及注射剂量准确，禁止打飞针，保证注射确实成功（如下图所示）。（5）免疫程序：母猪断奶后免疫 1 头份猪瘟疫苗。仔猪 21 日 -28 日龄首免，3 ~ 4 周后二免。发病群体及受威胁地区新生仔猪进行超前免疫，6 ~ 7 周后二免。（6）对发病猪群可使用疫苗对全群进行紧急免疫接种（注意一猪一针头）。淘汰或扑杀病残猪，加强卫生消毒工作。

做好粪便的消毒无害化处理。

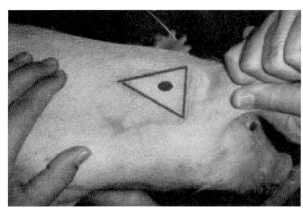 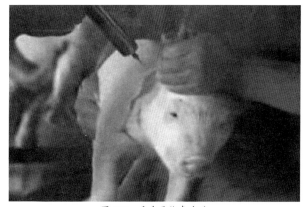

图 168　注射部位 双耳后贴覆盖的区域　　　　　图 169　垂直于体表皮肤

2、净化：带毒母猪的淘汰，有条件的猪场可以采用扁桃体采样，进行 CSFV 野毒的 RT-PCR 检测，将扁桃体样品 CSFV 野毒 PCR 结果阳性的母猪淘汰，每年一次，已达到净化猪瘟的目的。3、加强饲养管理，严格执行生物安全措施，加强卫生消毒工作，舍内要定期大消毒，出入猪舍人员应进行脚踏消毒。可选用石灰、烧碱、卫康等消毒剂轮换使用。选用优质适口的饲料，饲料中适当添加敏感抗生素防继发感染，药物种类及使用剂量如下，氟苯尼考 50-60PPM、阿莫西林 200-250PPM 和多维，连续用药 7 d。

136. 猪有胃溃疡或胃穿孔病吗？

答：猪和人均为杂食生物体，二者生理差不多。故猪同样有人之常见的胃病，包括胃溃疡，即胃粘膜出现角质化，糜烂或坏死，或自体消化形成圆形溃疡面，甚或穿孔。一份美国屠宰场的调查报告显示，近十年猪胃溃疡检出率为 5-25%。猪场尸检发现病变角质化率占 35 – 40%，糜烂占 20%。本病已成养猪业一常见的健康问题，只是生产实践中较少为人注意而已。

137. 猪胃溃疡胃穿孔与饲料有联系吗？

答： 猪胃溃疡病的主要原因除了应急，传染病外以饲料因素居多。饲料粉碎的粒度是一大关键。长期饲喂粉碎过细的禾谷类颗粒易造成猪的胃溃疡，其溃疡程度随饲喂时间长短和颗粒细度而变。生产中常见的是母猪，尤其是经产母猪。临床上表现为厌食，便秘或腹泻，胃痛引起骚动不安，严重溃疡严重的引起胀气乃至胃穿孔发生死亡。商品肉猪也有严重溃疡和穿孔的现象。

138. 给猪打疫苗要注意哪些事项？

答： 猪疫苗免疫注射要注意下面几点：（1）对已发病的猪切忌打疫苗；（2）不能盲目加大疫苗使用量，有的达 3-5 倍量；（3）忌打飞针；（4）不能盲目接种多种疫苗；（5）不能使用来历不明的便宜疫苗；（6）禁忌不换针头和消毒不严，造成疾病传播；（7）疫苗配制后室温下不要超用半 d，尤其是夏天。

139. 猪体疾病防御机制有哪些？

答： 第一道防线：阻挡或防止病原侵入机体；皮肤，粘膜，空气过滤，系统，纤毛，酸，酶。第二道防线：抵御通过了第一防御并进入机体组织的病原：非特异性化学物质防御，如酶，干扰素等。细胞防御 – 天然杀手细胞，T – 细胞，巨噬细胞等，针对病原体的特异性抗体。

140. 何为主动免疫？被动免疫？

答： 主动免疫在病原或疫苗接触后产生，抗体产生于与病原接触后 7 ~ 10 d；被动免疫 – 抗体由主动免疫过的动物转移而来，初乳和抗血清带来的免疫力是被动免疫

141. 猪有哪些常见呼吸道疾病？

答： 常见的呼吸道疾病主要有支原体肺炎(猪喘气病)、传染性放线杆菌胸膜肺炎、猪链球菌病、萎缩性鼻炎、巴氏杆菌性猪肺疫等。病毒性呼吸系统疾病有猪蓝耳病、圆环病毒病、伪狂犬病、流感、猪瘟等。寄生虫性呼吸系统疾病有猪蛔虫、后圆线虫、肺丝虫等。临床上往往是多种不同病原混合感染，因此需要实验室诊断才能获得确诊。

142. 猪场哪些地方应着重注意消毒？

答： 按重要性依次排序为：（1）生产区正门一定要设消毒池、消毒枪供交通车辆消毒用；

（2）正门侧边设人员消毒室供进场饲养员和其他人员洗澡进洗澡出；（3）场内各栋猪舍门口设消毒池和消毒盆供脚和手的消毒；（4）生产区环境的消毒，主要是道路的消毒，常用石灰粉；（5）猪舍内的定期消毒，一般无疫病期间每三 d 带猪消毒一次，如周边爆发疫情则最好每 d 一次或起码二 d 一次；（6）生产区外的办公区，宿舍区乃至食堂要定期消毒，这些地方人员进出多，尤其是办公区；（7）出猪区也要不忘经常消毒，因为有外来车辆靠近。

143. 最近我们家的小猪走路象游泳，这是何种病？如何治疗？

答：可能是伪狂犬病（Pseudorabies，PR，见图 169 和图 170），又名奇痒症、奥叶基氏病，病原为疱疹病毒科、猪疱疹病毒属的伪狂犬病病毒（PRV）。猪为病毒的原始宿主，并作为贮主，可感染其他动物如马、牛、绵羊、山羊、犬、猫及多种野生动物，人类有抵抗性。本病的特点是侵害猪的中枢神经系统和引起猪的皮肤瘙痒。对 2 周龄以内仔猪致死率可达 100%。

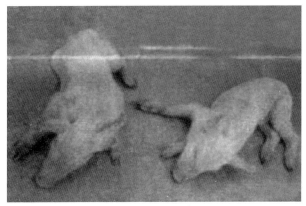

图 170　伪狂犬病

图 171　伪狂犬病

　　伪狂犬病毒的临诊表现主要取决于感染病毒的毒力和感染量，以及感染猪的年龄。其中，感染猪的年龄是最主要的。本病的潜伏期为 3～6 d，少数达 10 d。成年猪多为隐性感染，也可出现发热、精神沉郁症状，有些猪呕吐、咳嗽。新生子猪、哺乳子猪发病症状明显，病猪高热、呕吐、食欲废绝、呼吸急促，有神经症状，兴奋，叫声嘶哑，无目的前进或转圈，继而出现肌肉痉挛、四肢麻痹，卧地、四肢做游泳状态运动。怀孕母猪繁殖障碍率可达 50% 左右，而不发情或配种失败可达 20% 甚至更高；公猪感染后可出现睾丸肿胀或萎缩，丧失种用能力。伪狂犬病毒感染一般无特征性病变。眼观主要见肾脏有针尖状出血点（注意猪瘟也有针状出血点症状，应注意鉴别），其他肉眼病变不明显。可见不同程度的卡他性胃炎和肠炎，中枢神经系统症状明显时，脑膜明显充血，脑脊髓液量过多，肝、脾等实质脏器常可见灰白色坏死病灶，肺充血、水肿和坏死点，扁桃体坏死。子宫内感染后可发展为溶解坏死性胎盘炎。组织学病变主要是中枢神经系统的弥散性非化脓性脑膜脑炎及神经节炎，有明显的血管套及弥散性局部胶质细胞坏

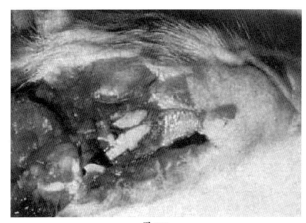

图 172

死。在脑神经细胞内、鼻咽黏膜、脾及淋巴结的淋巴细胞内可见核内嗜酸性包涵体和出血性炎症。有时可见肝脏小叶周边出现凝固性坏死。肺泡隔核小叶质增宽，淋巴细胞、单核细胞浸润。根据疾病的临诊症状，结合流行病学，可做出初步诊断，确诊必须进行实验室检查。同时要注意与猪细小病毒、流行性乙型脑炎病毒、猪繁殖与呼吸综合征病毒、猪瘟病毒、弓形虫及布鲁氏菌等引起的母猪繁殖障碍相区别。猪伪狂犬病病毒鉴别诊断方法是在使用基因标志疫苗的基础上应用的一类诊断方法。由于 PRV 中存在多个非心需糖蛋白基因，缺失这些基因的病毒突变株不能产生被缺失基因所编码的糖蛋白，但又不影响病毒在细胞上的增殖与免疫原性。将这种基因缺失标志疫苗注射动物后，动物不能产生针对缺失蛋白的抗体。因此，可通过血清学方法将自然感染野毒的血清学阳性猪与注苗猪区分开来。可用标准化的 ELISA 试剂盒进行检测，也可用病毒分离、组织切片作荧光抗体检测、PCR 伪狂犬病原检测等方法鉴别诊断。本病目前无特效治疗药物，对感染发病猪可注射猪伪狂犬病高免血清，它对断奶仔猪有明显效果，同时应用黄芪多糖中药制剂配合治疗。对未发病受威胁猪进行紧急免疫接种。疫苗免疫接种是预防和控制伪狂犬病的根本措施，目前国内外已研制成功伪狂犬的常规弱毒疫苗、灭活疫苗以及基因缺失疫苗（包括基因缺失弱毒苗和灭活苗），这些疫苗都能有效地减轻或防止伪狂犬病的临诊症状，从而减少该病造成的经济损失。预防猪伪狂犬病最有效的方法是采取检疫、隔离和淘汰病猪及净化猪群等综合性防治措施。猪伪狂犬病有灭活疫苗、弱毒疫苗和基因缺失疫苗 3 种，目前我国主要是应用灭活疫苗和基因缺失疫苗。在刚刚发生和流行的猪场，用高滴度的基因缺失疫苗鼻内接种，可以达到很快控制病情的目的。另外，两点或多点式建设猪场以及全部或部分清群有利于此病净化。

144. 如何防治断奶仔猪腹泻？

答：断奶仔猪腹泻主要可分成环境性腹泻、疾病性腹泻和营养性腹泻 3 类，因此，防制措施必须具有针对性。环境性腹泻主要由保温工作不足导致。如果保温措施不好，即使再好的饲料也会出现仔猪拉稀不长的情况。因此，养猪户需转变观念，安装保温箱等设备解决上述问题。疾病性腹泻分为细菌性腹泻和病毒性腹泻，在生产中，一方面应使用抗生素类药物防止细菌性疾病的发生；另一方面，要采用黄芪多糖和紫锥菊等中草药提取物以提高仔猪的免疫力，抑制病毒繁殖，防止病毒性疾病的发生。对于营养性腹泻，要制定仔猪合理的营养水平。乳仔猪料的消化能一般应控制在 14.3 MJ/kg 以上，蛋白水平约为 18.5 %，并保证氨基酸平衡。在饲料原料方面，要选择粉碎粒度适宜、水分含量达标且不发霉的玉米。豆粕在乳仔猪饲料中的限制量小于 25 %，并且适当提高乳猪料的能量浓度，还要合理使用酸化剂、酶制剂和甜味剂等饲料添加剂。

【国外养猪见闻】

能否简单介绍一下美国猪场，有哪些值得我们学习？

答： 随着养猪业向集约化和规模化的方向发展，中国的养猪技术已得到了长足的发展。许多大型的猪场已对猪的饲养环境作了极大改善，但是，在中小城市的养殖因受环境和地理因素的影响，改善的程度并不理想。下面让我们看看美国依阿华州 Raudy Van Kooten 的猪场是怎样养猪的，他们对疾病的防治及猪只的情况怎样把握在手。在劳动力如此昂贵的情况下怎样解决劳动力的情况？环境保护又是怎样处理的？带着种种问题我们不知不觉乘了 3 h 的车来到了 Randy Van 的家。Randy Van 的家很漂亮，是一小型的别墅，看得出主人很勤劳，家里干干净净，整整齐齐。与我们印象中的"猪场老板"家有很大不同，屋中没有任何气味，来迎接我们的还有一头可爱的大狗狗。带着问题，同行的人开始发问了，当问到他养猪的数量及工人总数时，当时的场面一下子沸腾了。Randy Van 说他弟弟一家人负责养猪，每年养 3 批猪，一家 3 口，每批养 22 000 头。养猪的模式是公司 + 农户的形式，他们只是提供猪场及工人，其它的饲料、小猪及收购等由饲料厂来解决。养 2.5 个月至 3 个月即可达到 280 磅，所有人对这个数字都感到很惊奇，"怎么可能？"，我们的问题很多，Randy Van 非常热情，也很认真。最后，他笑了笑说，还是这样吧，到猪场去看看，可猪场在哪儿呢？他说乘车 5 分钟，远远地，我们看到几个放散装饲料模样的小立筒仓，几排房子在田中贮立，味道并不是很浓，几乎闻不到气味。一下车，熟悉的气味迎面而来，但远没有国内猪场那么浓烈，我们隔着猪栅栏看，感觉与国内的猪场差别并不大，他们用的是漏缝式地板，采用的是自由采食，小猪才刚进场，或许是小猪们从来没有见过那么多人，它们都站起来迎接我们，只是远远地打探着，好奇地看着我们。小猪很健康，皮红毛润，精神极佳，地板也很干净，看样子在出场前调教的很好。渐渐地，它们有些适应了，有些开始吃料，有些饮水。除此之外，猪栏增加了几个调温式风机，场外每隔段有一些像排风扇模样的东西。粪便是怎么处理的？也没有特别的设施，与国内一级一级的阶梯式的水处理不同，而且，猪场跨度大，中间没有任何支撑，问题渐多，我们又围着农场主问个不停。原来，在猪舍下面是一个 8 英尺 *400 英尺 *50 英尺的粪便处理池，就像最早最早在农村里的大便池，可是自然发酵是有氨气的，他们的处理方式很简单，因为把工业化用到了猪场中，在这个猪圈舍有 5 个监测探头，当猪舍的气温及氨气产生变化时，自动系统会将排风扇，通风扇等一一打开，使猪舍内的温度及氨气浓度控制在安全范围内，农场主给我们示范了一下卷帘自动上升时，排风扇自动开启的过程。因为是下午，温度渐渐降了，在没有示范的猪舍已自动上升了，它们供暖用的是天然气，由于美国的能源便宜，他们在冬天最冷时只要 200 美元 / 月，将猪舍的温度保持在 67 华氏度，约 20℃，也就是说将猪的冷应激降到最低，从而使猪生活在最佳温度中，在 20℃左右时，肥育猪的增重效果最好。它们的生活条件真好，干燥、自由，采用全进全出的原则，将猪所能感受到的应激降到最低，这样的猪能够不安心生长，全身心长肉，给出最好的肉质吗？图173、现代化的猪场设施，公母分养可以提高猪的生长，更有效的提高生产率。

图173　公母分养的猪舍

农场主说他在此处只养了9500头，其余在另一处，出于好奇，看到了小猪，看看中猪，另一段车足足行了十分钟，我们看到了中猪，他们同样健康，和国内的外三元来比，它们个体均匀，很少听到呼吸气喘的声音，中猪比起小猪大胆多了，对于人多少无所谓，真的很有趣，有几头懒洋洋的睡着，我们问农场主它们有什么问题吗？农场主叫了两声，它们抬头看了看，又继续它们的美梦。因为温度下降挺快，猪帘已卷起一半，同样，中猪的猪圈也很干爽。这个猪场有一万头猪。当我们问及猪行情是，农场主说大约100磅猪60美元，还不错，利润呢？农场主带着笑脸，看样子不会说，但一定没问题。我们又看了看他们饲料厂配的料简单，玉米豆粕，加一些矿物质、维生素，真的很不错。

图174　现代化的母猪舍一般都有自动喂料和供水系统

可以这么说，美国的养猪更加专业化，集约化。将现代化与养猪技术有机的结合起来，同时，将环保与生态链循环的配合一致，既保护了环境，又使整个生态平衡达成一致。我们沉思了，怎样可以与中国的养猪配合呢？从改变环境开始，从改变思想观念开始，以防为主，而非以治为根本，这次参观让我们受益匪浅。图 175、农场主 Raudy Van Kooten（左四）为团员讲解猪场情况，作者（左六）担任翻译。

图 175　农场主 Raudy Van Kooten（左四）为团员讲解猪场情况，
作者（左六）担任翻译

在我们参观美国的猪场结束后有两大感慨：第一，养殖环境好；第二，自动化程度高！美国的自然环境令人艳羡，天是蓝的，地是绿的，水是清的。这里空气清新，气候湿润！因为自然环境好，所以疫病很少，育肥猪不注射任何疫苗（问猪场老板他说即使是母猪也仅注射两种疫苗）！这里的猪舍水，料，温度，氨气控制一切都是全自动的！粪便一年一清，直接排放到附近的农田里！猪场座落在空旷的田野之中，周围也没有任何遮挡，猪场平时没人，晚上也是无人看管！这与我们国内真是有天壤之别啊！

图 176　部分团员在美国国会大厦门前合影

参 考 资 料

1、程宗佳；2006 来自饲料厂和养殖场生产第一线的若干问答（三十四）。饲料工业 2006（23）：68-68

2、程宗佳；庄苏；朱建平； 2005 来自饲料厂和养殖场生产第一线的若干问答（二十）。 饲料工业 2005（19）：64-64

3、孙培鑫；陈代文；余冰；程宗佳；2007 去皮膨化豆粕对早期断奶仔猪免疫机能和血液生化指标的影响。饲料工业 2007（15）：35-39

4、孙培鑫；陈代文；余冰；程宗佳；2006 去皮膨化豆粕在断奶仔猪日粮中的应用。饲料工业 2006（13）：43-47

5、何余湧；刘春雪；程宗佳；梁海平；刘晓兰；王博；陆伟；2006 加水调质对饲料霉变及发霉饲料对猪生产性能和器官病变的影响。饲料工业 2006（9）：34-37

6、刘春雪，陆伟，何余勇，程宗佳 2004 在混合机内的粉料中添加水分对颗粒质量和猪生产性能的影响。饲料工业 2004（9）：11-14

7、湖南饲料 . 猪饲料使用技术问答 山东省沂水县沙沟镇兽医站 . 季大平，张华奇

8、湖南农业 . 离地笼养子猪 山东省东平县畜牧局 . 梁久梅

9、湖南农业 . 湖南省饲料工业办公室 . 罗彦宇

10、湖南农业 . 湖南省饲料工业办公室 . 陈旭高

11、湖南农业 . 微生态饲料添加剂效果好 新邵县发改局重点项目办 . 李群

12、国外畜牧学 – 猪与禽 . 有关猪圆环病毒病的常见问答 . 李政萍译，舒畅校

13、湖南农业畜禽饲喂添加剂的安全量 湖北省钟祥市武庙农校 . 宏声

14、中国猪病网

15、国外畜牧学 – 猪与禽 Q&Aon african swine fever 有关非洲猪瘟的问答 杨静静译自《Pig International》舒畅校

16、科学种养 . 初冬猪病防制技术问答 山东省临沂市兰山区南坊兽医站 . 曹同德，张蕾，季作善

17、当代畜牧 . 猪人工授精技术问答 . 李诗兵，雷浩兵 . 四川省泸县畜牧局，646100

18、养殖技术顾问 . 猪人工授精技术问答 . 李诗兵，雷浩兵 . 四川省泸县畜牧局，646100

19、中国兽药杂志 . 高致病性猪蓝耳病防控知识问答 . 摘自 http：//www.ivdc.gov.cn/zlrb/fzjs/

t20070717_26785. htm

20、农村养殖技术 . 怎样防止病原菌产生耐药性 辽宁黑山县畜牧技术推广站梁巍邮编 121400

21、农村发展论丛 . 畜牧问答四则，江西省畜牧局，康天镇

22、动保一线 . 冬季常发猪病之疥螨病 摘自《搜猪网》

23、动保一线 . 寒冷天应对猪只"五怕" 摘自《农民日报》

24、畜牧兽医科技信息 . 猪气喘病的临床症状及防治措施 . 屈志明，张智瑶 . 黑龙江省绥滨农场畜牧公司 绥滨，156203

25、畜牧兽医科技信息 . 猪副嗜血杆菌病的诊治体会 谢小军（吉林省白城市洮北区动物检疫站，白城 137000），张爱国（吉林省畜牧业学校，白城 137000）

26、畜牧兽医科技信息 . 猪弓形体病的诊断及防治方法 宋士斌 黑龙江省木兰县利东镇畜牧发展中心，木兰，151900

27、农村 . 农业 . 农民（A 版）断奶仔猪多系统衰竭综合征的治疗 杨建春 河南省亚卫集团

28、今日畜牧兽医 . 重大动物疫病流行现状及防治对策 张纯祖 赵希华 许小成 湖北省宜昌市畜牧局，湖北宜昌，443000

29、金农网 . 在饲料中正确使用抗生素

30、湖南饲料 . 畜禽常用五种饼粕类饲料的处理方法 孟昭宁 辽宁省辽中县老干部局 356 号信箱，110200

31、中国畜牧兽医报 . 如何实现低碳养猪 侯丽超，沈阳市畜牧兽医科学研究所

32、中国畜牧兽医报 . 怀孕母猪不吃食咋办，朝阳市畜牧兽医局

33、农博畜牧 . 春季搞好常见猪病的预防和治疗 伏静红，营口市种畜禽监督管理站

34、中国畜牧报 . 子猪断奶腹泻的原因分析及防治，营口市动监局畜牧科

35、江苏农业科技报 . 豆腐渣喂猪注意啥 魏秀萍，沈阳市畜牧兽医科学研究所

36、江苏农业科技报 . 畜禽用药时须停喂的饲料，葫芦岛市畜牧兽医局

37、河北农民报 . 猪服药之后也忌口，赵英 锦州市开发区天王所

38、农民日报 . 七招可使小型养猪场实现高效，锦州凌海余积动物卫生监督所

39、农民日报 . 冬春猪传染性胃肠炎病防治，辽宁省沈阳市兽药饲料监察所

40、农民日报 . 提高断奶仔猪体重的有效措施 冬季养猪保温御寒要点，辽宁省锦州市动物卫生监督所

41、四川农业日报 . 猪胃溃疡的防治 . 江雪，沈阳市铁路动物卫生监督所

42、四川农村日报 . 初春养猪关键在提高抵抗力 . 郭桂香，辽宁省抚顺市市动物疫病预防控制中心

43、四川农村日报 . 冬季仔猪护理要点，辽宁省锦州北镇动监局

44、黑龙江畜牧兽医报 . 早春时节仔猪缺铁性贫血的防治 . 江雪，辽宁省沈阳市铁路动物卫生监督所

45、农业科技报 . 新购仔猪防疫四步走 . 江雪，辽宁省沈阳市铁路动物卫生监督所

46、农业科技报．节粮饲料加工六法．曲桂莲，沈阳市畜牧兽医科学研究所

47、农业科技报．使用药物添加剂注意事项．伏静红，营口市种畜禽监督管理站

48、北方牧业．猪胃线虫病的防治．江雪，辽宁省沈阳市铁路动物卫生监督所

49、北方牧业．饲用乳化剂在畜禽饲料中的应用

50、河南畜牧兽医 –2010–（2）–23页 提高仔猪成活率的几种措施．陈晨，锦州凌海闫家动物卫生监督所

51、猪业科学．猪痢疾的防制措施．喻时，辽宁省沈阳市畜牧兽医科学研究所

52、中国兽医网．冬季养猪八大防：谨防流行疫病 喂猪时间要稳定．郭桂香，辽宁省抚顺市市动物疫病预防控制中心

53、齐鲁晚报．春季猪引种重点注意事项．马石，辽宁省沈阳市铁路动物卫生监督所

54、黑龙江畜牧兽医报．猪发热即注射降温药不合适．常见的引起鸡眼部病变的疾病．马石，辽宁省沈阳市铁路动物卫生监督所

55、科学养殖．易混淆的猪病咋鉴别．马石，辽宁省沈阳市铁路动物卫生监督所

56、基层兽医．用母乳预防仔猪传染病．谢丽新，辽宁省锦州市龙栖湾动监办

57、畜牧兽医在线．冬季青饲料少了提防猪维生素缺乏症．汪菊芬，辽宁省辽阳县动物疫病预防控制中心

58、中国养殖．给猪测量体温的方法．辽宁省锦州市动检站

59、现代养猪技术．注射猪瘟疫苗五不要．辽宁省营口市动监局畜牧科

60、中国畜牧兽医杂志．生猪要健康 不可少粗粮．辽宁省营口市动监局畜牧科

61、农家科技．母猪低温症的防治．王维，辽宁省辽阳县动物疫病预防控制中心

62、农村实用科技信息．猪疥螨病的诊断与防治．王维，辽阳县动物疫病预防控制中心

63、山东科技报．降低养猪成本的技术措施．辽宁省锦州市动物卫生监督所

64、山东科技报．能量饲料有区别 合理应用才科学．王瑶，辽宁沈阳市动物卫生监督所

65、猪e网．饲料中用小麦替代玉米知识问答．畜牧人论坛网友

66、养猪高参．饲料中为什么要添加酸化剂

67、山西农业（畜牧兽医）．生骨粉不宜喂畜禽

68、饲料与畜牧．畜禽饲料粉碎细度．辽阳市太子河区西郊动物卫生监督所

69、中国科技报．猪出现免疫过敏反应该怎么处理．唐英，灯塔市动物疫病预防控制中心

70、中国畜牧兽医信息网．如何进行猪预混料的选择．营口市种畜禽监督管理站

71、中国养殖技术报．饲料喂猪的"三个不宜" 锦州市凌河区动监办

72、中国畜牧．猪蓝耳病与水肿病鉴别．于程，锦州北镇动检站

73、吉林畜牧兽医杂志．猪病治疗中的几种常见错误．谢丽新，锦州市龙栖湾动监办

74、中国畜牧通讯．养殖用药"四注意" 东陵区动物卫生监督管理局医政科

75、国畜牧兽医报．哺乳母猪的营养需求．王永权

76、中国畜牧兽医报.养殖户切勿忽略给畜禽喂食盐.张欣

77、中国畜牧兽医报.种草养猪可增效.锦州市动物卫生监督

78、河南科技报.猪饲料自配五个关键事项.高辉,葫芦岛市畜牧兽医局

79、农民日报.不熟青饲料不能拿来喂猪.锦州市动物卫生监督所

80、猪病防治技术问答录.焦子珍,山东省沂水县三十里兽医站 276407

81、中国农业通讯.杂粕代替豆粕存在的问题.辽阳市文圣区动物卫生监督管理局

82、中国农业通讯.饲料添加剂的八大发展方向.辽阳市文圣区动物卫生监督管理局

83、畜牧兽医在线.母猪饲料的选择和控制.朝阳市畜牧兽医局

84、河北科技报.易使猪中毒的饲料有哪些.辽阳市太子河区南郊所

85、饲料与畜牧.母猪饲喂无机盐饲料很关键.辽阳市太子河区畜牧站

86、澳华技术通讯特刊

87、中国饲料工业信息网（www.chinafeed.org.cn）部分文章

88、中国养殖网（www.chinabreed.com）部分文章